건축 구조물 보수·보강 가이드북

CONCRETE STRUCTURE REPAIR & MAINTENANCE SYSTEM

상영 엔지니어링(주)
상영 유 디 씨(주)

인사의 글

당사는 구조물 보수·보강의 시설물 유지관리 업체로서 1988년 이래 10여 년간 국내의 많은 콘크리트 구조물에 대한 보수·보강업무를 수행해 오고 있으며, 2001년 7월에는 3년간의 기술개발의 투자로 보수공법인 CROS 방청보수시스템공법이라는 중성화 및 염해보수에 대한 신기술 288호를 획득하였습니다. 이는 지구환경변화와 시대적 요구에 따른 철근콘크리트의 내구성 확보 및 장수명화를 이룩하고자 하는 사회적인 분위기와 기대에 일치하고 있습니다.

오늘날 경제성장과 더불어 건물의 새로운 기능의 추구와 효율적 공간 활용을 위해 상업용 일반 구조물의 리모델링이 증가 추세에 있고, 앞으로는 주거용 건물·일반 건물까지 그 범위가 확산되어질 것으로 기대됩니다.

이에 따라 건물의 용도변경 및 증·개축, 지진, 화재 등 재해에 대한 복구, 내구성 내진성에 대한 불안한 요소의 해결 및 사용성 장애 방지대책 등의 요구에 부응한 구조물의 정밀 안전진단이 시행되어지고, 각종 보수·보강 공사 시행에 있어 보다 효율적인 시공정보를 체계화하고저, 당사에서 그동안의 현장 경험과 실무적인 공학적 KNOW-HOW를 토대로 하여 실무에서 쉽게 활용할 수 있도록 실시공 사례 및 공사 시공 계획 사례의 내용을 담았으며, 아울러 일본에서 발간된 재료 및 구법·공법에 관한 자료(일본 시멘트 협회 발행-내진보강과 보수기술, 1997.8)를 번역하여 추가하여 관련 실무자 여러분의 이해를 돕고자 하였습니다.

아무쪼록 본 책자가 구조물의 보수·보강 실무에 종사하시는 여러분들에게 활용되기를 기대하며, 앞으로 당사의 지속적인 기술개발로서 더욱 발전하도록 노력하여 여러분들의 기대에 부응하겠습니다. 혹시 편집중인 오자·탈자나 오류가 발견되면 선·후배 제현들의 사랑어린 이해를 부탁드리며 다음 증보판에 수정토록 하겠습니다.
아울러 아낌없는 지도 편달과 성원을 부탁드립니다.

2016년 5월

상 영 엔 지 니 어 링 (주)
상 영 알 이 엔 씨 (주)
임직원 일동

두 번째 상세도면집 발간에 즈음하여

2002년 당시 배포한 상세도면집 초안이 구조사무실, 설계사무실 등 구조물 보수·보강 실무에 종사하시는 분들의 호응에 답하고자 이렇게 두 번째 상세도면집을 발표하게 되었습니다. 당시 첫 번째 초안을 발간하여 구조물 보수·보강 실무에 종사하시는 여러분에게 활용되기를 기대하며 약 400부 정도를 무료로 배포하였습니다.

하지만 미처 받지 못하신 분들은 계속적으로 사무실 또는 회사 홈페이지로 연락을 주셨으나 사무실에 사례집 재고가 없던 관계로 그동안 죄송스럽게도 답례를 못해드렸습니다. 그동안 사무실 이전 및 상영유디씨(주)의 법인설립 등 바쁜 일정으로 미루어 오던 두 번째 상세도면집을 2003년, 2004년 계획사례 및 실시공 사례 중 이전 자료와 중복되지 않는 자료만을 골라 정리하였으며 일본의 자료 및 실시공 사례를 번역·요약하여 추가하였사오니 콘크리트구조물에 대한 보수·보강 설계 및 시공에 작으나마 참고자료가 되기를 바랍니다.

2016년 5월

상 영 엔 지 니 어 링 (주)
상 영 알 이 엔 씨 (주)
임직원 일동

회사소개

1988. 11 : 상영엔지니어링 설립
· 구조물 보수·보강공사업

1992. 6 : 상영엔지니어링주식회사 설립(법인전환)
· 자본금 : 100백만원
· 전문건설업 : 철물공사업 (92-서울-11-25)
· 주요업종 : 구조물 보수·보강공사
철구조물 제작·설치공사

1993. 10 : 대한건축학회 감사패 수여
·구조물 보수·보강 분야 공로

1996. 5 : 구조물 유지관리팀 구성
·자본금 : 300백만원
·구조을 유지관리 측정장비 도입

1996. 9 : 산·학연구 체결
·한양대학교 초대형 구조시스템 연구센터
·연구분야 : 콘크리트 구조물의 보강공법에 관한 연구

1997. 4 : 시설물 유지관리업체 등록 (서울시 제70호)
·자본금 : 400백만원
·공사면허 : 철물공사업
시설물유지관리업
·주요업종 : 구조물 보수·보강분야

2001. 7 : CROS 방청 보수 시스템 공법(건설교통부지정 신기술 제288호)
방청 복합 알칼리 회복제 및 아질산계 분말 방청제가 혼입된 폴리머시멘트 모르터를 이용한 손상된 RC 구조물의 보수 공법

2002. 5 : 안전진단 전문기관 등록 제 348호

2004. 5 : 상영 유디씨(주) 설립
·종합건설업 · 리모델링

2004. 9 : 건설교통부 장관 표창 (철도기념 105주년)

목 차

제 1 장 공법별 보수·보강 상세

상영엔지니어링(주)

1.1 균열 보수 공법

1.1.1a | **에폭시 수지주입 공법 개요(TYPE-1 : 수동식)**

보수 범위의 확인	· 감독원과 보수범위 등을 협의한다.
균열부의 청소	· 균열부를 중심으로 폭 50mm정도 Wire-brush 등으로 표면을 청소한다.
주입구의 위치결정	· 주입구 위치를 분필 등으로 표시한다.
주입구 뚫기	· 주입 중요 위치에 전동 드릴 등으로 구멍을 뚫는다. (직경 5~13mm, 깊이 15~30mm)
구멍내의 청소	· 구멍내에 있는 콘크리트 분진 등을 브러쉬와 압축공기 등으로 제거한다.
PUTTY형 에폭시 수지의 계량 및 혼합	· PUTTY의 주제와 경화제를 규정량대로 정확히 계량하고, 균일하게 혼합될 때 까지 충분히 혼합한다.
주입용 파이프의 붙임	· 주입공에 주입용 파이프(좌대)를 PUTTY형 에폭시수지로 부착한다.
균열의 SEAL	· 균열부에 PUTTY형 에폭시수지를 폭 30mm, 두께 2mm 정도로 도포하고 밀실히 SEAL한다.
SEAL재의 양생	· SEAL재를 경화, 양생 시킨다.
주입용 에폭시수지의 계량 및 혼합	· 주입용 에폭시수지의 주제와 경화제를 규정량대로 정확히 계량하고, 균일하게 혼합될 때 까지 충분히 혼합한다.
에폭시수지의 주입	· 혼합한 에폭시수지를 구리스 펌프에 넣어, 주입 파이프를 통하여 주입한다.
양　　생	· 주입한 에폭시수지를 경화, 양생시킨다.
마　　감	· 주입용 파이프 및 SEAL재를 제거하고, 마감한다.
검　　사	· 주입상태 검사 및 작업장 청소상태 등을 확인한다.

1.1.1b	에폭시 수지주입 공법 도해(TYPE-1 : 수동식)

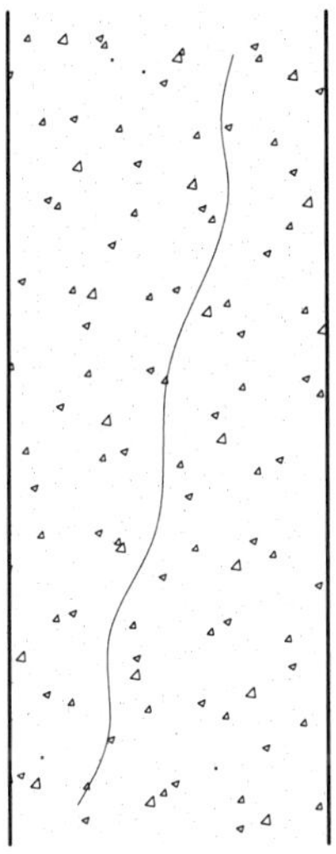

① 균열상태

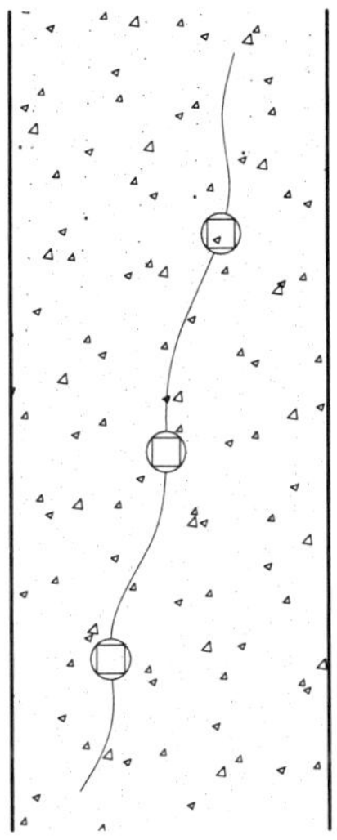

② 주입구 설치

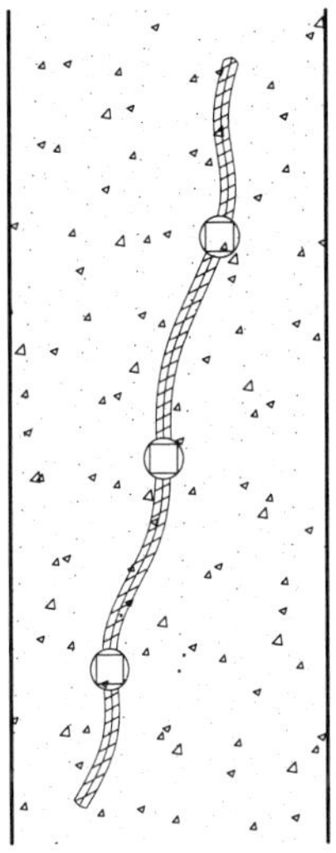

③ SEALING

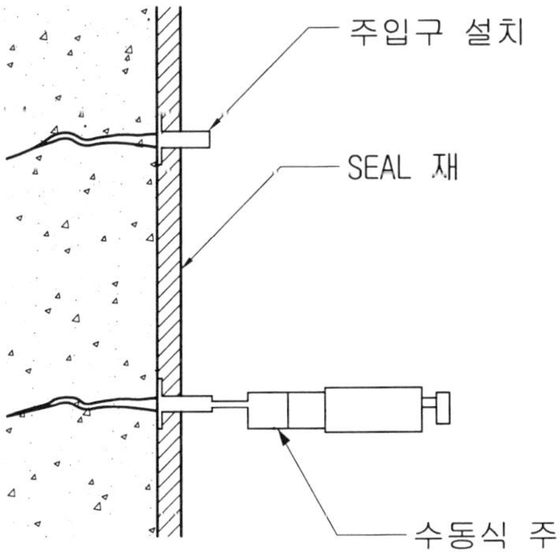

④

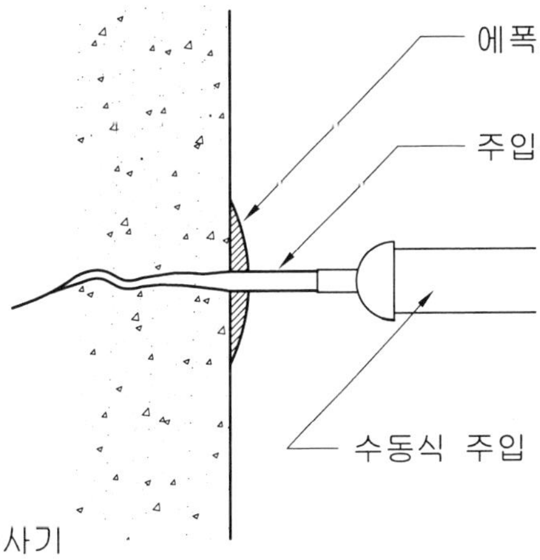

⑤

1.1.2a	에폭시 수지주입 공법 개요(TYPE-2 : 기계식)

단계	내용
보수 범위의 확인	· 감독원과 보수범위 등을 협의한다.
균열부의 청소	· 균열부를 중심으로 폭 50mm정도 Wire-brush 등으로 표면을 청소한다.
주입구의 위치결정	· 주입구 위치를 분필 등으로 표시한다.
주입구 설치	· 주입구 위치에 테이프와 고무패킹 등을 부착하고 주입노즐을 설치한다.
SEAL재의 조정	· 사용하는 SEAL를 적합하게 조정하며 밀실하게 SEAL한다.
에폭시수지의 주입	· 주입구에 자동혼합 주입기 노즐을 고정하고, 에폭시수지를 주입한다.
양 생	· 주입한 에폭시수지를 경화, 양생시킨다.
마 감	· 주입용 파이프 및 SEAL재를 제거하고, 마감한다.
검 사	· 주입상태 검사 및 작업장 청소상태 등을 확인한다.

· REPAIR & REHABILITATION DRAWING ·

1.1.2b	에폭시 수지주입 공법 도해(TYPE-2 : 기계식)

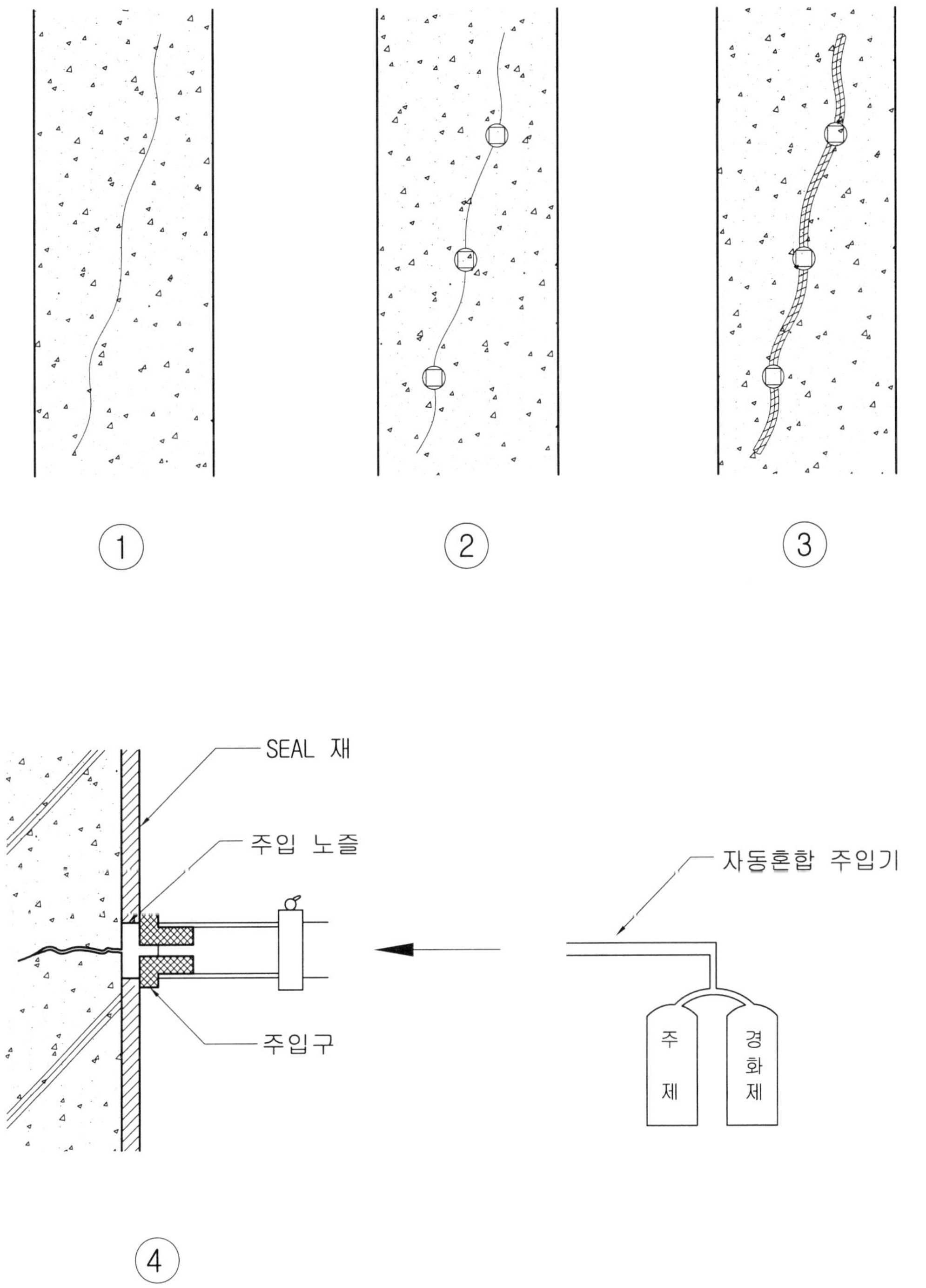

상 영 엔 지 니 어 링 (주) SANG YOUNG ENGINEERING. CO., LTD	보 수 상 세	DWG. NO.

1.1.3a	U-CUT SEAL材 충전공법 개요

공정	내용
보수 범위의 확인	· 감독원과 보수범위 등을 협의한다.
U-CUT	· 균열부를 따라 폭 10mm, 깊이 10mm 정도 U자형의 CUTTING을 한다.
균열부의 청소	· 균열부를 중심으로 폭 50mm정도 Wire-brush 등으로 표면을 청소한다.
프라이머 도포	· 균열부의에 프라이머를 도포한다.
SEAL재의 계량 및 혼합	· SEAL재의 주제와 경화제를 규정량대로 정확히 계량하고, 균일하게 혼합될 때까지 충분히 혼합한다.
코킹 GUN 충전	· 혼합한 SEAL재로 코킹GUN에 충전한다.
SEAL재 충전	· 파낸 U형홈에 SEAL를 코킹 GUN으로, 공극 등이 남지 않도록 충전한다.
표면마감	· SEAL재의 표면을 SCRAPER 등으로 충분히 눌러 평활하게 마감한다.
양　　생	· 주입한 에폭시수지를 경화, 양생시킨다.
마　　감	· 주입상태 검사 및 작업장 청소상태 등을 확인한다.
검　　사	· 주입용 파이프 및 SEAL재를 제거하고, 마감한다.

1.1.3b	U-CUT SEAL材 충전공법 도해

A. 실링材 충전의 경우

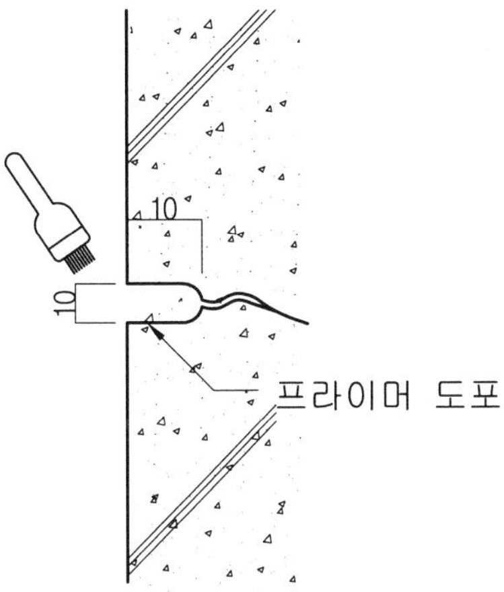

①

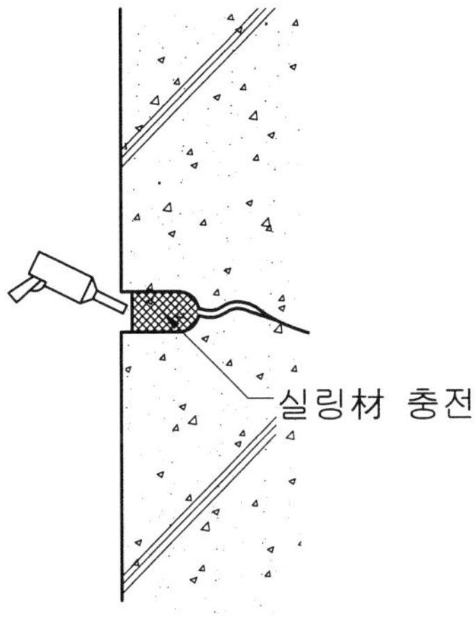

②

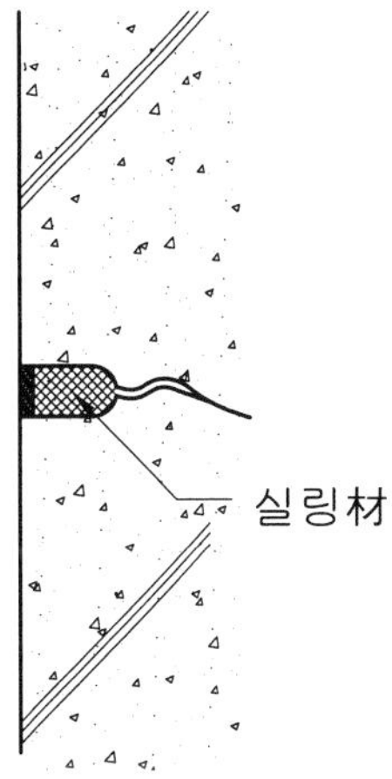

③

B. 탄성 에폭시 수지 충전의 경우

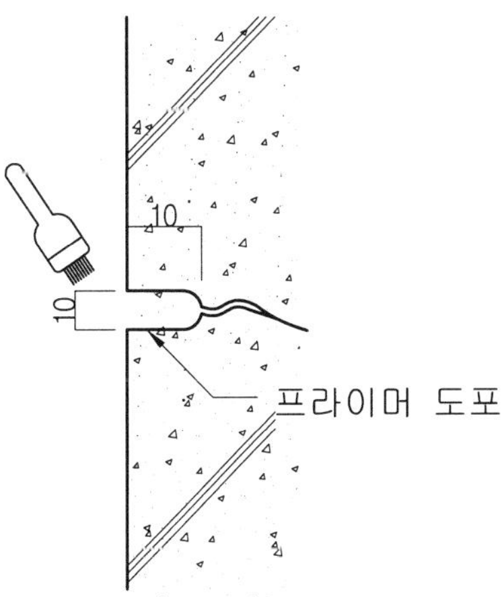

①

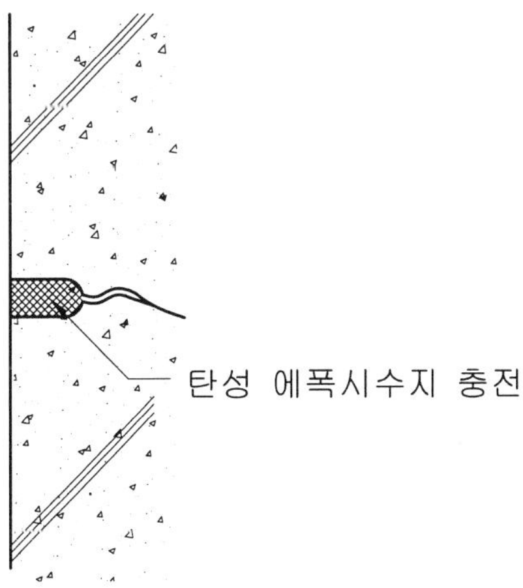

②

· **REPAIR & REHABILITATION DRAWING** ·

1.1.4	보 하부 인장균열 보수공법

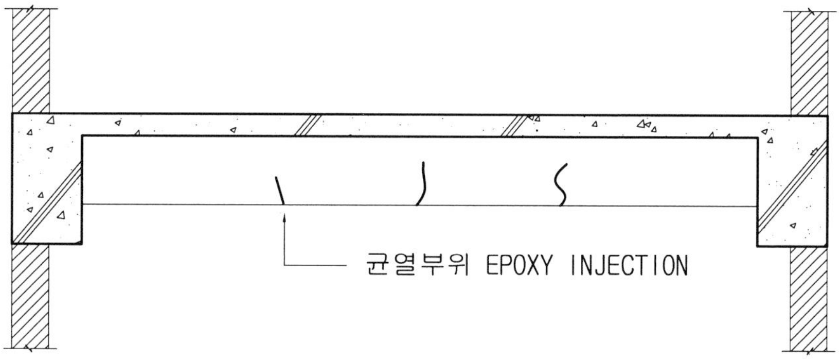

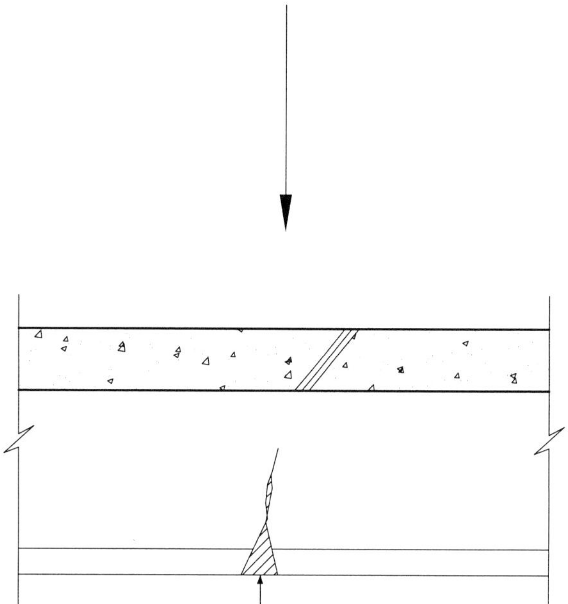

보 수 순 서

1. 균열부위 V-cutting
2. PRIMER 도포
3. 에폭시수지 주입
4. 양 생
5. 검 사

상 영 엔 지 니 어 링 (주) SANG YOUNG ENGINEERING. CO., LTD	보 수 상 세	DWG. NO.

1.1.5	슬래브 상부 인장균열 보수공법

균 열 상 황

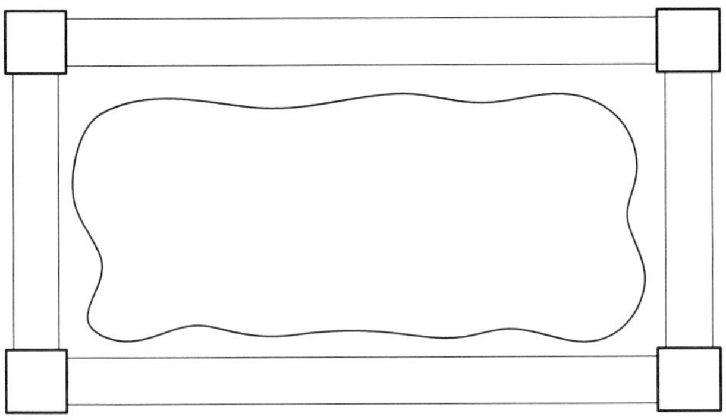

SECTION

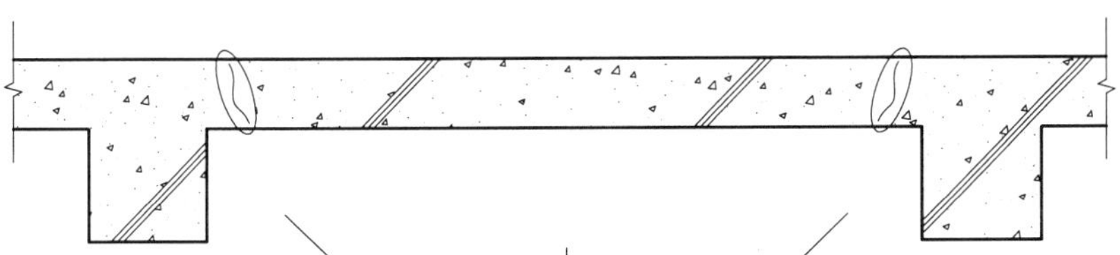

보수 DETAIL

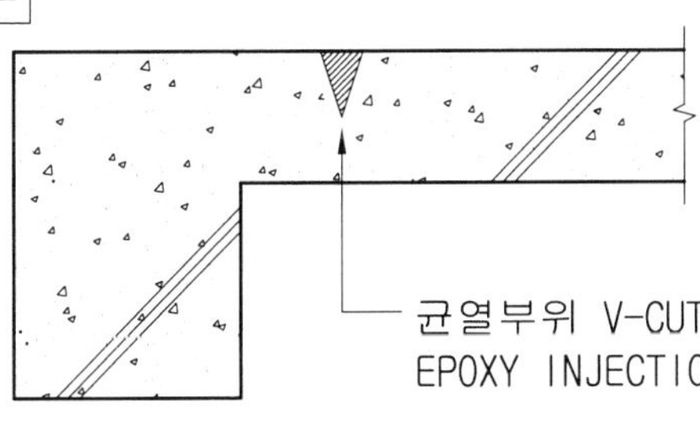

보 수 순 서

1. 균열부위 V-CUT
2. PRIMER 도포
3. 에폭시수지 주입
4. 양 생
5. 검 사

상 영 엔 지 니 어 링 (주) SANG YOUNG ENGINEERING. CO., LTD	보 수 상 세	DWG. NO.

1.1.6a	조적벽체 균열보수공법 (TYPE-1 : 일반벽돌면 경사균열 보수)

일반벽돌면 경사균열 보수

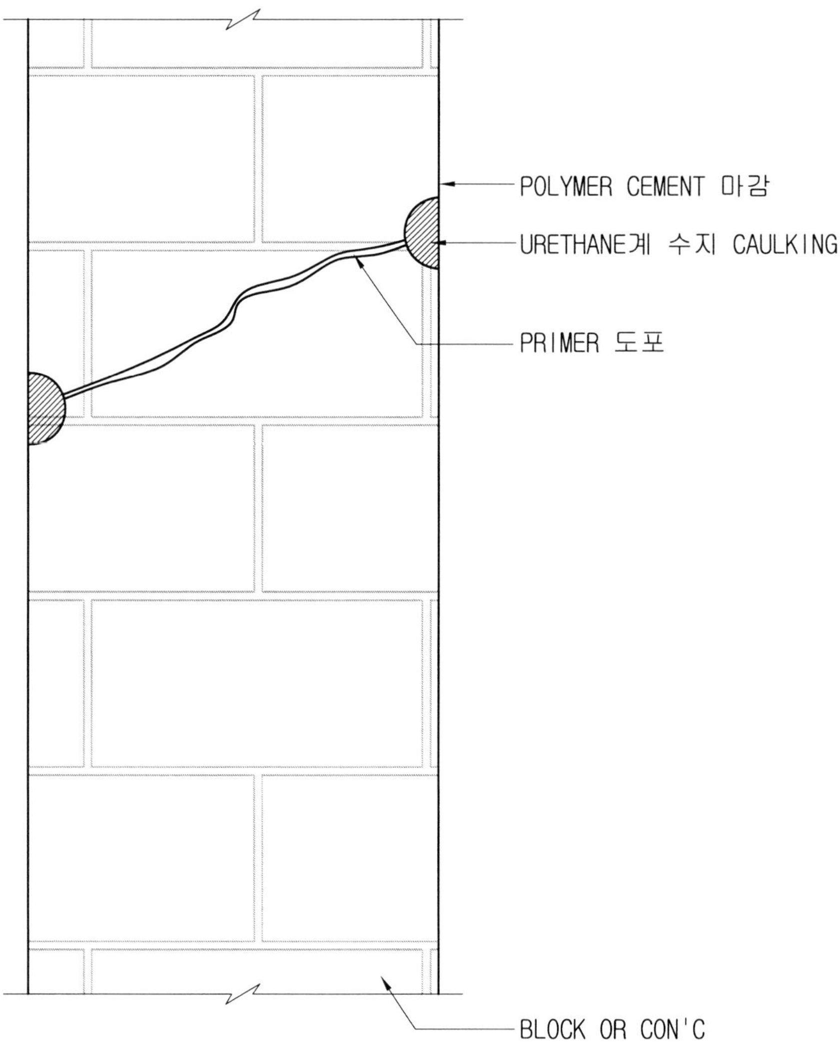

보 수 순 서

1. U-CUTTING
2. PRIMER 도포
3. URETHANE계 수지 CAULKING
4. PAINTING

상 영 엔 지 니 어 링 (주) SANG YOUNG ENGINEERING. CO., LTD	보 수 상 세	DWG. NO.

1.1.6b	조적벽체 균열보수공법 (TYPE-2 : 치장벽돌면 경사균열 보수)

치장벽돌면 경사균열 보수

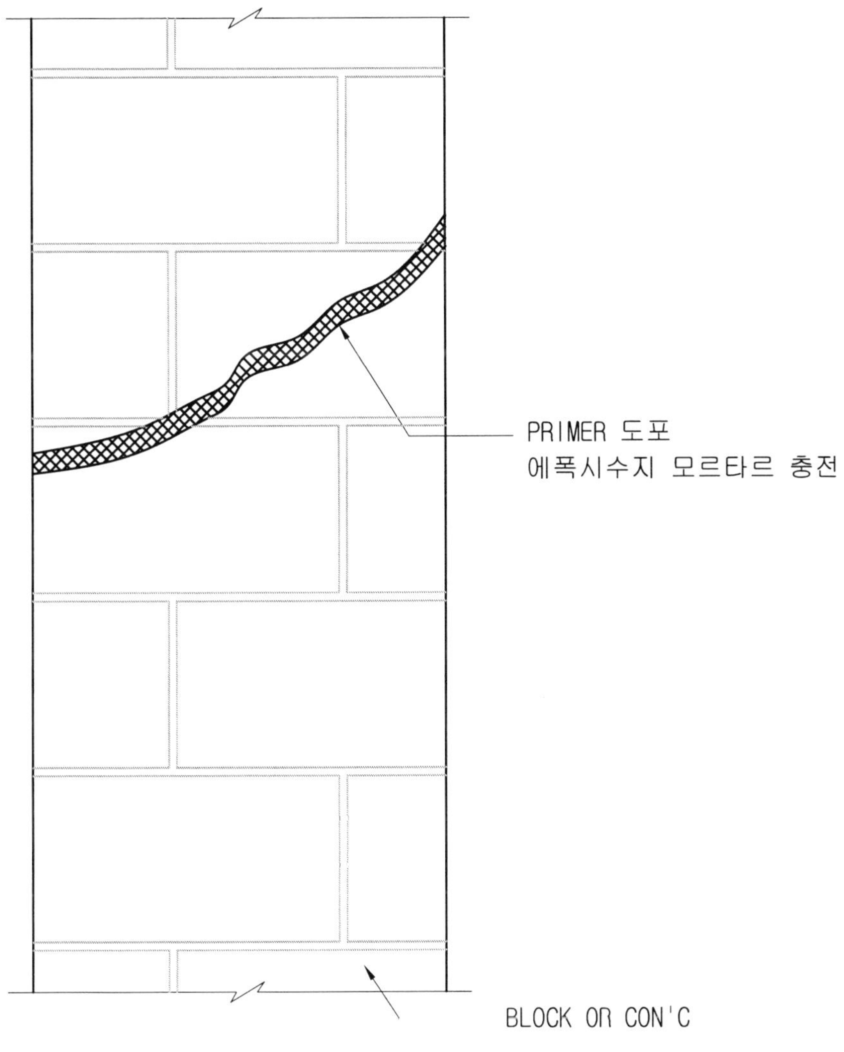

보 수 순 서

1.홈파기

2. PRIMER 도포

3. 에폭시수지 모르타르 충전

4.표면을 쇠흙손 등으로 충분히 눌러 평활하게 마감한다

상 영 엔 지 니 어 링 (주) SANG YOUNG ENGINEERING. CO., LTD	보 수 상 세	DWG. NO.

1.1.6c	조적벽체 균열보수공법 (TYPE-3 : 치장벽돌면 수직균열 보수)

치장벽돌면 수직균열 보수

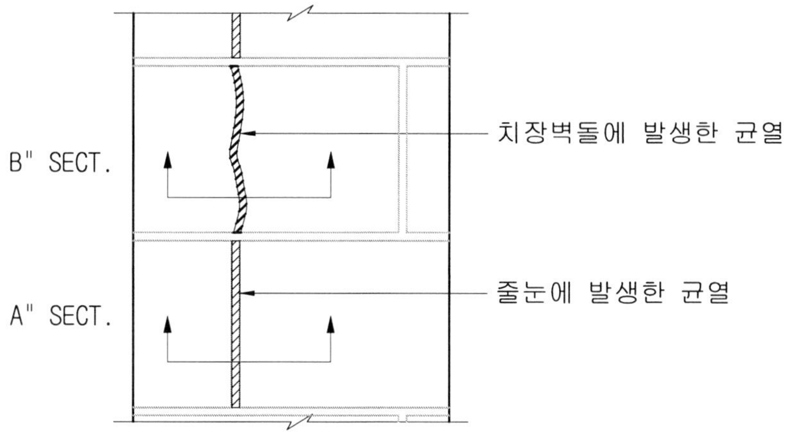

A" SECT.

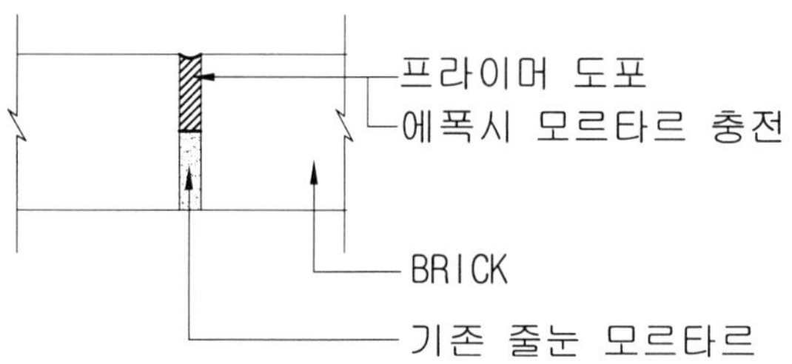

B" SECT.

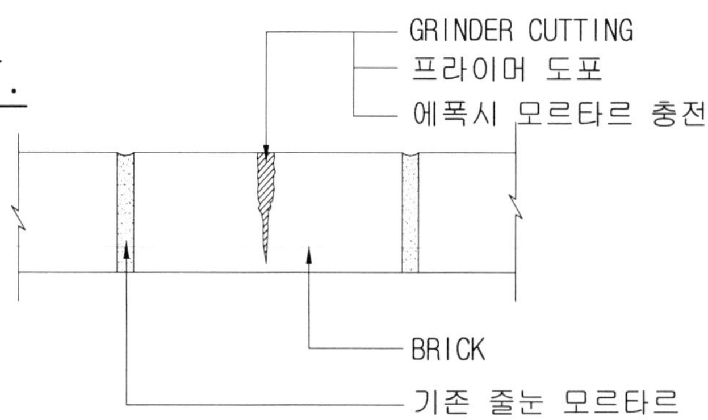

보 수 순 서

1. V-CUT 홈파기
2. PRIMER 도포
3. 에폭시 수지 모르타르의 충전
4. 표면을 쇠흙손 등으로 충분히 눌러 평활하게 마감한다

상 영 엔 지 니 어 링 (주) SANG YOUNG ENGINEERING. CO., LTD	보 수 상 세	DWG. NO.

· **REPAIR & REHABILITATION DRAWING** ·

1.1.7a	습식 균열 보수공법 (TYPE-1 : 발포 우레탄 주입)

공정	내용
균열체크	· 누수부위 균열체크
천 공	· 균열부 중심에서 3-4cm 떨어진 약45도 각도로 경사지게 천공
천공부위 청소	· 고압 AIR로 이물질 제거
PACKER 설치	· 약 100mm 간격으로 설치
주 입	· 고압주입기를 이용하여 발포제 우레탄 주입
PACKER 제거	· 표면위에 돌출 되어있는 PACKER를 망치등을 이용하여 제거
마감 처리	· 마감시공을 하거나 면정리 / 고탄성 도막 방수재 시공(선택사항)

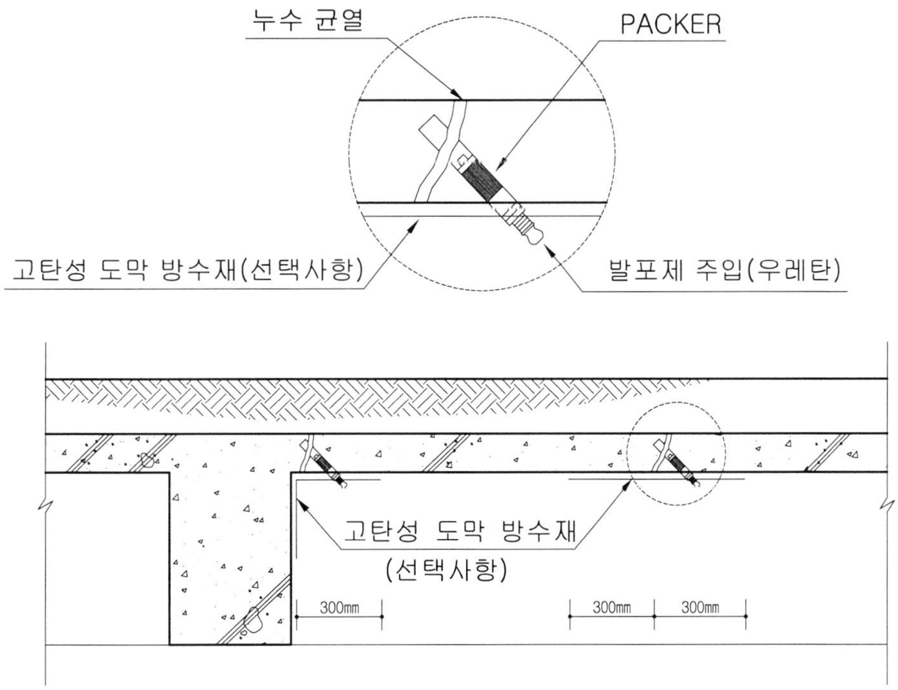

상 영 엔 지 니 어 링 (주) SANG YOUNG ENGINEERING. CO., LTD	**보 수 상 세**	DWG. NO.

1.1.7b	습식 균열 보수공법 (TYPE-2 : 습식 EPOXY 주입)

공정	내용
균열체크	· 누수부위 균열체크
천 공	· 균열부 중심에서 3-4cm 떨어진 약45도 각도로 경사지게 천공
천공부위 청소	· 고압 AIR로 이물질 제거
PACKER 설치	· 약 100mm 간격으로 설치
주 입	· 고압주입기를 이용하여 습식 에폭시 주입
PACKER 제거	· 표면위에 돌출 되어있는 PACKER를 망치등을 이용하여 제거
마감 처리	· 마감시공을 하거나 면정리 / 고탄성 도막 방수재 시공(선택사항)

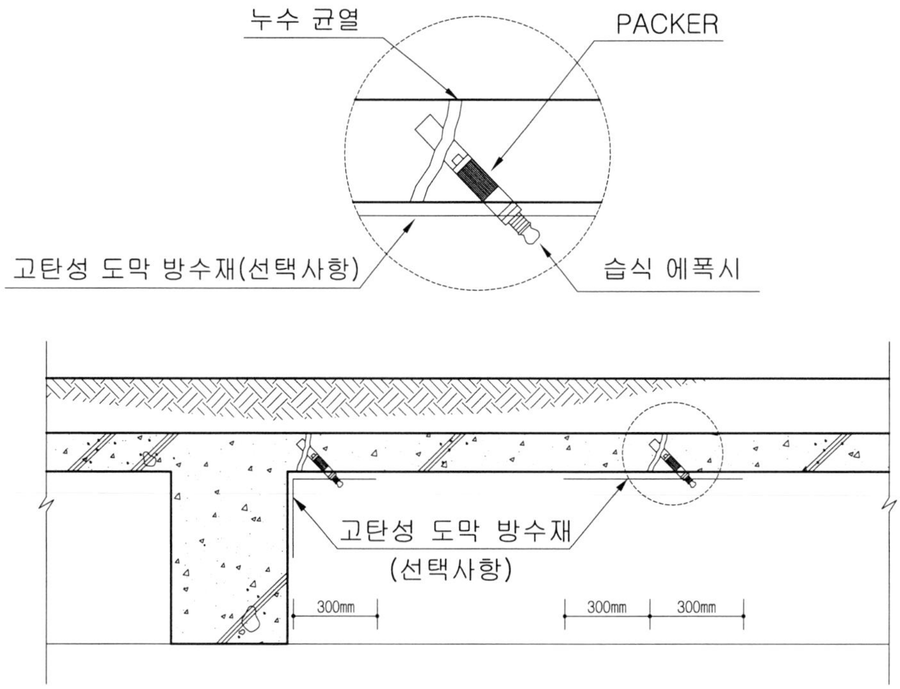

1.2 바닥 보수 공법

1.2.1	건물 옥상바닥 침투성 알칼리 방수재 보수공법

침투성 알칼리 방수재

- 자외선차단 및 경보행용 마감
- 방수재 도포
- 단열재 도포
- 모체보강제 침투 도포
- 모체 침투방수액 도포
- 마감층과 취약부제거

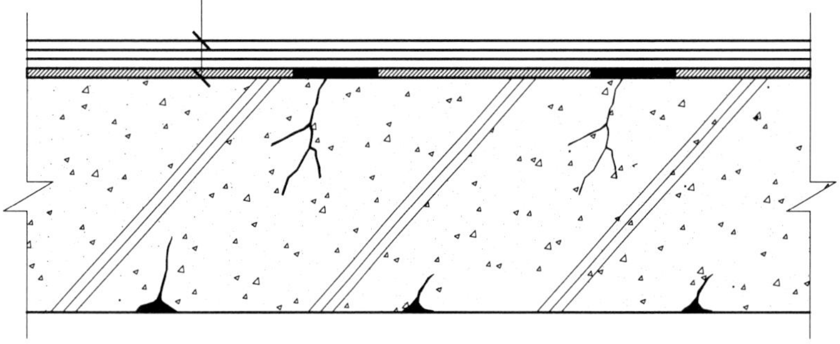

보 수 순 서

1. 기존 방수층 및 모르타르 마감층 취약부 제거

2. 작은크랙 & 큰크랙 침투성 방수액 도포(2회)

3. 모체보강제 침투도포 두께 0.2mm (2회) (원액1회)

4. 단열재 도포 두께 0.4mm (2회)

5. 침투성 알칼리(PH12) 방수재 도포2회 (두께 0.4mm)

6. 자외선 차단 및 경보행 마감재 도포1회(경도4H) (두께 0.2mm)

상 영 엔 지 니 어 링 (주) SANG YOUNG ENGINEERING. CO., LTD	보 수 상 세	DWG. NO.

1.2.2	건물 옥상바닥 우레탄 도막방수 보수공법

우레탄 도막방수

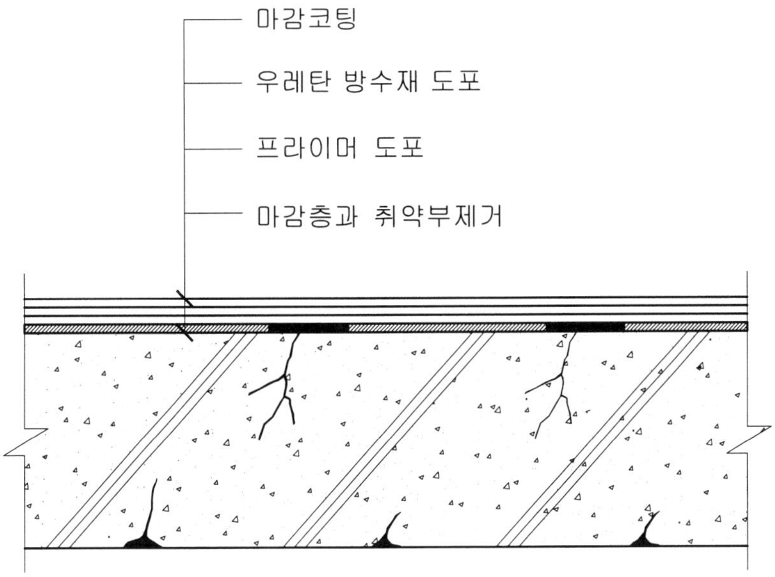

보 수 순 서

1. 기존 방수층 및 모르타르 마감층 취약부 제거
2. 침투 프라이머 도포
3. 우레탄 방수재 도포
4. 마감코팅

ASPHALT 방수의 구성

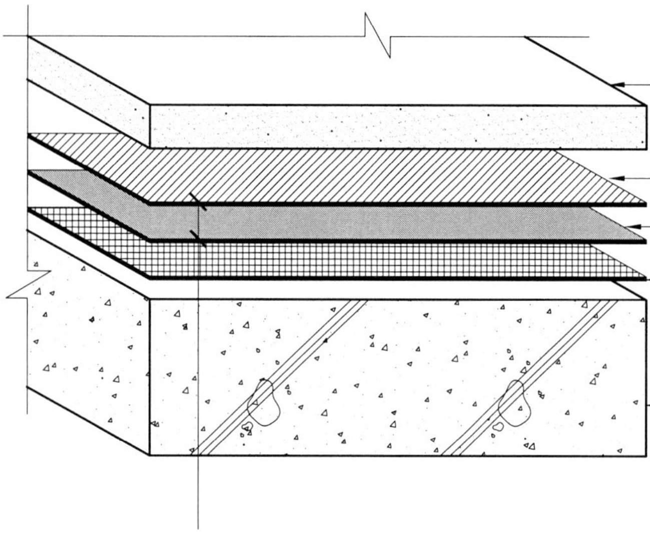

ASPHALT PRIMER
- BLOWN ASPHALT + 휘발성 유기용제 → 저점도 용액
- 방수바탕에 도포하여, 기공을 메우고 접착성을 향상

ASPHALT COMPOUND
- BLOWN ASPHALT + 유지, 지방산 첨가
- 침입도, 연화점 등 성능 개량

BLOWN ASPHALT
- 원유에서 휘발유, 경유, 등유 등을 뺀 나머지 중질유를 가열하면서 다량의 공기를 뿜어넣어 산화시켜 제조
- 일반적으로 실내나 지하구조물등 주로 안정된 환경에서 사용

ASPHALT FELT
- 원지(유,무기질이나 합성섬유)+STRAIGHT ASPHALT를 침투 → SHEET형성
- ROOFING재료에 비해 물성 취약 → 바탕으로 사용

ASPHALT ROOFING
- FELT의 성능을 개선시킨 것
- 내균열성이 좋아 ASPHALT 방수층의 두께를 형성한다.

· REPAIR & REHABILITATION DRAWING ·

1.2.3b	ASPHALT 보강부위 처리방법

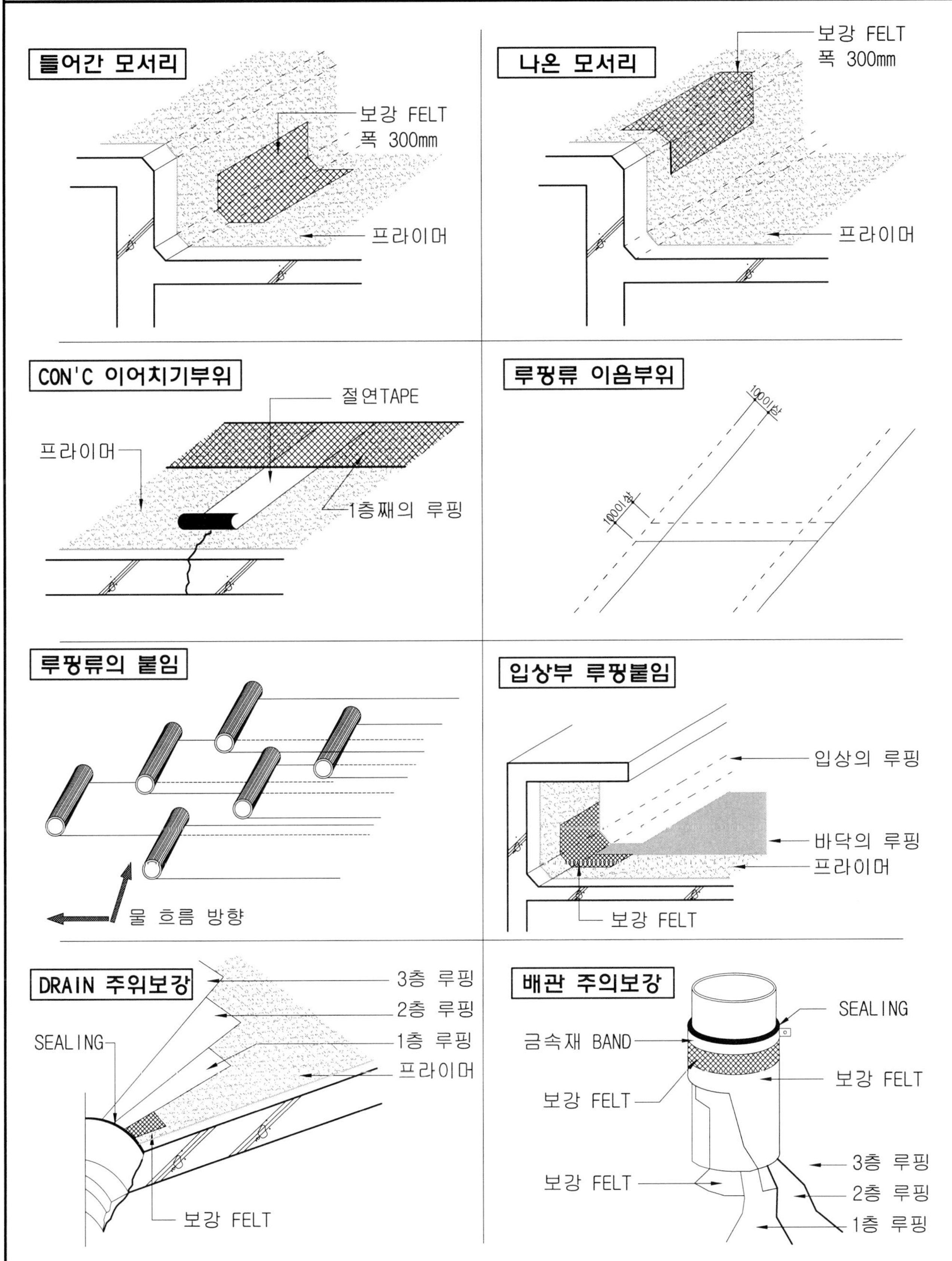

상 영 엔 지 니 어 링 (주) SANG YOUNG ENGINEERING. CO., LTD	보 수 상 세	DWG. NO.

SHEET 방수 장 · 단점

장 점	단 점
· 제품의 규격화로 두께가 균일	· 누수시 국부적인 보수 곤란
· 시공이 신속하여 공기가 단축	· SHEET상호간 이음부위 결함이 큼
· 운반이 용이	· 외상에 약해 파손 쉬움
· 상온공법으로 공해가 없음	· 온도에 민감하여 공사시 계절고려
· 다소 신축성을 지니고 있음	· 복잡한 시공부위에는 적용 어려움
	· 벽체부위에는 온도에 의해 박리, 처짐현상이 있음

SHEET 방수 부착방법

접착붙임

· 바탕면과 SHEET면에 접착제 도포

· 장점 : 접착력이 강하다

· 단점 : 주름이 생기기 쉽다

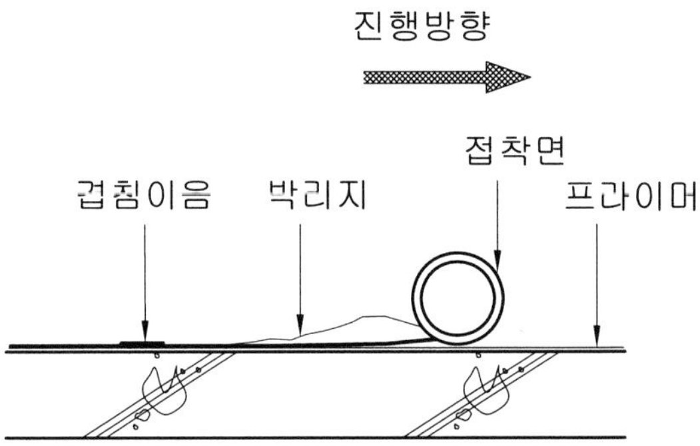

※주의 : AIR POCKET이 생기지 않도록 하고 발견될 경우, 십(+)자로 찢고 보강할 것

점착붙임

· SHEET후면에 자체 접착성

· 장점 : 공사기간이 빠르다

· 단점 : 동절기나 기온이 낮을 때에는 점착성 저하

용착붙임

· 버너, TORCH로 SHEET를 가열

· 장점 : 시공이 빠르다

· 단점 : 고른 접착력을 기대하기 곤란하고 재질의 변화가 생기기 쉽다

SHEET 방수 부착방법

· 이음겹침부위 100mm 이상

· 전압을 충분히 하여 접착강도, 수밀성, 내구성능이 SHEET본체와 같도록 한다

겹쳐맞춤 | 보강 겹쳐맞춤 | 맞붙임 | 보강 맞붙임

1.2.4b	SHEET 방수 상세도

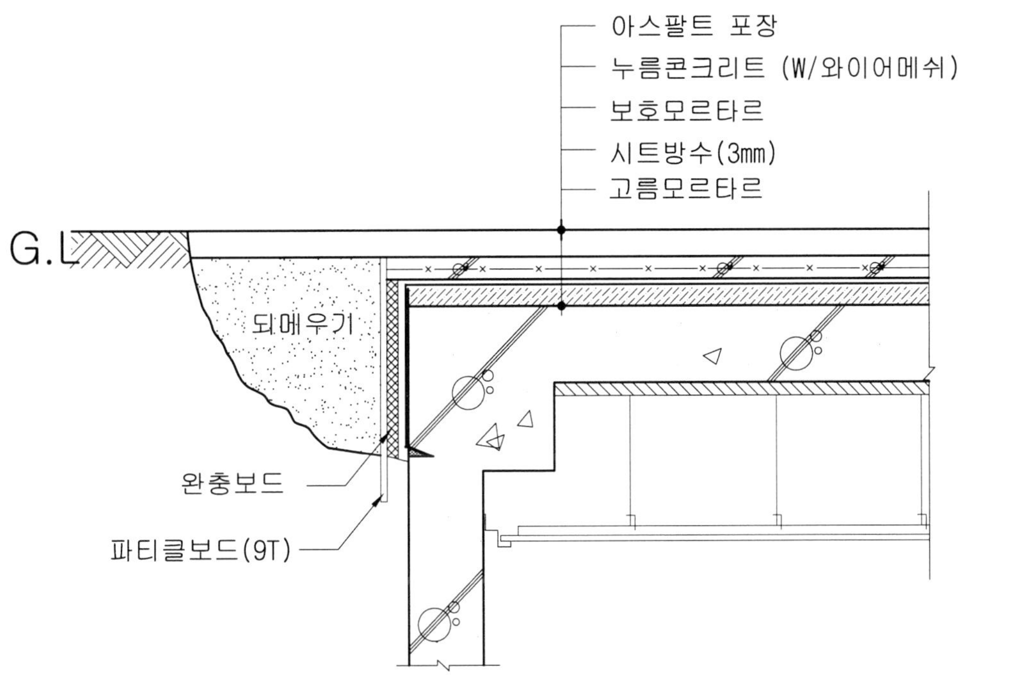

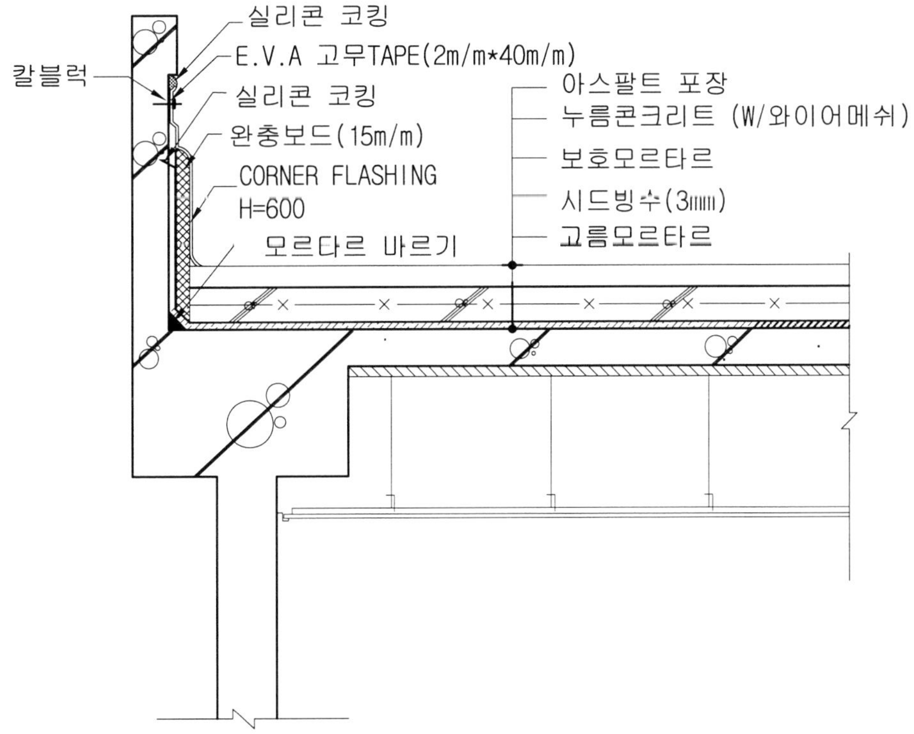

상 영 엔 지 니 어 링 (주) SANG YOUNG ENGINEERING. CO., LTD	보 수 상 세	DWG. NO.

1.2.5	지하주차장 바닥 우레탄 FLOORING 보수공법

지하주차장 바닥우레탄 후로링

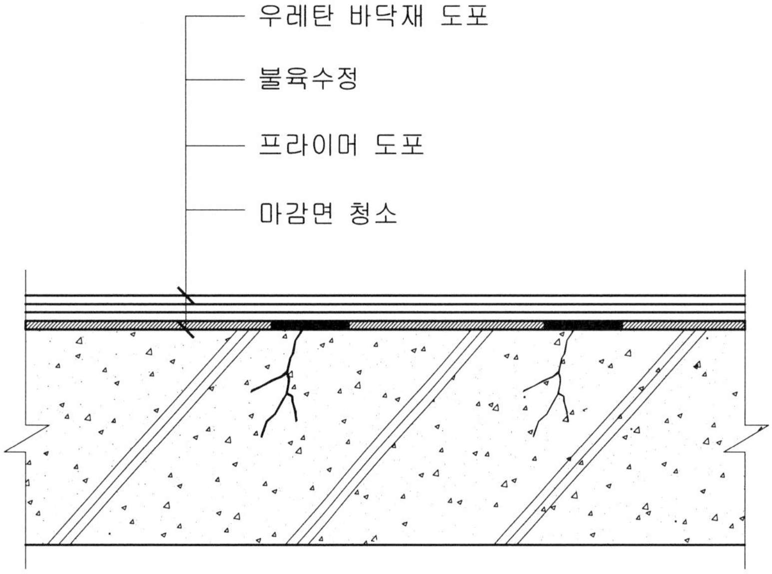

보 수 순 서

1. 마감면 청소
2. 침투 프라이머 도포
3. 불육수정(PUTTY)
4. 우레탄 바닥재 도포

상 영 엔 지 니 어 링 (주) SANG YOUNG ENGINEERING. CO., LTD	보 수 상 세	DWG. NO.

1.3 단면 복구 공사

1.3.1a	에폭시수지 모르타르 충전공법 개요

공정	내용
보수 범위의 확인	· 감독원과 보수범위 등을 협의한다.
표면처리	· 취약부 등을 벗겨낸 후 먼지 등을 제거하여 깨끗하고 단단한 콘크리트 표면을 보이게 한다.
프라이머의 계량 및 혼합	· 주제와 경화제를 규정량 대로 정확히 계량하고 균일하게 될 때까지 충분히 혼합한다.
프라이머의 도포	· 철근이 노출해 있는 경우는 철근에 방청 도료재를 도포 후 프라이머를 도포한다.
에폭시수지 모르타르의 계량 및 혼합	· 수지모르타르의 주제와 경화제를 규정량 대로 정확히 계량하고 균일하게 혼합 될 때까지 충분히 혼합한다.
에폭시수지 모르타르의 충전	· 프라이머의 부착성이 있는 동안 에폭시수지 모르타르를 충분히 누르면서 충전한다.
표면마감	· 표면을 쇠흙손 등으로 충분히 눌러 평활하게 마감한다.
양 생	· 에폭시수지 모르타르를 경화양생 시킨다.
청 소	· 보수부 이외의 오물 등을 제거하고 청소한다.
검 사	· 에폭시수지 모르타르의 마감상태, 경화상태 및 마무리를 확인한다.

· REPAIR & REHABILITATION DRAWING ·

1.3.1b	에폭시수지 모르타르 충전공법 도해

A. 철근이 노출되어 있는 경우

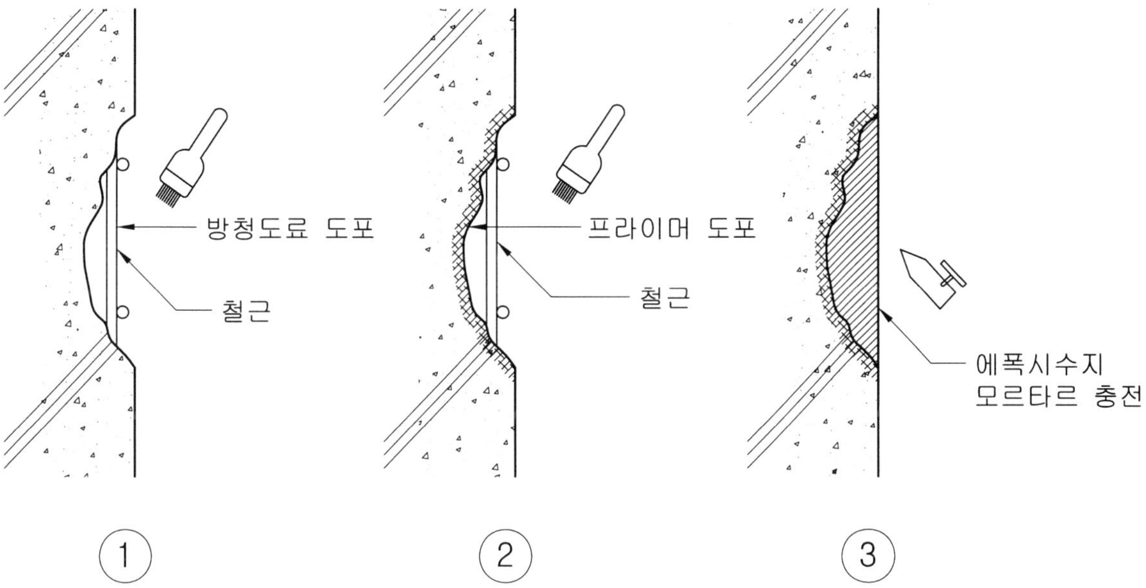

B. 철근이 노출되어 있지 않은 경우

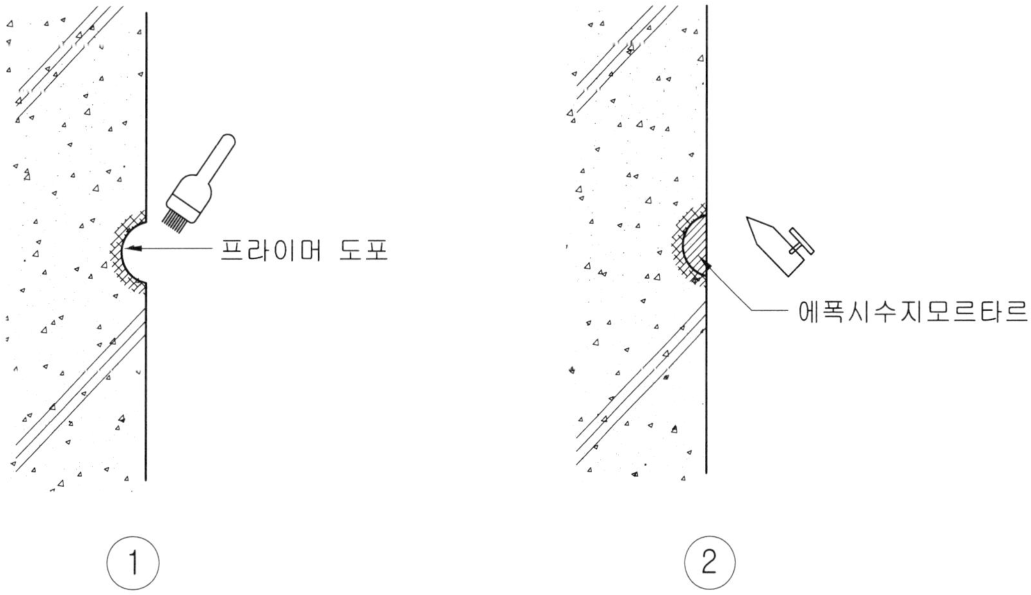

상 영 엔 지 니 어 링 (주) SANG YOUNG ENGINEERING. CO., LTD	보 수 상 세	DWG. NO.

1.3.2a	폴리머시멘트 모르타르 충전공법 개요

단계	내용
보수 범위의 확인	· 감독원과 보수범위 등을 협의한다.
표면처리	· 취약부 등을 벗겨낸 후 먼지 등을 제거하여 깨끗하고 단단한 콘크리트 표면을 보이게 한다. · 철근이 노출해 있는 경우는 녹을 제거한다
프라이머의 조정	· 사양에 따라 프라이머를 조정한다. · 철근이 노출해 있는 경우는 철근에 방청재를 도포한 후 프라이머 도포를 한다.
프라이머의 도포	· 표면에 브러쉬 등을 이용하여 프라이머를 도포한다.
폴리머시멘트 모르타르의 배합	· 폴리머시멘트 모르타르의 배합은 표준시방에 따라 균일하게 혼합 될 때까지 충분히 혼합한다.
폴리머시멘트 모르타르의 충전	· 보수부위에 따라 두께별로 모르타르를 충전 또는 도포하여 부착한다.
표면마감	· 표면을 쇠흙손 등으로 충분히 눌러 평활하게 마감한다.
양 생	· 급격한 건조를 피하고 규정된 시간대로 양생을 시킨다.
청 소	· 보수부 이외의 오물 등을 제거하고 청소한다.
검 사	· 폴리머시멘트 모르타르의 마감상태, 경화상태 및 마무리를 확인한다.

· **REPAIR & REHABILITATION DRAWING** ·

1.3.2b	폴리머시멘트 모르타르 충전공법 도해

A. 철근이 노출되어 있는 경우

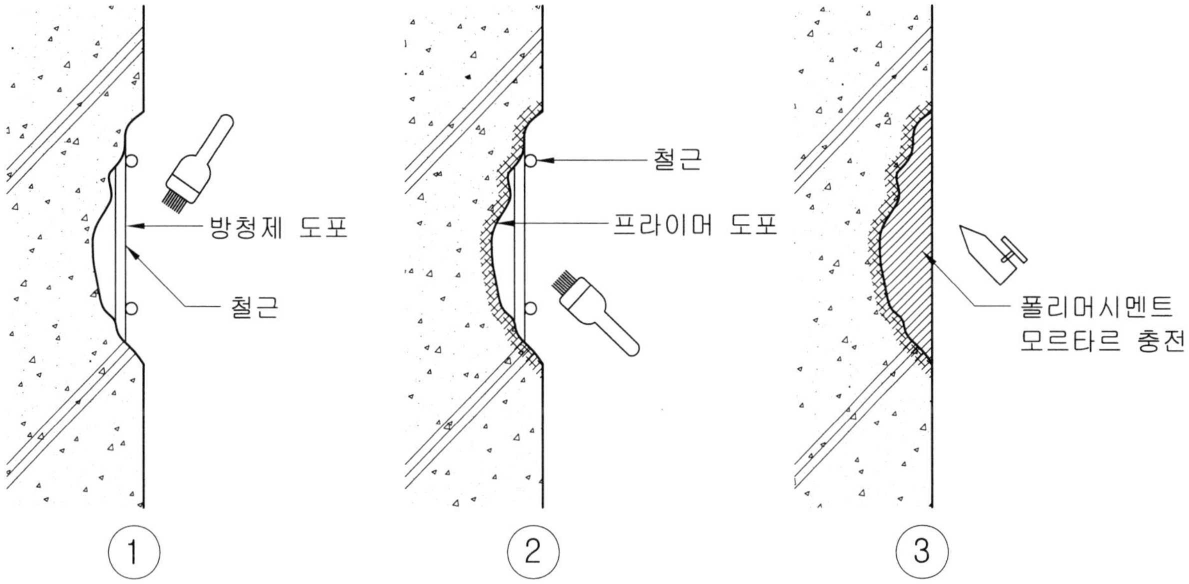

B. 철근이 노출되어 있지 않은 경우

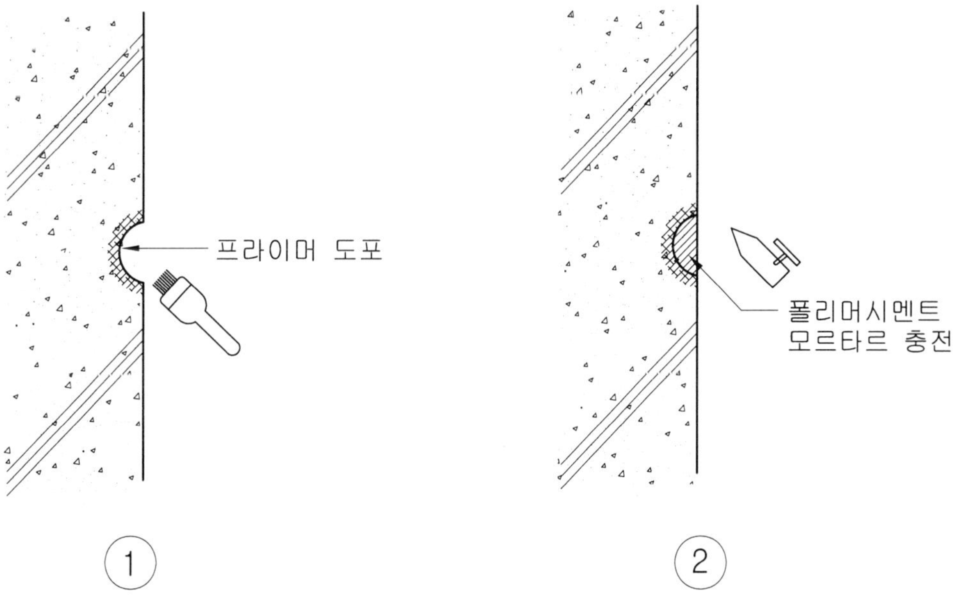

상 영 엔 지 니 어 링 (주) SANG YOUNG ENGINEERING. CO., LTD	**보 수 상 세**

1.3.3	보 단면 손상부 보강공법

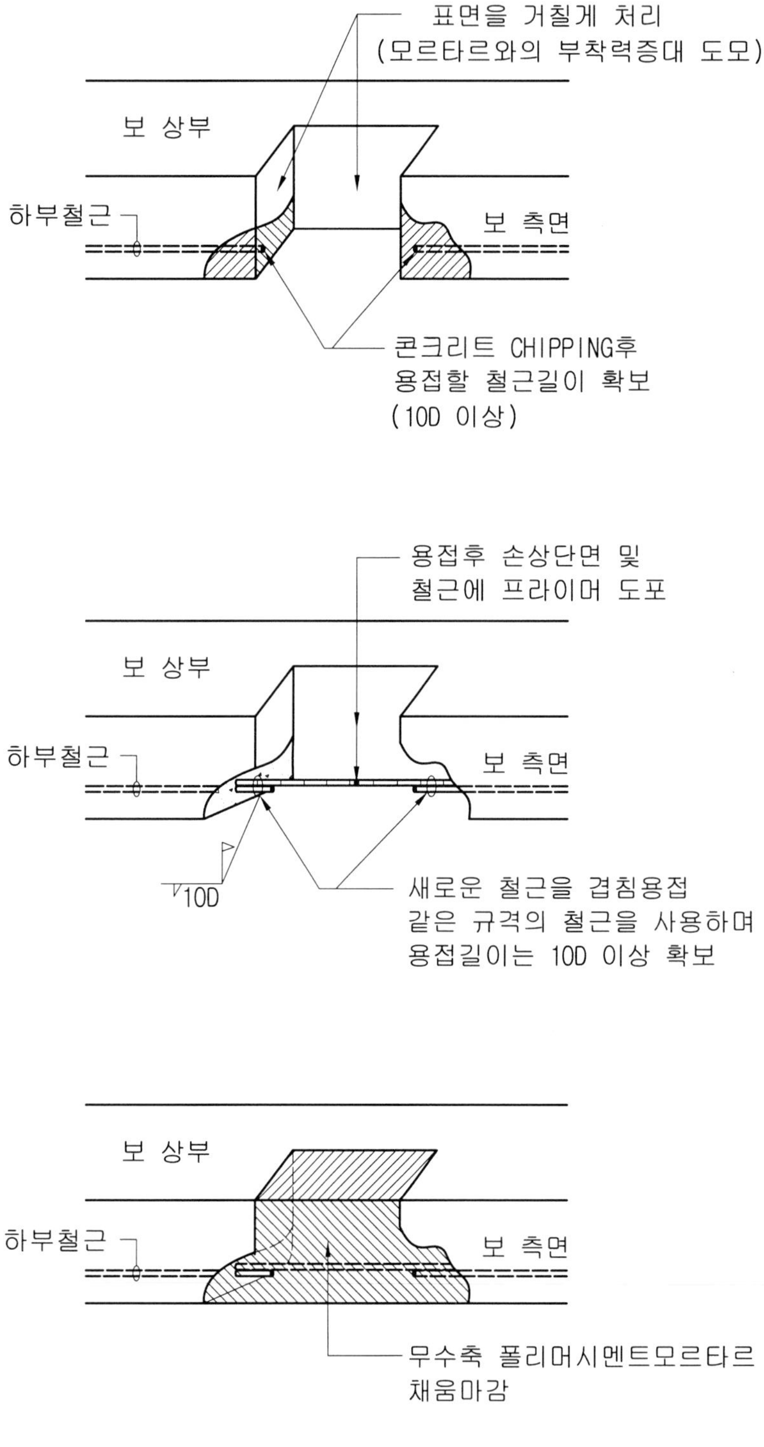

보 강 순 서

1. 철근 용접부의 콘크리트를 CHIPPING 후 새로운 철근의 용접길이 확보
2. 같은 규격의 철근을 용접길이 10D 이상으로 하여 겹침용접
3. 용접후, 손상단면 및 철근에 프라이머 도포
4. 손상부위 무수축 폴리머 시멘트 모르타르 채움
5. 미장 혹은 도장처리

1.3.4 기둥 단면 손상부 보강공법

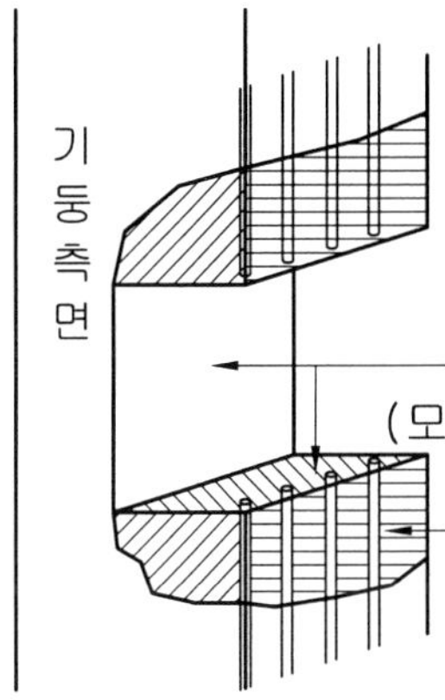

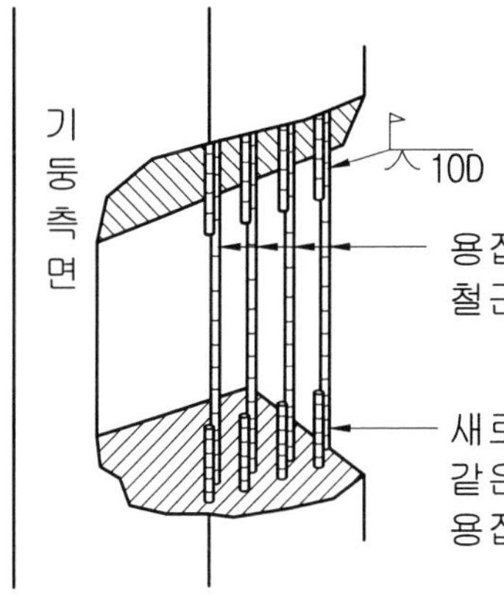

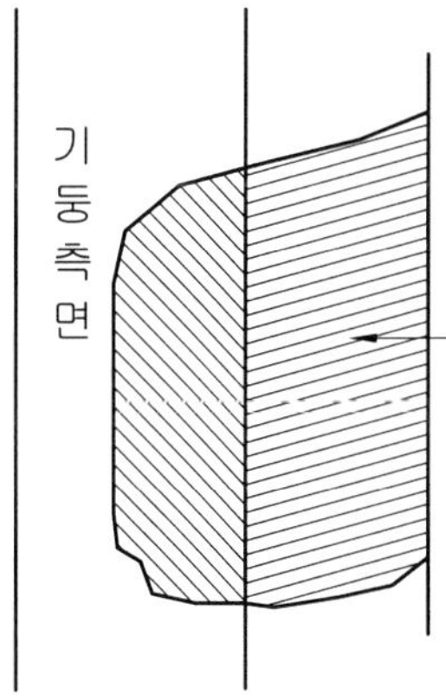

보 강 순 서

1. 철근 용접부의 콘크리트를 CHIPPING 후 새로운 철근의 용접길이 확보

2. 같은 규격의 철근을 용접길이 10D 이상으로 하여 겹침용접

3. 용접후, 손상단면 및 철근에 프라이머 도포

4. 손상부위 무수축 폴리머시멘트 모르타르 채움

5. 미장 혹은 도장처리

· REPAIR & REHABILITATION DRAWING ·

1.3.5	슬래브 단면 손상부 보수공법

손 상 부 위

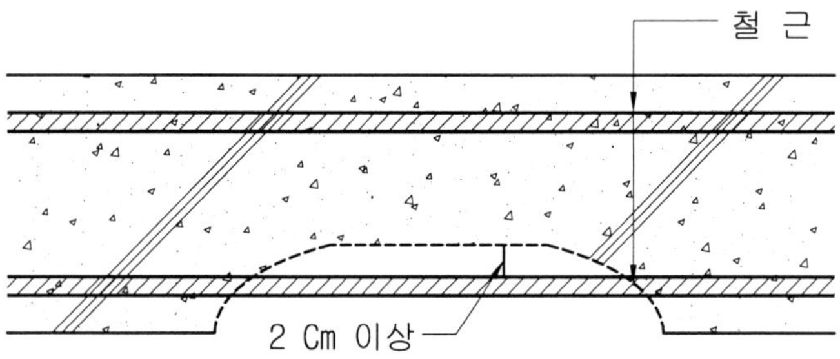

* 철근 안쪽으로 2Cm 이상
CHIPPING 할것.

보수 DETAIL

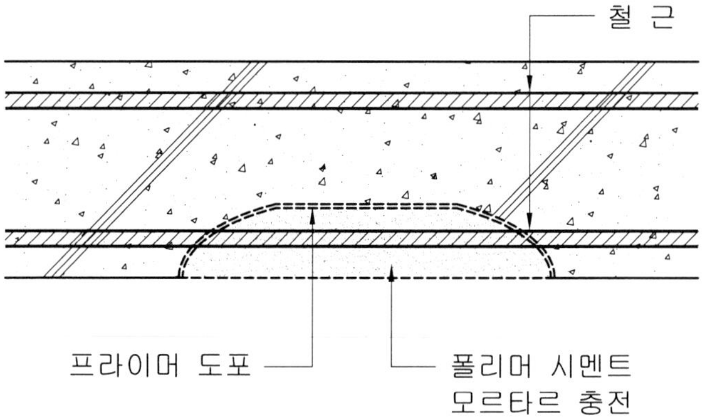

보 수 순 서

1. 보수부위 CHIPPING
2. 청 소
3. PRIMER 도포
4. 폴리머 시멘트 모르타르
5. 마 감

상 영 엔 지 니 어 링 (주)
SANG YOUNG ENGINEERING. CO., LTD

보 수 상 세

1.3.6	슬래브 바닥 손상부 보수공법

단면 훼손부위 보수 개념도

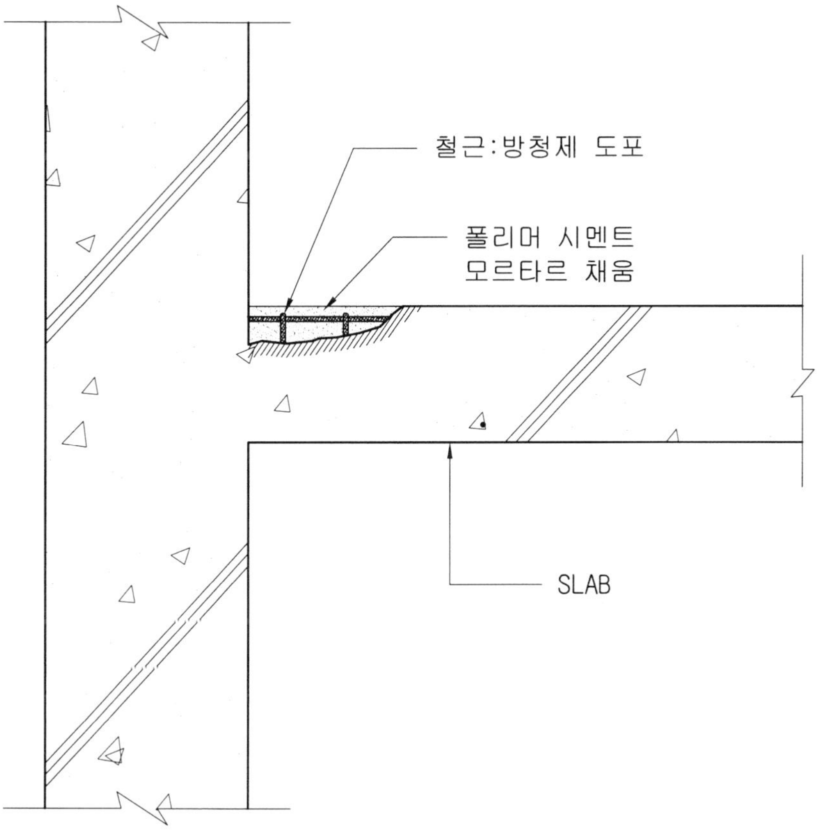

보 수 순 서

1. 보수부위 CHIPPING
2. 보수부위 청소
3. 방청제 도포
4. PRIMER 도포
5. 신구접착제 도포 (CW-205)
6. 폴리머 시멘트 모르타르 채움
7. 마 감

· **REPAIR & REHABILITATION DRAWING** ·

1.3.7a	폭열로 인한 기둥 박락부위 보수공법(일반 부위)

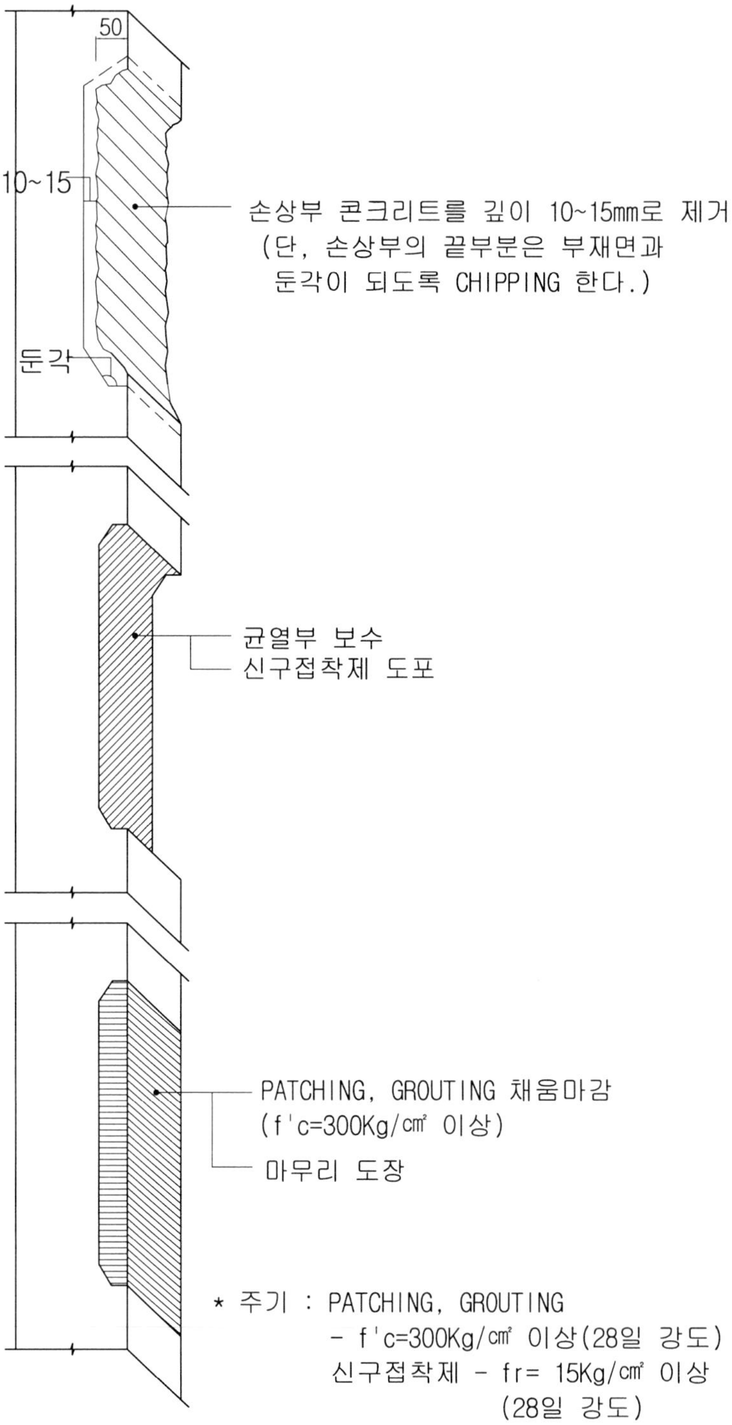

* 주기 : PATCHING, GROUTING
- f'c=300Kg/㎠ 이상(28일 강도)
신구접착제 - fr= 15Kg/㎠ 이상
(28일 강도)

보 수 순 서

1. 폭열부 콘크리트를 깊이 10~15mm로 제거
2. 균열부 보수 (콘크리트 균열부 보수상세 참조.)
3. 신구접착제 도포
4. PATCHING, GROUTING
5. 마무리 도장

상 영 엔 지 니 어 링 (주)
SANG YOUNG ENGINEERING. CO., LTD

보 수 상 세

DWG. NO.

1.3.7b	폭열로 인한 기둥 박락부위 보수공법(철근 노출)

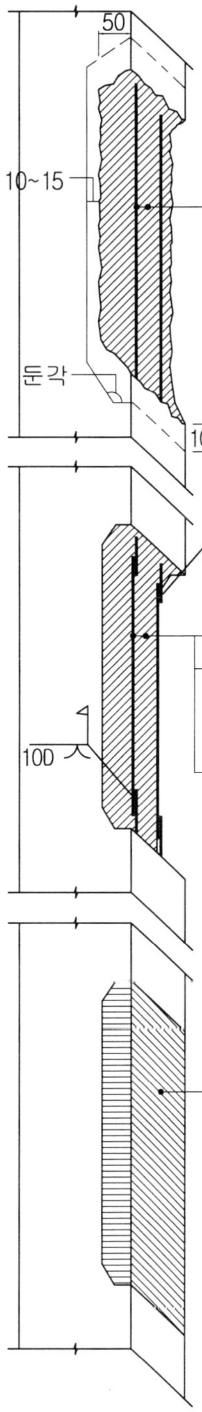

* 주기 :SHOT-CRETE ,
PATCHING - f'c=300Kg/㎠ 이상
(28일 강도)
용 접 봉 - KSE 5016(저수소계)
신구접착제 - fr= 15Kg/㎠ 이상
(28일 강도)

보 수 순 서

1. 노출된 철근 절단

2. 폭열부 콘크리트를
   깊이 10~15mm로 제거
   (단, 폭열부의 끝부분은
   철근절단부의 끝단에서
   10D 만큼 들어가 콘크리트
   를 제거후 용접길이 확보)

3. 균열부 보수
   (콘크리트 균열부
   보수상세 참조.)

4. 새로운 철근을 용접길이
   10D를 확보하여 용접

5. 신구접착제 도포

6. SHOT-CRETE 또는
   PATCHING 채움마감

7. 마무리 도장

상 영 엔 지 니 어 링 (주)
SANG YOUNG ENGINEERING. CO., LTD

보 수 상 세

· **REPAIR & REHABILITATION DRAWING** ·

1.3.8a	폭열로 인한 보 박락부위 보수공법(일반 부위)

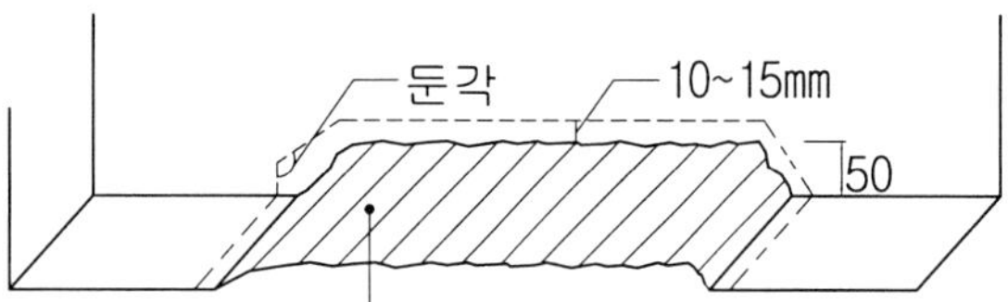

손상부 콘크리트를 깊이 10~15mm로 제거
(단, 손상부의 끝부분은 부재면과
둔각이 되도록 CHIPPING 한다.).

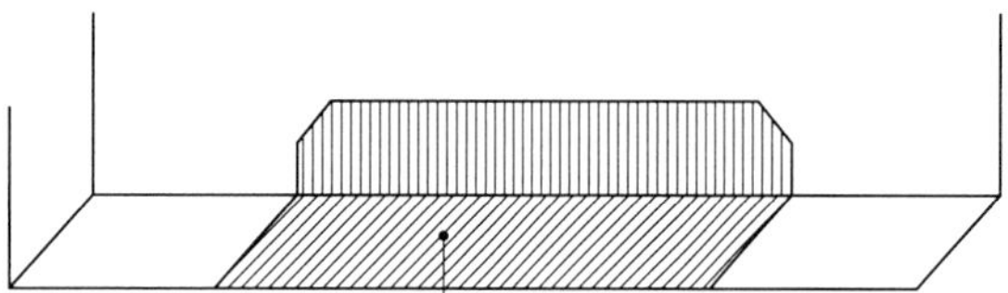

폴리머 시멘트 SHOT-CRETE
또는 PATCHING 마감
채움마감(f'c=300Kg/㎠ 이상)
마무리 도장

* 주기 : SHOT-CRETE 혹은 PATCHING
- f'c=300Kg/㎠ 이상(28일 강도)

신구접착제 - fr= 15Kg/㎠ 이상(28일 강도)

보 수 순 서

1. 폭열부 콘크리트를 깊이 10~15mm로 제거
2. 균열부 보수 (콘크리트 균열부 보수상세 참조.)
3. 신구접착제 도포
4. 폴리머시멘트 모르타르 SHOT-CRETE 혹은 PATCHING마감
5. 마무리 도장

상 영 엔 지 니 어 링 (주)
SANG YOUNG ENGINEERING. CO., LTD

보 수 상 세

· REPAIR & REHABILITATION DRAWING ·

1.3.8b	폭열로 인한 보 박락부위 보수공법(철근 노출)

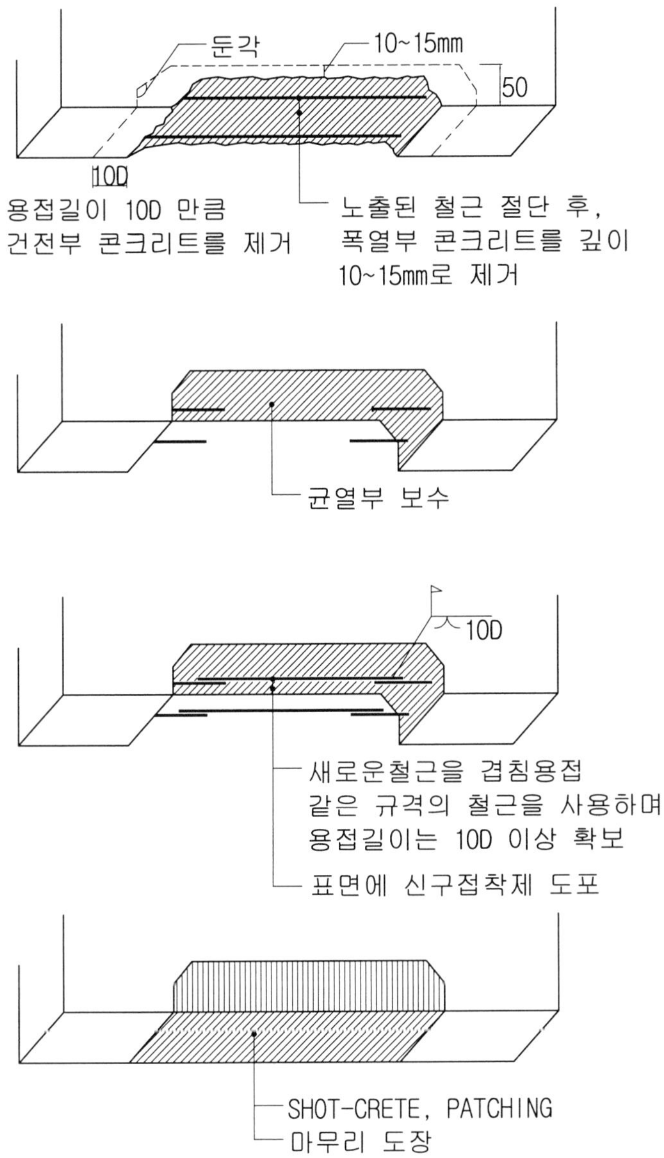

* 주기 : SHOT-CRETE, PATCHING - f'c=300Kg/㎠ 이상(28일 강도)
용 접 봉 - KSE 5016(저수소계)
신구접착제 - fr= 15Kg/㎠ 이상(28일 강도)

보 수 순 서

1. 노출된 철근 절단
2. 폭열부 콘크리트를 깊이 10~15mm로 제거 (단, 폭열부의 끝부분은 철근절단부의 끝단에서 10D 만큼 들어가 콘크리트를 제거후 용접길이 확보)
3. 균열부 보수 (콘크리트 균열부 보수상세 참조.)
4. 새로운 철근을 용접길이 10D를 확보하여 용접
5. 신구접착제 도포
6. SHOT-CRETE 또는 PATCHING 채움마감
7. 마무리 도장

상 영 엔 지 니 어 링 (주)
SANG YOUNG ENGINEERING. CO., LTD

보 수 상 세

· **REPAIR & REHABILITATION DRAWING** ·

1.3.9a	**폭열로 인한 벽체 및 슬래브 박락부위 보수공법(일반 부위)**

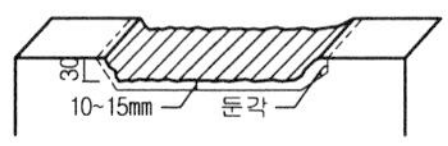

A 단면도

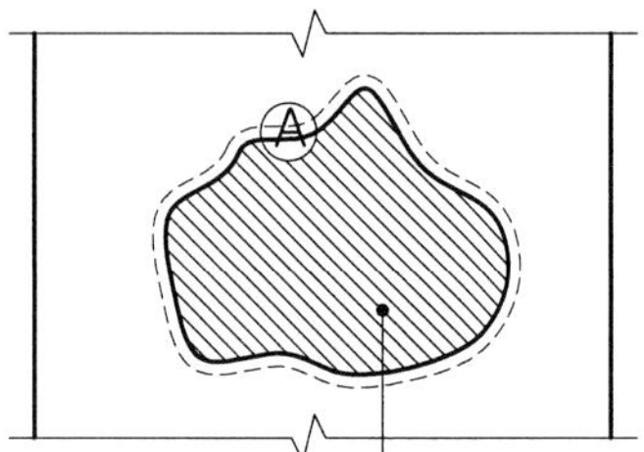

손상부 콘크리트를 깊이 10~15mm로 제거
(단, 손상부의 끝부분은 부재면과
둔각이 되도록 CHIPPING 한다.).

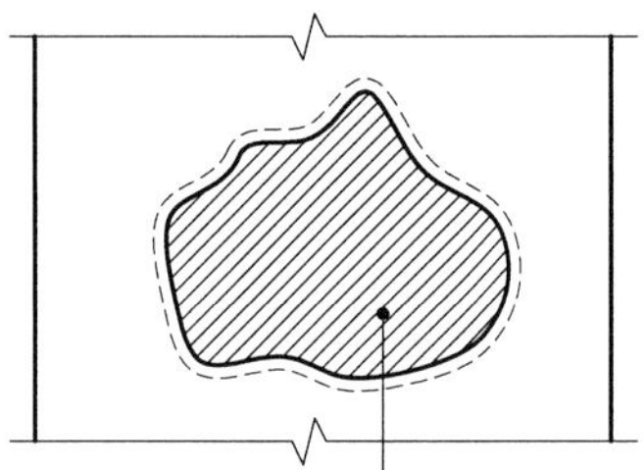

균열부 보수
신구접착제 도포

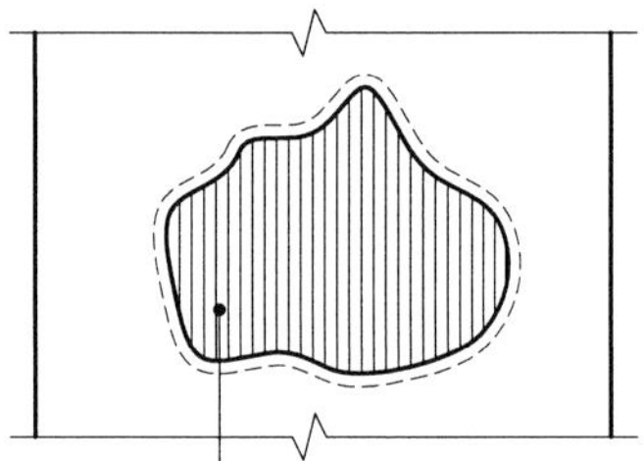

SHOT-CRETE, PATCHING 채움마감(300Kg/㎠ 이상)
마무리 도장

* 주기 : SHOT-CRETE, PATCHING - f'c=300Kg/㎠ 이상(28일 강도)
신구접착제 - fr= 15Kg/㎠ 이상(28일 강도)

보 수 순 서

1. 폭열부 콘크리트를 깊이 10~15mm로 제거
2. 균열부 보수 (콘크리트 균열부 보수상세 참조.)
3. 신구접착제 도포
4. SHOT-CRETE 또는 PATCHING
5. 마무리 도장

상 영 엔 지 니 어 링 (주)
SANG YOUNG ENGINEERING. CO., LTD

보 수 상 세

· **REPAIR & REHABILITATION DRAWING** ·

1.3.9b	**폭열로 인한 벽체 및 슬래브 박락부위 보수공법(철근노출)**

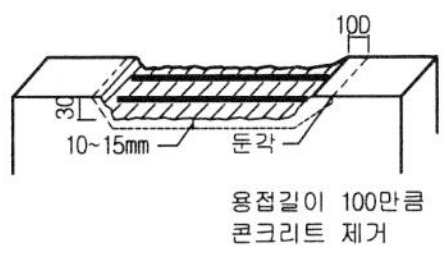

A 단면도

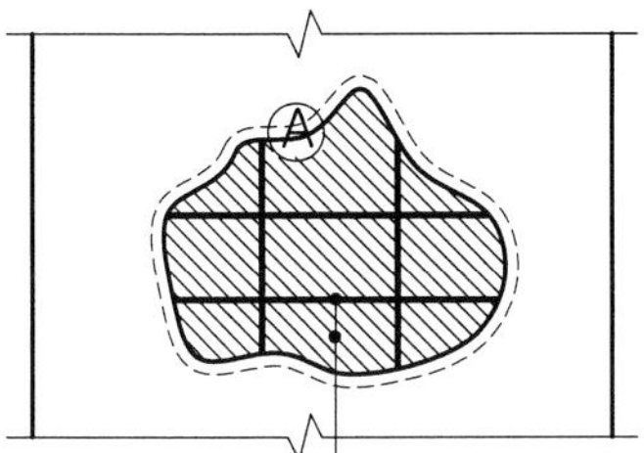

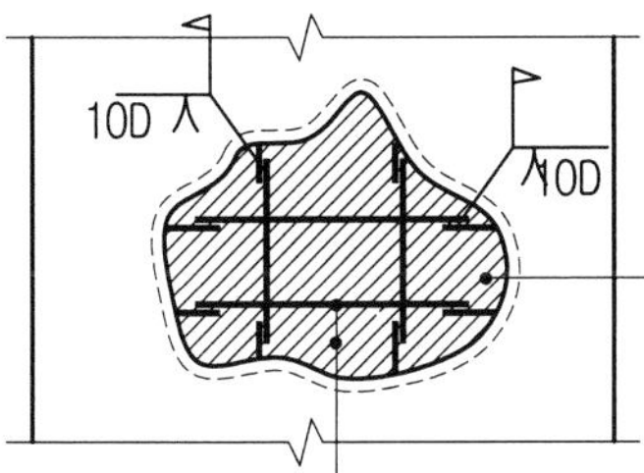

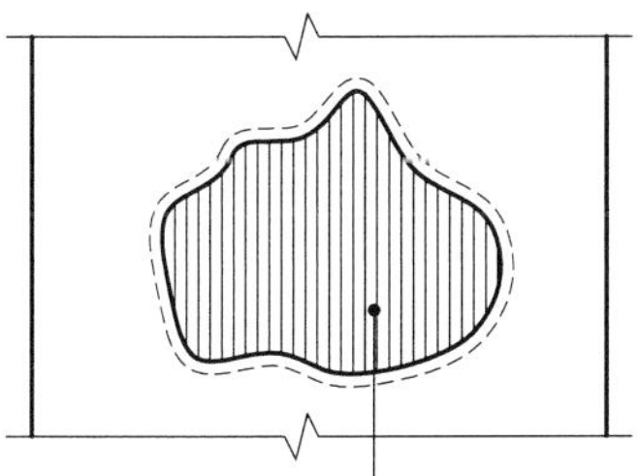

* 주기 : SHOT-CRETE, PATCHING - f'c=300Kg/㎠ 이상(28일 강도)
용 접 봉 - KSE 5016(저수소계)
신구접착제 - fr= 15Kg/㎠ 이상(28일 강도)

보 수 순 서

1. 노출된 철근 절단

2. 폭열부 콘크리트를 깊이 10~15mm로 제거. (단, 폭열부의 끝부분은 철근절단부의 끝단에서 10D 만큼 들어가 콘크리트를 제거후 용접길이 확보)

3. 균열부 보수 (콘크리트 균열부 보수상세 참조)

4. 새로운 철근을 용접길이 10D를 확보하여 용접

5. 신구접착제 도포

6. SHOT-CRETF 또는 PATCHING 채움마감

7. 마무리 도장

상 영 엔 지 니 어 링 (주) SANG YOUNG ENGINEERING. CO., LTD	**보 수 상 세**

1.3.10a	보 피복 부족 보수공법

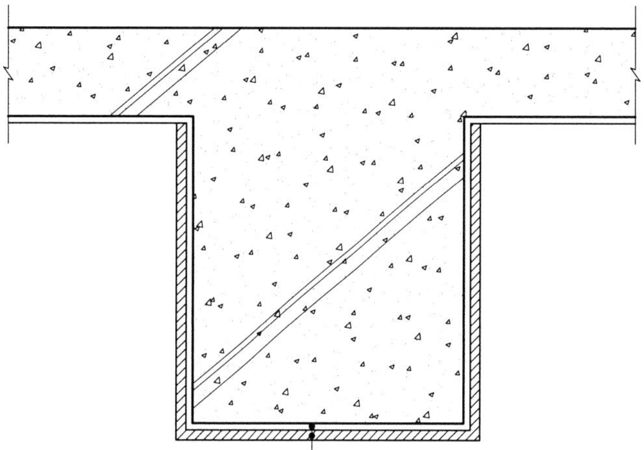

보 수 순 서

1. 마감층과 취약부 제거

2. 침투성 표면 경화제

3. 강접착성 모르타르바름
   (t=20mm 이상)
   (사양에 준함)

1.3.10b	보 하부 피복 부족 보수공법

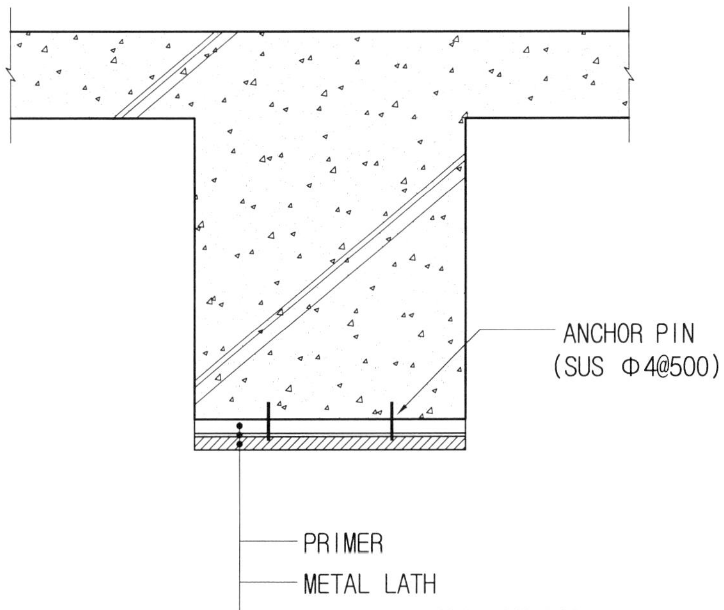

보 수 순 서

1. 마감층과 취약부 제거
2. ANCHOR PIN 부착
3. PRIMER 도포
4. METAL LATH 설치
5. POLYMER CEMENT MORTAR 바름 (t=20mm 이상)

1.3.11	슬래브 피복 부족 보수공법

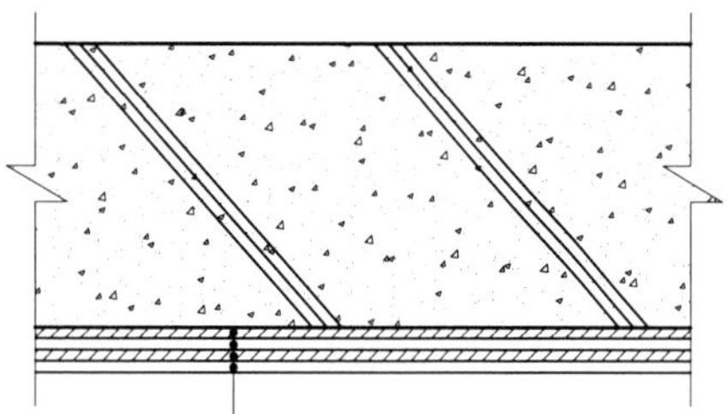

보 수 순 서

1. 마감층 취약부 제거

2. 모체보강재 침투도포
(두께:0.2mm)

3.*균열 0.1~0.5mm 미만인 경우 하지접착제
(두께 0.4mm)

*균열 0.5mm 이상인 경우 U-CUT 후 균열 보수재 충전

4. 하지접착 보강
(두께2.0mm)

· REPAIR & REHABILITATION DRAWING ·

1.3.12a	보 및 슬래브의 콘크리트 이어치기부 보수공법 (TYPE 1)

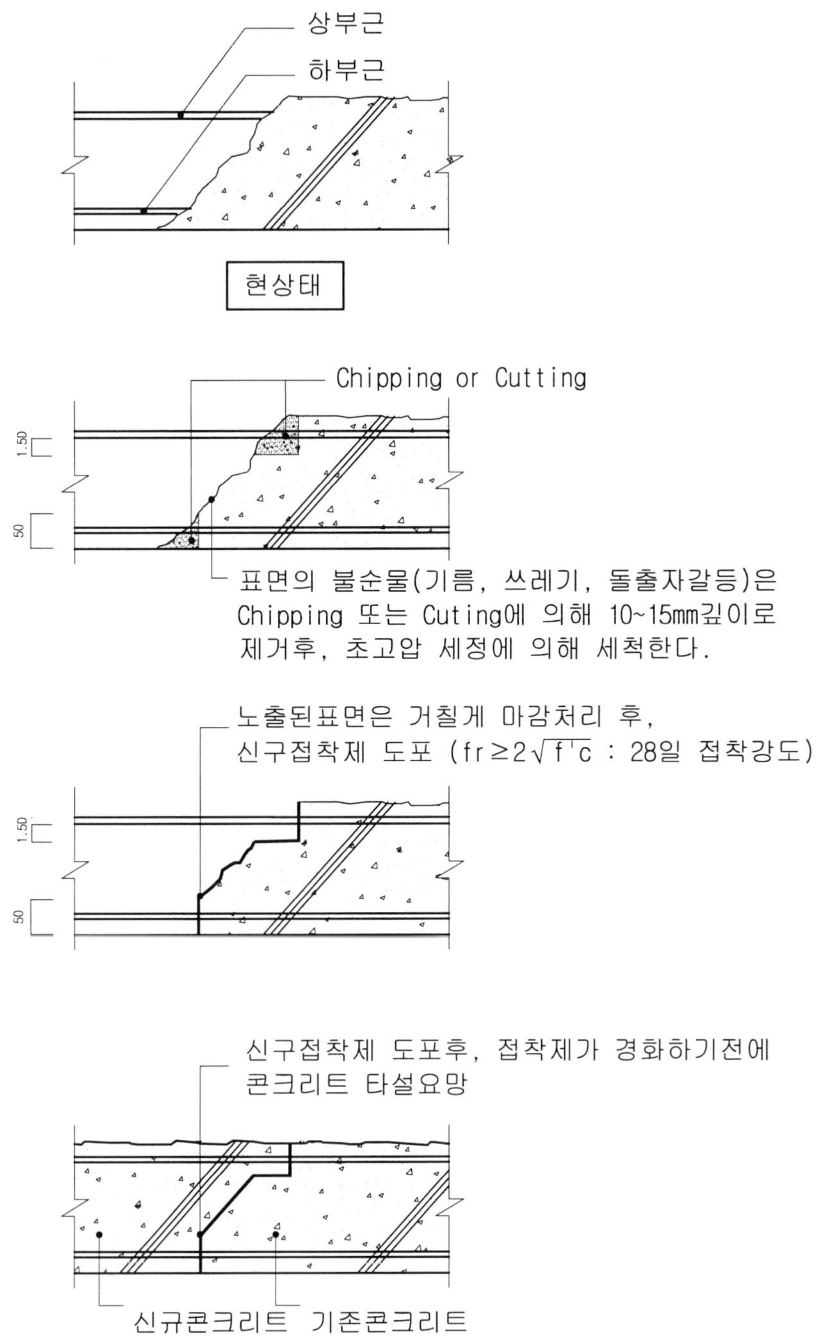

보 수 순 서

1. 콘크리트를 제거(Chipping 또는 Cutting)

2. 초고압 세정에 의해 세척한다.

3. 신구접착제 ($fr \geq 2\sqrt{f'c}$: 28일 접착강도)를 도포

4. 신규콘크리트타설

1.3.12b	보 및 슬래브의 콘크리트 이어치기부 보수공법 (TYPE 2)

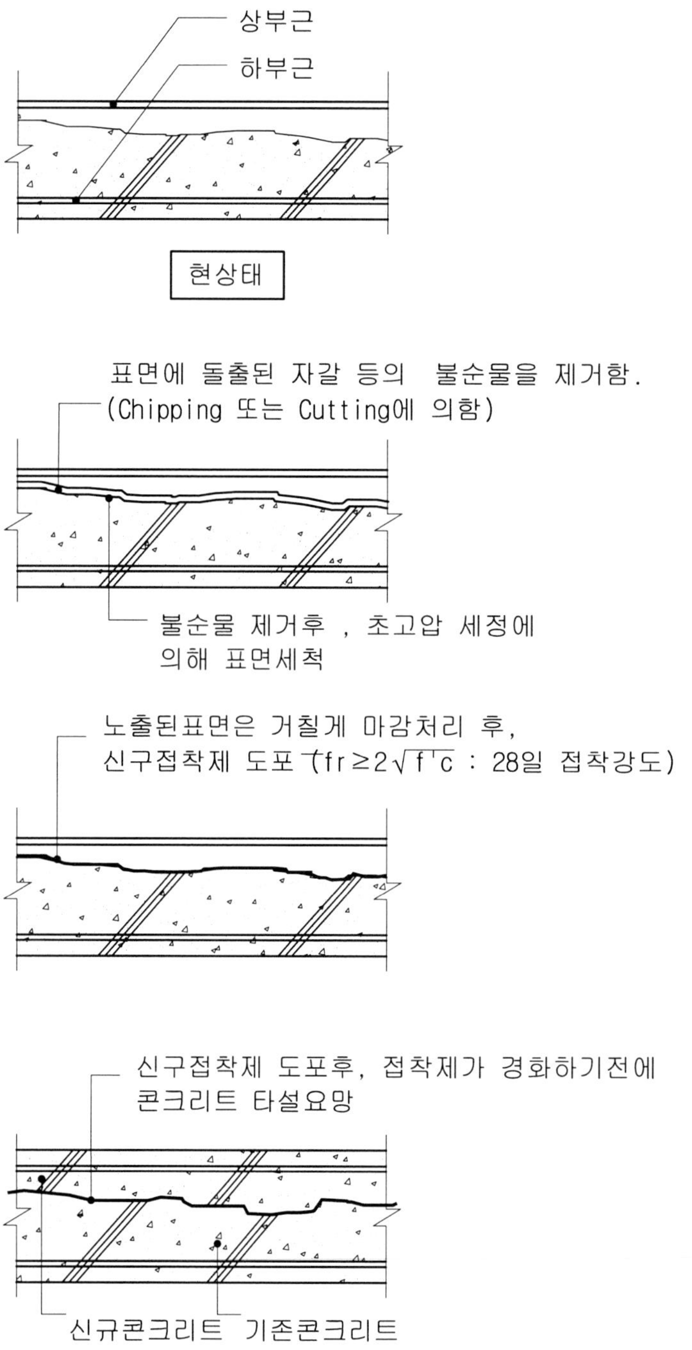

보 수 순 서

1. 콘크리트표면의 불순물을 Chipping 또는 Cutting

2. 초고압 세정에 의해 세척을 한다.

3. 신구접착제 (fr ≥ 2√f'c: 28일 접착강도)를 도포

4. 신규콘크리트 타설

주) 본 보수공법은 이어치기가 중단된 즉, 현재 중지된 콘크리트 타설상태가 양호한 부재에 해당하는 보수법이며, 흘리거나 타설상태가 불량한 부재는 모두 제거하여 재시공토록 한다.

1.4 탄소섬유 보강 공법

1.4.1	탄소섬유 보강공법 개요

공정	내용
콘크리트 표면처리	· 시공부위의 분할 및 마킹, 청소 및 건조, 열화층의 제거, 시멘트 풀 및 도장층의 연마제거.
단면복구	· 재료분리층의 파취제거, 철근 방청처리, MORTAR 충전보수, 균열보수
프라이머 도포	· 콘크리트 건조, 프라이머 혼합, 도포, 표면건조
불욕수정	· 블록부 절삭제거, 오목부 에폭시 PUTTY충전, 거푸집 조인트 절삭제거, 접착면의 평활화.
하도 레진수지 도포	· 수지혼합 - 주제 2 : 경화제 1, 도포(하도)
탄소섬유시트 접착	· SHEET 접착, 가압함침 및 탈포(기포제거), 수지보충, 함침.
상도 레진수지 도포	· 수지혼합 - 주제 2 : 경화제 1, 도포(상도)
탄소섬유시트 접착 (2회이상 적층시)	· 상기와 동일
상도 레진수지 도포 (2회이상 적층시)	· 상기와 동일
양 생	· 설계강도의 발현 조건은 평균기온 10℃에서 2주간, 평균기온 20℃에서 1주간 양생.
마감도장	· 아크릴계, 우레탄계, 폴리머계 중 선택하여 마감한다.

상 영 엔 지 니 어 링 (주) SANG YOUNG ENGINEERING. CO., LTD	시 공 순 서	DWG. NO.

· REPAIR & REHABILITATION DRAWING ·

1.4.2a	슬래브 하부 탄소섬유 보강공법 (TYPE-1)

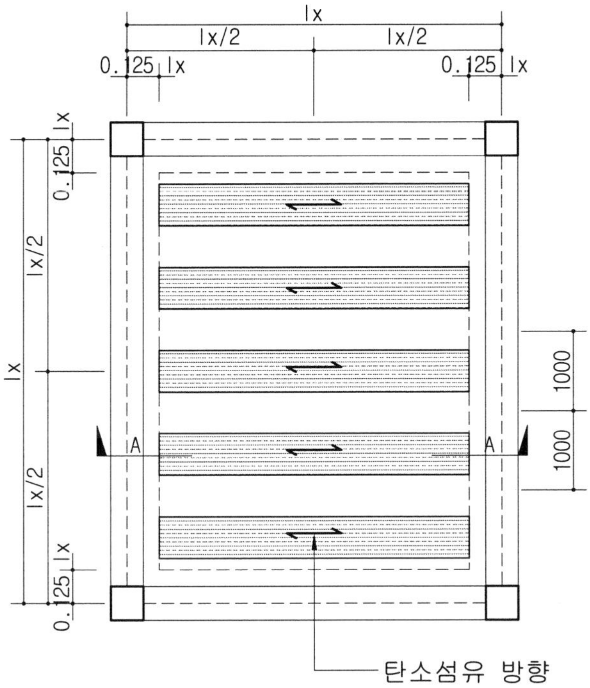

SECTION A

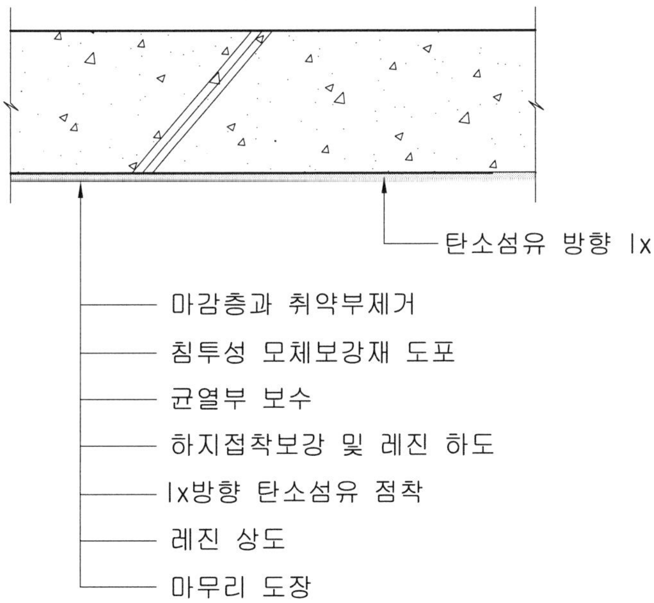

* 주기 : 탄소섬유 폭 500mm

보 강 순 서

1. 마감층과의 취약부제거
2. 균열부 보수
3. 침투성 모체보강재 PRIMER 도포
4. 하지접착보강 및 레진 하도
5. 탄소섬유 점착 (t=0.11~0.165mm)
6. 레진 상도
7. 마무리 도장(OPTION)

상 영 엔 지 니 어 링 (주) SANG YOUNG ENGINEERING. CO., LTD	보 강 상 세	DWG. NO.

· REPAIR & REHABILITATION DRAWING ·

1.4.2b	슬래브 하부 탄소섬유 보강공법 (TYPE-2)

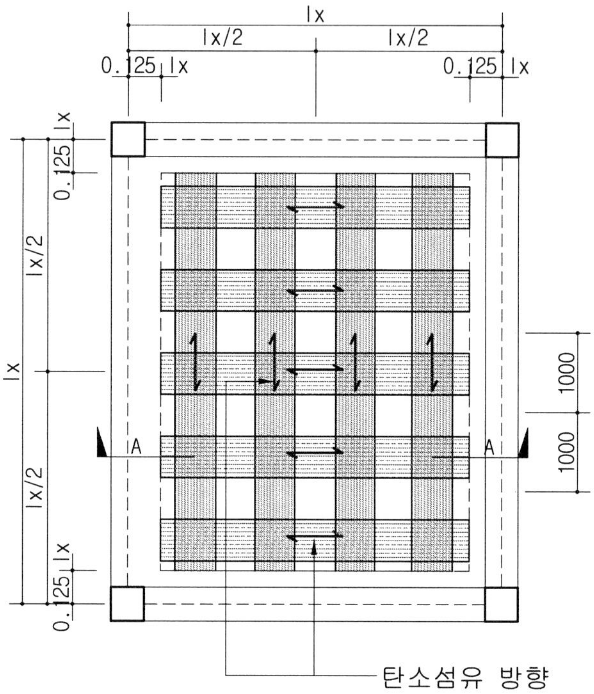

SECTION A

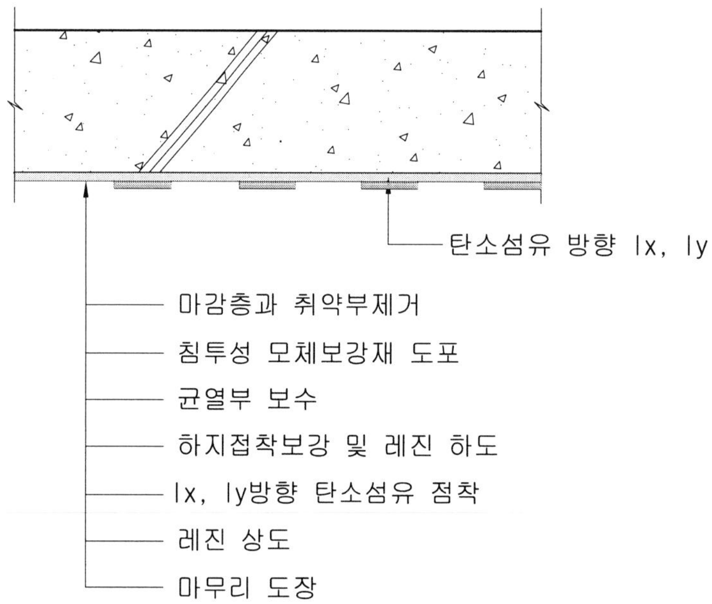

* 주기 : 탄소섬유 폭 500mm

보 강 순 서

1. 마감층과의 취약부제거
2. 균열부 보수
3. 침투성 모체보강재 PRIMER 도포
4. 하지접착보강 및 레진 하도
5. 탄소섬유 점착 (Lx 방향) (t=0.11~0.165mm)
6. 레진 상도(Lx 방향)
7. 레진 하도(Ly 방향)
8. 탄소섬유점착(Ly 방향)
9. 레진 상도(Ly 방향)
10. 마무리 도장(OPTION)

상 영 엔 지 니 어 링 (주) SANG YOUNG ENGINEERING. CO., LTD	보 강 상 세	DWG. NO.

· REPAIR & REHABILITATION DRAWING ·

1.4.2c	슬래브 하부 탄소섬유 보강공법 (TYPE-3)

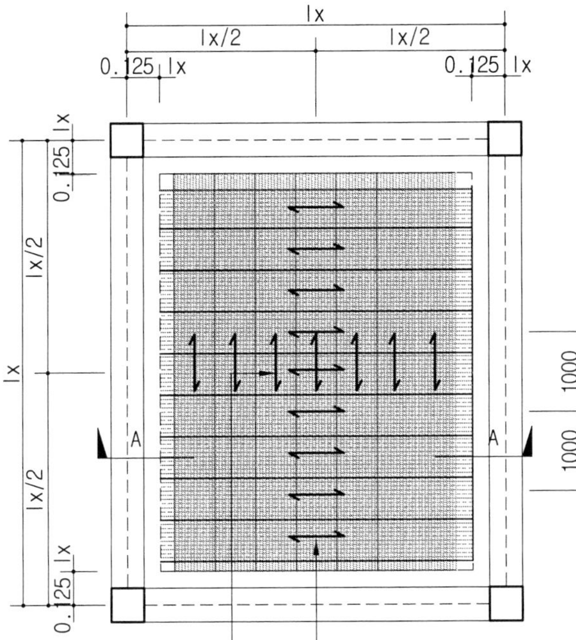

SECTION A

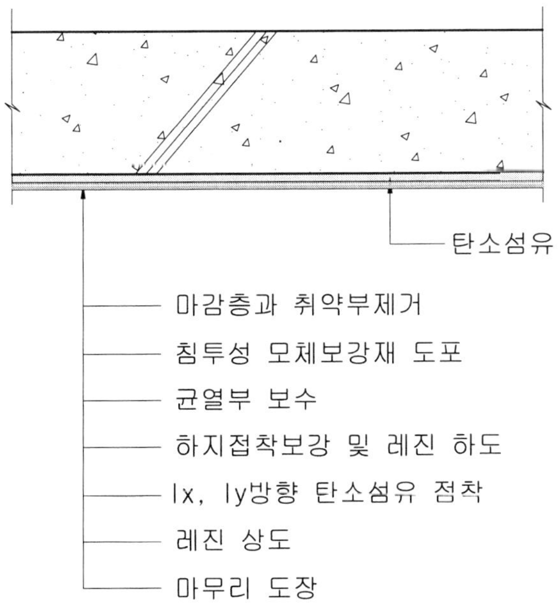

* 주기 : 탄소섬유 폭 500mm

보 강 순 서

1. 마감층과의 취약부제거
2. 균열부 보수
3. 침투성 모체보강재 PRIMER 도포
4. 하지접착보강 및 레진 하도
5. 탄소섬유 점착 (Lx 방향) (t=0.11~0.165mm)
6. 레진 상도
7. 탄소섬유보강(Ly 방향)
8. 레진상도
9. 마무리 도장(OPTION)

상 영 엔 지 니 어 링 (주) SANG YOUNG ENGINEERING. CO., LTD	보 강 상 세	DWG. NO.

· REPAIR & REHABILITATION DRAWING ·

1.4.3a	보 탄소섬유 보강공법 (TYPE-1 : 휨+전단보강)

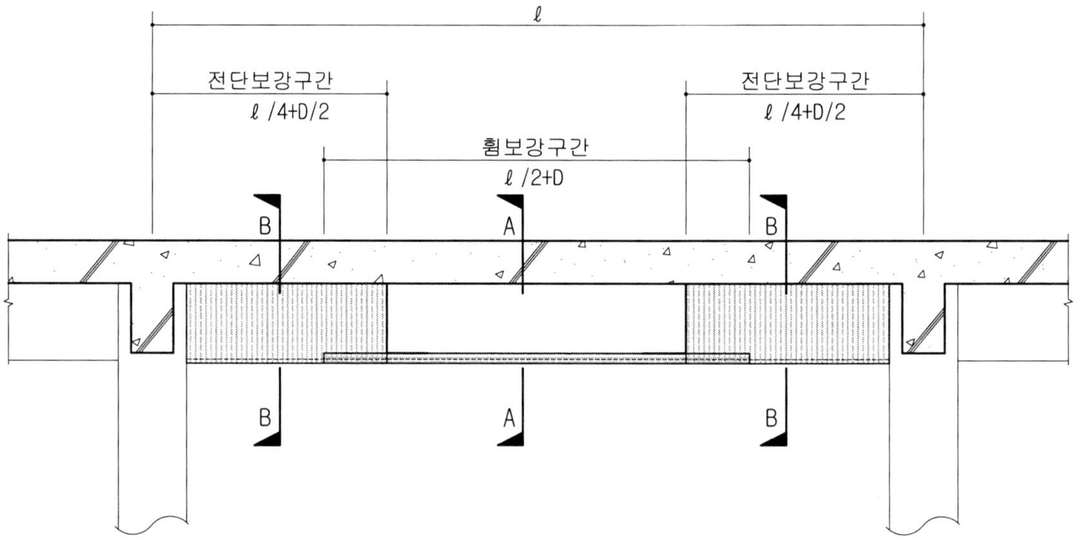

SECTION A

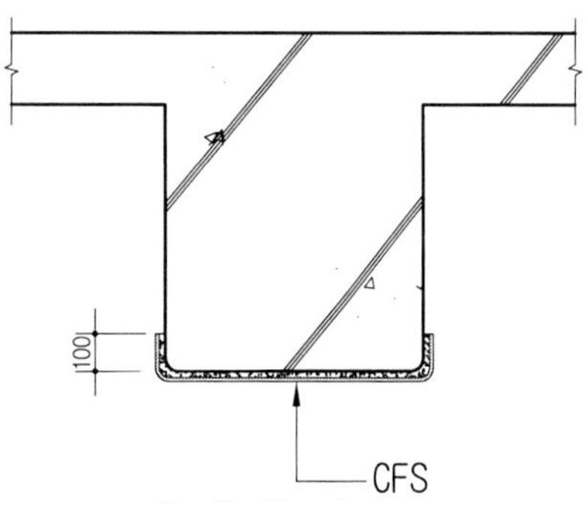

(섬유방향은 보방향과 나란함)

SECTION B

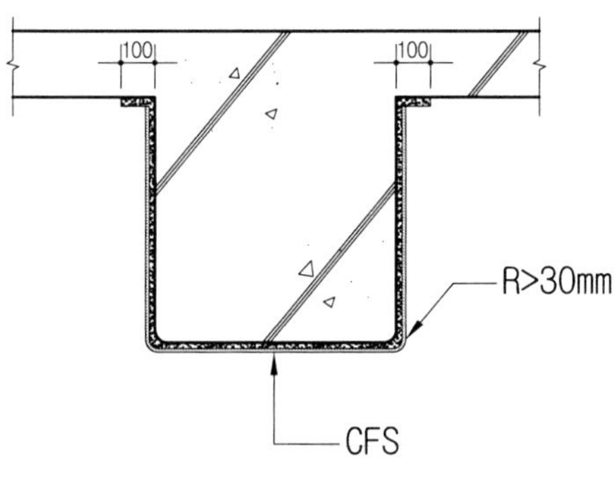

(섬유방향은 보 길이방향과 수직으로 교차됨)

상 영 엔 지 니 어 링 (주) SANG YOUNG ENGINEERING. CO., LTD	보 강 상 세	DWG. NO.

· REPAIR & REHABILITATION DRAWING ·

1.4.3b	보 탄소섬유 보강공법 (TYPE-2 : 전단보강)

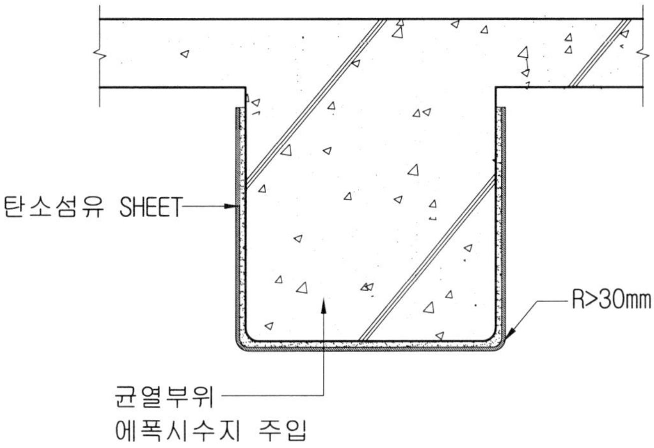

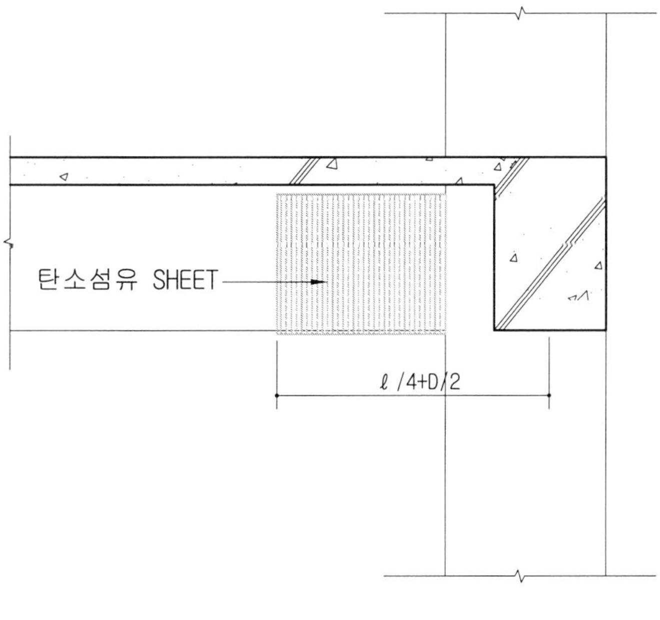

보 강 순 서

1. 마감 제거
2. 균열부위 EPOXY 수지주입
3. 콘크리트 결손부위 보수
4. 콘크리트 표면의 정리
   및 모서리 부위 처리
   (R=30 이상)
5. 표면 강화제 혹은
   프라이머 도포
6. 레진 하도
7. 탄소섬유 SHEET 점착
8. 레진 상도
9. 미장 혹은 도장처리

상 영 엔 지 니 어 링 (주) SANG YOUNG ENGINEERING. CO., LTD	보 강 상 세	DWG. NO.

1.4.3c	보 탄소섬유 보강공법 (TYPE-3 : 휨보강)

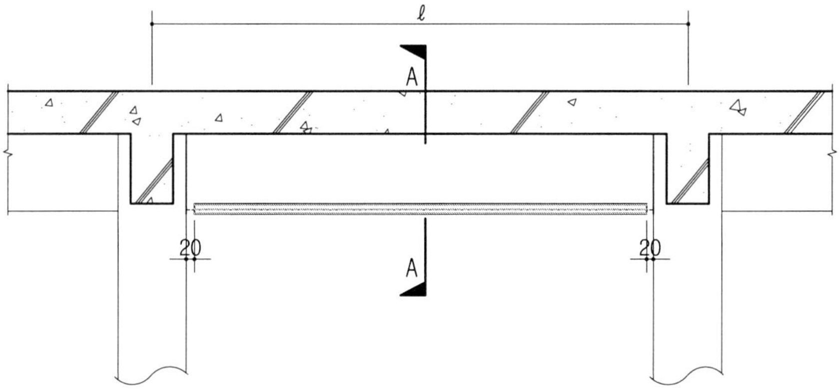

SECTION A

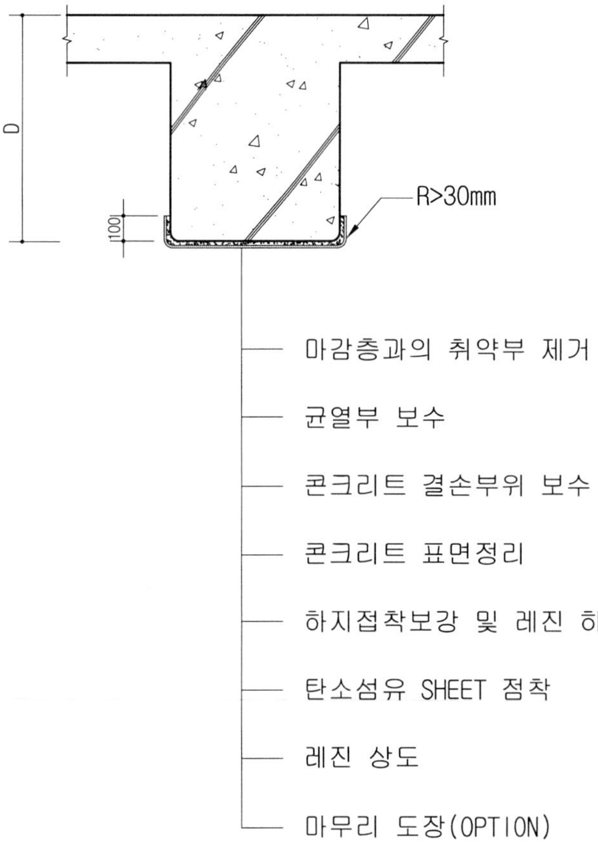

보 강 순 서

1. 마감 제거
2. 균열부위 EPOXY 수지주입
3. 콘크리트 결손부위 보수
4. 콘크리트 표면의 정리 및 모서리 부위 처리 (R=30 이상)
5. 표면 강화제 혹은 프라이머 도포
6. 레진 하도
7. 탄소섬유 SHEET 점착
8. 레진 상도
9. 미장 혹은 도장처리

상 영 엔 지 니 어 링 (주) SANG YOUNG ENGINEERING. CO., LTD	보 강 상 세	DWG. NO.

· REPAIR & REHABILITATION DRAWING ·

1.4.4a	기둥 탄소섬유 보강공법 (TYPE-1)

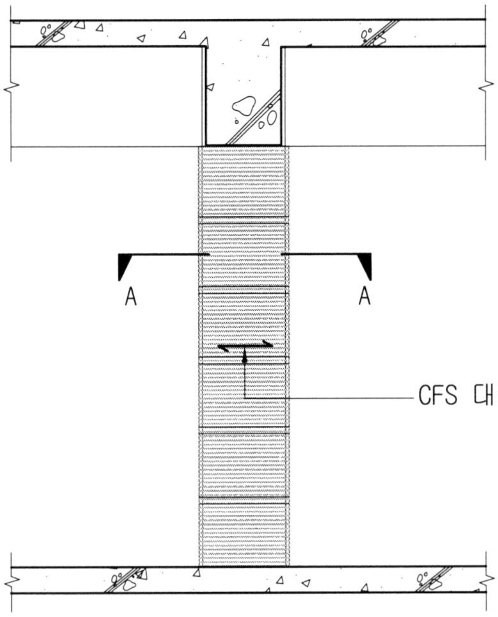

SECTION A

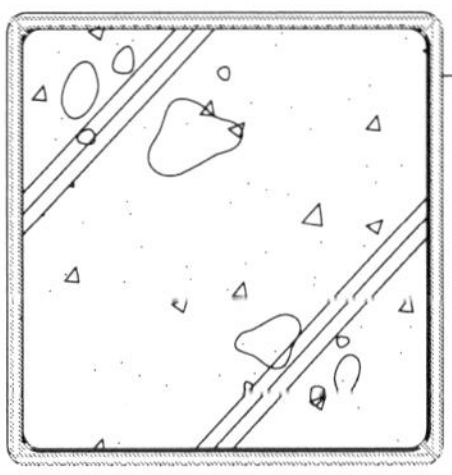

보 강 순 서

1. 마감 제거

2. 균열부위 EPOXY 수지주입

3. 콘크리트 결손부위 보수

4. 콘크리트 표면의 정리
   및 모서리 부위 처리
   (R=30 이상)

5. 표면 강화제 혹은
   프라이머 도포

6. 레진 하도

7. 탄소섬유 SHEET 점착
   (기둥 대근방향)

8. 레진 상도

9. 미장 혹은 도장처리

상 영 엔 지 니 어 링 (주) SANG YOUNG ENGINEERING. CO., LTD	보 강 상 세	DWG. NO.

1.4.4b	기둥 탄소섬유 보강공법 (TYPE-2)

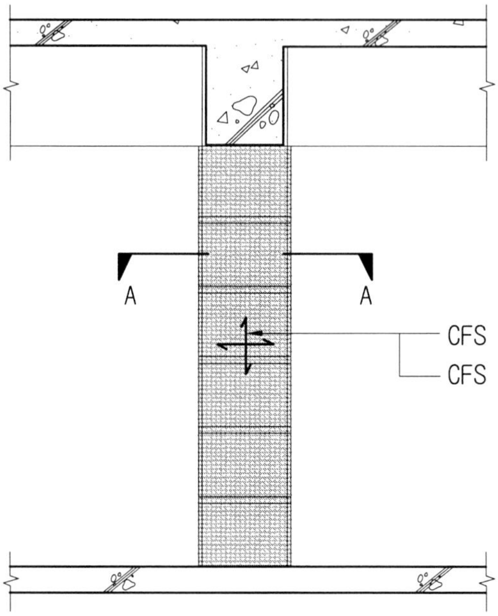

SECTION A

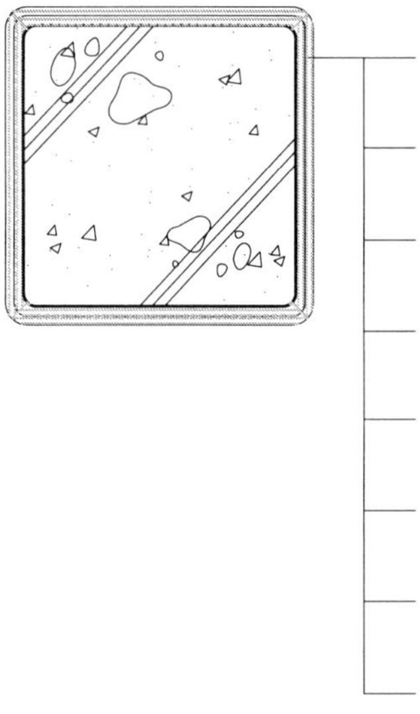

보 강 순 서

1. 마감 제거
2. 균열부위 EPOXY 수지주입
3. 콘크리트 결손부위 보수
4. 콘크리트 표면의 정리 및 모서리 부위 처리 (R=30 이상)
5. 표면 강화제 혹은 프라이머 도포
6. 레진 하도
7. 탄소섬유 SHEET 점착 (기둥 대근방향) (기둥 주근방향)
8. 레진 상도
9. 미장 혹은 도장처리

1.4.5	벽체 탄소섬유 보강공법

벽체 탄소섬유 보강공법 (TYPE-1)

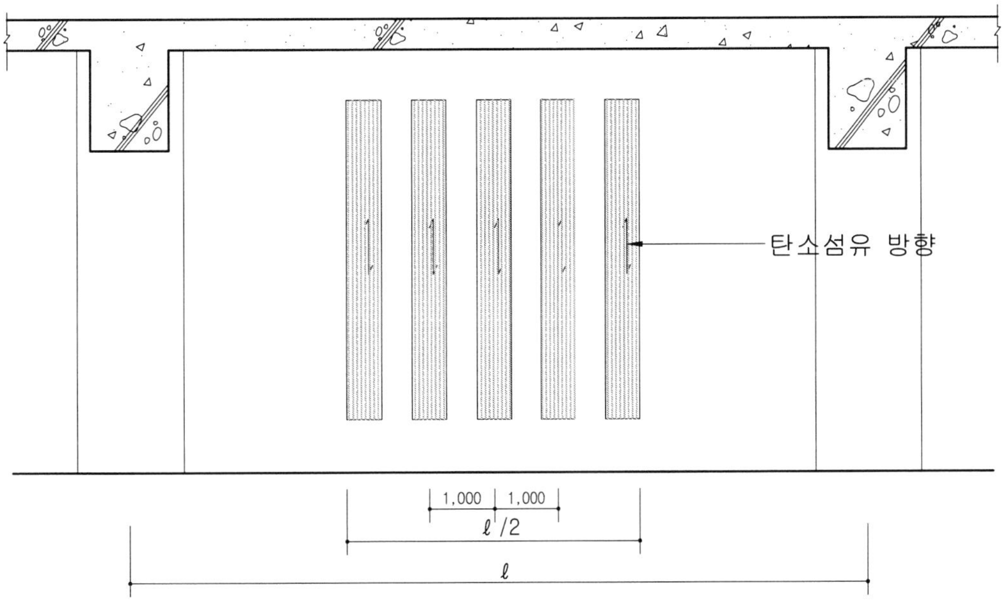

벽체 탄소섬유 보강공법 (TYPE-2)

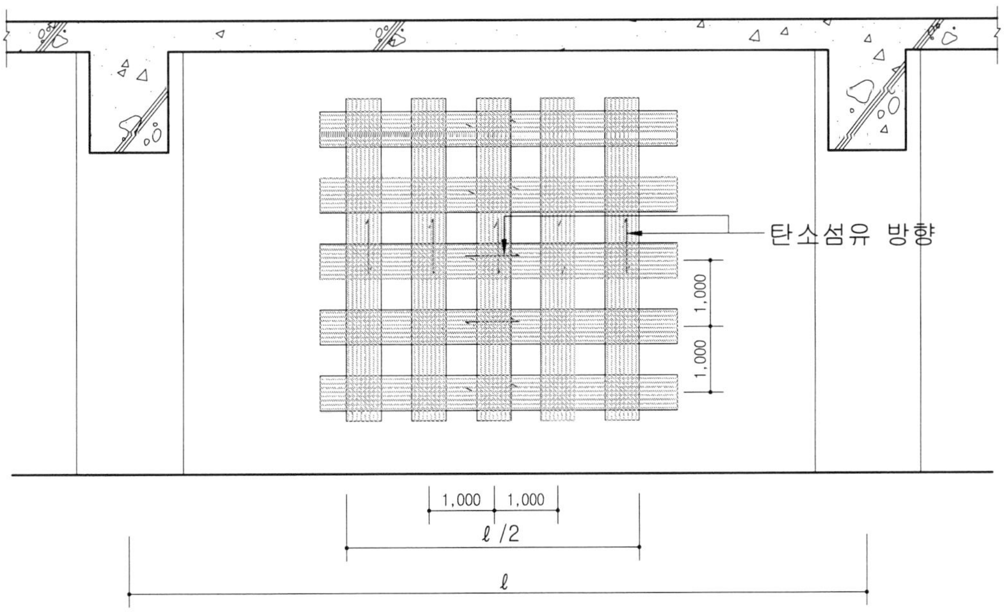

상 영 엔 지 니 어 링 (주) SANG YOUNG ENGINEERING. CO., LTD	보 강 상 세	DWG. NO.

1.5 형강 보강 공법

1.5.1	H-형강 보강공법 개요

공정	내용
보강 범위의 확인	· 감독원과 보강범위 등을 협의한다.(보강은 최하층부터 시행한다)
마감제거	· 기존 형강보의 내화피복 및 미장마감 등을 제거한다.
원척도 작성	· 기존 형강보의 처짐 상태를 고려하여 원척도를 작성한다.
보강부재의 제작	· 적당한 크기(2.5m~3.0m 내외)로 절단 후 용접부위의 개선을 상세도에 따라 시행한다.
보강부재의 설치	· 보강형강을 기존형강 하부에 설치한다.
JACK - UP	· 형강 보강시 보강부재의 아래에 1.2m~1.5m 간격으로 (보강부재 2.5m~3m 당 2개씩) 설치 후 0.3~0.5cm 정도 JACK - UP 하여 기존 부재의 장력을 제거시킨다.
용　　접	· 보강 상세도를 참조하여 시방서에 따라 용접한다.
존치기간	· JACK - UP은 상부층에서도 계속되므로 보강공사중인 층의 하부로 2개층은 SUPPORT를 그대로 존치시켜 둔다.
검　　사	· 용접부위의 상태를 검사한다.

1.5.2	H-형강에 의한 철골보 보강공법

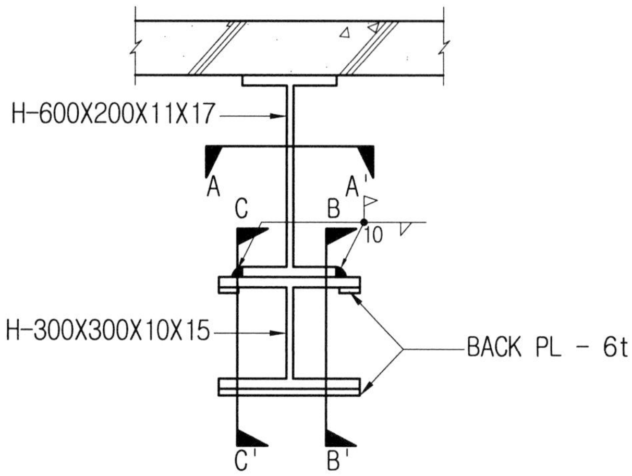

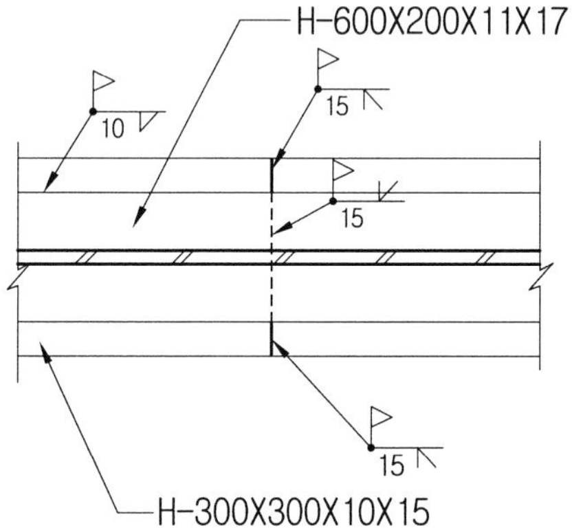

SECTION A~A'

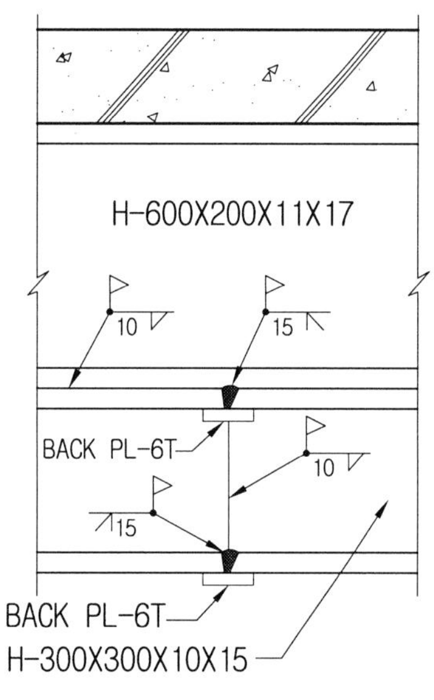

SECTION B~B'

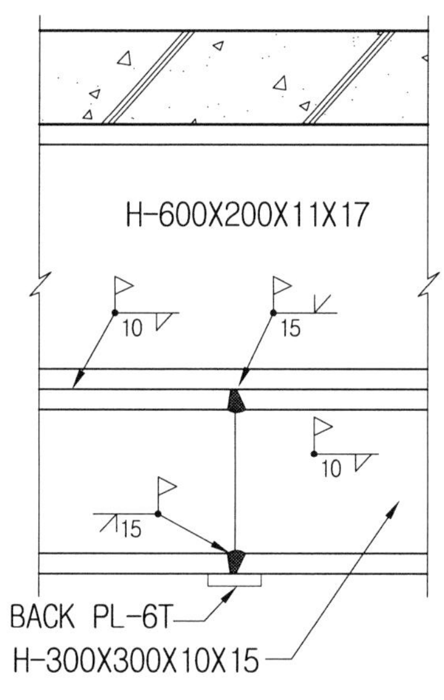

SECTION C~C'

상 영 엔 지 니 어 링 (주) SANG YOUNG ENGINEERING. CO., LTD	보 강 상 세	DWG. NO.

· **REPAIR & REHABILITATION DRAWING** ·

1.5.3	**H-형강에 의한 보 보강공법**

DETAIL

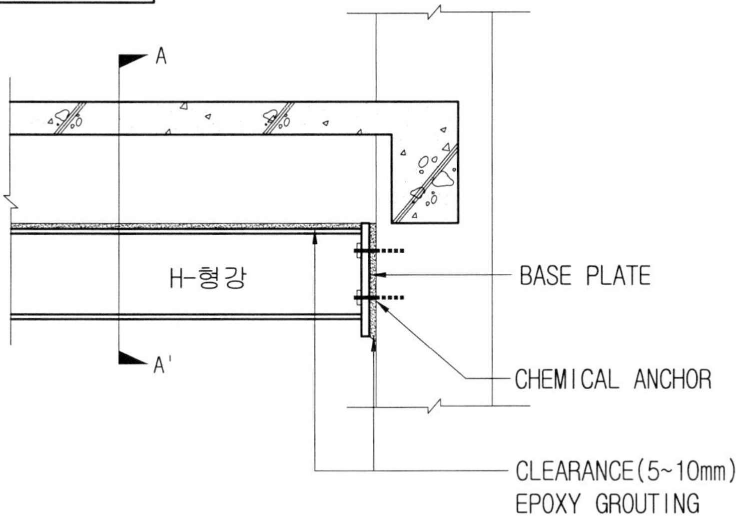

SECTION A~A'

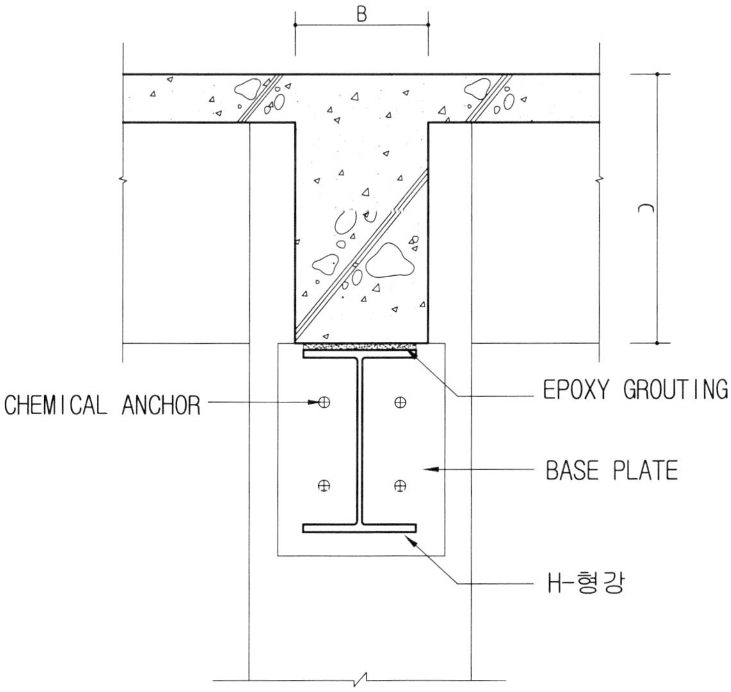

보 강 순 서

1. 보 하단 및 기둥접합부의 마감제거
2. ANCHOR HOLE 천공
3. BASE PLATE 및 철골 설치
4. ANCHOR 설치
5. SEALING
6. EPOXY GROUTING
7. 철골 방청 페인트 도포
8. 조합 페인트 칠(OPTION)

상 영 엔 지 니 어 링 (주) SANG YOUNG ENGINEERING. CO., LTD	**보 강 상 세**	DWG. NO.

· REPAIR & REHABILITATION DRAWING ·

1.5.4	H-형강 보 단면 손상부위 보수공법

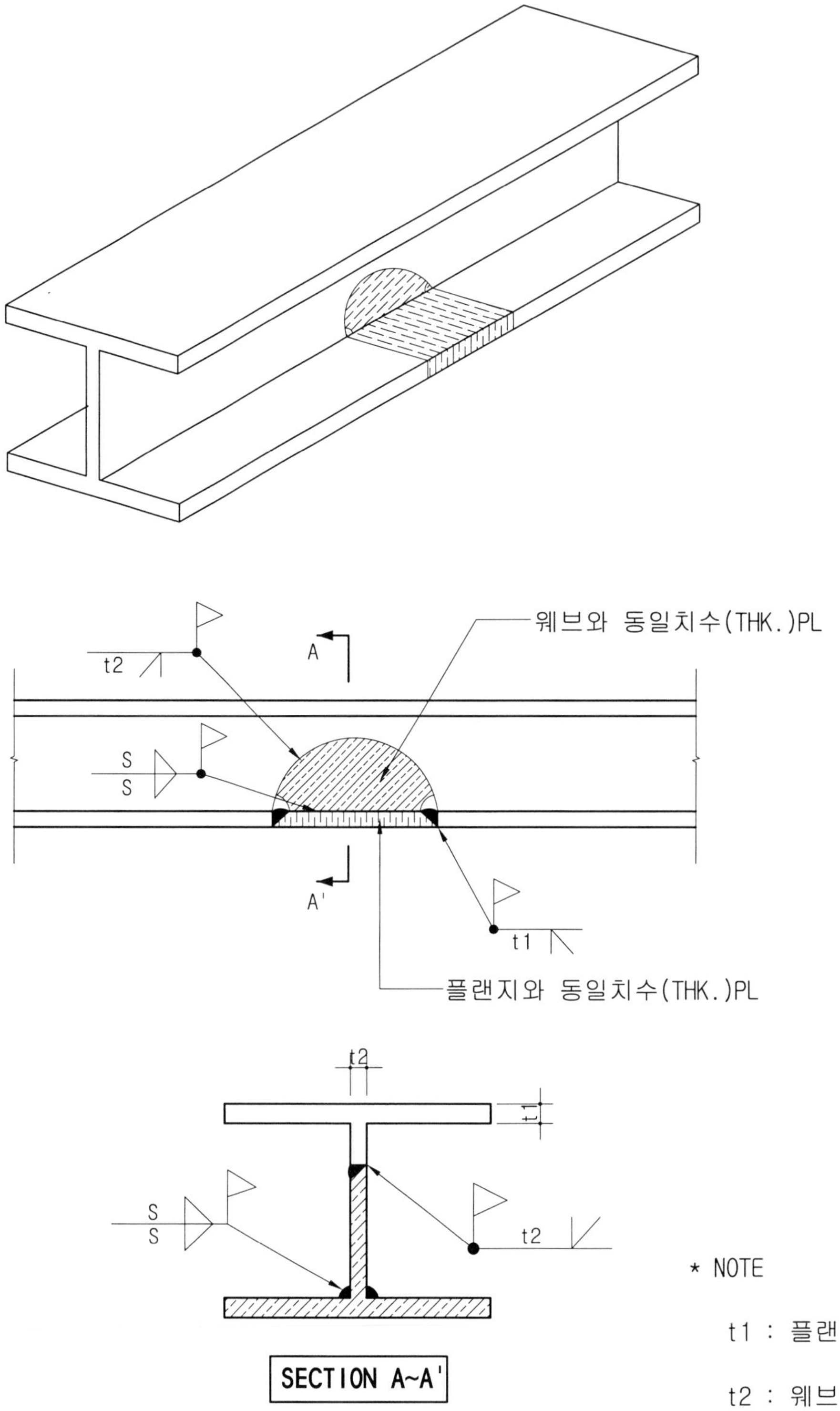

* NOTE

t1 : 플랜지두께

t2 : 웨브두께

S : 표준용접

* 주기 : 철골-SS41,
  용접봉-KSE 5016(저수소계)

상 영 엔 지 니 어 링 (주) SANG YOUNG ENGINEERING. CO., LTD	보 수 상 세	DWG. NO.

· REPAIR & REHABILITATION DRAWING ·

1.5.5	H-형강 기둥 신설공법

ELEVATION

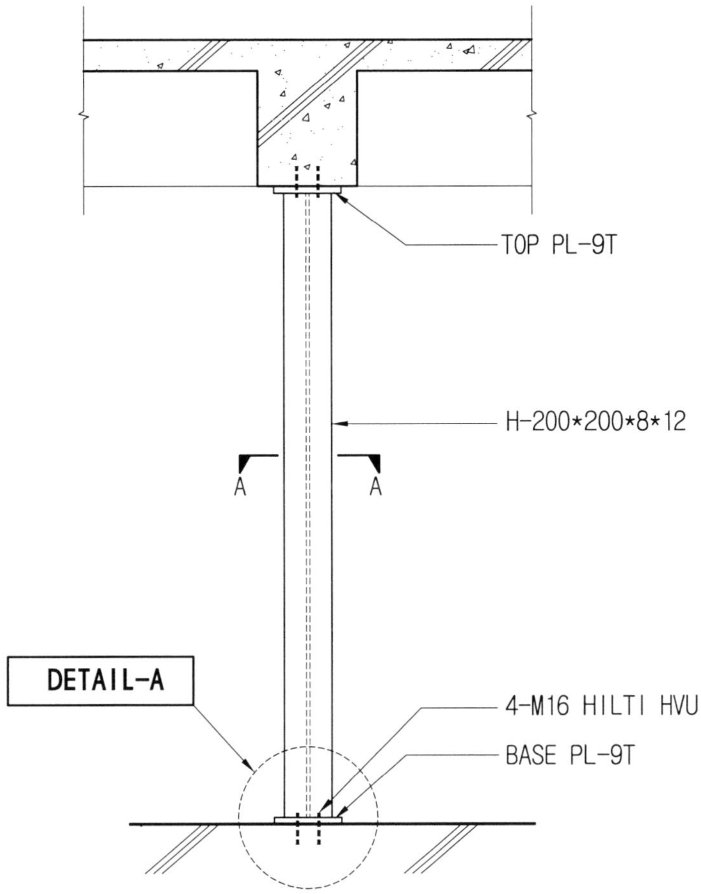

DETAIL-A

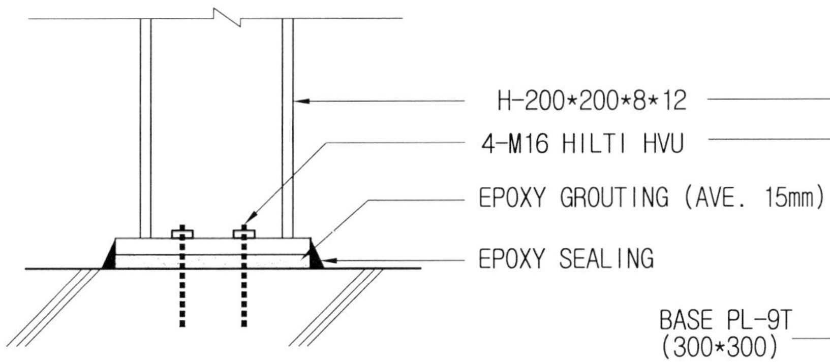

SECTION A

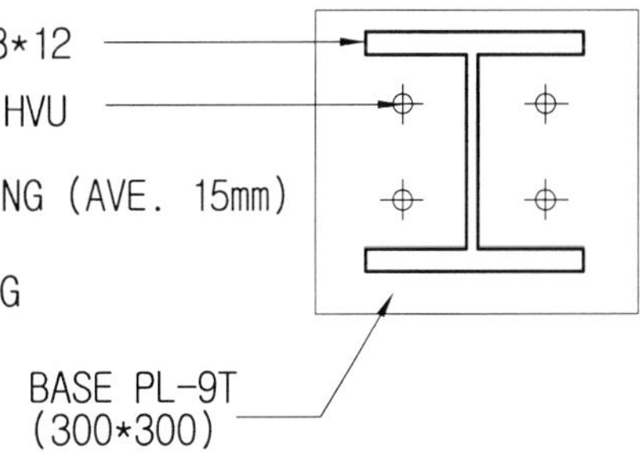

상 영 엔 지 니 어 링 (주) SANG YOUNG ENGINEERING. CO., LTD	보 강 상 세	DWG. NO.

1.5.6 슬래브 처짐 H-형강 보강공법

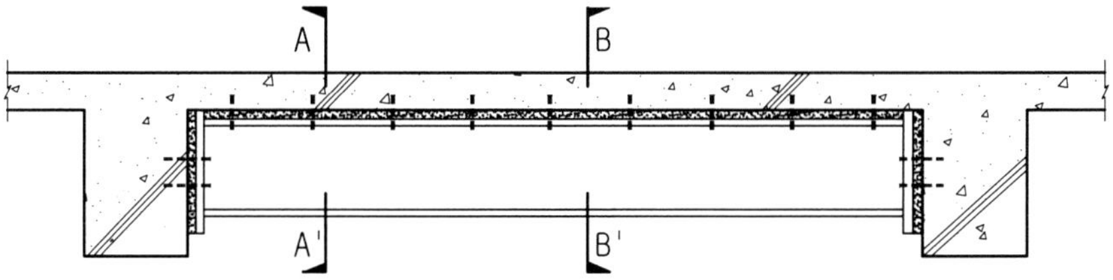

SECTION A~A'

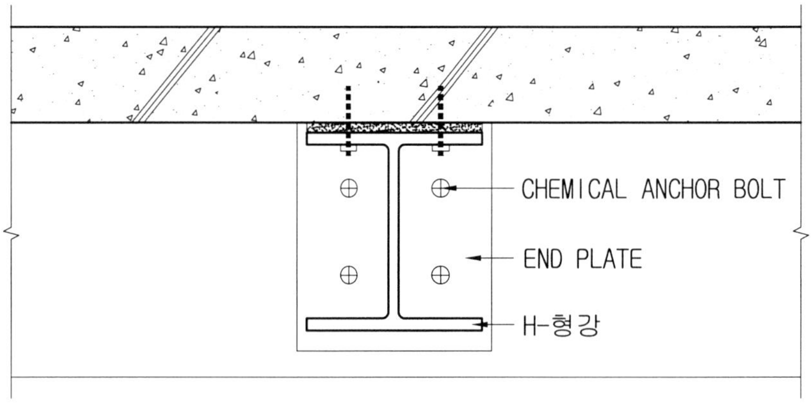

SECTION B~B'

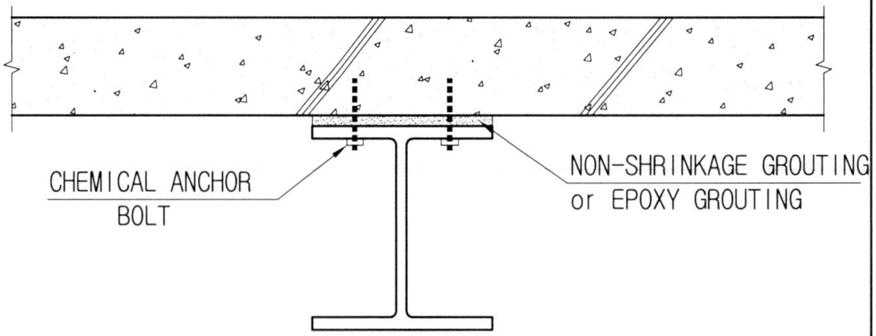

보 강 순 서

1. 슬래브 하단의 마감제거
2. ANCHOR HOLE 천공
3. 철골 설치
4. ANCHOR 설치
5. SEALING
6. GROUTING
7. 방청페인트 도포
8. 조합페인트 칠(OPTION)

상 영 엔 지 니 어 링 (주)
SANG YOUNG ENGINEERING. CO., LTD

보 강 상 세

DWG. NO.

· REPAIR & REHABILITATION DRAWING ·

1.5.7	기둥 H-형강 보강공법

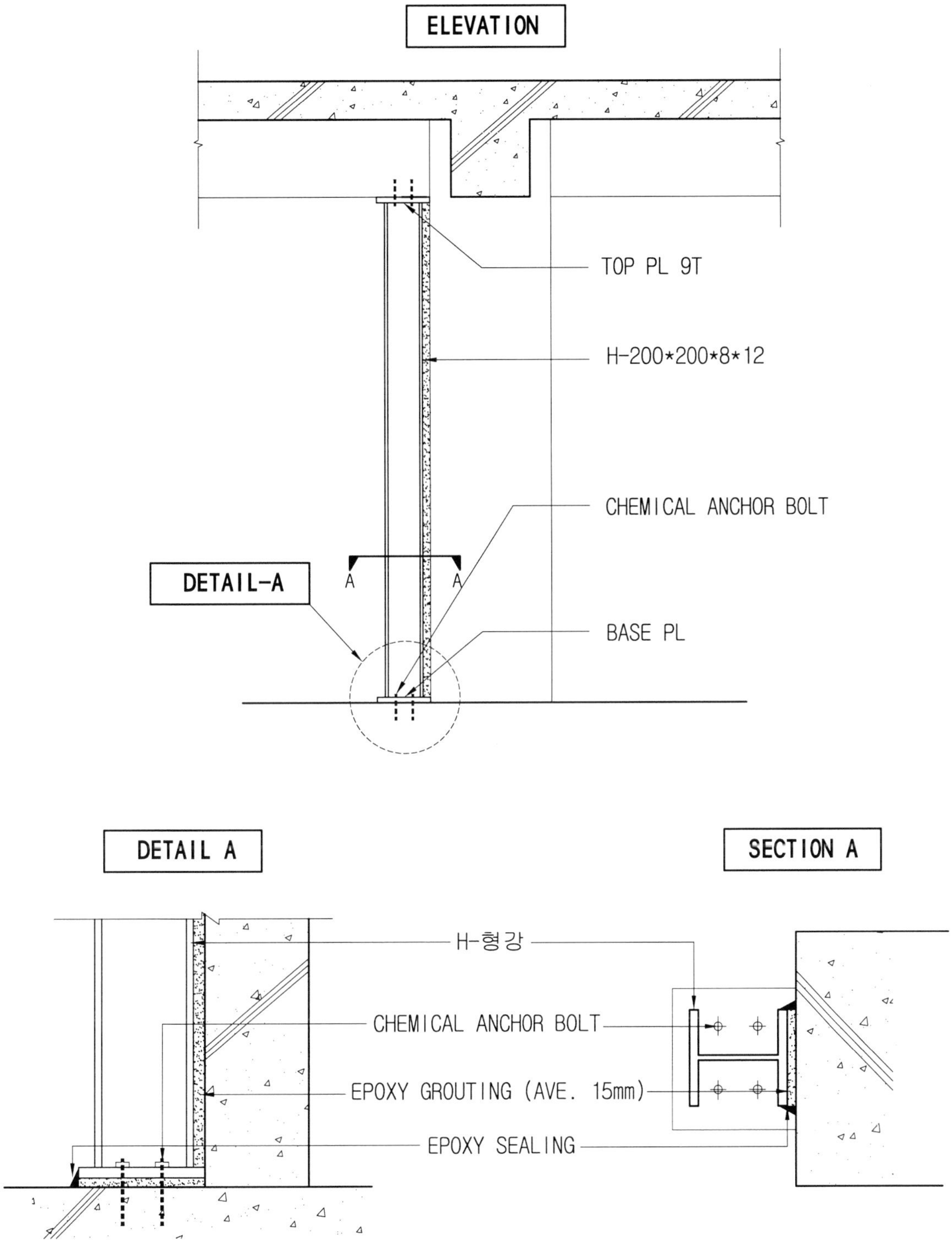

상 영 엔 지 니 어 링 (주) SANG YOUNG ENGINEERING. CO., LTD	보 강 상 세	DWG. NO.

· REPAIR & REHABILITATION DRAWING ·

1.5.8	TRUSS 보강공법

보강 단면도

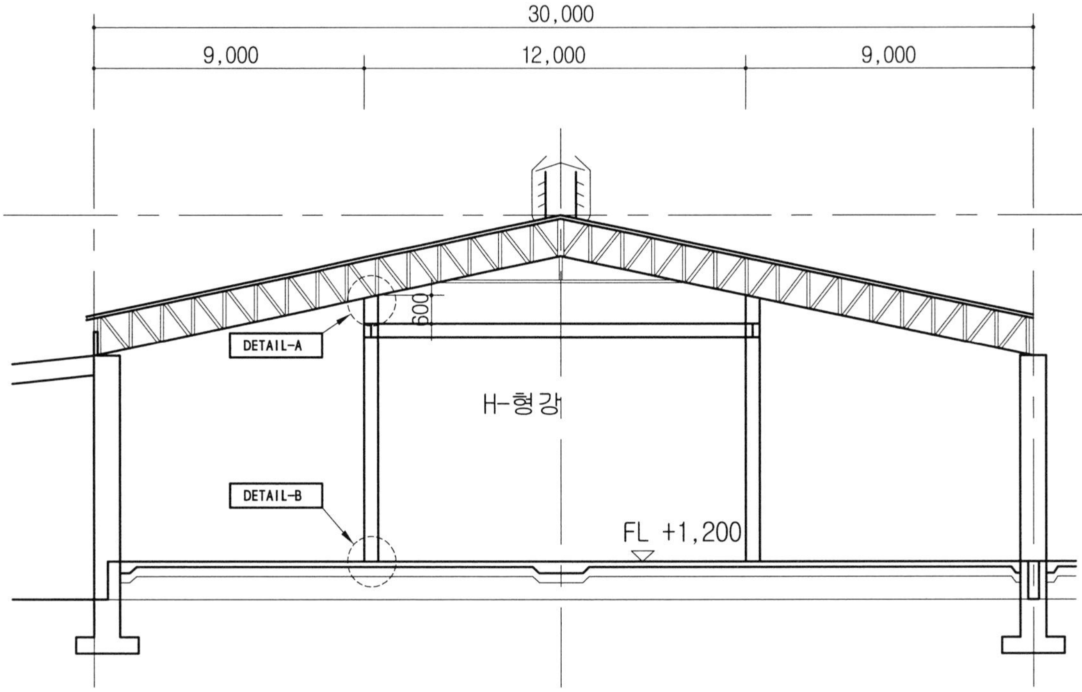

DETAIL A

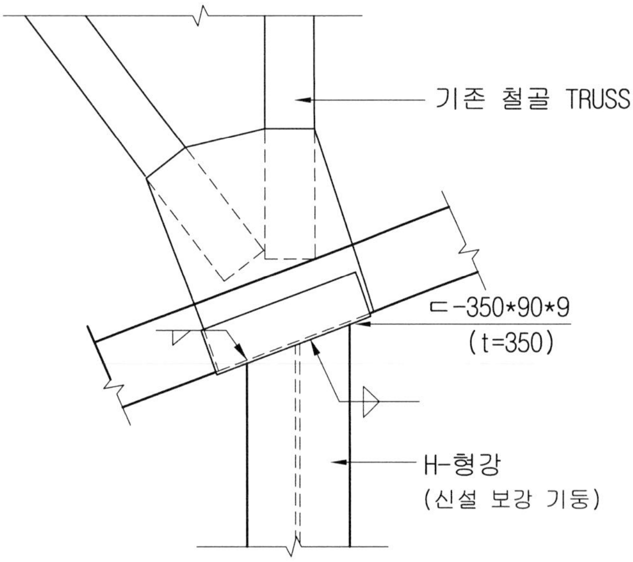

DETAIL B

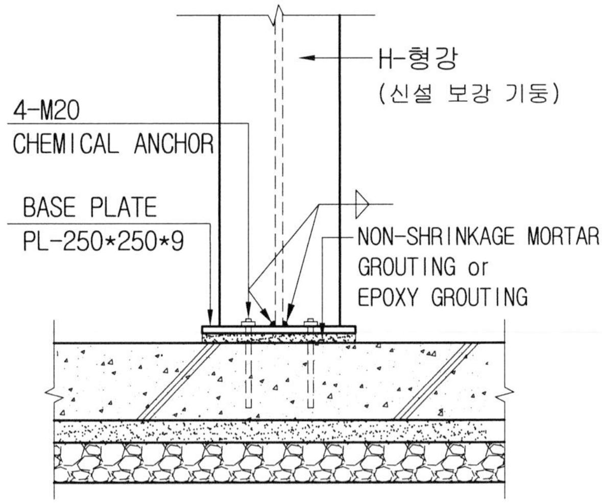

상 영 엔 지 니 어 링 (주) SANG YOUNG ENGINEERING. CO., LTD	보 강 상 세	DWG. NO.

· REPAIR & REHABILITATION DRAWING ·

1.5.9	철골 접합 상세도

PLAN

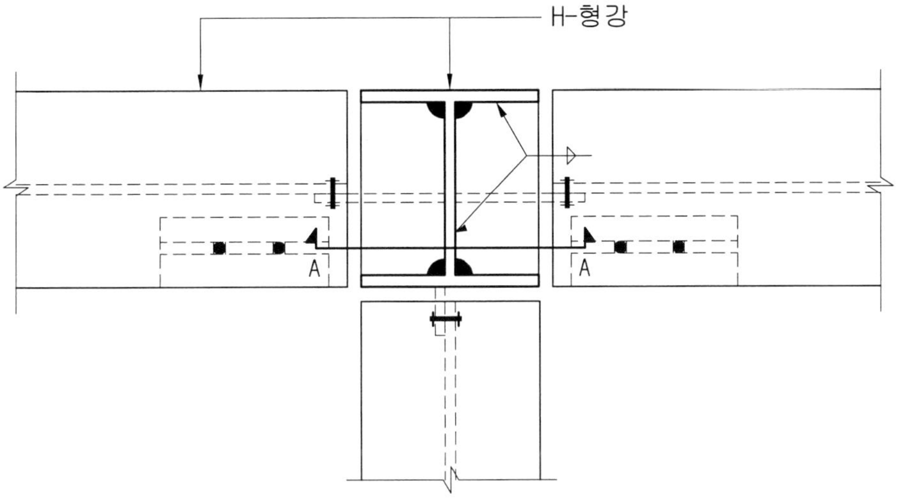

SECTION A-A

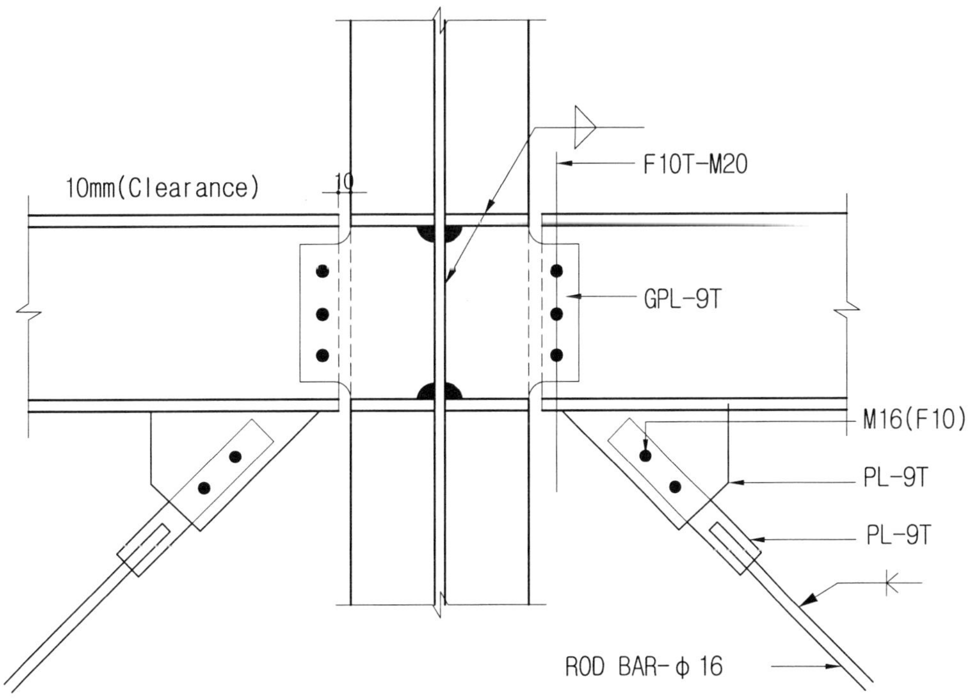

상 영 엔 지 니 어 링 (주) SANG YOUNG ENGINEERING. CO., LTD	보 강 상 세	DWG. NO.

1.6 철판 보강 공법

1.6.1	철판 보강공법 개요

단계	내용
표면처리	· 접착부위를 평탄하게 만든다.
철판제작	· 철판절단시 절단면은 직선을 유지해야 하며 용접부위는 개선처리한다.
철판부착	· 앙카볼트를 기존 철근을 피하여 설치하고 용접의 방법 및 세부사항은 건설공사 표준시방서에 따른다.
주입구설치 및 씰링	· 주입구는 500mm~1,000mm 간격으로 설치하고 주입구의 위치는 철판의 폭에 따라서 선정하며 주입압에 의하여 EPOXY수지가 유출되지 않도록 강판의 주변 및 ANCHOR BOLT 두부 주위에 씰링한다.
EPOXY 주입	· 주입용 EPOXY수지는 시공시 현장조건에 알맞은 점도,가사시간 및 강도를 갖는 것으로 선택하여 주제와 경화제를 정확한 비율로 배합한다.
주입구제거 및 강판도장	· EPOXY 경화가 완료되면 주입구 및 공기배출구는 절단 제거하고 씰링부분을 GRINDER로 마무리하여 ANCHOR BOLT는 그대로 남겨둔채 철판면에 묻어 있는 EPOXY수지를 GRINDER 등으로 제거한다.
표면마무리	· 일반도장으로 마감하는 경우 방청재료로 도장하고 그 위에 유성페인트를 도장하며, 수성페인트를 추가하여 도색할 수 있다.

· REPAIR & REHABILITATION DRAWING ·

1.6.2a	보 철판보강공법 (TYPE-1 : 휨+전단보강)

ELEVATION

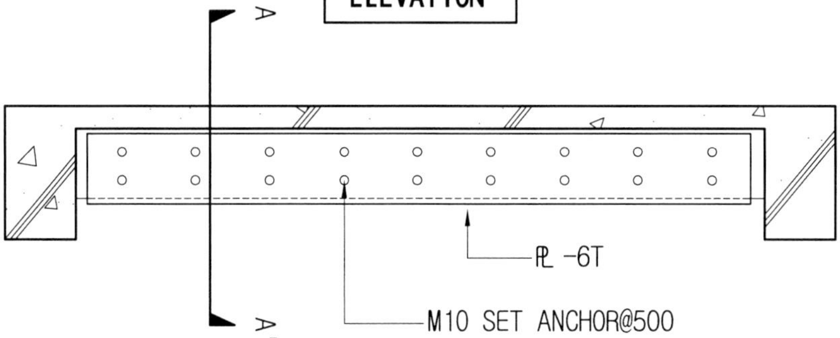

SECTION A-A'

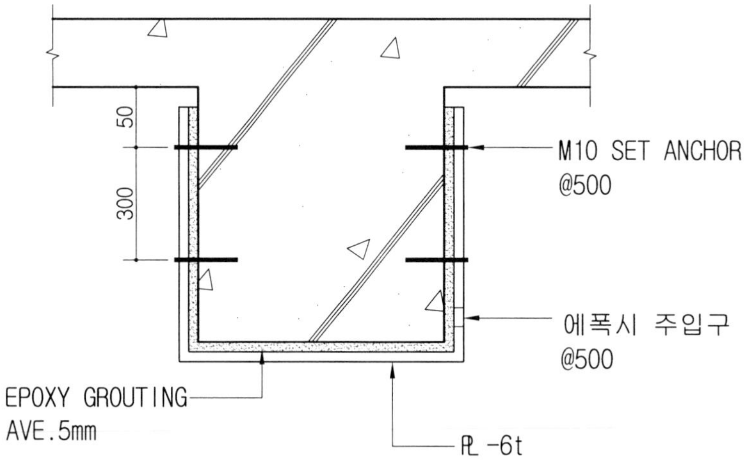

보 강 순 서

1. 마감 제거
2. 균열부위 EPOXY 수지주입
3. 콘크리트 결손부위 보수
4. 보강철판 SETTING
5. ANCHOR 정착
6. 보강철판 고정
7. EPOXY GROUTING
8. 미장 혹은 도장처리(선택)

상 영 엔 지 니 어 링 (주) SANG YOUNG ENGINEERING. CO., LTD	보 강 상 세	DWG. NO.

· **REPAIR & REHABILITATION DRAWING** ·

1.6.2b	보 철판보강공법 (TYPE-2 : 휨+전단보강)

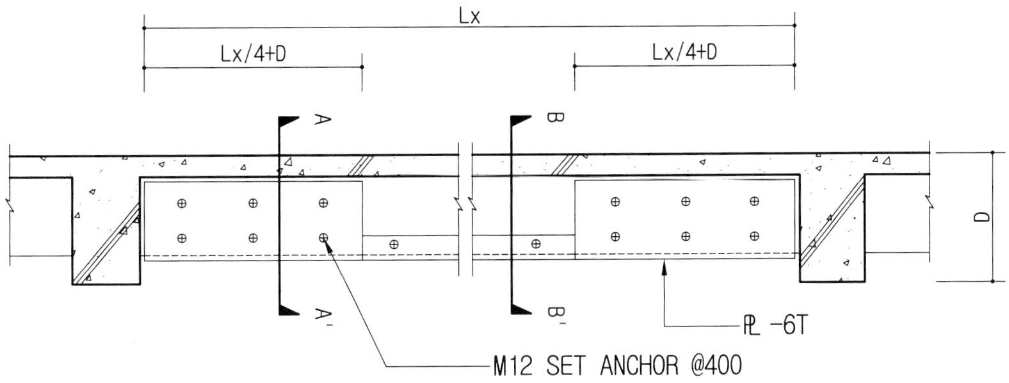

SECTION A-A'

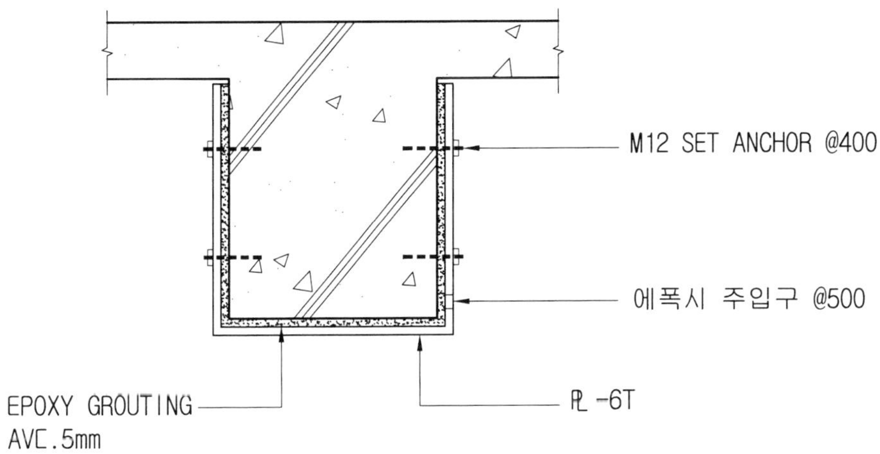

SECTION B-B'

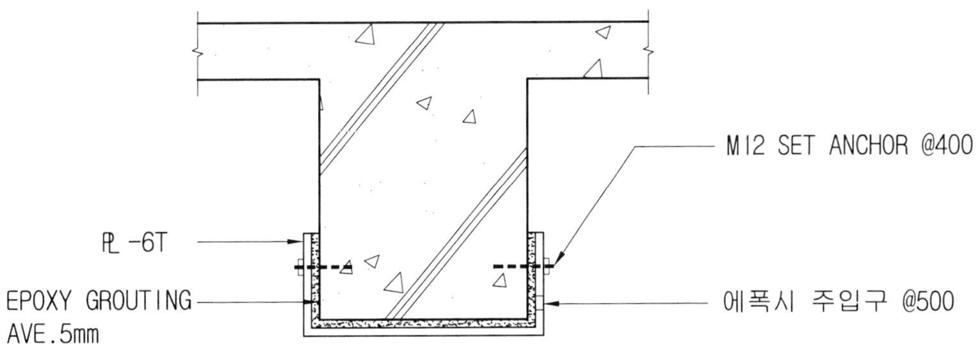

상 영 엔 지 니 어 링 (주) SANG YOUNG ENGINEERING. CO., LTD	보 강 상 세	DWG. NO.

· REPAIR & REHABILITATION DRAWING ·

1.6.2c	보 철판보강공법 (TYPE-3 : 전단보강)

ELEVATION

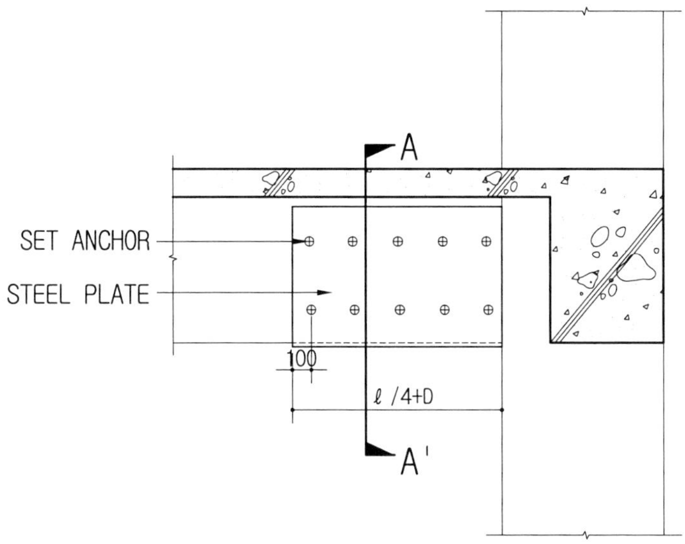

SECTION A-A'

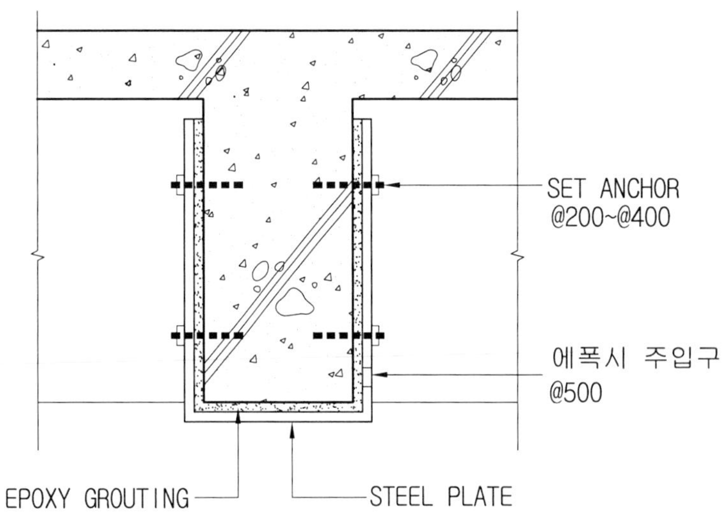

보 강 순 서

1. 마감 제거
2. 균열부위 EPOXY 수지주입
3. 콘크리트 결손부위 보수
4. 보강철판 SETTING
5. ANCHOR 정착
6. 보강철판 고정
7. EPOXY GROUTING
8. 미장 혹은 도장처리(선택)

상 영 엔 지 니 어 링 (주) SANG YOUNG ENGINEERING. CO., LTD	보 수 상 세	DWG. NO.

· REPAIR & REHABILITATION DRAWING ·

1.6.3	기둥 철판보강공법

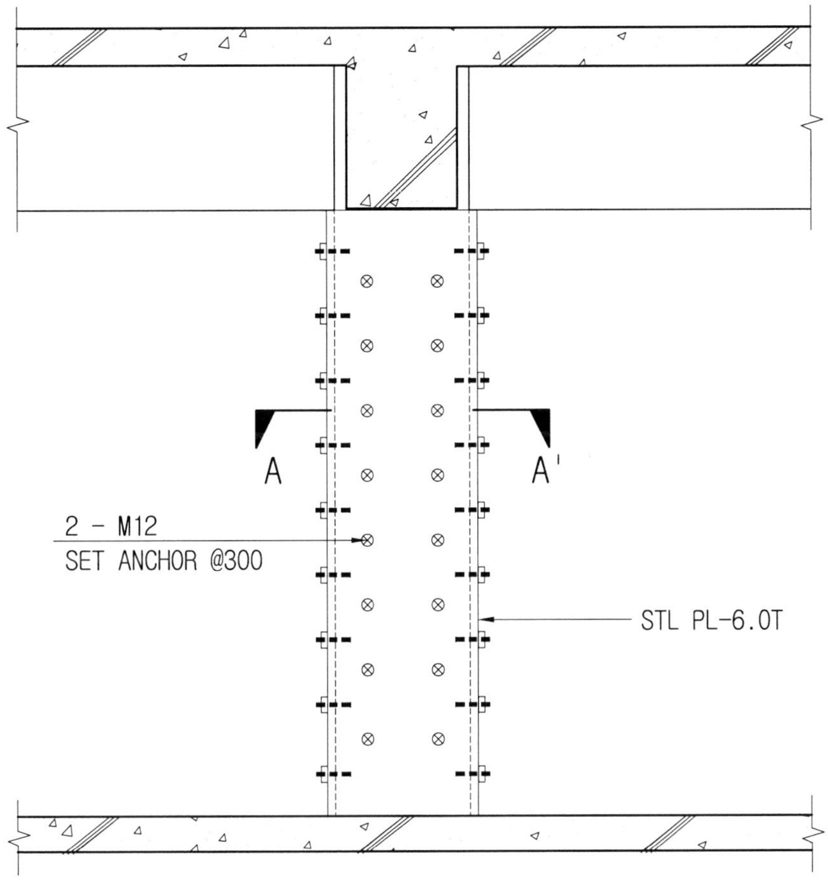

SECTION A-A'

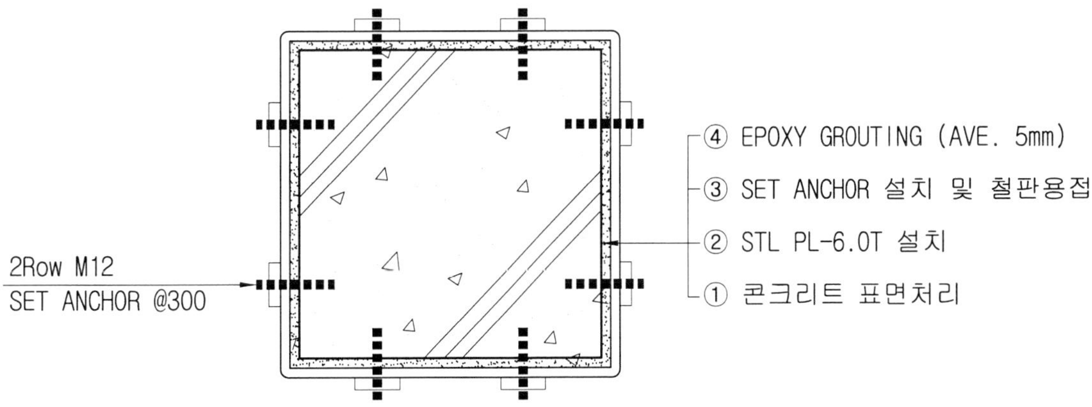

상 영 엔 지 니 어 링 (주) SANG YOUNG ENGINEERING. CO., LTD	보 강 상 세	DWG. NO.

· REPAIR & REHABILITATION DRAWING ·

1.6.4a	슬래브 철판보강공법 (TYPE-1)

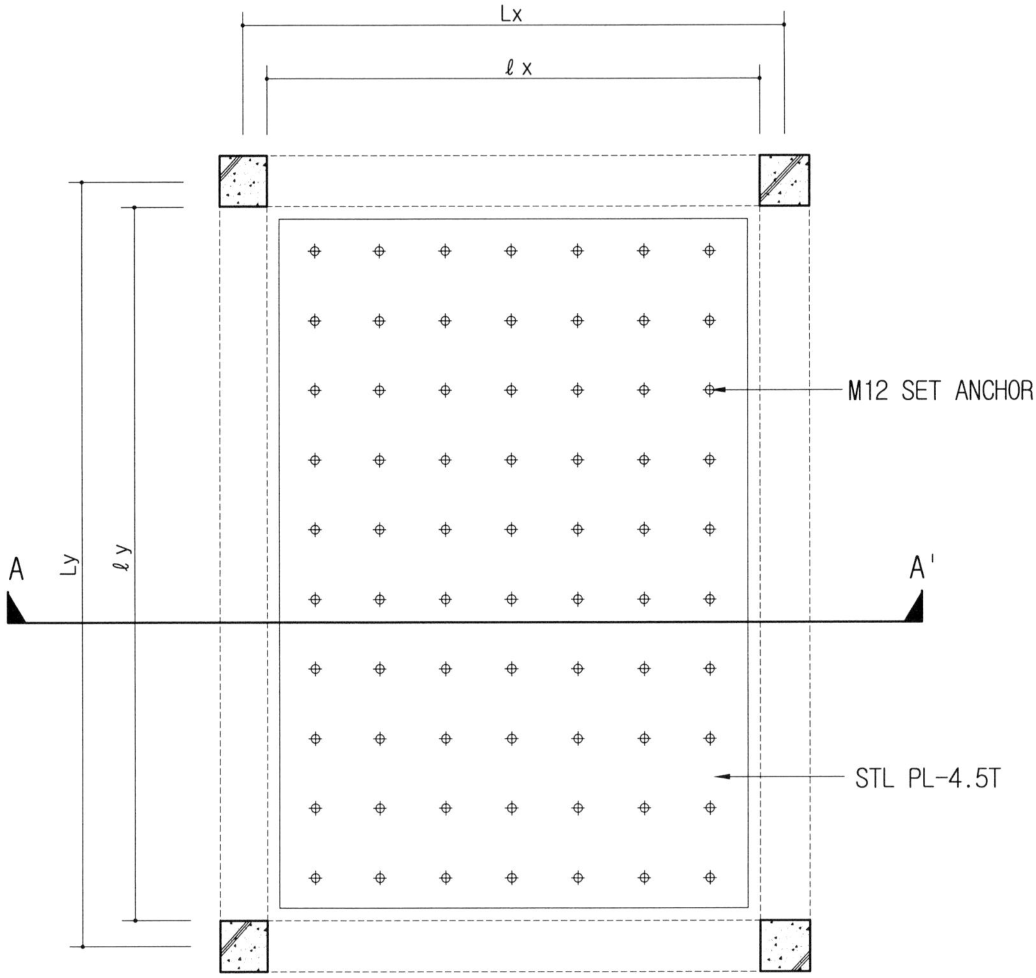

SECTION A-A'

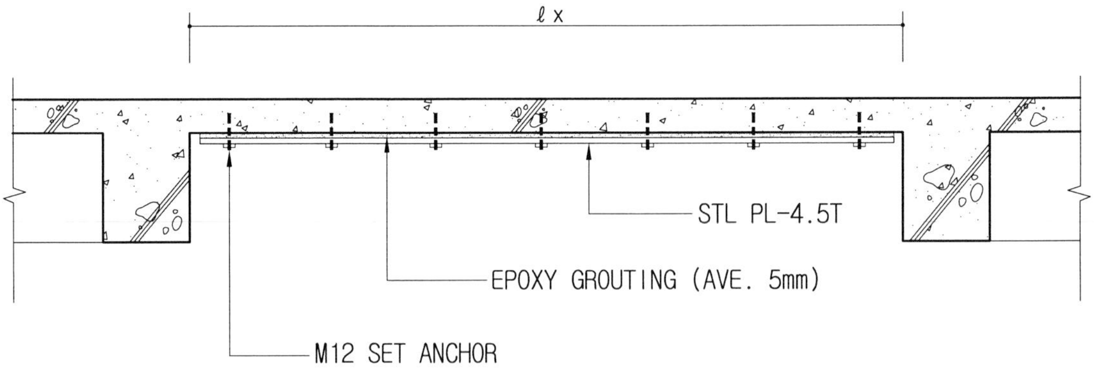

상 영 엔 지 니 어 링 (주) SANG YOUNG ENGINEERING. CO., LTD	보 강 상 세	DWG. NO.

· REPAIR & REHABILITATION DRAWING ·

1.6.4b	슬래브 철판보강공법 (TYPE-2)

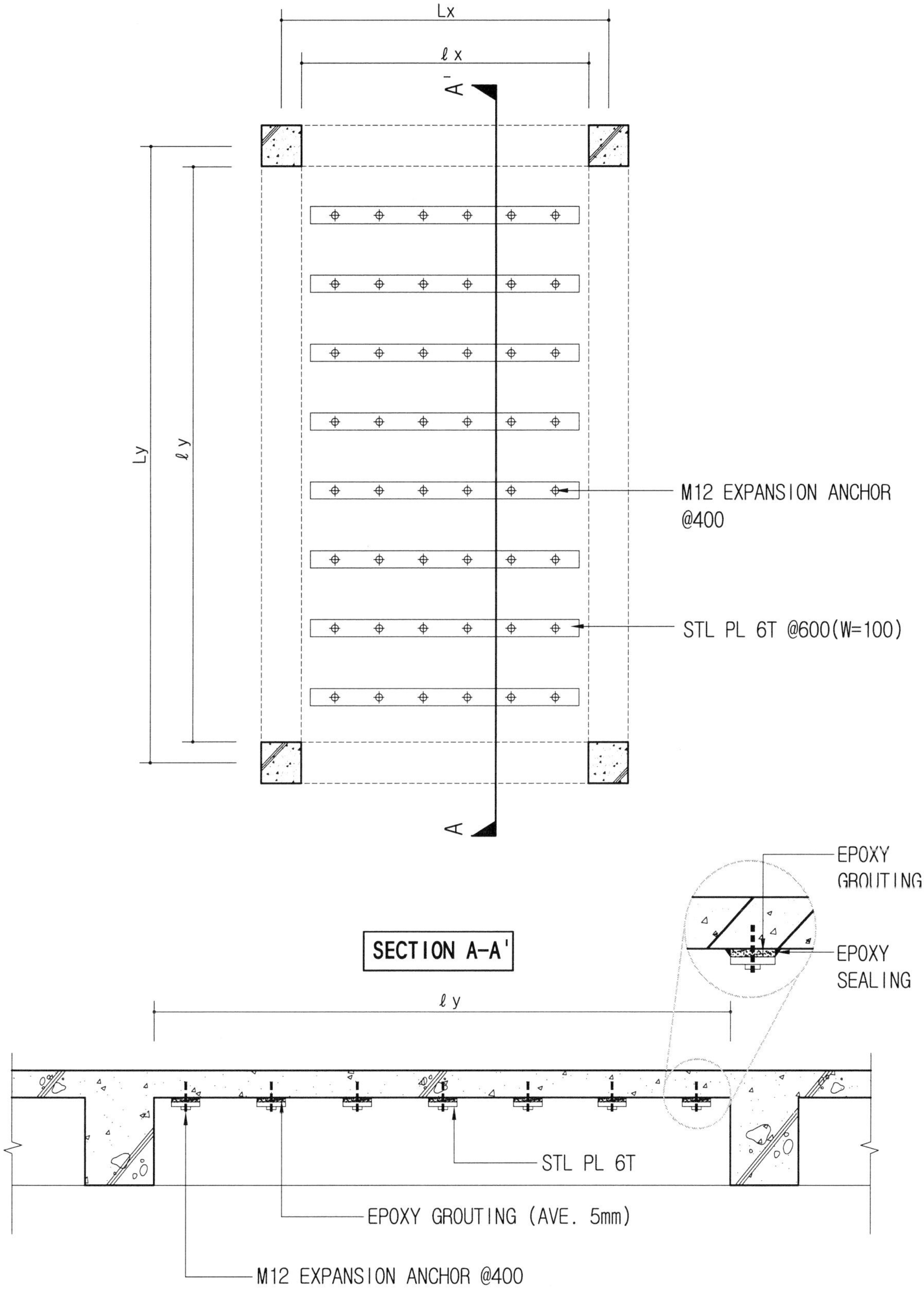

상 영 엔 지 니 어 링 (주) SANG YOUNG ENGINEERING. CO., LTD	보 강 상 세	DWG. NO.

1.7 기타 보수·보강공법

· REPAIR & REHABILITATION DRAWING ·

1.7.1 MINI ANCHOR PILE 설치공법

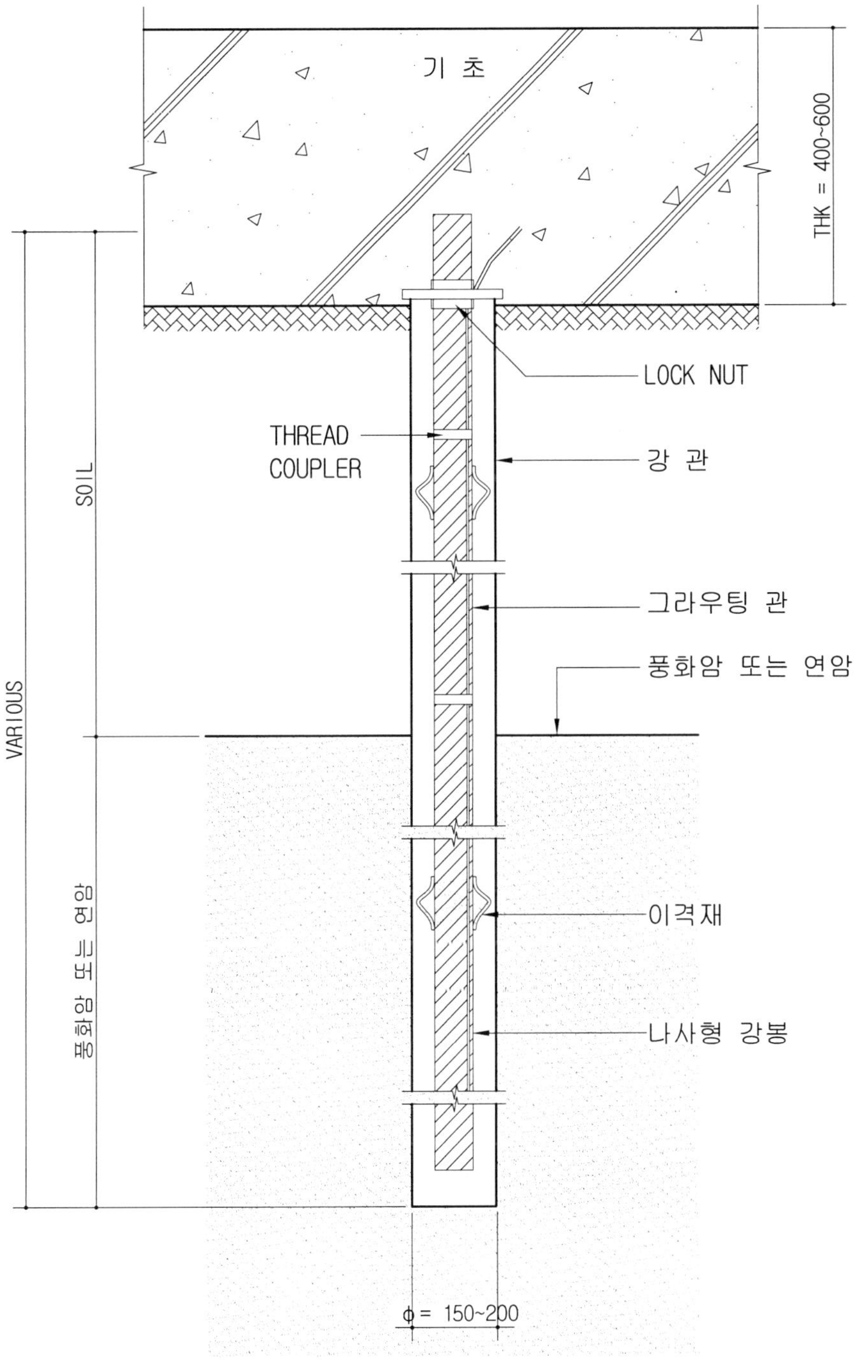

상 영 엔 지 니 어 링 (주) SANG YOUNG ENGINEERING. CO., LTD	보 강 상 세	DWG. NO.

· REPAIR & REHABILITATION DRAWING ·

1.7.2	드롭판넬 CONSTRUCTION JOINT 건전부 보강상세

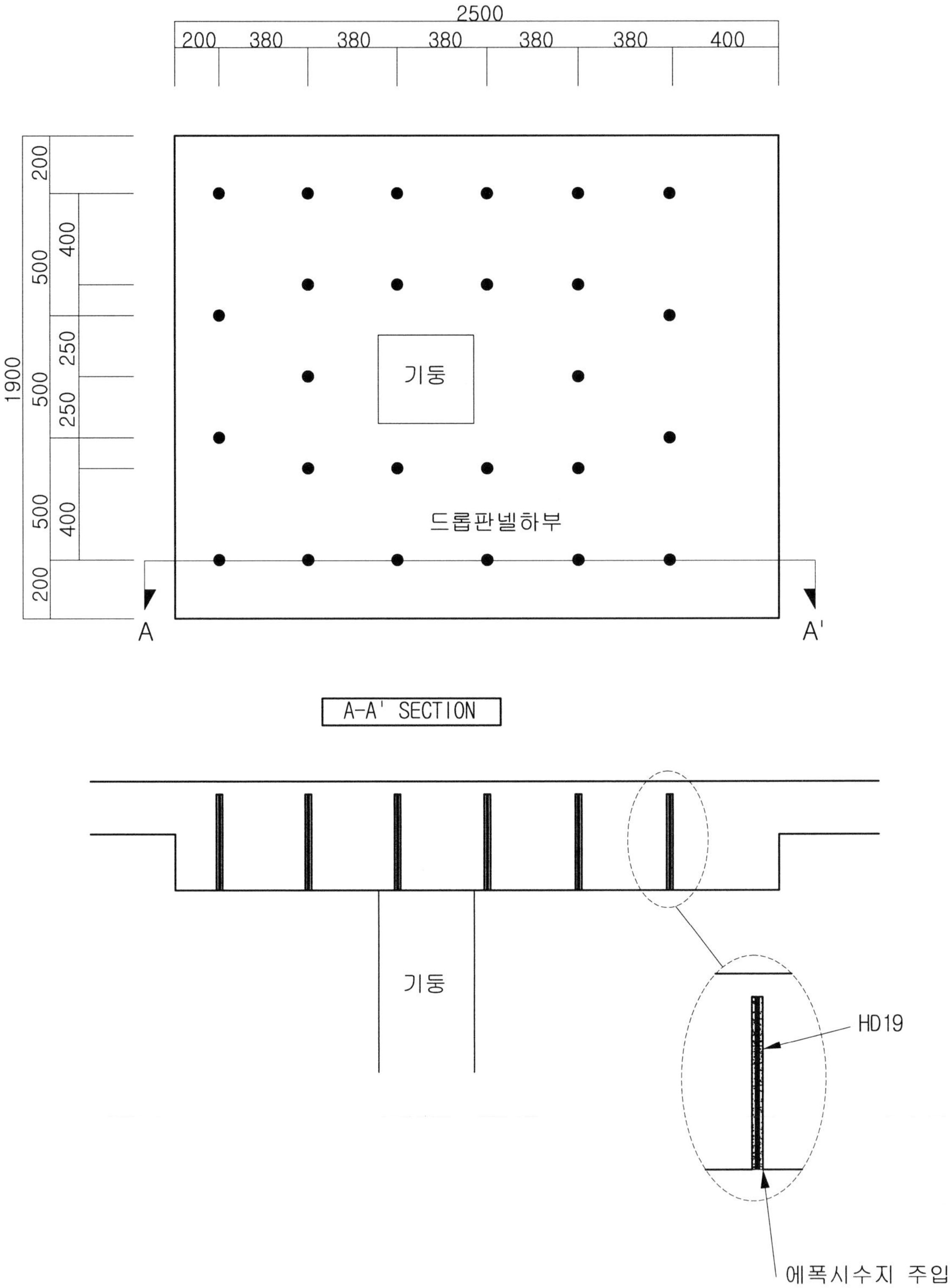

상 영 엔 지 니 어 링 (주) SANG YOUNG ENGINEERING. CO., LTD	보 수 상 세	DWG. NO.

FILLET WELDING

<table>
<tr><td colspan="2">H" TYPE 용접</td><td colspan="4">H" TYPE 용접</td></tr>
<tr><td colspan="2">편면 용접</td><td colspan="2">양면 용접</td><td colspan="2">양면 용접</td></tr>
<tr><td>t ≤ 16</td><td>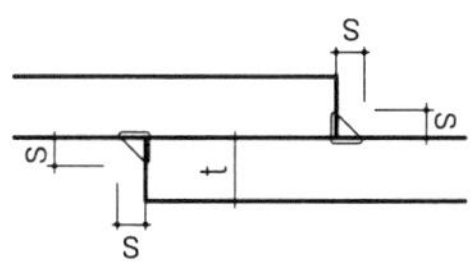
S = see note</td><td>t ≤ 16</td><td>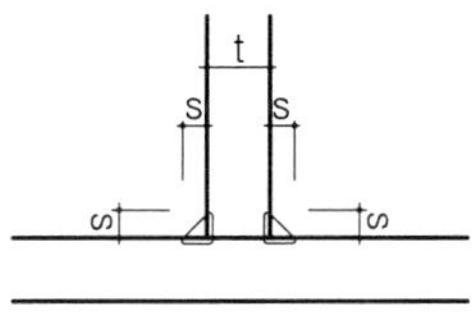
S = see note</td><td>16 < t ≤ 32</td><td>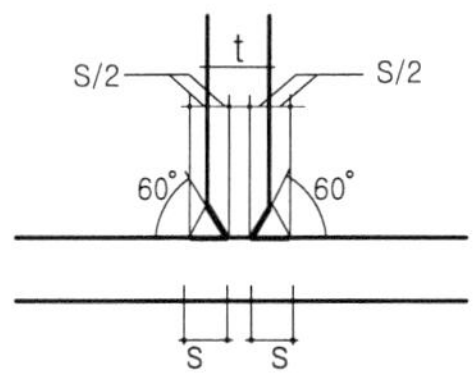
S = see note</td></tr>
</table>

* NOTE

1. H"TYPE용접 - 아크손용접, 가스실드아크 반자동용접, 셀프가스실드아크 반자동 용접.
2. S = FILLET WELDING SIZE. (도표 참조)

FILLET WELDING SIZE(S)

t	4	5	6	7	8	9	10	11	12	13	14	15	16	17	18	19	20	21	22	23
s	3	4	5	5	6	7	8	8	9	10	10	11	12	10	11	11	12	13	13	14

t	24	25	26	28	30	32														
s	14	15	16	17	18	19														

· **REPAIR & REHABILITATION DRAWING** ·

1.7.4	CHEMICAL ANCHOR 설치공법

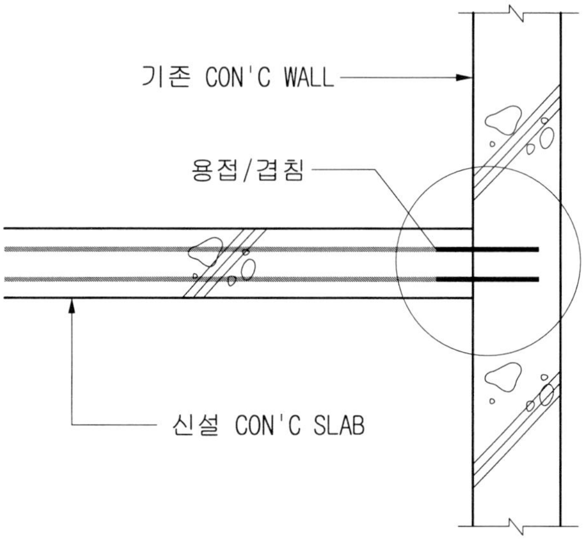

DETAIL

NON-SCALE

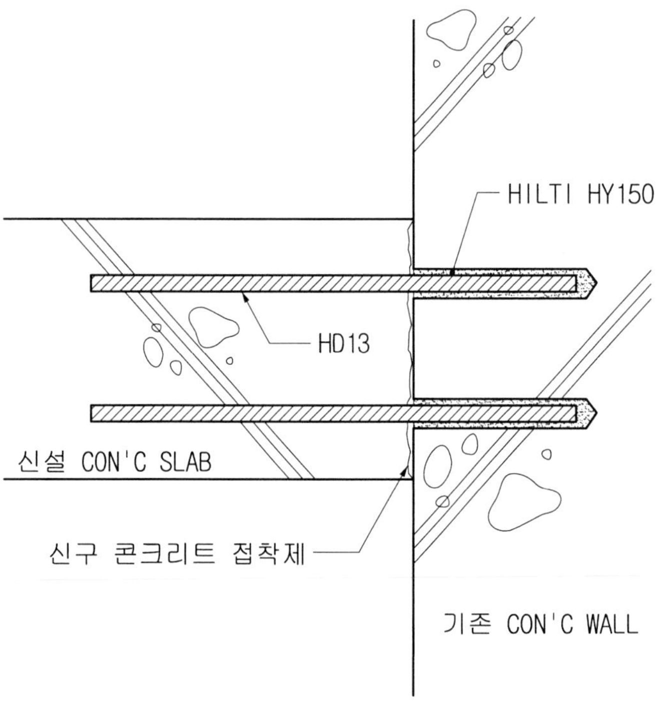

보 강 순 서

1. 철근의 매설위치 MARKING
2. 철근이 없는 위치를 찾아 철근간격으로 천공
3. AIR COMPRESSOR로 구멍 내부 먼지제거
4. 철근 매설부위의 기타 이물질 제거
5. HILTI HY150 주입
6. 철근 삽입
7. 경화
8. 철근 배근 (용접/겹침)
9. 신구 콘크리트 접착제
10. 콘크리트 타설

상 영 엔 지 니 어 링 (주) SANG YOUNG ENGINEERING. CO., LTD	보 강 상 세	DWG. NO.

1.7.5	조적벽체 치장벽돌 보강공법

SECTION

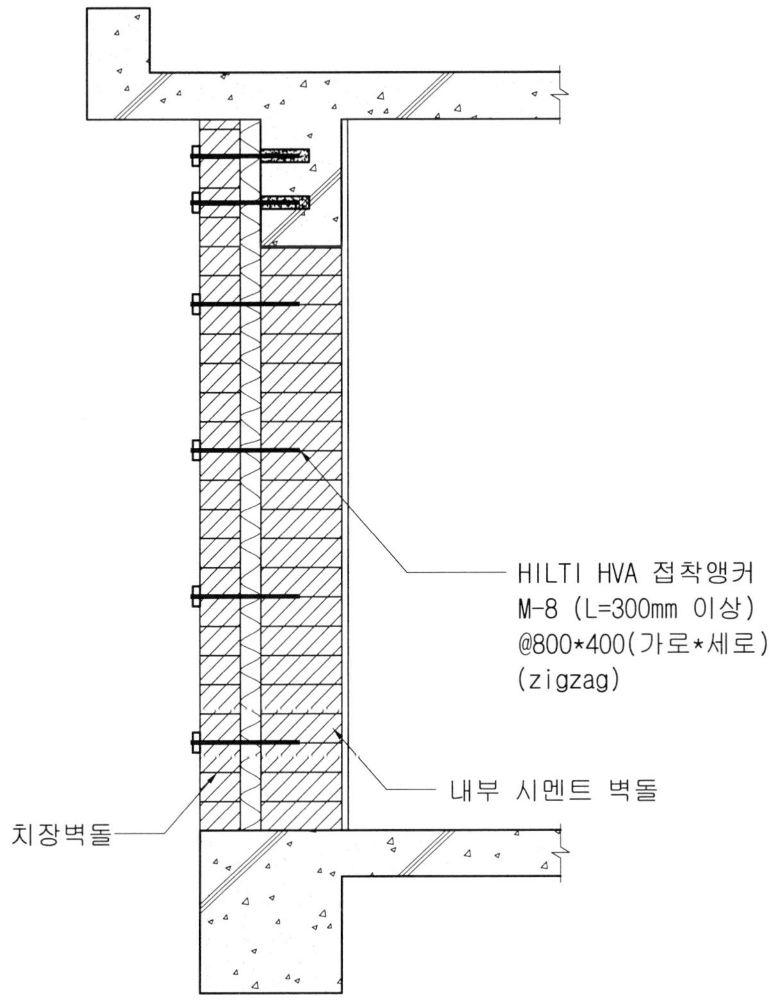

보 강 순 서

1. 드릴로 벽체를 천공한다.

2. 천공된 구멍 내부를 청소한다.

3. 앵커 캡슐을 삽입 길이 표시까지만 돌려놓는다.

4. 앵커를 돌려 삽입하고 내부의 접착제가 완전히 굳은 다음 너트를 조인다.

5. 앵커의 너트부분은 마감처리한다.

상 영 엔 지 니 어 링 (주) SANG YOUNG ENGINEERING. CO., LTD	보 수 상 세	DWG. NO.

1.7.6	SCREW JACK 설치공사

SCREW JACK 설치

NON - SCALE

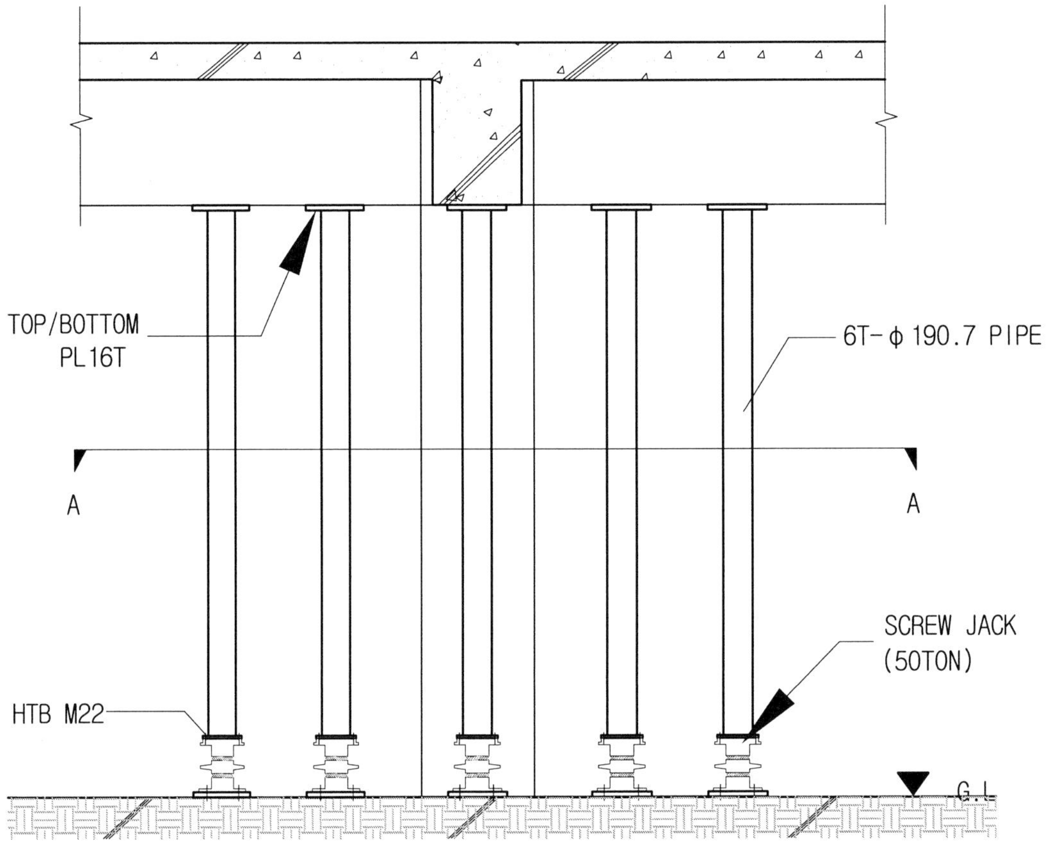

SECTION A-A

NON-SCALE

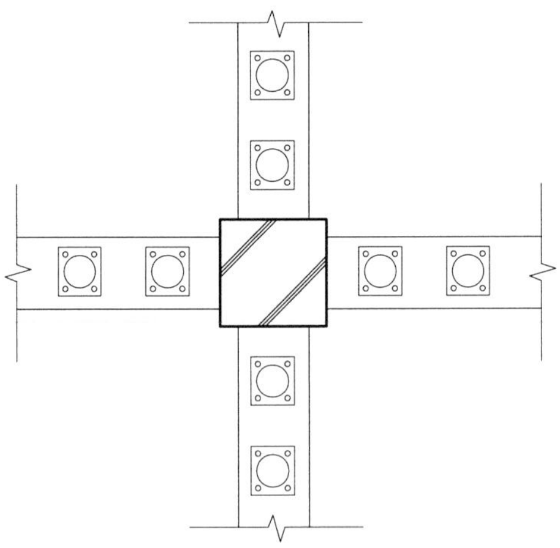

상 영 엔 지 니 어 링 (주) SANG YOUNG ENGINEERING. CO., LTD	보 강 상 세	DWG. NO.

1.7.7	기둥단면 증타설 공사

단면 증타설 공사

NON - SCALE

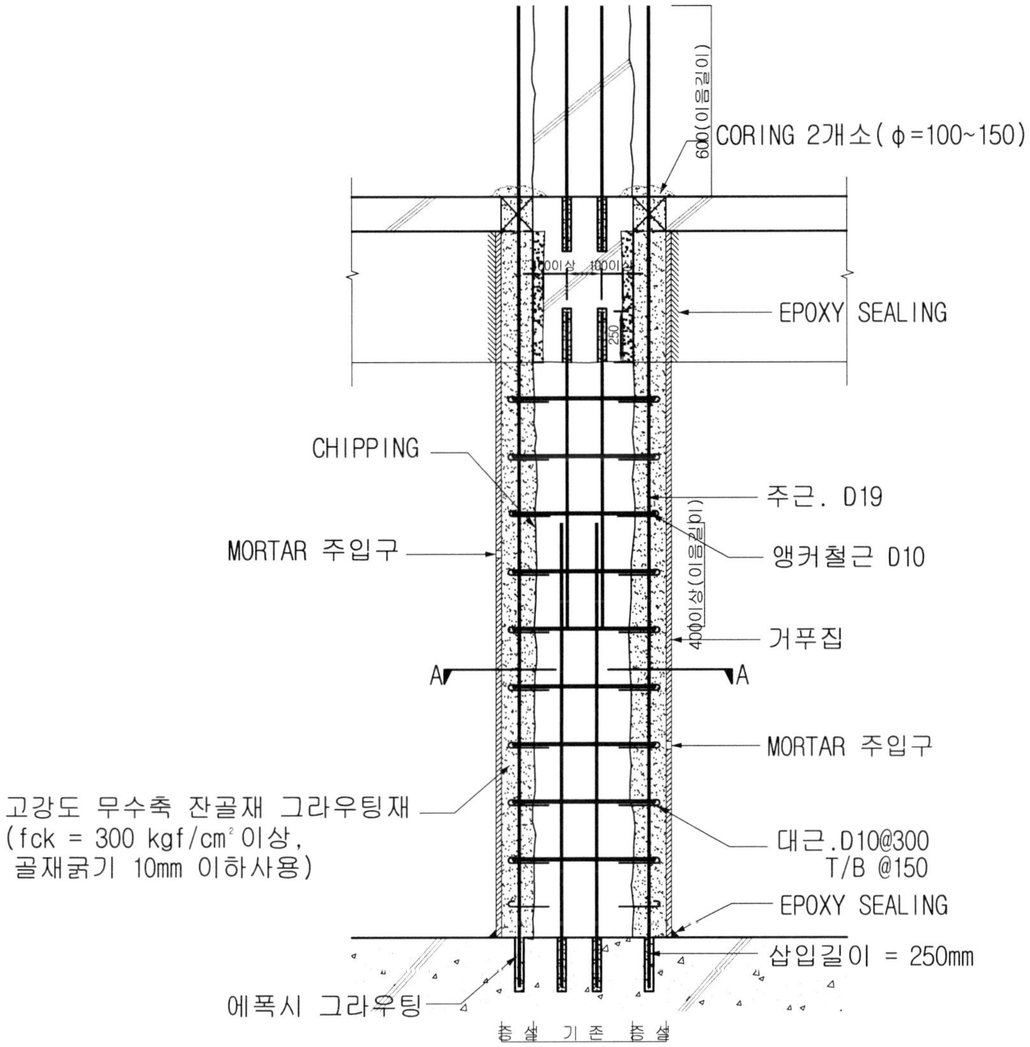

SECTION A-A

* 그라우팅 주입구는 각 면에 1개소이며, 높이는 부위마다 달리한다.

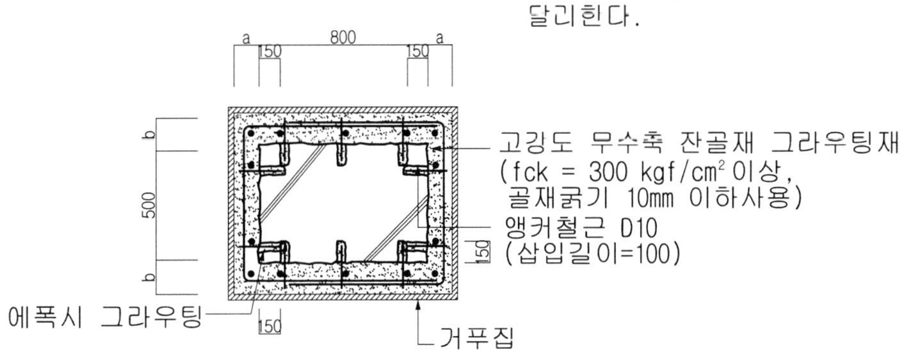

상 영 엔 지 니 어 링 (주) SANG YOUNG ENGINEERING. CO., LTD	보 강 상 세	DWG. NO.

1.7.8	CONTROL JOINT 설치공법

이질재간의 JOINT부위

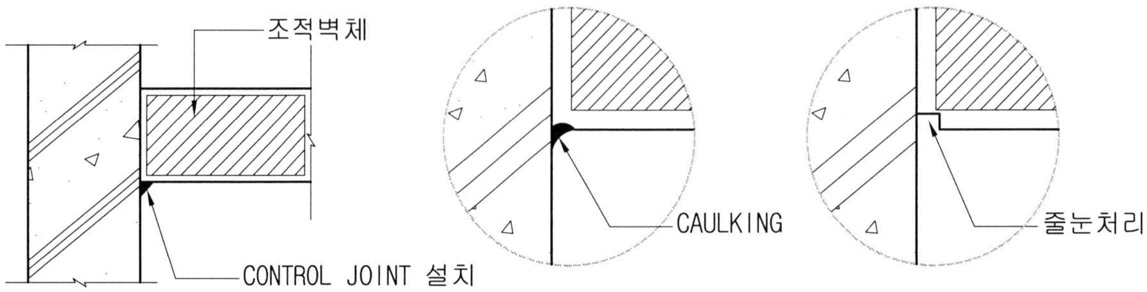

주차장바닥의 CONTROL JOINT

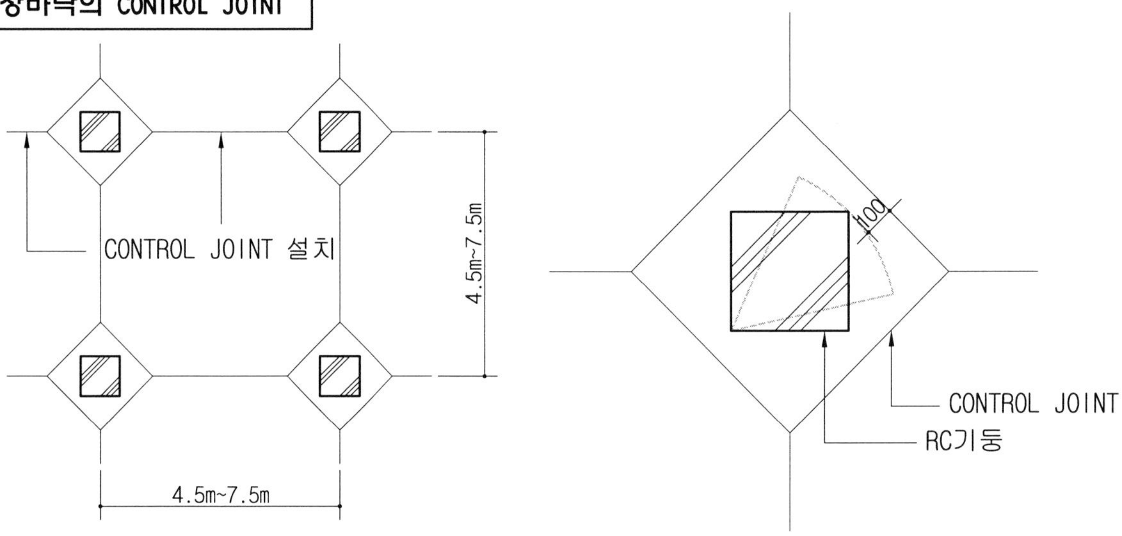

· CONTROL JOINT 위치는 통상적으로 기둥 중심선을 따라 설치한다.
· 설치간격은 4.5m~7.5m (권장 간격 : 6m)

슬래브 CONTROL JOINT 설치

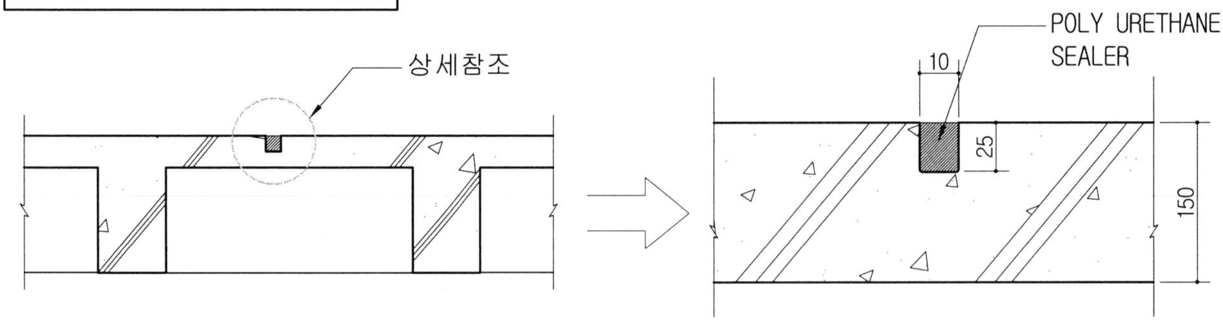

시공순서

1. 슬래브 상부 U-CUT → 2. U-CUT 부위 청소 → 3. POLY-URETHANE SEALER CAULKING

제 2 장 재료·공법 가이드

상영엔지니어링(주)

제 2 장 재료·공법 가이드

2.1 해외재료

출처 - 「CEMENT & CONCRETE」 1997. 8 (특집 : 내진보강과 보수기술)

(社)일본 시멘트 협회

2.1.1	재 료
명 칭	고유동 충전 모르타르 **A-HFF 모르타르**

개요	사용목적 : 강판보강공법의 충전모르타르 적용범위 : 30㎜ 간극에도 충전가능
특징	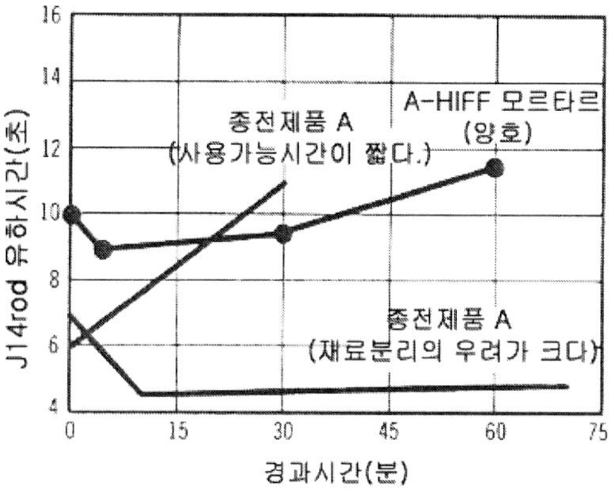 유동성상의 비교(실내실험) 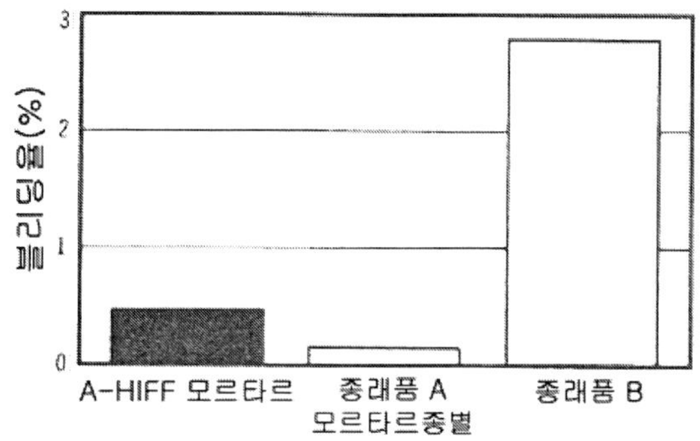 블리딩율(JIS A 1123에 따름) · 유동성이 우수하여, 30㎜ 간극에도 충전 가능함. · 가사시간이 길기 때문에 레미콘 공장에서 출하 가능함. · 몰탈 펌프로 현장 타설이 가능함. · 수축이 적음. · 블리딩이 거의 발생하지 않음. · 경제성이 우수함.
시공실적	· 철도 고가 교각의 내진보강(킨키 일본 철도)
기타	· 철판 보강 공법에 적용 가능한 고유동 충전의 연구 개발 콘크리트 계 구조물 내진 기술에 관한 심포지움 논문보고집, 1997. 4.

2.1.2	재 료
명 칭	**TOUGH ACE #5 · #10 · #30**

개요

사용목적 : TOUGH ACE 시리즈는 염해, 동해 등 열악한 환경에 염화된 콘크리트 구조물에 높은 내구성을 부여하고, 본래 형상·기능을 회복시키는 폴리머계 보수재료다.

적용범위 : TOUGH ACE # 5 : 도막두께 5mm정도의 마감재

TOUGH ACE # 10 : 불육조정 및 두꺼운 도막재

TOUGH ACE # 30 : 그라우트 모르타르공법에 의한 대단면수복재

특징

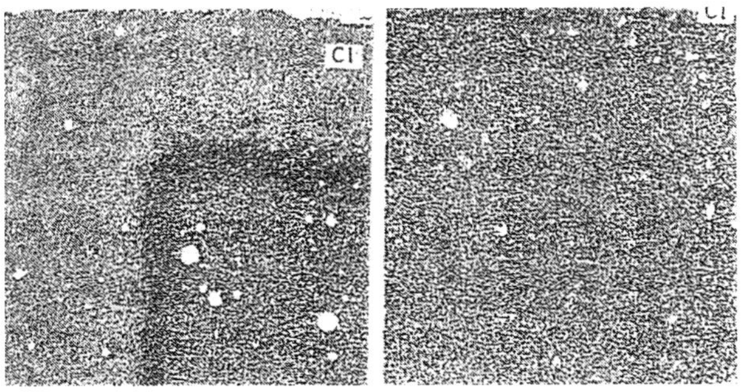

1:2 모르타르 TOUGH ACE #5

염분침투단면(EPMA 사진)

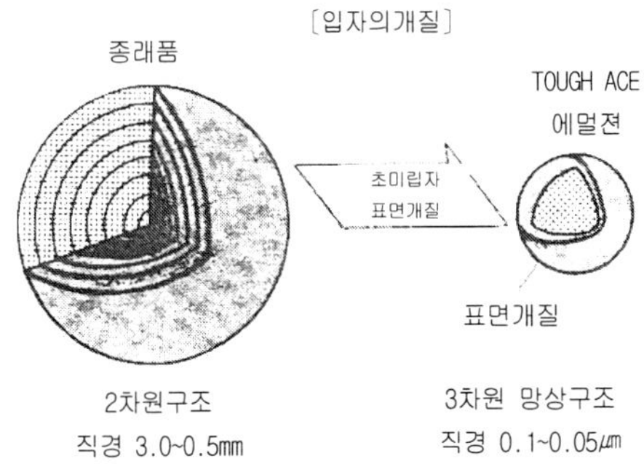

TOUGH ACE EMULSION

- TOUGH ACE 시리즈는 전용의 TOUGH 에멀젼을 사용함.
- TOUGH 에멀젼 시리즈는 폴리머 입자직경을 종래 제품의 1/10까지 작게 하여 시멘트입자에 흡착성을 좋게 해주고, 시멘트의 분산성을 개선한 순 아크릴 에멀젼임.
- TOUGH ACE 시리즈는 높은 압축강도 및 부착강도를 발현해 내수성 · 내동해성이 뛰어나며 수축은 매우작고, 균열이 저감됨.
- 폴리머의 피막효과에 의해 염분의 침투를 저감시켜 철근의 발청을 억제하며 탄산가스의 침입을 억제해 경화체내부에 알칼리성을 유지함.
- TOUGH ACE # 5 : 표면에 도포하여 열화방지층을 형성함.
- TOUGH ACE # 10 : 재료의 분리가 생기기 어렵고, 수직부에서 50~80mm, 천정부에서 20~30mm의 두께의 도막이 가능하여 재도장을 실시할 필요가 없고 공기단축이 가능함.
- TOUGH ACE # 30 : 유동성이 우수하므로 좁은 간극에도 빠짐없이 충전 할 수 있고 타설부의 블리딩이 전혀 생기지 않기 때문에 공극이 형성되지 않으며, 수축은 작고 구조물과의 일체화가 이루어짐.

시공실적

# 10	일본도로공단 타키자와 카와하시 교각보강공사	일본도로공단	96.11
# 5, 10, 30	신코창발전소 2호 취수 피트 보강공사	큐슈전력	96.12
# 10	사미가와 댐 도수로 개수공사	중부전력	97.02
# 30	후쿠오카현 공영주택 오오시마단지 개수공사	후쿠오카현	97.04

기타

- TOUGH ACE # : 特開平 8 - 1 8 3 6 4 4

2.1.3	재 료
명 칭	고내구성 내진 콘크리트제 매설거푸집 **AS FORM**

개요

사용목적 : 콘크리트 구조물의 내구성향상.

수지콘크리트 판넬에 의한 방식성 향상

적용범위 : 산의 화학적 부식을 받는 구조물

염해·중성화를 받는 해양구조물

유사 등에 의한 내마모성이 요구되는 구조물 (도수로, 하천 등)

동결융해를 받는 구조물

특징

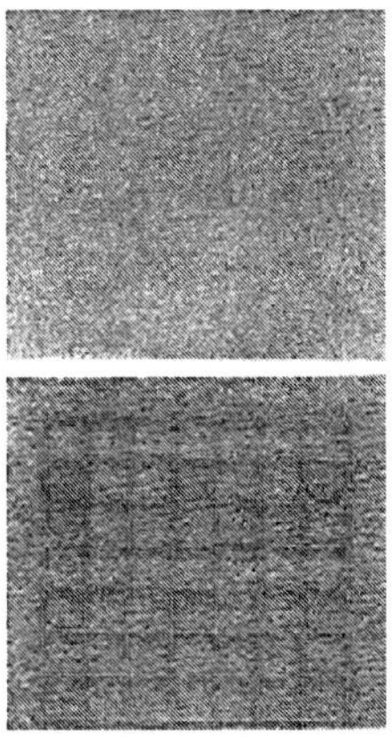

상 : 표면 · 하 :배면

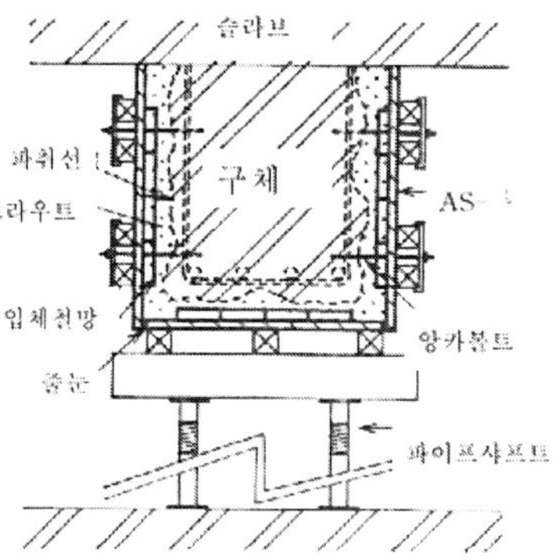

AS FORM 설치도

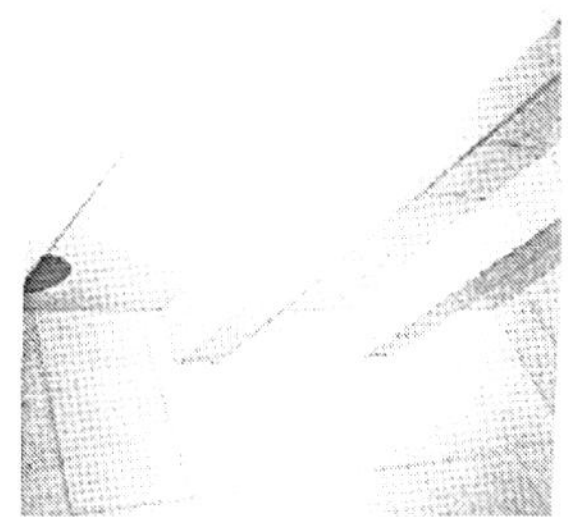

시공상황

· 거푸집 탈형이 불필요하므로 대표적인 공기단축이 가능함.
· 합성수지를 기초재료에 이용한 재료이며, 내구성이 뛰어남.
· 공장제품이므로 현장가공, 시공불량이 거의 없음.
· 재료휨강도가 200kgf/㎠이상으로 합판거푸집에 비해 넓은 폼타이,세퍼레이터, 동바리간격으로 설계 가능함.
· 배면 매입쇄석(입체철망)이 콘크리트의 일체성을 확보함.
· 콘크리트 공구로 절단·가공이 가능함.
· 자체 표면착색이 가능하여, 경관재료로서의 사용이 가능함.

시공실적

· 농업 용수로 보수(호쿠리쿠 농정국)
· 하수처리시설
(취수 지방광역 하수처리시설 시모이즈카시)
· 배수로(화학약품 제조공장)
· 임해교각 기중부 신설
(혼슈 시코쿠 연락교 공단)
· 고가교 난간시설(키타큐슈 건설국)
· 하천방죽(둑) 기둥신설(건설성)
· 하수처리장 신설(고베시)
etc.

기타

· 레진콘크리트와 입체철망을 이용한 높은 내구성 매설거푸집의 개발 : 토목학회논문집, 1995
· 레진콘크리트제 방식거푸집을 이용한 RC와의 휨 거동에 관한 실험적 연구 : 시멘트·콘크리트 논문집, 1994
· 레진콘크리트 영구거푸집을 이용한 RC소재의 재하상태 : 콘크리트공학연차 논문보고집, 1995

2.1.4	재 료
명 칭	탄소섬유보강재의 보호모르타르 **유비카치온** 강판접착공법용 무수축 그라우트재 **U-그라우트**

개요

유비카치온	U-그라우트
· 사용목적 ; 탄소섬유보강재의 보호 에폭시수지의 노화방지, 방화 · 적용범위 : 시공두께 1~2mm의 경우 뿜칠시공 : 유비카치온 + U-MIX 시공두께 10mm의 경우 쇠흙손시공 : 유비카치온 + U-MIX	· 사용목적 : 강판접착공법용 그라우트재 구조부재복구, 보강공사용 그라우트재 기타 기초충전 고정용 그라우트재 · 적용범위 : 일반타설, 펌프압송이 가능 10mm이상의 간극에 충전 가능

특성

유비카치온

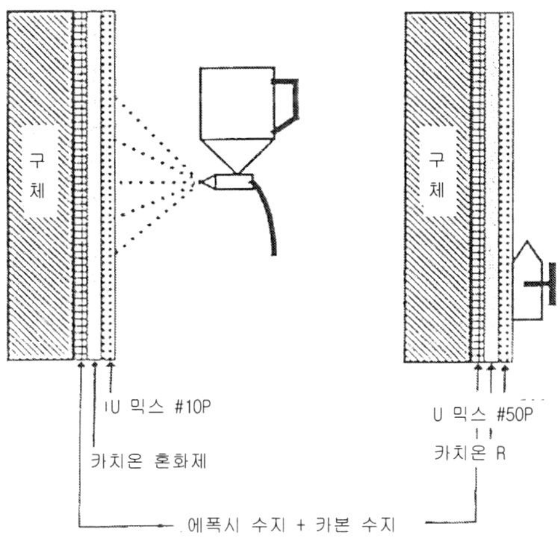

뿜칠시공 / 쇠흙손시공

U-그라우트

일반물성

CONSISTENCY (%)	블리딩율 (%)	응결시간(시-분)		팽창율(%)	압축강도 (N/㎟)		철근과의 부착강도 (N/㎟)
		초결	종결	7일	3일	28일	28일
8.0	0	6-30	7-35	0.28	45.8	68.3	4.05

10m 시공시 높이에 의한 편차

높이별 압축강도(N/㎟)			
0 ~ 1m	5 ~ 6m	8.5 ~ 9.5m	불균형(R)
59.7	57.5	51.9	7.8
높이별 단위별 용적질량(N/㎟)			
0 ~ 1m	5 ~ 6m	8.5 ~ 9.5m	불균형(R)
2.213	2.182	2.169	44

유비카치온	U-그라우트
· 내구성이 뛰어남. (온냉반복 10싸이클, 션샤인웨자미터 700시간-JIS A 6909) · 접착강도가 큼(2.1N/㎟,JIS A 6909) · 시공성이 뛰어남. · 불연성이 있음. · 취급이 간단함.	· 고유동성이며 작은 간극에서도 충전이 가능함. · 고강도임. · 무수축성임. · 블리딩이 없음. · 프리믹스 제품이며 현장에서는 물과 배합하여 사용할 수 있음.

시공실적

· 탄소섬유보강··············일본 도로 공단, 건설성
· 강판접착공법··············한신 고속도로공단, JR 동해
· 기타 복구, 보강공사 ······일본 도로 공단, 한신고속도로공단, 혼슈시코쿠도로공단, 건설성츄코쿠 지방 건설국, etc.

기타

· U-그라우트 ······公平5-45538호

2.1.5	재 료
명 칭	고충진성 콘크리트 **CONTEX 콘크리트(역타용 팽창콘크리트)** **뉴 로크리트(고유동 콘크리트)**

개 요	공 통 사 항 : · 급속시공, 성력화시공 · 시공의 저소음화 C O N T E X 콘크리트 : 기존콘크리트 하부 등에 역타설 콘크리트 뉴 - 로 크 리 트 콘크리트 : 콘크리트의 다짐이 어려운 철근과밀부, 증타부의 타설
특 징	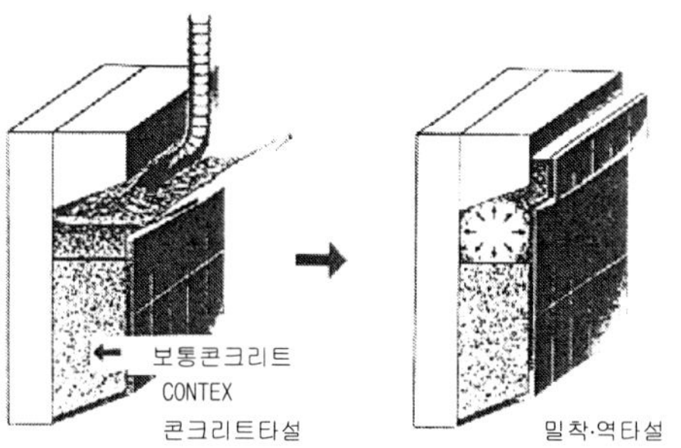 CONTEX 콘크리트의 시공방법  지하철 지진 피해복구 콘크리트 타설상황
	공 통 사 항 : 뛰어난 충전성으로 다짐이 불필요하며, 재료분리가 생기지 않음. C O N T E X 콘크리트 : · 효과적인 팽창력에 의해 구 콘크리트와 일체화함. · 블리딩, 레이턴스가 발생하지 않음. · 장기간을 통해 안정된 팽창력을 얻을 수 있음. 뉴 - 로 크 리 트 콘크리트 : · 장거리유동, 높은 곳에서 낙하도 가능. · 저발열재료의 사용에 의해 온도균열을 억제할 수 있음. · 고강도, 고내구성을 얻을 수 있음.
시 공 실 적	· 역타설 콘크리트 : 혼슈시코쿠 연락교 공단, 일본 도로 공단, 도시하수도, 철도구조물, 에너지시설구조물 · 고유동 콘크리트 : 일본 도로 공단, 에너지관련 구조물(LNG 탱크 등), 철도구조물 등
기 타	특허출원 · 공개중 「지진재해를 받은 지하RC기둥의 팽창성 고유동 콘크리트에 의한 보수」 콘크리트공학연차 논문보고집 제18권 제2호, 1996, 기타다수

2.1.6	재 료
명 칭	보수용 폴리머 시멘트 모르타르 **RF 피복모르타르 / RF 속경모르타르**

개요

사용목적 : 콘크리트 구조물의 박리, 결손부분의 단면수복재
콘크리트 구조물의 바탕처리

적용범위 : RF 피복모르타르‥‥콘크리트 구조물의 결손부분 단면수복(매설시) · 표면보호 및 바탕처리
RF 속경모르타르‥‥단시간에 보행이나 차량의 통행이 요구되는 도로, 교량의 보수공사

특징

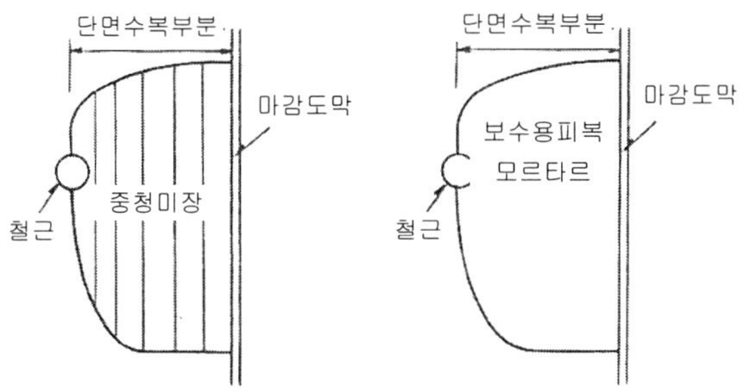

통상의 미장공법
도막회수 5회
공기 3 ~ 4일

피복 미장공법
도막회수 1회
공기 1 ~ 2일

단면수복에 있어서의 피복의 개념

시공상황

RF 피복모르타르 · 다층미장에도 분리가 없고, 하루에도 두께를 30㎜까지 두껍게 미장 할 수 있는 SBR 계 폴리머 시멘트모르타르이며, 공기단축이 가능함.
· 단기간에 높은 압축강도를 얻을 수 있다. [압축강도(20℃, 1일) 15.0 N/㎟]

RF 속경모르타르 · 시공 후, 단기간에 높은 압축강도를 얻으므로 긴급보수공사에 적용가능함. [압축강도(20℃, 5시간) 18.5 N/㎟]
· 표면수분의 건조가 빠르고, 하루정도의 단기양생으로 다음 공정의 마무리를 할 수 있음.

시공실적

· RF 피복모르타르 : 콘크리트구조물의 보수 및 표면보호(아키타현, 오이타현, 각 전력회사, 기타)
· RF 속경모르타르 : 콘크리트구조물의 표면보수 및 표면보호(후쿠시마현, 기타)

기타

RF 피복모르타르 : 폴리머시멘트 모르타르계 보수용 후부 모르타르의 물성 및 시험시공결과, 일본건축학회 대회 학술 강연 논문집(호쿠리쿠), 1992
RF 속경모르타르 : 속경성 폴리머시멘트 모르타르에 관한 기초적 연구, 일본건축학회 대회 학술 강연 논문집(킨키), 1996

2.1.7	재 료
명 칭	초미립자 시멘트계 폴리머 시멘트 슬러리 **오노다 슬러리(SLURRY)**

개요

사용목적 : 콘크리트 균열부 주입
모르타르 · 타일 등의 들뜸부주입

적용범위 : 0.1mm 이하의 미세한 균열 및 들뜸부에 주입가능.(단, 주입 시에 표면의 균열폭은 0.3mm 정도 이상이 필요), 습윤 개소에도 주입이 가능하다.

특징

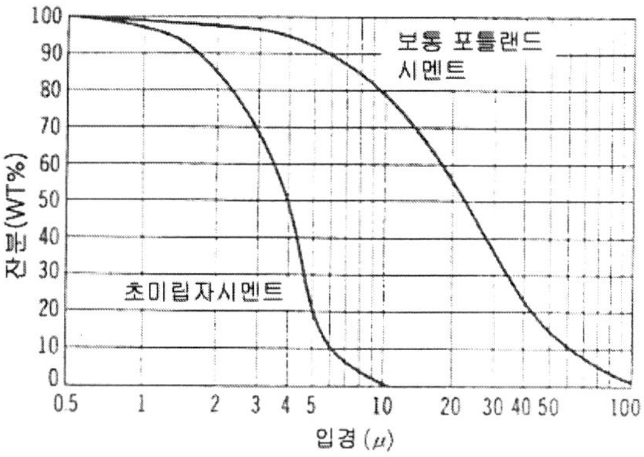

입도분포

분체(상품명:오노다 슬러리 파우더)

외 관	흰색/회색 초미립자상태
진비중	3.0±0.1
용 중	1.6±0.1kg/ℓ
분말도	약 9000㎠/g(브렌치)

액체(상품명:오노다 슬러리 혼화제)

외 관	유백색
전고형분	22.5±1.0%
비중(20℃)	1.05±0.05
점도(20℃)	50 CPS 이하
pH	7.7±0.5

포장 : 19.2kg 캔(4ℓ3세트/포 봉투)

배합 : 분체 :혼화제=100:60(중량비)

- 초미립자 시멘트가 있기 때문에 미세한 균열에도 주입이 가능함.
- 유동성이 우수하고 작업성이 뛰어남.
- 시멘트계 이므로 습윤면에 시공이 가능함.
- 무기질 결합재를 주성분으로 하고 있어 내화·내열성에 뛰어남.

시공실적

- 콘크리트 구조물의 균열주입 및 모르타르가 들뜸부분에 주입
(오카야마, 히로시마, 테이토 고속도로교통공단, 시고꾸전력, 기타)

기타

초미립자 폴리머시멘트 계 슬러리의 물성과 모르타르 들뜸 보수에의 적용, 일본건축학회 대회 학술 강연 논문집(토호쿠), 1991

2.1.8	재 료
명 칭	조강형 무수축 모르타르(시멘트 계) **프레유록스**

개 요

사용목적 : 기둥, 교각 등의 강판접착공법에 있어서의 강판 내 충전 모르타르
철골브레이스 주위의 충전 모르타르
기둥·벽 등의 역타설 모르타르

특 징

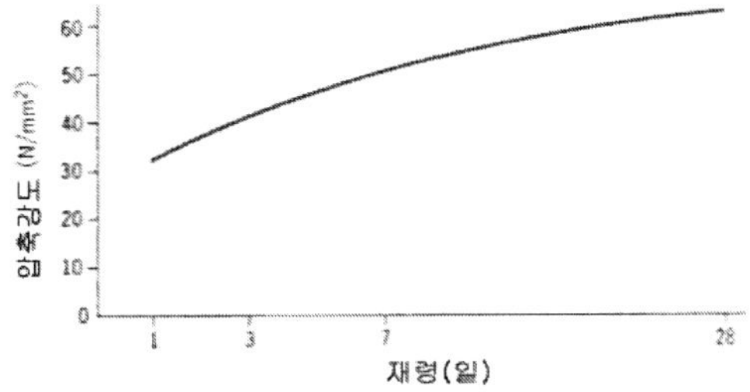

압축강도

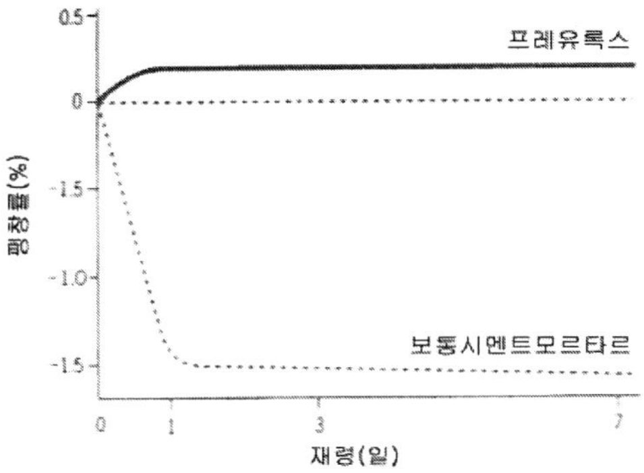

초기팽창수축

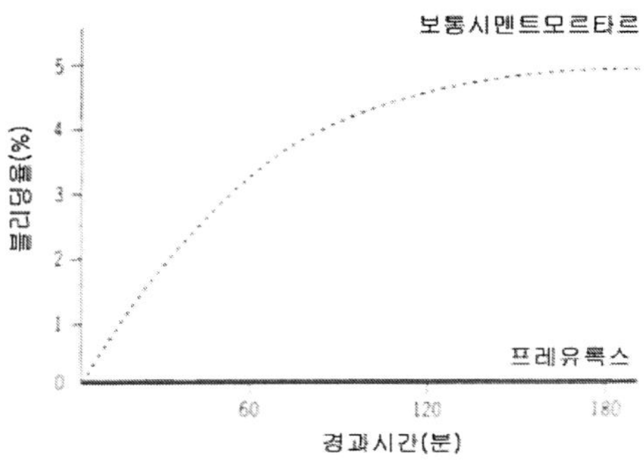

블리딩

· 유동성이 뛰어남.
· 블리딩이 없음.
· 조기에 고강도를 얻을 수 있음.
· 무수축성, 내열성에 뛰어남.
· 내해수성에 뛰어남.
· NON-METALLIC 이기 때문에 녹이 발생하지 않음.
· 시멘트에 모래가 혼합되어 있기 때문에, 현장에서 시공관리가 용이함.

시공실적

· RC 교각의 강판접착공법에 적용(일본 도로 공단, 한신고속, 수도고속, 기타)
· 칠골브레이스 주위에의 충진(진국의 학교, 소방서, 민간건물, 기타)
· 내진벽의 증설, 역타설 모르타르(학교, 현, 도시 및 지방의 건물, 방위청, 민간건물, 기타)
· 해안벽, 고가교 등의 재해복구공사(운수성 제3항만 건설국, 일본 도로 공단, 기타)

기 타

2.1.9	재 료
명 칭	**제트 / 슈퍼 제트**

개요

제트 시멘트 및 슈퍼 제트 시멘트는 초속경 시멘트의 상품명으로, 3~4시간에 실제강도를 발현하고, 장기의 강도 증진성도 뛰어나며 내진강도 및 긴급보강공사 등 다양한 토목·건축공사 현장에 사용되고 있음.

특징

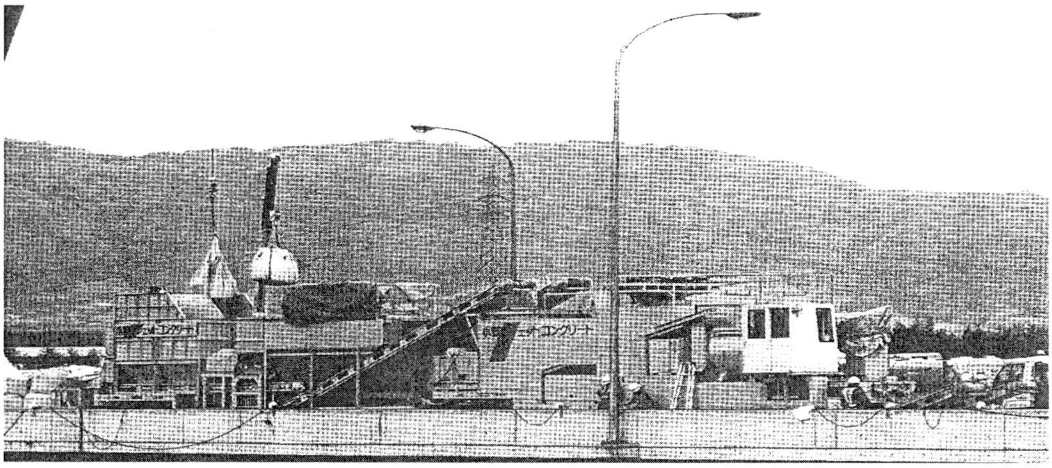

재해복구상판 보강공사

· 제트 시멘트 및 슈퍼 제트 시멘트를 이용한 콘크리트
① 3~4시간에 24 N/㎟이상의 강도를 발현하여 장기간에 걸쳐 안정된 강도를 증진함.
② 경화시간을 자유롭게 조절가능함.
③ 블리딩이 거의 없고, 침하량이 적음.

· 제트 시멘트를 이용한 콘크리트
① 저온에도 단시간에 필요강도를 발현함.

· 슈퍼 제트 시멘트를 이용한 콘크리트
① 점조성이 낮아 작업성이 양호하고, 가사시간을 장시간 확보가 가능하기 때문에 대량 타설을 하는 현장이나 현장내의 수송거리가 긴 경우에도 사용 가능함.
② 시멘트 및 콘크리트의 색은 보통의 시멘트와 같음.

시공실적

· 제트 시멘트 및 슈퍼 제트 시멘트는 토목건축현장에서 시공실적 많음.
대상현장 : 도로, 교량, 철도, 공항
대상공종 : 내진보강, 상판증타보강, 도로포장교체, 신축이음보수, 도로면보수, 반굴곡성포장, 콘크리트 판의 줄눈, 배면충전, 슬래브궤도 배면, 궤도하부보수, 기계기초, 활주로바닥 상판보수, 포스트 텐션 강선정착, 고유동 콘크리트, 칼라 콘크리트 등

기타

· 초속경 시멘트 콘크리트 교량상판 보수, 도로 콘크리트 No.69, Sept.1985
· 초속경성 시멘트, 콘크리트 공학 Vol.23, No.8, Aug.1985
· 폴리머 초속경 시멘트 콘크리트의 제반성질과 현장에의 적용, 콘크리트 공학 연차 논문보고집 9-1, 1987

2.1.10	재 료
명 칭	강판접착에 의한 내진보강 공법용 기계식 이음새 **톱니형 이음새**

개 요	톱니형 이음새는 현장에서 화기를 사용하지 않고 강판을 접합한「기계식이음새공법」이며, 이어지는 부분형의 요철부를 톱니형으로 이어 힘을 전달하는 메카니즘이다. (본 공법은 동일본 여객철도와 시미즈 건설과의 공동개발이다.) 사용목적 : 강판접착에 의한 내진보강공법용 강판이음새 적용범위 : 기둥부재, 벽 부재 등
특 징	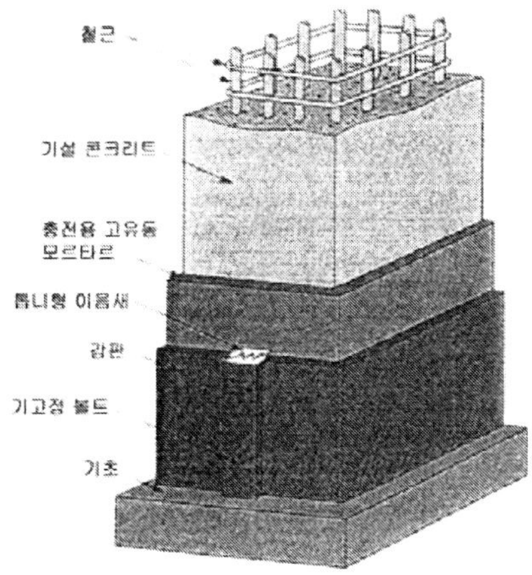 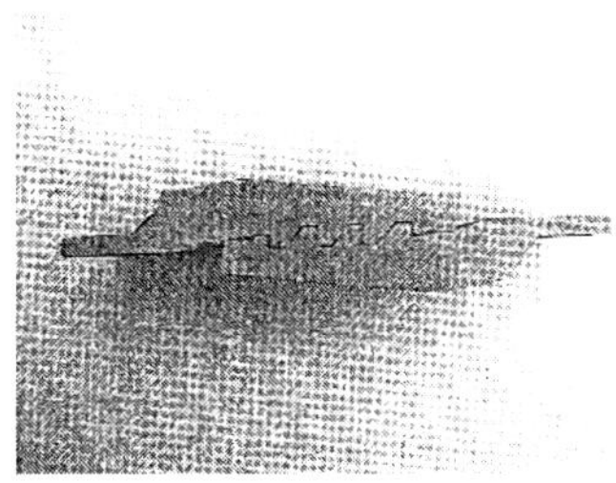 [작업순서] ① 작업차에 의한 운반(셋팅) ② 강판조립에 볼트 가조임 ③ 고유동 충전모르타르주입 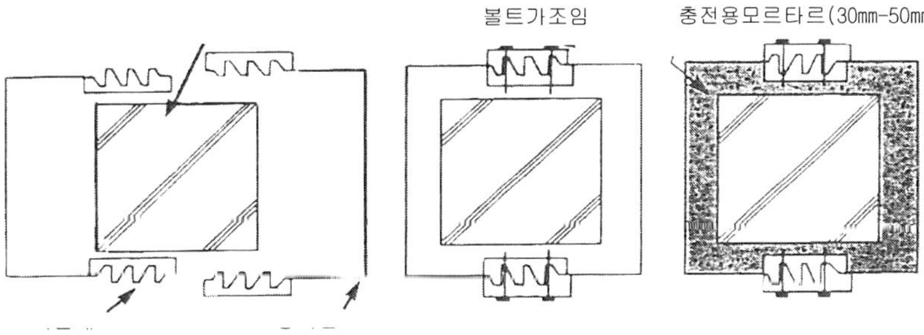 · 공장가공제품의 현지조립이므로 현장의 시공관리를 간략화 할 수 있음. · 특수한 기계, 기능공이 필요로 하지 않고 공사의 성력화가 가능함. · 현장에서의 화기사용이 필요하지 않음. · 강판접착공법의 시간이 짧아져 가설발판이 불필요 하므로 공기단축을 꾀할 수 있음.
시 공 실 적	동일본 여객철도(주) 고가교의 내진보강공사에 많이 사용되었고, 그 밖의 도로교와 모노레일의 교각에 사용되었음. 실적으로는 기둥보강 약 2500본, 톱니형 이음새의 수량에 약 1200t
기 타	· 특허출원 · 공개중 · 기계식 이음새를 이용한 강판접착 내진보강과 충전모르타르의 개발, 콘크리트 계 구조물의 내진기술에 관련된 심포지움 논문보고집, 1997.4 · 기계식 이음새 및 신개발 모르타르를 사용한 RC 기둥의 내진 보강공사, 일본철도시설협회지, 1996.11

2.1.11	재 료
명 칭	고유동 모르타르 **S-세이바 / S-세이바 G (무수축)**

개요	사용목적 : 5㎜정도 이상의 좁은 공간에서도 충전가능 고충진성 및 무수축성에 의한 구조물과의 일체화 가능 적용범위 : 교각 등의 강판접착공법용 구조물간의 협소부 충전용(기초, 슬라브 하부, 프리캐스트 부재 간의 공극, 파이프 내부 공극 등)
특징	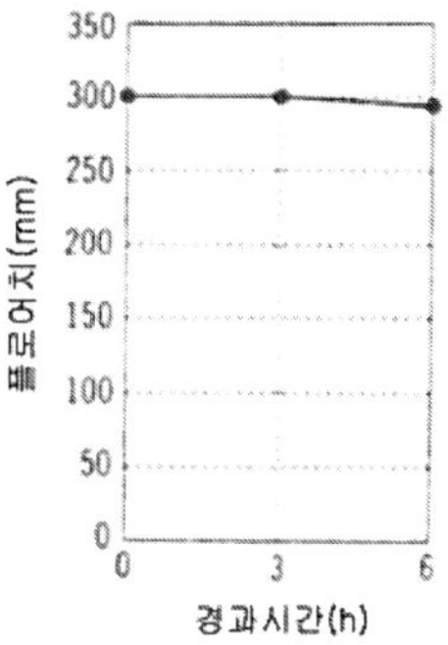 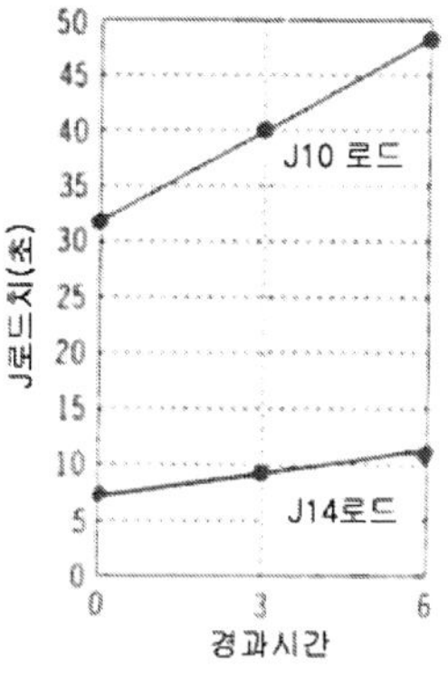 **팽창률시험(에스세이바-G)** **토목학회법(JSCE-F533)** 재령24시간후: 0.34% / 재령 7일후: 0.28% 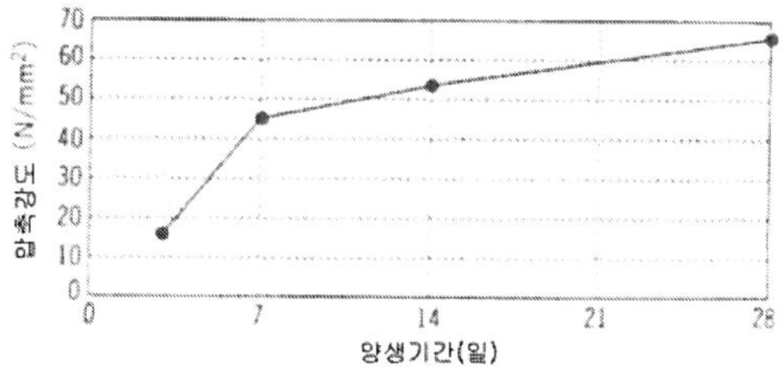 *JSCE-G521(시험체치수:∅5cm× H10cm)의 시험방법에 준함. **강도발현성** · 전용 플랜트부터 슬러리 타입으로 직접 현장에 반입이 가능함(개별포장도 가능) · 플로우값 유지 : 혼합한 후의 플로우를 6시간 유지하기 때문에 가사시간이 길어지게 할 수 있음. · 셀프-레벨링 : 1점부터 주입하여도 넓은 범위에 유동되어 평면성이 확보됨. · 자연흐름에 의한 고충전성 : 교각보강 등에도 종래의 역타공법이 아니더라도, 상단부 부터의 유입으로 균일한 물성이 얻어진다.
시공실적	· 교각보강공사(오사카시 교통국, 나고야시 교통국, 제도고속교통영단, 칸사이 고속철도, 교토와 오사카 철도 등) · 구조물간의 좁은 부분 충진(동경도 하수도국, 운수성제 2항만, 시코쿠 전력, 시가현, 히타치조선 등) · 건축물의 내진보강(시즈오카 현 저변시, 시가현 등)
기타	

2.1.12	재 료
명 칭	콘크리트 구조물 보호 피복재 **렉스코트(렉스 공법 시리즈)**

개 요

렉스공법은 아래와 같이 각종의 공법을 갖추고 있어, 콘크리트 구조물의 열화요인이나 손상상황에 따라 적절한 공법을 선택할 수 있다.

렉스공법 #1000 - 일반적인 보수나 콘크리트의 내구성 향상보수
렉스공법 #2000 - 알칼리골재반응의 억제보수
렉스공법 #3000 - 염해 억제보수

특 징

렉스공법에는 그림과 같이 철근용 고성능 방청제, 단면수복 모르타르, 무기계주입 접착재를 조립해서 사용하는 것으로서, 콘크리트 몸체를 내부로부터 소생시킬 수가 있다.

한층 더, 콘크리트 표면에 렉스코드 도막을 형성하는 것으로 콘크리트의 보호를 하는 것과 동시에 보수 후에 발생할 수 있는 구조물의 열화진행을 억제한다.

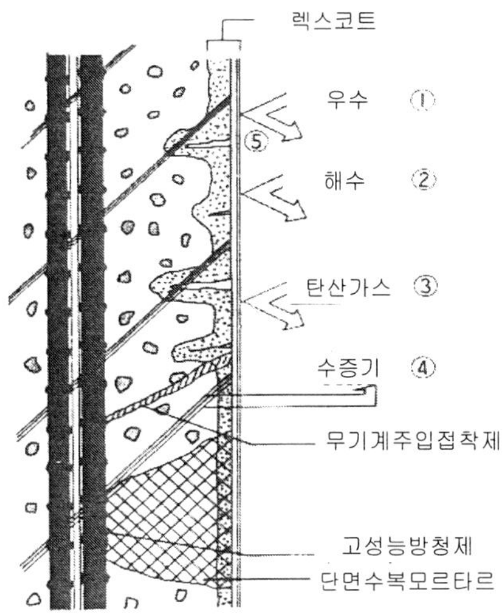

렉스코트의 기능

종류	기대특성	발수성	차염성	탄산가스투과 억지성	투습성	균열추종성
렉스#1000	내구성향상효과	○	○	◎	○	○
렉스#2000	ASR 억제효과	◎	○	-	◎	◎
렉스#3000	염해억제효과	◎	◎	○	○	◎

시공실적

일본 각지의 도로, 철도, 해안 구조물 등의 토목구조물(콘크리트 교량, 옹벽, 터널 등) 및 각종 건축구조물의 열화부분의 보수공사에 있어 다수의 시공실적이 있다.

또 대상 구조물의 열화대상 손상원인도, 염해, 중성화, 알칼리 골재반응, 동해 등 광범위의 것들이며 시공 후의 경과, 관찰에 대해서도 양호한 상태를 유지하고 있다.

기 타

· 건설성「민간개발 건설기술의 기술심사 · 증명사업인정규정」에 기초를 둔다. (재)토목연구센타 [토목계 재료기술 기술심사증명] 취득(기술심증 제0202호, 平成 3년 3월)
· 콘크리트 무기질계 탄성보수재의 알칼리 실리카 반응 억제 효과에 관한 연구, 재료 36권, 406호

2.1.13	재 료
명 칭	초미립자 시멘트 계 균열 주입재 **리후레필 본드**

개요

사용목적 : 콘크리트의 균열주입
모르타르의 들뜸 부분 주입/습윤 균열 주입
적용범위 : 폭 0.05mm의 미세한 균열에 주입가능
습윤 개소에 주입가능

특징

현미경사진

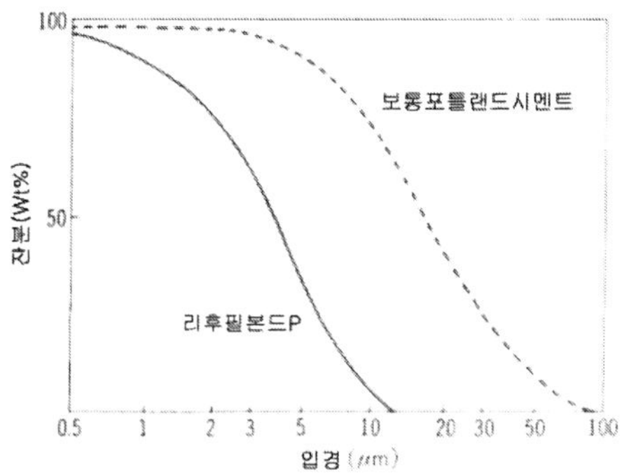

입도분포곡선

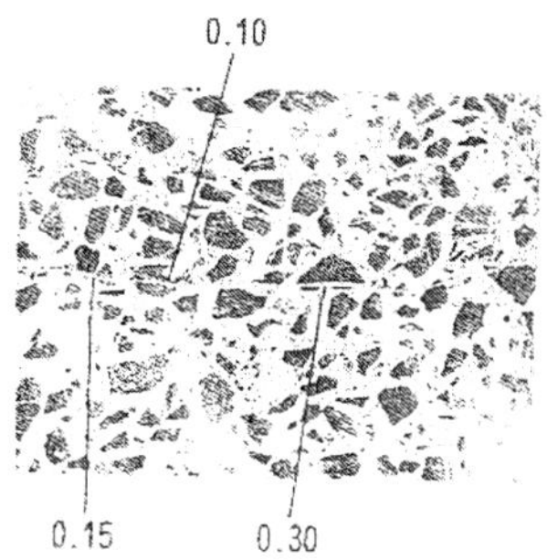

균열부의 주입상황
[단위 : mm]

- 초미립자 시멘트이므로 미세한 균열에도 주입이 가능함.
- 에폭시수지 수준의 높은 접착강도를 얻음.
- 습윤 개소에도 주입 가능함.
- 내구성이 뛰어남.
- 경화수축, 건조수축이 적음.
- 철근의 방청효과가 큼.
- 안전하여 취급이 간단함.

시공실적

- 콘크리트 구조물의 균열주입 ······도로관계 각공단, 관공서, 철도구조물, 댐구조물, 터널지수공사 등
- 기초말뚝의 균열주입····도시고속도로공단 등
- PC 그라우트의 후주입

기타

특허출원 · 공개중
폴리머 초미립자 시멘트 슬러리의 기초말뚝 균열부에의 주입시험시공, 제50회 시멘트 기술대회 강연요지
PC보 그라우트 불량부분의 후주입 실험, 토목학회 제48년차 학술강연회 제 5 부문
초미립자 무기계 주입재의 성능평가, 일본건축학회 대회 학술강연 논문집(관동), 1993

2.1.14	재 료
명 칭	콘크리트 단면수정 보수재 **라이온 GRLC / 라이온 GRLC-S**

개요

1. 라이온 GRLC

초속경 시멘트에 유리섬유로 강화하여 무수축성의 무기질계 재료에 특수 폴리머 에멀젼을 혼합한 재료이다.

① 콘크리트 구조물의 결손부의 단면보수,② 콘크리트 구조물의 표면보호, ③ 바닥면포장에 사용

2. 라이온 GRLC-S

특수 무기질계 파우다와 고기능성 단섬유가 혼합된 재료로서, 부착성이 강하고, 수축이 적으므로, 1회시공으로 두께조절이 가능하다. 또 스프레이시공도 가능하고, 시공효율이 향상된다. 용도는 토목 · 건축 콘크리트 구조물의 박리 · 박락부분이나 열화부분의 단면 복구공사이다.

특징

라이온 GRLC에는 보통타입과 경량타입이 있고, 사용온도 · 필요가사시간에 의해 S타입(상온용)과 W타입(저온용)이 있다.

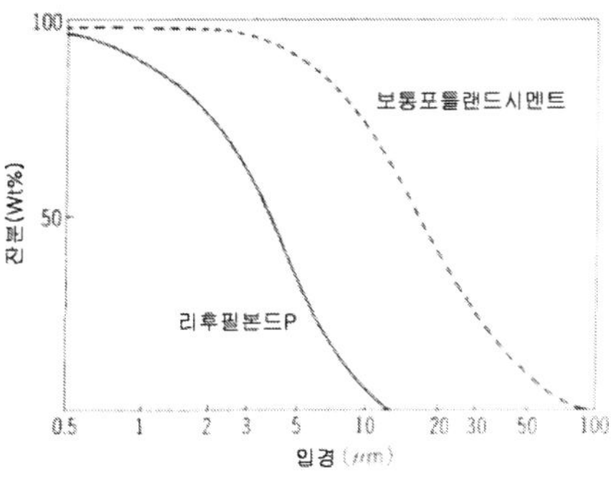

입도분포곡선

라이온 GRLC-S 물성치의 예

시험항목	표준값	시험방법
압축강도(20℃)1일	31N/㎟	JIS R 5201에 근거
부착강도(20℃)28일	2.5N/㎟	건연식 1축인장시험
길이변화율	-6.5×10^{-4}	JIS A 1129에 근거
동결융해저항성	300싸이클이상 없음	JIS A 6204

1회의 시공두께는 시공면 등의 상태에 따라 다르지만, GRLC-S 경우, 일반적으로 천정면에 20mm, 수직면에 40mm가 바람직함.(마무리 두께가 그 이상으로 되는 경우에는 몇 차례로 나누어 시공함.)

시공실적

콘크리트 교량, 옹벽, 터널 등 토목 구조물 및 각종 건축물의 박리 · 박락 · 열화부분의 단면복구공사에 있어 특히 다수의 시공실적이 있다.

기타

유리섬유 혼입프리믹스 모르타르의 물성과 시공의 예, 제 7 회 GRC 심포지움 강연요지집, 1995

2.1.15	재 료
명 칭	**제트 시멘트 / 마일드 제트 시멘트 슈퍼**

<table>
<tr><td>개
요</td><td>1. 제트 시멘트는 초속경 시멘트로서 1971년에 판매를 개시한 이래, 토목건축의 다양한 현장에서 사용되어, 뛰어난 성능에 대해 높은 평가를 얻고 있다.
2. 마일드 제트 시멘트 슈퍼는 경화시간이 약 60분으로 조정되어, 펌프 타설이 가능한 작업성이 풍부한 초속경 시멘트이다.
이 두 시멘트는 긴급성을 요하는 재해복구 공사를 비롯하여, 고속도로 집중공사, 야간보수공사, 바닥판 증타설공사 등에 사용되고 있다. 시공조건에 맞추어, 2종류의 초속경 시멘트를 구분하여 사용하면 좋다.</td></tr>
<tr><td>특
징</td><td>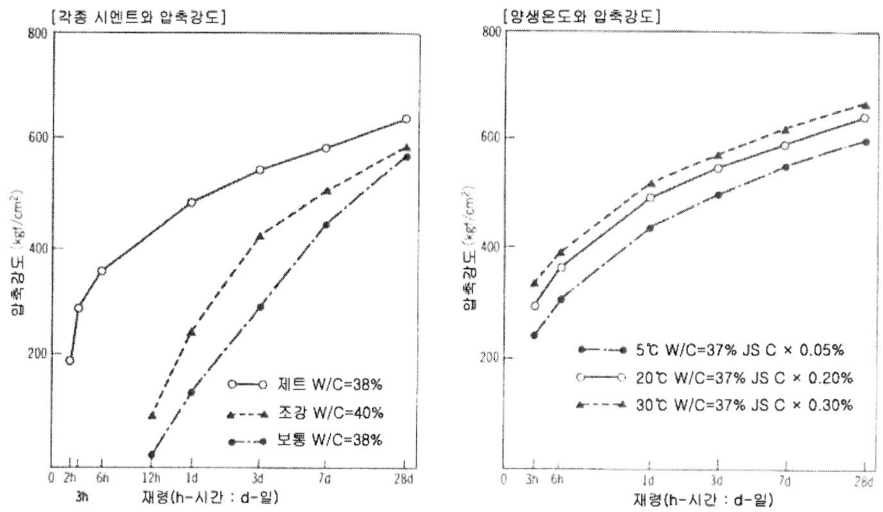

제트 시멘트의 뛰어난 특성

제트 시멘트의 특성
· 불과 3시간 만에 보통 시멘트 28일 양생분의 콘크리트 압축강도를 발현하는 초속경성임.
· 포틀랜드 시멘트와 같이 장기에 걸쳐 안정된 강도증진을 실현함.
· 활성화된 알루민산 칼슘에 의해 저온에서도 단시간에 필요강도를 확보함.
· 응결조정제 의해 응결시간을 자유롭게 조정이 가능함.
· 블리딩이 거의 없기 때문에 타설 후의 표면침하가 극히 소량임.</td></tr>
<tr><td>시
공
실
적</td><td>대상현장 : 교량, 도로, 철도, 공항, 공장 등
대상공종 : 스프레이 콘크리트, 한중 콘크리트, 모르타르, 반굴곡성 포장, 바닥판교체, 상판증타설, 포장교체, 콘크리트 판의 하면주입, 신축이음재보수, 슬래브판 충전, 기계기초, 궤도하부 보강 등</td></tr>
<tr><td>기
타</td><td>· 초속경 시멘트를 이용한 강섬유보강 콘크리트의 배합설계방법에 관한 검토, 시멘트 기술연보 36권
· 초속경 시멘트를 이용한 강섬유보강 콘크리트의 역학적 특성, 제5회 콘크리트 공학연차 강연회 논문집
· 초속경 시멘트와 강섬유보강 콘크리트를 이용한 스프레이 콘크리트에 의한 긴급보수공사, 콘크리트공학 23권, 2호</td></tr>
</table>

2.1.16	재 료
명 칭	불연성 탄성피복재 **슈퍼 후넨** 탄소섬유시트보강공법용 보호 모르타르 **라이온 맥 CFP / 라이온 맥 CFG**

개요

슈퍼 후넨 : 특수 세라믹 파우다(슈퍼 후넨 P)와 고탄성 폴리머 라텍스(슈퍼 후넨 E)의 항성재로서 일반도장, 쇠흙손미장, 메스틱 롤러, 뿜칠이 가능한 만능타입의 수용성 불연성 탄성피복재

라이온 맥 CFP, CFG : 철근 콘크리트구조물의 보강공법에 이용 탄소섬유시트를 보강한 면을 보호하는 모르타르

라이온 맥 CFP는 표준시공두께 1mm의 뿜칠시공 재료

라이온 맥 CFG는 표준시공두께 10mm의 뿜칠 및 쇠흙손미장 재료

기타 범용의 시멘트 모르타르로서 부착하기 어려운 바탕에도 적용가능

특징

슈퍼후넨의 간이방화실험

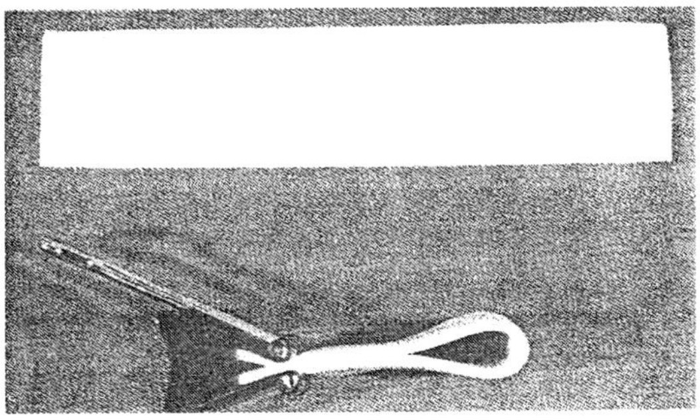

유연성실험

① 슈퍼 후넨

- 방화성이 뛰어남.
- 유독가스가 발생하지 않음.
- 균열 추종성이 있음.
- 시공성, 안전성이 뛰어남.

② 라이온 맥 CFP · CFG

- 탄소섬유 부착면에 대해 뛰어난 부착성이 있음.
- 불연성, 내화성에 뛰어난 방화 피복층을 형성함.
- 수용성으로서 작업성이 뛰어나고, 환경친화적인 재료.
- 내충격성 및 내마모성에 뛰어남.
- 외관은 콘크리트 면과 거의 같아 내구성에 뛰어남.

슈퍼 후넨의 특성예

시험항목	시험결과	시험방법
방화성	난연 1호	JIS A 1321표면시험
가스유독성	합 격	건설성고시1231호
연신률	33%	JIS A 6910
영스판연신율	0.4mm	일본도로공단법
부착강도	0.6N/㎟	건연식인장시험

시공실적

슈퍼 후넨의 시공실적

외국영사관, 민간빌딩, 대규모 창고, 개인주택 등의 방화대책 공사

지방자치단체, 교통국, 지하철, 고가교, 내진보강공사

기타

2.1.17	재 료
명 칭	무수축 모르타르 **필콘 시리즈 (R, RH, R-EX, S, R 300)(필콘본드, 필콘앙카)**

개 요

일반 공공공사나 지진피해복구공사에 시공실적이 풍부하고 우수한 무수축 모르타르
필콘 시리즈는 용도에 맞는 다양한 상품(R:조강, RH:대단면용, S:초속경, R300:초조강)을 갖고 있으므로, 시공조건 등에 맞는 최적의 재료로 선택가능하다.
특수골재로 프리믹스한 타입은 현장에서 물을 첨가하는 것만으로 사용목적에 적합한 고성능 모르타르를 얻을 수 있으며 또한 모르타르 기초재로서 이용할 수 있는 시멘트 타입도 있어, 모든 충전을 사용 가능

특 징

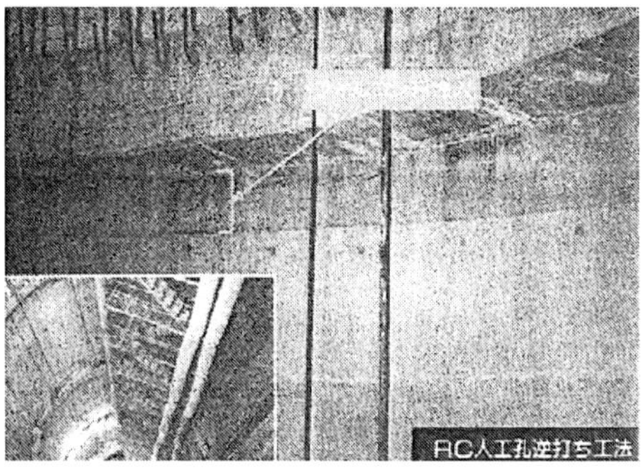

필콘 R의 뛰어난 충전특성 · 유동성

① 필콘 R
- 조강성이 있어, 초기에 고강도를 얻을 수 있음.
- 장기강도의 증진도 크고, 신장률도 안정되어있음.
- 유동성이 뛰어나고, 작은 공극에도 충진 가능함.
- 침하, 수축, 블리딩이 없음.
- 부착전단력이 크고, 방식성에 뛰어남.

② 필콘 S
- 초속경성이 있어, 초기에 고강도를 얻을 수 있음.
- 장기강도의 증진도 크고, 신장률도 안정되어있음.
- 침하, 수축, 블리딩이 없음.
- 단시간에 큰 부착전단력을 얻을 수 있음.

③ 필콘 R-EX
- 고유동성(J_{14}로트 유동성 = 8±2초) : 작은 공극에도 충전할 수 있고, 뛰어난 유동성을 가짐.
- Non 블리딩(블리딩률=0%) : 역타공법에도 공극처리가 필요 없음.
- 무수축성(재령7일 팽창수축 = +0.1%) : 충전 후 침하수축이 없고, 조기에 안전한 무수축성을 가짐.
- 부착성(철근부착강도=4.4N/㎟) : 안정된 팽창력에 의해, 큰 부착전단강도를 얻음.

시공실적

- 한신 아와지 대지진에 사용, 도로구조물, 철도고가교, 해안구조물, 건축구조물 등의 모든 콘크리트 구조물의 복구공사(국가기관, 공동단체, 지방자치제, 철도회사 등의 콘크리트 구조물, 기타)
- 건축구조물에 있는 내력벽 증설 등의 내진보강공사

기 타

2.1.18	재 료
명 칭	구조용 무수축 모르타르 **토 픽**

개요

종래의 무수축 모르타르는 교량을 이어주는 하부나 기계받침대의 그라우트를 목적으로 개발되어 구조부재에 그대로 적용한 경우에는 구조성능, 발열, 수축 등 몇 가지 문제가 있었다.

거기서 구조용 무수축 모르타르「토픽」은 최적의 입형 골재와 최적의 시멘트, 모래의 혼합비를 선정하는 것으로 뛰어난 성능을 인정하여 출시해, 콘크리트에서는 충전할 수 없었던 좋은 부분에도 확실한 충전이 가능해 졌다.

또 기존의 건물과 일체성 확보도 유효하고, 강도가 높은 시공도 간단하게 할 수 있는 내진보강·보수에 최적의 충전 모르타르다.

특징

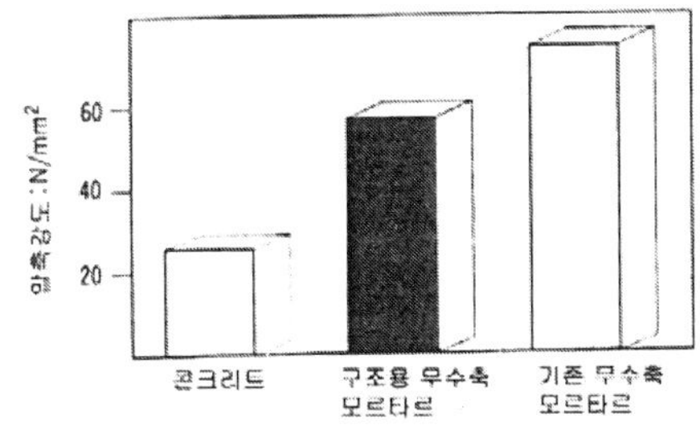

압축강도
[보강 · 보수에 필요한 강도를 충분히 확보]

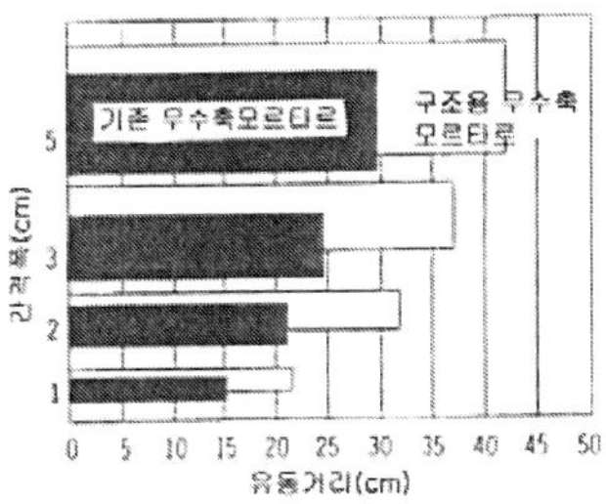

고유동성

유동성이 큰 구조용 무수축 모르타르는 3cm~10cm정도의 좁은 부분에 다짐없이 충전이 가능

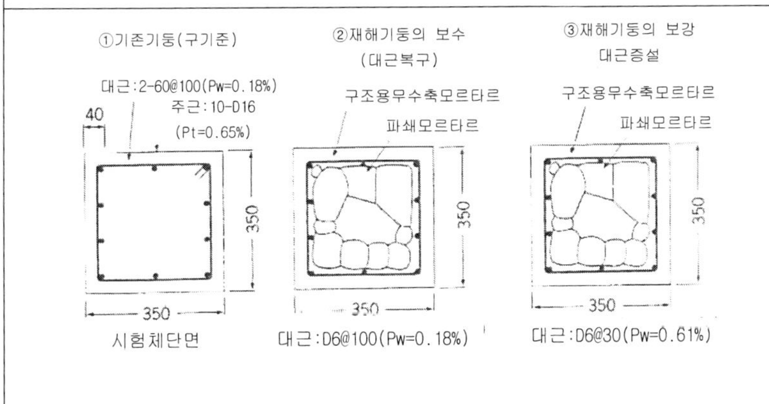

재해기둥의 보수·보강실험에서 구조용무수축 모르타르의 효과확인

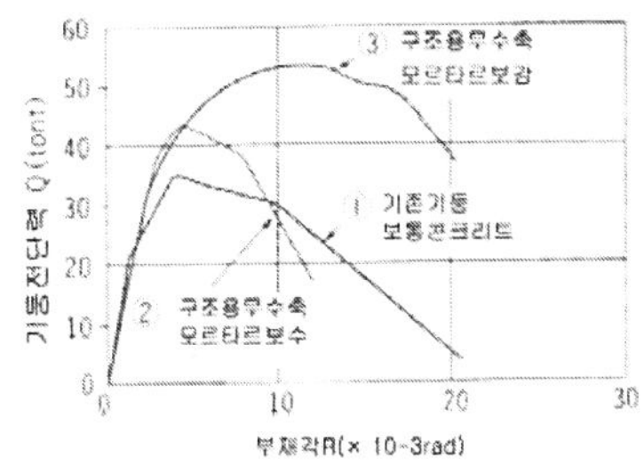

보수 · 보강효과

- 종래의 무수축 모르타르의 문제는 어느 정도 전단성을 대폭적으로 개선함.
- 발열이나 건조에 의한 균열발생을 억제함.
- 큰 유동성으로 다짐없이 구석구석까지 충전 가능함.
- 높은 압축강도
- 무수축성으로 기존 구조체와의 일체성을 확보함.
- 현장에서 물을 추가하여 사용하는 프리믹스 제품이기 때문에 시공 시 품질관리가 용이함.

시공실적

- 고가교 교각 내진보강공사(철판보강) : 수도고속도로공단, 동경도 지하철, 기타
- RC 건물의 내진보강공사(철골 브레이싱 보강시의 주위충전 등) : 사무소빌딩 등 다수

기타

특허출원 : 콘크리트 구조물의 보수 · 보강용 무수축 모르타르
콘크리트 구조물의 보수 · 보강용 무수축 모르타르에 관한 연구, 건축학회 대회 강연개요집, 1996
콘크리트 구조물의 보수 · 보강용 무수축 모르타르의 연구, 제19회 콘크리트 공학 강연회, 1997

2.1.19	재 료
명 칭	내진보수 · 보강에 최적인 충전재 **무수축 超 워커블 콘크리트**

개요

무수축 초 워커블 콘크리트는 고유동 콘크리트의 기술을 이용하여 높은 유동성 · 자기충전성을 확보하고, 동시에 팽창재의 이용으로 초기 무수축성을 실현한 것이다. 역타를 하는 부분의 기존 구조체와의 일체성, 협소한 콘크리트 박리부분의 확실한 충전을 가능하게 하고, 내진보강 · 보수에 최적인 충전재이다.

특징

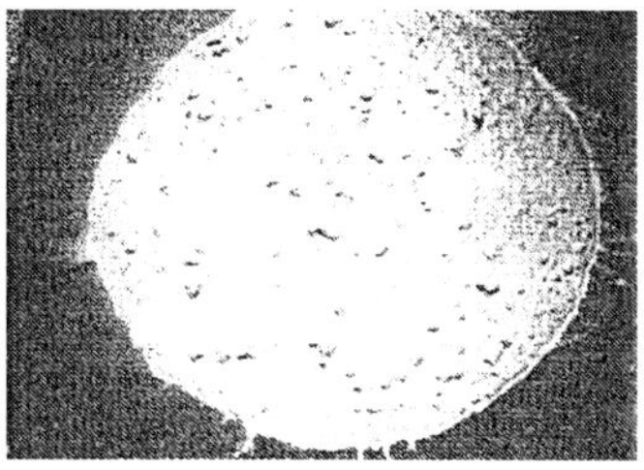

고유동성

재료 분리없이 50~70cm정도(부재에 따라 초정)의 높은 슬럼프 후로어치를 형성함.

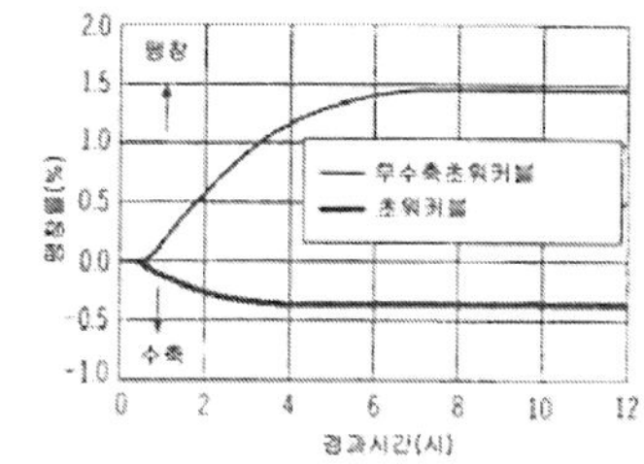

초기무수축성

타설 후 6시간확보에 걸쳐 약 1~1.5%의 팽창

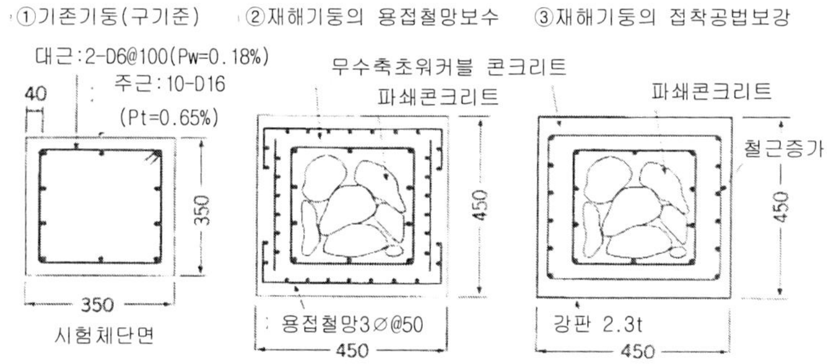

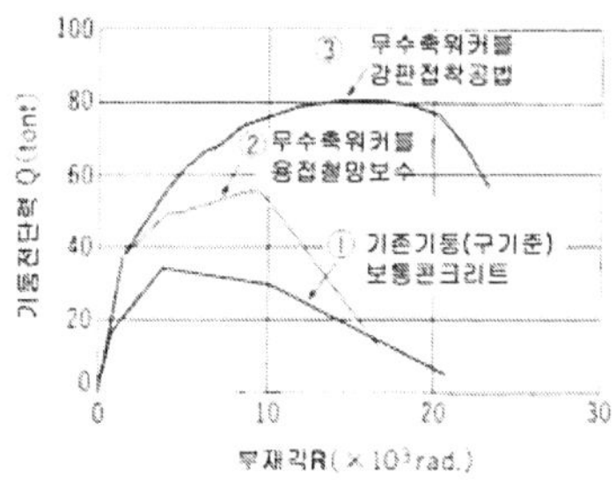

재해 기둥의 보수·보강실험에 무수축 초 워커블 콘크리트의 효과확인

보수 · 보강효과

- 타설직후부터 체적감소 없음.
- 그라우팅 처리 없이 기존구조체와 일체성을 확보함.
- 유동성 · 자기충전성이 높고, 다짐없이 10cm정도 좁은 부분의 충전이 가능함.
- 팽창재는 콘크리트 속에 용해하는 팩으로 포장되어, 현장에서 첨가 가능함.
- 보통콘크리트 이상의 강도를 확보함.

시공실적

- RC 건물의 지진피해 보수공사
- RC 건물의 내진보강공사
  (내력벽의 증설, 개구부의 폐쇄보강, 말뚝 증설부의 후팅보강, 기타다수)

기타

2.1.20	재 료
명 칭	토질안정용 주입재 **덴카 ES-L(시멘트 계 급경화재) / 덴카 코로이달 슈퍼(초미립자시멘트)**

개요

사용목적 : 지반개량(내구성 향상)
모래질 등 액상화 대책
미세한 크랙의 지수를 위한 주입

적용범위 : 미세한 모래에의 주입
미세한 그라우트에의 주입
일반지반주입

특징

주성분 \ 재료	화학분석치(%)				브렌치 치 (㎠/g)
	CaO	SiO_2	Al_2O_3	SO_3	
ES-L	41.4	5.1	21.0	29.1	9000
코로이달 슈퍼	47.7	29.9	12.6	1.2	5500

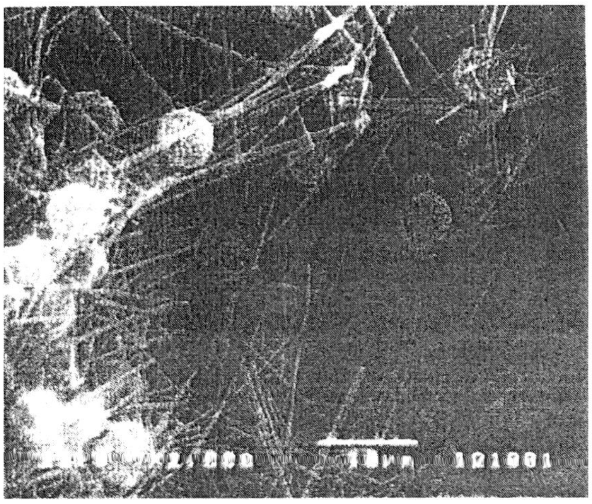

「ES-L」과 「코로이달 슈퍼」의 경화체 주사형 전자현미경 사진(X 2000)
침상현상(에트린가이드/수화생성물) 」

· 초미립자시멘트 「코로이달 슈퍼」와 시멘트 계 급경재「ES-L」에 의해, 중결~장결의 겔타임 설정으로 지반주입해 내구성이 있는 지반 개량을 함.
· 시멘트 현탁액 주입에서는 다소무리가 있었던, 모래질지반에의 주입개량을 기대할 수 있음.

시공실적

· 한신 대지진 재해복구공사(액상화 방지 지반주입)
· 그 외 일반지반에 주입

기타

특허출원중

2.1.21	재 료
명 칭	그라우트용 무수축재 **덴카 프레타스콘 TYPE-1**

개요	사용목적 : 강판접착, 브레이스 보강, 증설벽 등 내진보강의 그라우트 주입 적용범위 : 강판과 기존콘크리트 기둥과 교각과의 간극충전 브레이스보강, 증설벽의 그라우트 주입
특징	 강판접착  브레이스보강
	「프레타스콘 TYPE-1」은 시멘트 계(칼슘 · 사르포 · 알루미네이트 계)의 프리믹스타입 무수축 그라우트재료임. · 유동성이 뛰어남. · 블리딩이 없음. · 침하, 수축이 없음. · 조강성이 뛰어나고 장기강도의 증진도 가능. · 부착전단강도에 뛰어남. · NON-METALLIC 재료임. · 고온 · 한냉 시에의 사용이 가능함. · 경제적인 그라우트임 기타 무수축 그라우트재 프레타스콘 TYPE-M(마스몰 고온용) 하이 프레타스콘 TYPE-Ⅰ,Ⅱ(긴급한냉용) 프레타스콘 TYPE-1-S(강판접착용) 프레타스코 TYPE-F(고부착용)
시공실적	· 강판접착 : 일본도로공단, 수도고속도로공단, 한신고속도로공단, JR, 지하철 등 · 브레이스보강, 증설벽 : 학교, 공공시설, 오피스빌딩 등
기타	특허 No. 799240 등 무수축 그라우트재의 강판접착공법에 적용, 제40회 일본학술회의 재료연구 연합강연회 1996. 9월 특수 그라우트재의 내진보강공사 · 강판접착공법에 적용, 콘크리트공학 연차강연회 논문집 1996 등

2.1.22	재 료
명 칭	콘크리트 부착 · 주입용 **아크릴계 접착제 하드락 II**

개요	사용목적 : 콘크리트의 균열주입 및 콘크리트의 부착 적용범위 : 주입‥‥습윤면, 기름면에 대응, 저온경화성(-10℃까지) 콘크리트 같은 종류, 철판, 탄소섬유, FRP
특징	하드락은 야간 등의 단시간 시공이 가능함.  교각의 균열보수(동계, 야간, 우천시)  대형기계의 기초부 보수
	· 습윤면, 기름면을 접착 가능함 · 저온에도 빠르게 경화함. · 높은 접착력과 내구성이 뛰어남. · 에폭시수지 보다 취급이 간단함. · 피부 자극성이 적음.
시공실적	· 콘크리트 균열주입 : 맨션 비구조벽체, 철도구조물, 터널 등 · 도로 증타설 부분에 주입 : 고속도로, 터널 등
기타	특허출원중

2.1.23	재 료
명 칭	초속경성 시멘트 **덴카 슈퍼 시멘트**

개요

덴카 슈퍼 시멘트는, 토목 · 건축공사에 있어서 긴급성, 조기교통개방, 한냉시의 시공 등, 가혹한 요구 등에 대해 종래의 시멘트 콘크리트에서는 생각할 수 없었던 경이적인 강도발현성의 요구에 응하는 것이 가능.

특징

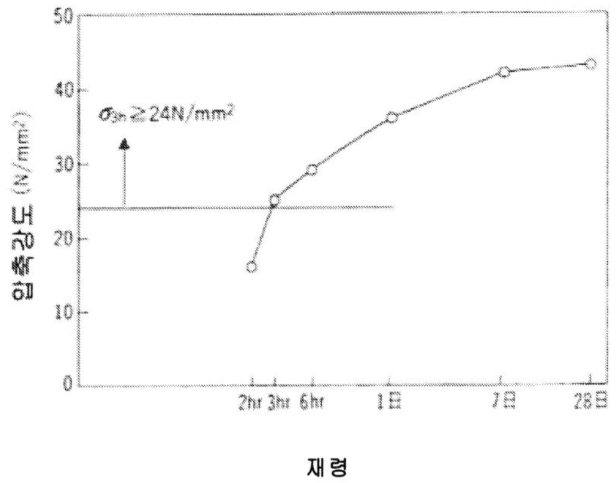

압축강도

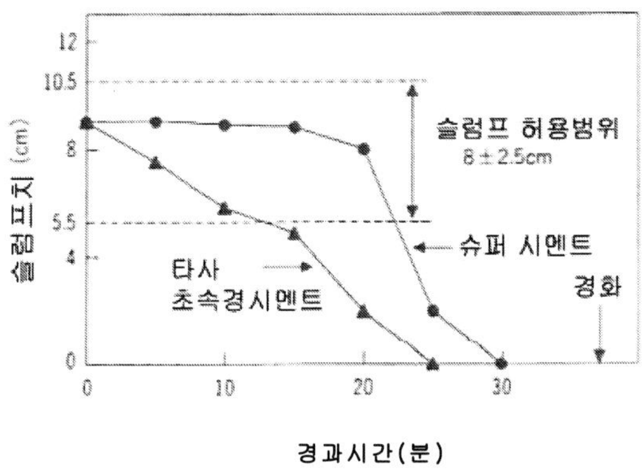

슬럼프의 경시변화

· 2 ~ 3시간에 20 ~ 30 N/㎟의 실용강도가 발현. 저온에도 강도발현이 뛰어남.
· 포틀랜드시멘트를 기초로 하기 때문에, 장기간에 걸쳐 안정성과 강도증진을 보여줌.
· 종래 초속경 시멘트에 비해 슬럼프 로스가 적고, 작업성이 뛰어남.
· 종래 초속경 시멘트에 비해 균열저항성이 높음.
· 기존 콘크리트와의 부착성이 뛰어남.(상면증타공법등에 적용)

시공실적

· 도로, 철도, 교각, 항만, 활주로 등의 긴급공사. 신축이음새, 바닥판, 측구, 가드레일, 표지, 제설시설 등의 보수공사

· 한중콘크리트 공사전반
· 벽, 바닥, 창고 · 공장 등의 보수
· 에드로, 산업폐기물의 고체화
· 기타

기타

상판상면 증타공법에 관한 초속경 SF 콘크리트 부착강도 발현기구에 관한 연구, 토목학회논문집 No. 540, 1996.6

2.1.24	재 료
명 칭	콘크리트 균열 주입재 **하이스텝 / 하이스텝-Z (속경화형)**

개요

사용목적 : 콘크리트의 균열주입
　　　　　모르타르의 들뜸부 주입
적용범위 : 폭 0.05㎜의 미세한 균열에도 주입가능
　　　　　균열내부에 물이 존재하는 경우에도 주입가능

특징

각제품의 물성치(양생20℃)

하이스텝					하이스텝-Z			
W/C	-	60%	70%	80%	-	50%	60%	70%
압축강도 (N/mm²)	재령 28일	36.1	32.9	26.7	재령4시간	4.79	3.67	2.65
					1일	17.9	13.6	7.34
					28일	53.1	48.4	32.1
부착강도 (N/mm²)		1.97	1.54	1.45	재령 28일	2.39	2.28	1.78
점 도 (mPa·s)		71	45	35		28	17	14

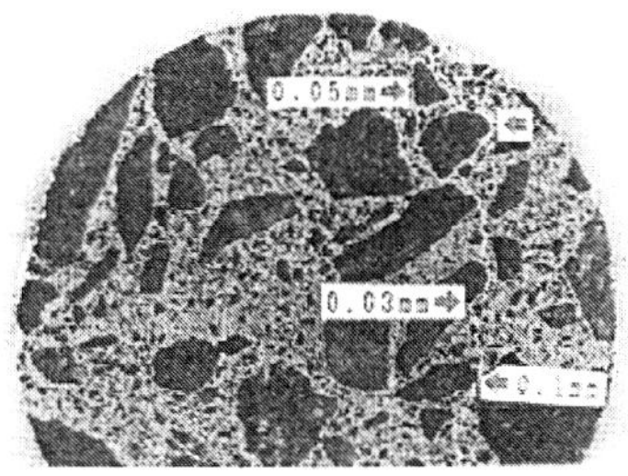

하이스텝의 균열부분에 주입상황 (사진 중에 치수는 균열폭)

① 하이스텝

· 평균입도 2.8㎛, 최대입도 10㎛의 미립자
· 주입시의 초기수화응결의 억제.
· 슬러리내부의 고 미분말입자의 분산상태가 양호함.
➡ 미세한 균열공극에도 주입가능

· 펌프 등에 의해 대량주입 가능함
· 인체, 환경에는 무해하며, 취급이 용이함.

② 하이스텝-Z····하이스텝의 특징에 추가하여 아래 특징도 구비하고 있음.
· 속경화형에 겔타임을 조정 가능함.
· 저온 하에 안정하게 경화촉진 가능함

시공실적

· 콘크리트 구조물의 균열주입 : 일본도로공단, 철도구조물, 댐구조물, 터널지수, 지하철구조물, 방파제, 옹벽, 상하수도, 건축구조물 등
· 기초말뚝의 균열주입 : 한신고속도로공단 등
· PC 그라우트 후주입 : 교량

기타

· 특허 제1839360호「콘크리트 구조물의 보수용 주입재」
· 특허 제2102271호「콘크리트 구조물의 주입보수공법」
· (재)토목연구센터로부터 토목계 재료기술. 심사증명(기술심사 제0106호)을 취득.

2.1.25	재 료
명 칭	고강도 · 고내구성 보수용 섬유모르타르 **NEM-RS(보통형, 상온, 저온속경화형)**

개요

NEM(New Excellent Morter)은 용광로 슬러그 초미립자를 고도이용한 고강도 · 고내구성을 특징으로 하는 모르타르 콘크리트 제품이다. NEM-RS는「NEM」을 기초로 하여 콘크리트 구조물의 단면보수에 사용하기 쉽고, 단섬유를 포함한 프리믹스의 숏크리트 · 흙손마무리용 모르타르 보수재이다.

사용목적 : 콘크리트 구조물의 단면보수

적용범위 : 보수대상두께 10~30mm

특징

NEM-RS 각제품의 물성치

	보통형			상온속경화형(양생20℃)				저온속경화형(양생5℃)			
배합	NEM-RS	물	모르타르량	NEM-RS	물		모르타르량	NEM-RS	물		모르타르량
	25kg(1포대)	4.1ℓ	12.8ℓ	25kg(1포대)	4.0ℓ		12.9ℓ	25kg(1포대)	4.0ℓ		12.9ℓ
재 령	3일	7일	28일	6시간	1일	7일	28일	6시간	1일	7일	28일
압축강도(N/㎟)	38.0	51.7	61.6	12.5	29.0	50.0	62.0	7.30	24.5	44.5	58.0
부착강도(N/㎟)	-	1.7	1.9	-	-	1.5	1.7	-	-	1.6	1.8
				섬유첨가량 0.35% (대NEM-RS량)				섬유첨가량 0.40% (대NEM-RS량)			

① 보통형
- 뿜칠 · 쇠흙손 마감으로 작업성이 뛰어남.
- 고강도의 발현에 의해 내마모성이 뛰어남.
- 내산성 · 내염성 · 내동해성 · 내구성이 뛰어남.
- 단섬유를 포함해 균열저항성이 뛰어남.

① 상온 · 저온 속경형

보통형의 특성에 추가하며, 아래의 특징을 가짐.
- 단시간에 신속하게 실용강도에 도달함.
- 저온 속경화형은 저온환경 아래서도 뛰어난 강도를 발현함.

시공실적

- 전력회사 발전소(댐 구조체, 도입로, 수조 등), 교각, 공장, 창고의 바닥판, 옹벽
- 건축구조물(외벽, 옥상, 파라펫, 발코니 등)

기타

- 특허 제1869484호「고강도 · 고내구성 모르타르 · 콘크리트용 조성물」
- (재)토목연구 센터로부터 토목계 재료기술 · 기술심사증명(기술심사 제6303호)를 취득.

2.1.26	재 료
명 칭	고강도 · 고내구성 보수 모르타르 **NEM-R (NEM-R1/NEM-R2)**

개요

NEM(New Excellent Mortar)은 용광로 슬래그 초미립자를 고도이용한 고강도 · 고내구성을 특징으로 하는 모르타르 콘크리트 제품이다. NEM-R1·R2는 「NEM」을 기초로 하여 콘크리트 구조물의 단면보수에 사용하기 쉽고, 흙손마감용 모르타르 보수재이다.

사용목적 : 콘크리트 구조물의 단면보수

적용범위 : 보수대상두께 20~50mm

특징

NEM-R의 종류

① NEM-R1 프리믹스 타입(제품+물)

② NEM-R2 모래첨가 타입(제품+모래+물)

NEM-R 각제품의 물성치

	NEM-R 1			NEM-R 2			
배합	NEM-R1	물	모르타르 량	NEM-R2	자연모래	물	모르타르량
	25kg(1포대)	3.3ℓ	11.9ℓ	25kg(1포대)	12.5kg	3.8ℓ	17.1ℓ

재 령	3일	7일	28일	3일	7일	28일	
압축강도(N/㎟)	42.0	57.0	67.0	49.0	62.0	70.0	양생20℃
부착강도(N/㎟)	-	1.8	2.0	-	1.6	1.7	

· 취급이 간단하고 흙손미무리 작업이 양호함.
· 프리믹스 제품이라 품질이 안정되어있음.
· 고강도 발현에 의해 내마모성이 뛰어남.
· 내산성, 내염성, 내동해성, 내구성이 뛰어남.

시공실적

· 전력회사 발전소(댐 제체, 도입로, 수조 등), 교각, 공장 · 창고의 바닥판, 옹벽, 분뇨처리시설
· 건축구조물(외벽, 옥상, 파라펫, 발코니 등)

기타

· 특허 제1869484호「고강도 · 고내구성 모르타르 · 콘크리트용 조성물」
· (재)토목연구 센터로부터 토목계 재료기술 · 기술심사증명(기술심사 제6303호)를 취득.

<table>
<tr><td>2.1.27</td><td>재 료</td></tr>
<tr><td>명 칭</td><td>아사노 · BEST-TOP 그라우트(무수축성 모르타르)
아사노 · 츠메텍(저수축성모르타르)
아사노 · FIVE STAR 그라우트100(무수축성모르타르)</td></tr>
</table>

<table>
<tr><td>개
요</td><td>아사노 · BEST-TOP 그라우트
수도고속도로공단 및 일본도로공단, RC 교각의 강판접착공법용 주입재
아사노 · 츠메텍
JR전용, RC 교각의 강판접착공법용 주입재
아사노 · FIVE STAR 그라우트100
내진보강의 보 및 슬래브 하부, 철골 브레이스 돌림 등의 기존 콘크리트와의 접합부 주입재</td></tr>
<tr><td rowspan="2">특
징</td><td>

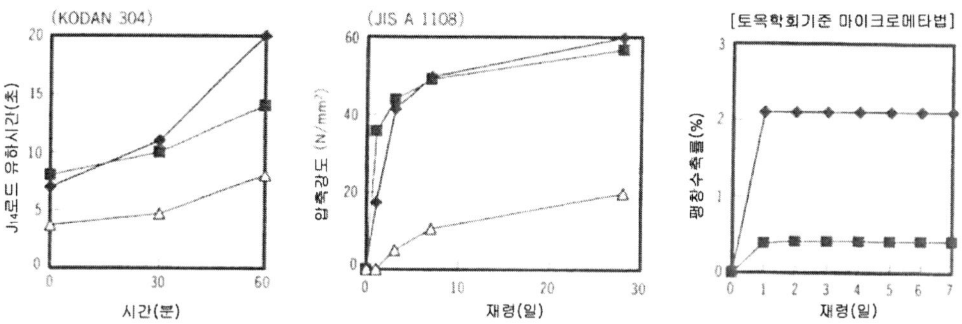

유동성의 경시변화

</td></tr>
<tr><td>아사노 · BEST-TOP 그라우트
· 조강성 · 무수축성.
아사노 · 츠메텍
· 경량.(1.46 $t \cdot m^3$)
아사노 · FIVE STAR 그라우트100
· 고강도. · 무수축성.
모두 프리믹스 타입이기 때문에, 물을 첨가해 혼합하는 것만으로 유동성에 뛰어난 재료를 얻을 수 있음.</td></tr>
<tr><td>시
공
실
적</td><td>아사노 · BEST-TOP 그라우트
철도교각의 강판접착보강공사(동일본 여객철도, 세이부철도)
아사노 · 츠메텍
고속도로교각의 강판접착공사(수도고속도로공단, 한신고속도로공단)
아사노 · FIVE STAR 그라우트100
내진벽면주입공사, 철골조 브레이스 내진벽 주입공사(각 시청 등)</td></tr>
<tr><td>기
타</td><td></td></tr>
</table>

2.1.28	재 료
명 칭	무수축성 모르타르 **아사노 · 슈퍼 FIVE STAR**

개요	· 교각용 교좌장치, 철골기둥 등의 설치 · 역타 콘크리트의 타설
특징	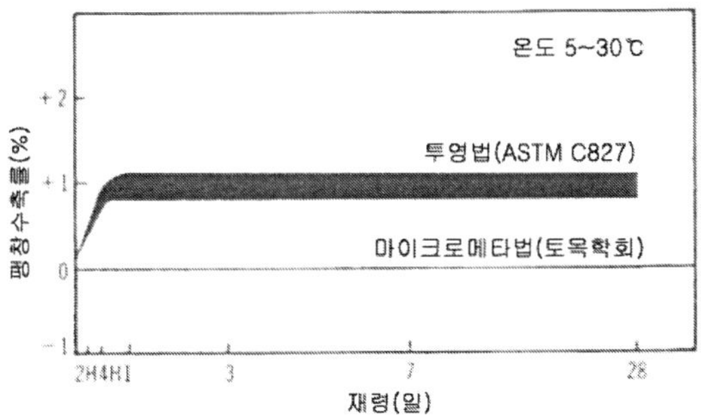 팽창수축률 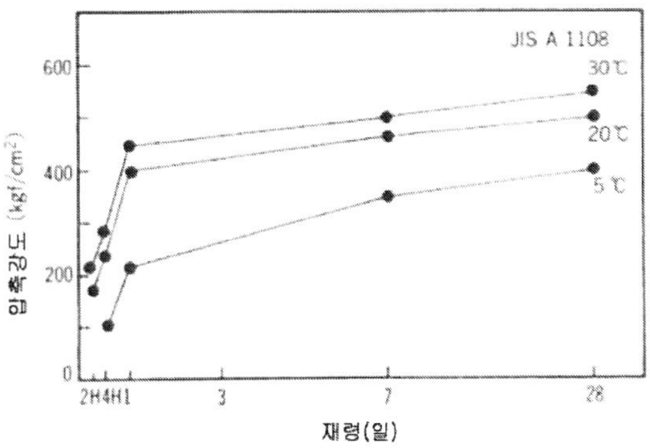 압축강도
	· 단기간에 고강도를 얻을 수 있음.(재령 2시간 : 9.8N/㎟ 이상) · 무수축성임. · 프리믹스 타입이므로 물을 첨가해 혼합하는 것만으로 유동성에 뛰어난 재료를 얻음.
시공실적	긴급공사, 한 · 냉지 공사
기타	

2.1.29	재 료
명 칭	특수 시멘트계 숏크리트 모르타르 **에마코 S96C (EMACO S96C)**

개요

사용목적 : 철근의 부식, 고탄성 시트의 충격 화재로부터의 보호, 열화 콘크리트 구조물의 단면복구

적용범위 : 시공두께는 1회 10~25mm 습윤 부위에도 시공가능

특징

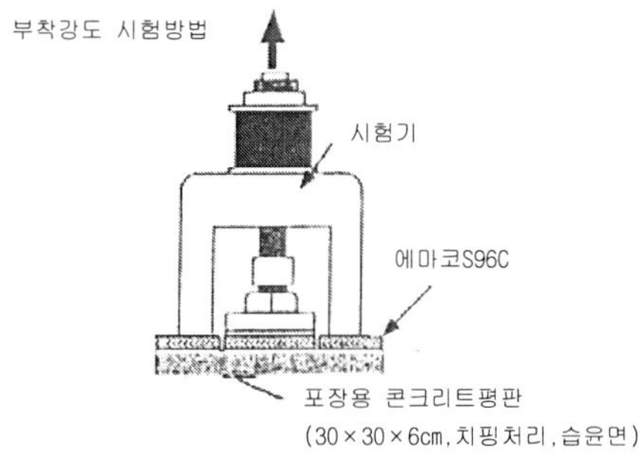

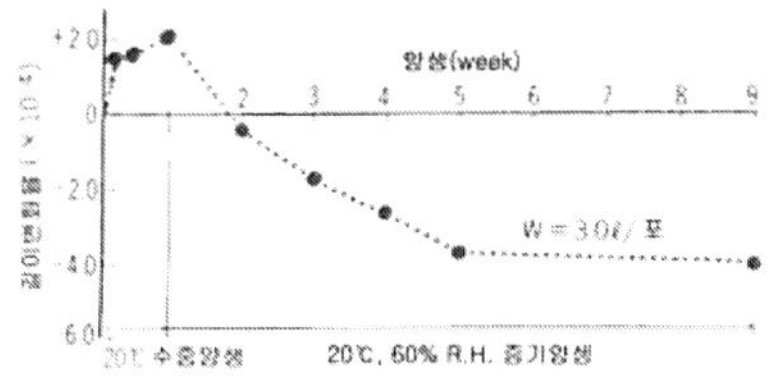

- 보통의 시공기기에 분사해 시공할 수 있음.
- 1방향의 분사에도 두꺼운 칠이 가능.
- 분진의 발생은 지극히 적고, 리바운드, 분리가 없음.
- 습윤 개소에도 시공할 수 있음.
- 미장작업에 의해 평활한 마무리가 가능함.
- 내후성이 뛰어남.
- 경화수축, 건조수축이 적음.
- 철근의 방청효과가 큼.
- 안전하고 취급이 용이함.

경화물성

환경온도 (℃)	경화물성 (ℓ/25kg)	반죽상온도 (℃)	압축강도 (N/㎟) 재령 3일	압축강도 (N/㎟) 재령 7일	압축강도 (N/㎟) 재령 28일	휨강도 (N/㎟) 재령28일	정탄성계수 (×10^4(N/㎟))
5	3.0	12.0	7.9	26.5	53.3	8.1	-
20	3.0	21.5	26.0	44.0	71.8	11.0	3.07
30	3.0	30.5	34.3	54.5	81.4	11.8	-

비고) 압축강도. 정탄성계수 : 지름 5cm ×높이 10cm원주 공시체
휨강도 : 4 ×4 ×16 각주공시체

콘크리트와의 부착강도

환경온도(℃)	경화물성(ℓ/25kg)	반죽상온도(℃)	부착강도(N/㎟) 재령 7일	부착강도(N/㎟) 재령 28일
20	3.0	21.5	2.66	2.68

비고) 건설성 건축연구소 고안접착력 시험방법

시공실적

- 내진보강공사 : JR 서일본 고속교 기둥각 등
- 고탄성 시트보호공사 : 일본도로공단 등

기타

- 교각보강에 사용되는 분사모르타르, 제40회 일본학술회의 재료연구 연합강연회, 일본학술회의 연구연합회 1996.6

2.1.30	재 료
명 칭	프리믹스 충전 모르타르 **아마 #520**

개요	사용목적 : 모르타르 충전공법에 의한 콘크리트 구조체의 단면보수 각종 그라우트 공사 적용범위 : 큰 단면수복
특징	 모르타르 충전사진  충전상황
	· 현장에서 물과 혼합하여 사용하는 프리믹스 충전 모르타르임. · 펌프압송성이 뛰어남. · 블리딩이 없고, 본체와의 부착성이 뛰어남. · 건조에 의한 수축이 적음. · 단기간에 고강도를 발현함. · 물성은 장기에 걸쳐 안정되어 있어 내구성, 내후성에 뛰어남.
시공실적	· 교량보강 · 보수공사(일본도로공단, 기타) · 잔교보수공사(동경만 부두공사, 기타)
기타	아마 #520을 사용한 염해보수, 미츠비시 자재시험(주) 시멘트 연구소 연구보고 No.9, 1997 THE DEVELOPMENT AND APPLICATION OF MATERIALS USED TO REPAIR SALT-DAMAGED CON CONCRETE STRUCTURES, 1997 INTERNATIONAL CONFERENCE ON ENGINEERING MATERIALS

2.1.31	재 료
명 칭	프리믹스 무수축 모르타르 **MG - 15M**

개 요	사용목적 · 강판보강용 충전 그라우트재 · PC 판, RC 판 등의 접합부분 그라우트재 · 기계받침대고정 그라우트재 적용범위 · 강판보강공사의 간극충전에 있어 간격 20mm 이상에 적합하다. · 충전 후 다짐진동이 불필요하다.
특 징	 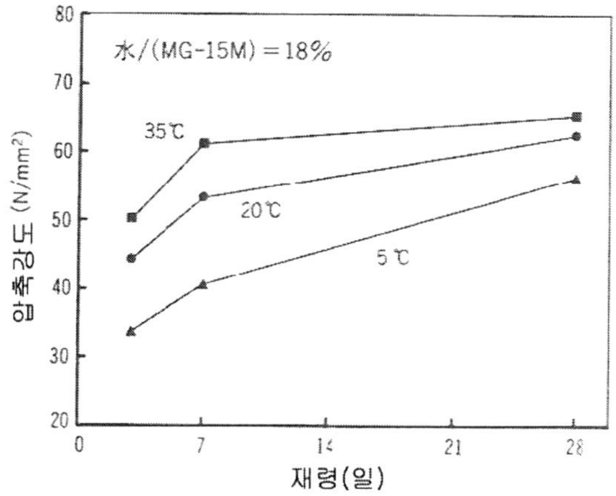 MG-15M의 압축강도발현현상 · 현장에서 물을 혼합하는 것으로 소요한 그라우트가 가능한 프리믹스 무수축 모르타르임. · 뛰어난 유동성을 발휘해, 좁은 간극에도 충전이 가능함. · 블리딩이 생기지 않음. · 강도발현이 조속하게 이루어져, 재령 28일의 압축강도는 50N/㎟이상을 얻을 수 있음.
시 공 실 적	· 강판보강용 충전 그라우트 공사 · PC 판, RC 판 등의 접합부 그라우트 공사(일본도로공단, 기타) · 기계받침대고정 그라우트 공사
기 타	

출처 - 「CEMENT & CONCRETE」 1997. 8 (특집 : 내진보강과 보수기술)

(社)일본 시멘트 협회

2.2 해외시공법

2.2.1	시 공 법
명 칭	**AC 후크고 REPAIR 시스템**

개요	열화한 콘크리트 구조물의 내구성 향상을 도모하기 위하여, 열화부의 부분보수가 아닌, 충분한 진단결과 를 기초로 구조체의 개선을 목적으로 한 콘크리트 구조체 개수 시스템이다. 열화한 콘크리트에 알칼리성을 부여하고 더 나아가 부식 철근에는 방청페이스트로 보호하고, AC 후크고 모르타르로서 단면복구한다. 이후 전면 방청페이스트로 보호층을 형성하여 열화를 방지한다.
특징	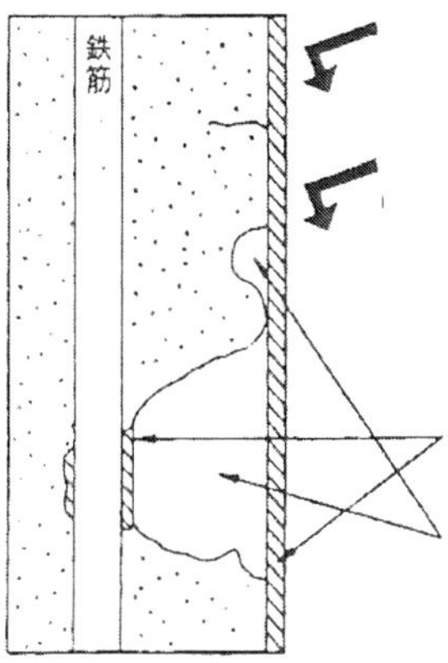 ① 노출철근은 다량의 AC · 후크고-알칼리 회복제 혼합, SBR계 폴리머 시멘트인 후크고 방청페이스트 피복하여 보호한다. 또한 저염분함유 콘크리트에는 전면 도포하여 염분으로부터 녹을 방지한다. ② 다량의 AC · 후크고-알칼리 회복제 혼합, SBR계 폴리머 콘크리트 모르타르로서 결손부를 복구하여, 이후의 열화방지와 전면을 보호한다. ※열화구조물을 보호하고, 보수재의 효과를 한층 더 지속시키기 위해서 필요에 따라 마감도장으로 마무리를 할 수 있다.
	① 「후크 고」혼화제와 셋트를 사용 · 종래의 것에 비교하여 보수성이 좋고, 시공성의 향상이 가능. · 압축강도, 휨강도 및 부착강도의 향상을 가져 올 수 있음. ② 아초산(亞硝酸)리튬을 주성분으로 하는 혼화제 · 알칼리성이므로 중성화된 콘크리트의 알칼리성을 회복할 수 있음. · 염화물에 의해 파괴된 철근의 부동태피막을 재생할 수 있음. ③ 책임시공 · 개수 뒤에는 정기적인 조사, 진단을 실시함. · 보수를 실시한 개소 또는 부위에 대해서 10년 보증을 실시함.
시공실적	평성 6 년도 - 칸다 초등학교 교사외벽 개수공사 평성 7 년도 - 니이즈 중학교 교사외벽 개수공사, 기타 3 건 평성 8 년도 - 이사하야 문화회관 외벽공사, 기타 2 건
기타	

2.2.2	시 공 법
명 칭	**강철 세그먼트에 의한 벽식교각의 내진보강공법**

개요

사용목적 : 벽식교각의 전단보강 및 인성보강
단락으로 된 철근에 휨전단의 방지
세그먼트 내부에 증설철근을 배치하는 것으로, 기초부 휨보강도 가능
적용범위 : 세그먼트가 유니트(Unit)화 되고 있기 때문에, 임의의 교각에 사용가능

특징

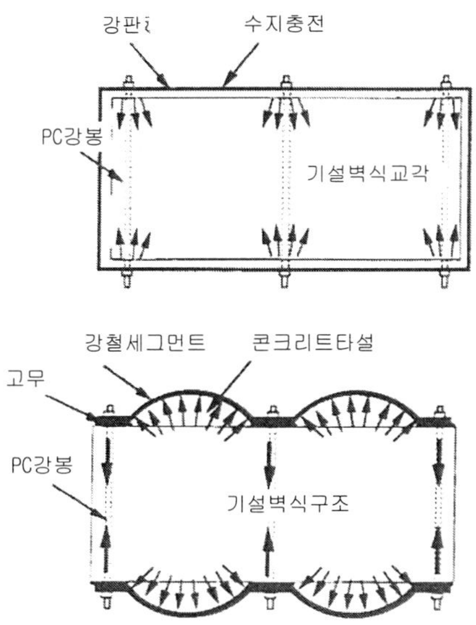

상 : 강판보강(단면도)
하 : 강철세그먼트보강(단면도)

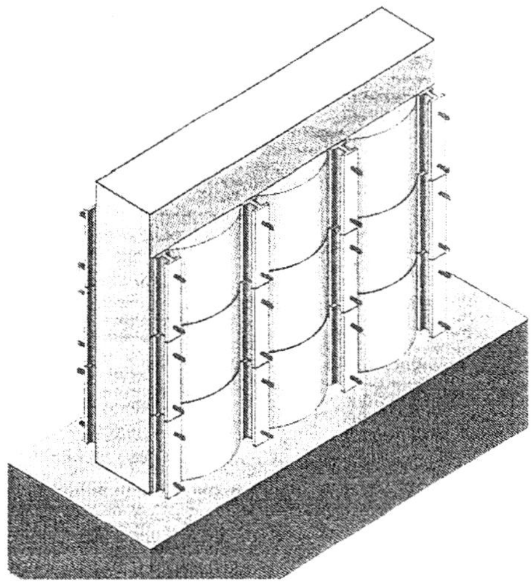

벽식교각 보강개념도

- 세그먼트가 곡면으로 되어있기 때문에, 강판보강에 비해 넓은 범위에 콘크리트를 구속하는 효과를 기대할 수 있으며 횡구속근(PC강봉 등)의 간격을 크게 할 수 있음.
- 세그먼트 스스로가 거푸집 대신 사용되므로 거푸집공이나 비계공을 생략할 수 있음.
- PC강봉을 배치하기위한 기존 교각천공의 수를 적게 하고, 공기단축이 가능할 뿐만 아니라, 경제적 시공을 가능하게 함.

시공실적

기타

특허출원완료
곡면형 강철제품 세그먼트에 의한 벽식교각의 내진보강실험, 토목학회 제51회 연차 학술강연회 제 5부문

2.2.3	시 공 법
명 칭	철근 콘크리트 보수공법 **리프리트 공법**

개 요

사용목적 : 염해, 중성화, 동해 등에 의한 열화 철근콘크리트 구조물을 화학적 보수에 의해 콘크리트의 장수명화를 목적으로 한다.

적용범위 : 열화원인별로 아래의 보수사양을 적용한다.

· 콘크리트의 중성화에 기인한 열화 및 경년열화 → 리프리트공법(일반사양)
· 화재 및 동해에 기인한 열화 → 리프리트공법(응용사양)
· 염해에 기인한 열화 → 리프리트공법(DS사양)
· 염해 및 알칼리 골재반응에 기인하는 열화 → 리프리트공법(AK사양)

특 징

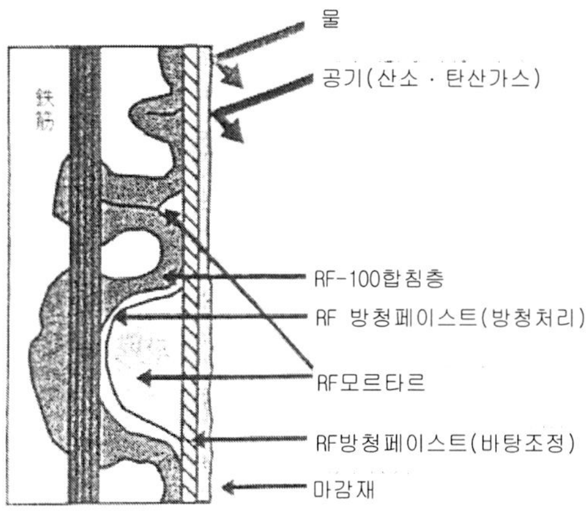

일반사양의 예

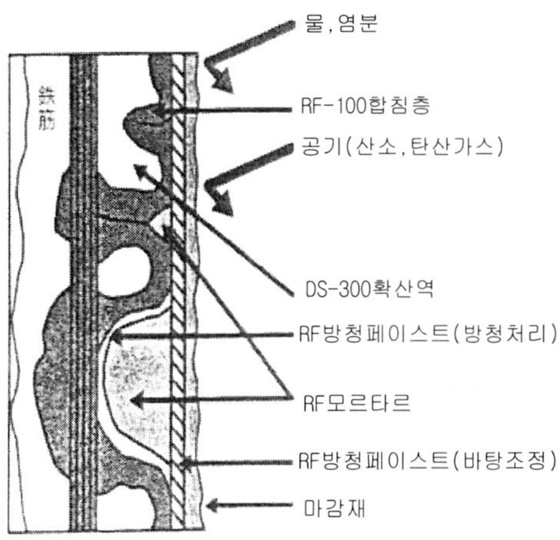

DS 사양의 예

· 일본건축학회 철근 콘크리트조 건축물의 내구성조사 · 진단 및 보수지침(안) · 보수설계의 회복목표레벨의 영구적공법에 해당되는 공법임.
· 다른 공법에는 없는 화학적개수가 포함된 공법임.
· 콘크리트와 거의 같은 물성을 갖는 보수모르타르를 사용함.

시공실적

· 과거 21년간 15000건
· 학교, 청사, 문화시설, 교육시설, 사무소빌딩 등의 외벽보수 · 개수 등 다수
· 잔교, 호안, 수로, 교량, 철도고가교 등의 토목구조물에도 적용.

기 타

특허 : 철근 콘크리트 또는 무기질재의 보수 및 보수복원방법(No. 1127462)
무기질재 중의 강재를 방청하는 방법(No. 1715906)

2.2.4	시 공 법
명 칭	**기초링 구속공법**

개요

사용목적 : 공기단축, 시공간소화
기존 후팅의 DAMAGE 저감
시공환경(소음 · 분진)의 개선

적용범위 : 휨 내력제어식 강판접착공법에 있어서의 교각 기초부 보강

특징

건설성시험필드사업에의 시공 예

보강교각 : 한변 1.6m 정방향 단면
보강링 : 강관(내경2.6m, 높이1.0m ,두께22mm)

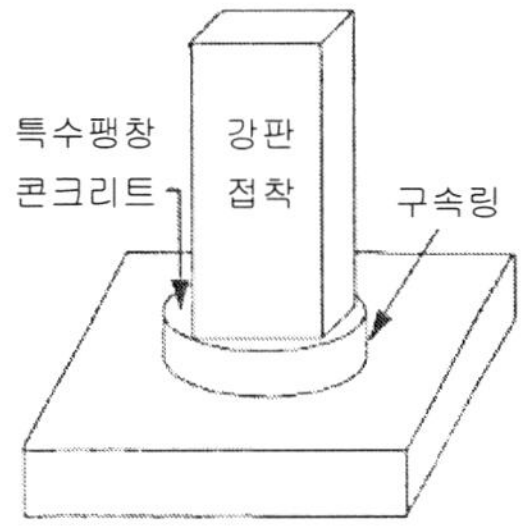

링구속공법

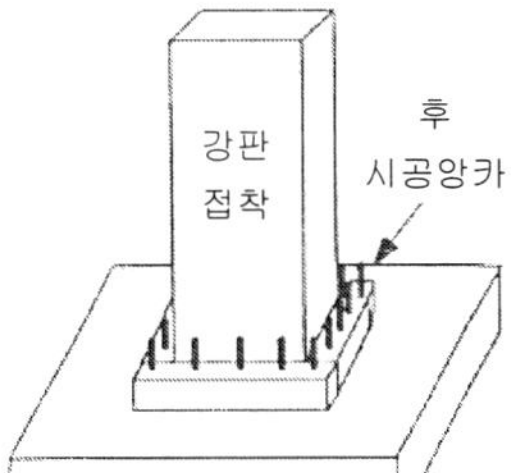

휨내력제어식강판접착공법
(종래공법)

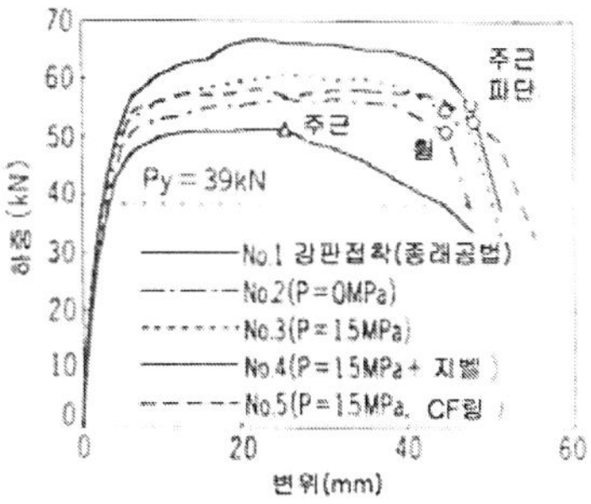

1/5축소모형에 의한 교각의 반복가력실험
[P:팽창콘크리트의 팽창력]

구조성능 · 교각기부를 강제 링과 특수팽창 콘크리트(링본체)에 의해 보강함.
· 휨내력의 보강은 링 구조체에 의해 단면의 유효높이를 늘리는 것으로 실시.
· 휨내력의 제어는 링 구조체의 높이, 지름에 의함.
· 주근의 좌굴의 방지는 링구조체의 구속에 의함.
· 앙카를 사용하지 않기 때문에 후팅을 손상이 없음.
· 팽창 콘크리트는 팽창압이 제어된 특수콘크리트를 사용함.
· 교각단면치수가 대부분 변함없다. 구속링은 흙의 피복 이하임.

시 공 성 · 구조가 단순하고, 공기단축이 가능함.
· 앙카를 사용하지 않기 때문에 소음이나 진동 등의 발생이 없음.

경 제 성 · 공기단축이 가능하게 되어 이동거리의 저감이 가능함.

시공실적

· 국도 2호선 우회도로 스자키 고가교의 내진보수(건설성 츄고쿠지방 건설국 시험 필드사업)

기타

· 특허출원 4건 · 일부 공개 중
· 기초부를 링 구속한 강판접착기둥 시험체의 반복재하실험, 토목학회 제51회 연차 강연회
· CFRP 링과 팽창 콘크리트를 이용한 기존 RC 교각의 내진보강공법, 신소재의 이용법에 관한 심포지움, 일본콘크리트학회 북해도지부 1996
· 기존 RC 교각의 기초부 링 구속 내진보강공법, 제2회 한신 아와지 지진피해에 관한 학술 강연회, 토목학회, 1997
· 콘크리트 교각의 기초부 링 구속 내진보강공법, 내진보강·내수기술 및 내진진단기술에 관한 심포지움, 토목학회, 1997, 기타 2건 투고 중

2.2.5	시 공 법
명　칭	**FRP 뿜칠보강공법**

개요

· 철도고가교 기둥 등, 철근 콘크리트 기둥의 내진보강을 목적으로 한다.
· GFRP(유리섬유 강화 플라스틱)을 직접 RC 기둥표면에 뿜칠하여, 밀착 후 GFRP 보강체를 형성하는 것으로 기둥의 전단강도와 인성율 향상을 가능하게 한다.
· 아울러 큰 인성율을 필요로 하는 경우는 SCRP(스틸 강화플라스틱)보강(스텐레스 망에 수지를 합침하면서 접착하는 공법)을 병용한다.(최대인장률 : 22)

특징

GFRP 분사상황

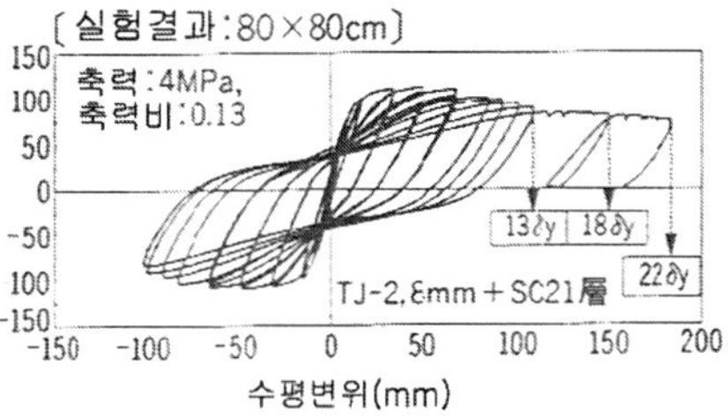

반복재하 실험결과

SCRP 접착상황

· GFRP를 적층시공 하는 것으로서 설계상 필요한 두께를 확보할 수 있음.
· SCRP와 조합하는 것으로서 설계상 필요한 인성율을 확보 할 수 있음.
· 재료, 시공기계가 경량 · 소형으로 인건비절약을 유도하여 장비가 불필요해 안전성이 뛰어남.
· 비교적 시공이 용이해 시공조건에 대해 적용범위가 넓고 염가이며, 조건에 따라서는 매우 경제적인 공법임.

시공실적

· JR 동일본 중앙선 터널안 기둥보강공사 (0.45 × 0.75 × 4.7m, 4본)

기타

· 특허출원 중
· 기존철도 콘크리트 고가교 기둥 등의 내진보강설계 · 시공지침 (FRP 분사보강편)
· FRP에 의한 RC 교각의 내진보강에 관한 실험적 연구
(「콘크리트 계 구조물의 내진기술」에 관한 심포지움 논문보고서)
· FRP로 보강한 보의 전단보강효과에 관한 연구, (콘크리트공학 연차 논문보고집 vol.19, No 2)
· FRP 분사보강 되어진 RC 기둥의 반복재하실험 (제51회 토목연차 학술 강연회 강연개요집 제 5 부)
· FRP에 의해 보강되어진 RC 보의 휨 실험,(콘크리트 공학 연차 논문보고집 vol.18)

2.2.6	시 공 법
명 칭	**코르 게이트 파이프 가물막이 공법**

개요	하천교각의 내진보강공사의 가물막이공사에 적합하며, 휨보와 수면과의 공간제약으로부터 강재널말뚝의 시공이 곤란한 경우, 수면위에서 코르 게이트 파이프를 조립해 기초 또는 케이슨의 위에 매설하고, 수중콘크리트로 하부 차수를 한 다음 내부의 물을 펌프로 퍼올리는 공법
특징	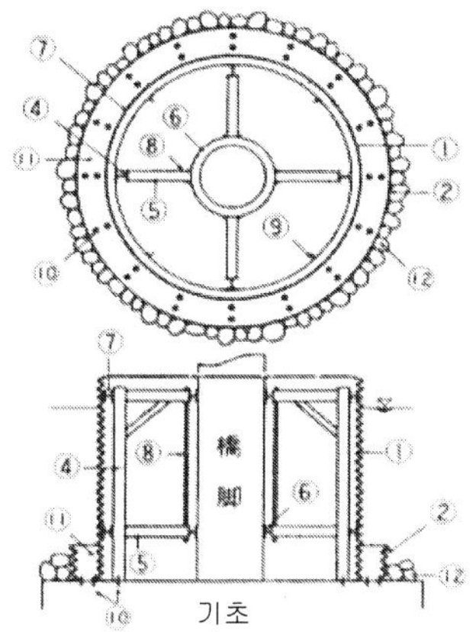 TYPE 1.외부공법 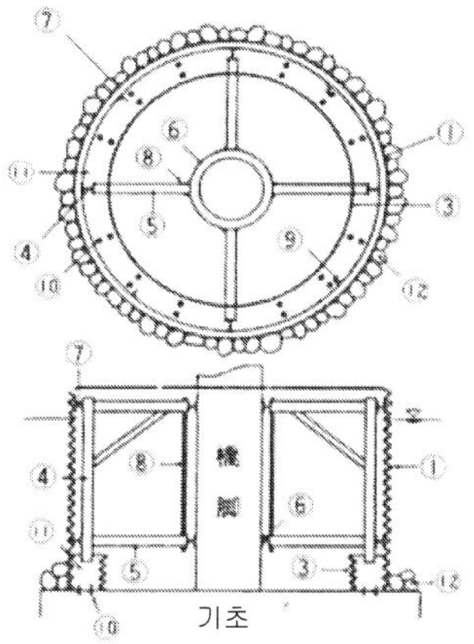 TYPE 2. 내부공법
	· 지수성이 높고, 건식작업 공간이 확보됨. · 경량으로 시공이 간단하기 때문에 단기간에 공사가 가능함. · 대형중기가 필요 없고, 작은 보트에서 조립하기 때문에 경제성에도 뛰어남. · 원형이상의 형상에도 이용이 가능함.
시공실적	효고현 코베시 항만국 : 1기, 구마모토현 혼도 토목사무소 : 2기, 한신고속도로공단 : 24기 히로시마현 가계 토목사무소 : 4기, 일본도로공단 : 2기. 나고야시 토목국 : 2기, 기타.
기타	특허신청중

No.	부재명칭
①	코르 게이트 섹션(본체)
②	코르 게이트 섹션(외곽)
③	코르 게이트 섹션(내곽)
④	세로 보
⑤	절단 보
⑥	가이드 링
⑦	보강 링
⑧	가이드 링 버팀목재
⑨	좌굴 방지재
⑩	앙카볼트
⑪	수중 콘크리트
⑫	수중 콘크리트 사춤재

2.2.7	시 공 법
명 칭	철근콘크리트 방청공법 **AR 방청공법**

개요

사용목적 : 철근콘크리트 구조물의 보수, 개선 및 예방보전

적용범위 : 철근부식에 의한 콘크리트 폭열부의 방청(보수개수), 부식의 우려가 있는 내부철근의 방청(예방보전), 콘크리트의 중성화 억제

특징

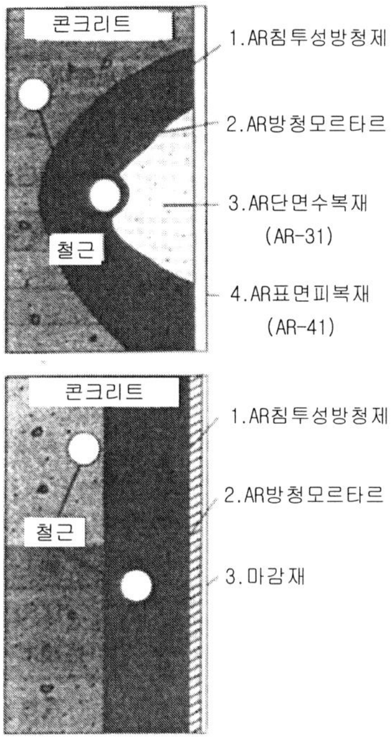

상 : 철근부식에 의한 콘크리트 폭열부
하 : 부식이 예상되는 철근부

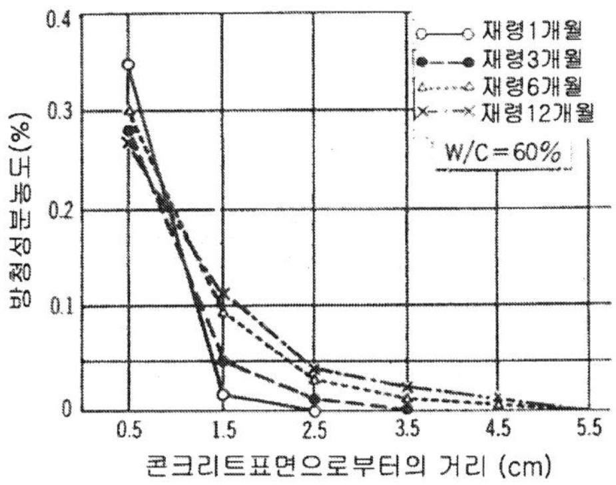

방철유효성분의 침투깊이

AR 방청공법은 철근 및 콘크리트 표면에 「AR 침수성 방청제」 및 「AR 방청 모르타르」를 도포하므로서,

1) 콘크리트 중에 방청제를 확산시켜, 그 작용으로 철근 표면에 치밀한 부동태피막을 형성시켜 철근의 부식을 억제시킴.

· 부식철근의 방청은 원래보다 침수성 방청성분이 콘크리트 중에 서서히 침투 · 확산하므로 시공 상 깨어낼수 없는 철근이면의 방청에도 효과를 냄.

· 염해를 받은 철근 콘크리트 구조물과 같이, 이미 염화물 이온을 포함한 콘크리트 내부의 철근방청에 대해도 효과를 나타냄.

· 콘크리트의 중성화억제성능(중성화속도를 1/2로 절감)을 가지고 있음.

시공실적

철근 콘크리트 구조물의 건축물, 토목구조물의 보수개수 · 예방보전
(건설성, 문부성, 후생성, 일본도로공단, 지방자치체, NTT, 민간)

기타

특허출원 · 공개중
건축시공기술 · 기술심사증명보고서(취득번호 제9502호, 인정기관 : 일본건축센터)
일본건축마감회의 1995 대회학술 강연회 연구발표 논문집 (논문번호 603~605)

2.2.8	시 공 법
명 칭	교각보강공법, 알칼리골재반응 억제공법 **PC 콘파인드 공법**

개요

사용목적 : 기설교각의 내력개선
기설교각의 인성향상
신설교각의 형틀 판넬역할
알칼리골재반응의 진행을 억제

적용범위 : 육상, 하천 및 항만 · 파일밴드 · 우물통 등의 땅속 기둥 모양 구조물
원형, 구형 및 엽전형에 이용

특징

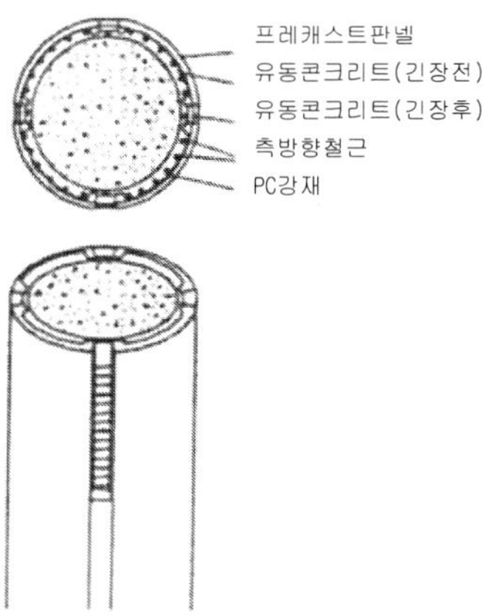

SPIRAL 방식

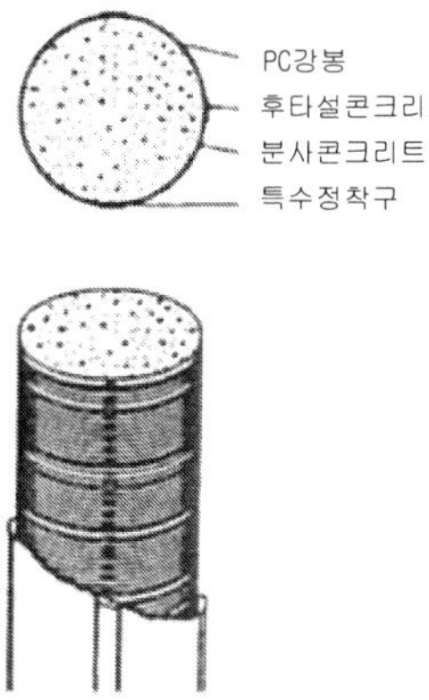

WIRE WRAPPING 방식

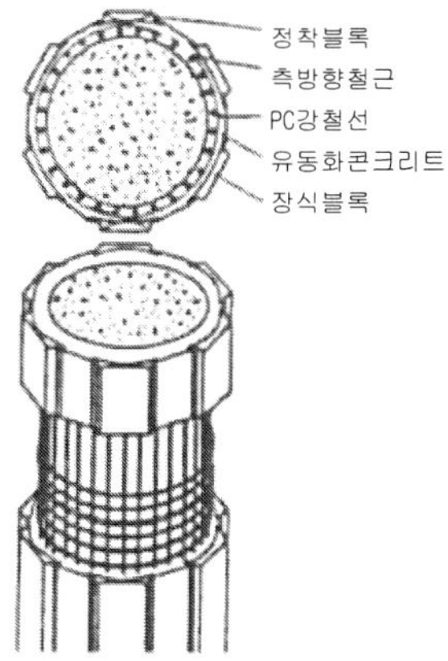

HOOP 방식

· 높은 항목전 강도에 있으므로 배근이 적음.
· 프리스트레스에 의해 일체성이 높음.
· HOOK 등의 정착을 필요로 하지 않음.
· 시공기간이 짧음.
· 강판접착공법에 비해 경제적임.
· 다짐이 불필요함.

· 알칼리골재반응이 진행을 억제함.
· 시공 후 보수가 필요없음.

시공실적

스파이럴 방식에서 지방도로공사 1건, 지방토목사무소 2건

기타

· 특허출원중
· PC 강재를 띠철근으로 이용한 원형기둥 콘크리트응력-변형관계, 일본콘크리트공학 연차 논문보고집 Vol.19, 1997.6
· 알칼리골재반응(ASR) 손상교각의 보강공법에 관한 연구, 일본콘크리트 연차 논문보고집 Vol.19, 1997.6

출처 - 「CEMENT & CONCRETE」 1997. 8 (특집 : 내진보강과 보수기술)
(社)일본 시멘트 협회

2.3 해외構·工法

2.3.1	構 工 法
명　　칭	**스파이럴 철판접착 보강공법**

개 요	· 본 공법은 대표적인 내진보강공법으로 강판접착공법에 대신하는 염가이며 시공성이 좋은 보강공법으로 개발되었다. · 기존철근 콘크리트 기둥을 SPIRAL철근기둥으로 하는 것으로 기둥의 휨인성, 전단내력을 향상시킨다. · 시공순서는 미리 후프형상으로 가공된 고강도 스파이럴 철근을 스핀을 더하면서 기존의 기둥에 감아 배근한 후, 그 위에 모르타르를 소정의 두께까지 뿜칠하여 흙손마무리한다.
특	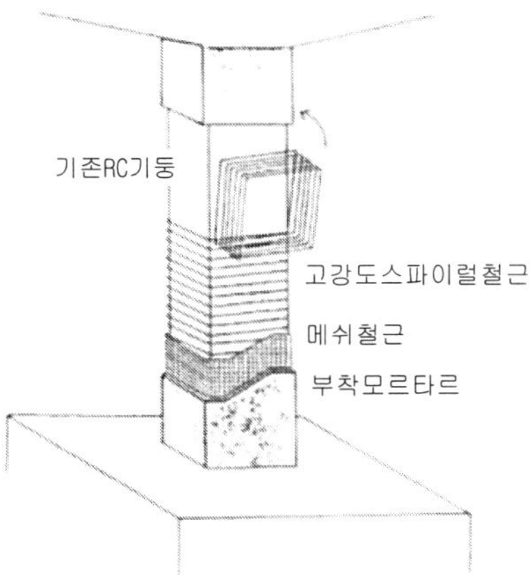 시공법의 개념  스파이럴 철근의 정착  모르타르부착
징	· 강판접착과 동등의 보강효과를 얻을 수 있다. · 미리 가공되어진 스파이럴 철근을 기존의 기둥에 정착하므로, 용접작업이 없고 품질관리가 용이함. · 강판 등의 중량물 운반을 위한 중기를 필요로 하지 않고, 시공성이 뛰어남. · 보강 후는 철근콘크리트 구조가 되기 때문에, 내구성, 내화성이 뛰어남. · 강판공법과 비교해 비용이 30%정도 절감됨.(단 시공조건에 의해 다소 다르다.) · 뿜칠모르타르를 이용하기 때문에, 형틀의 조립이나 해체가 불필요하게 되어, 공기가 단축됨.
시 공 실 적	· 교토&오사카 전기철도(주)고가교 보강공사 본선 · 한신전기철도(주) 아마가사키역 고가교 보강공사
기 타	· 특허출원 중 · 기존철도 콘크리트 고가교 기둥 등의 내진보강설계, 시공지침-스파이럴 철근 접착공법편-(주)철도종합기술연구소, 1996.12 · 스파이럴 철근접착 보강공법의 개발, 토목학회「내진보강·내진기술 및 내진진단 기술에 관한 심포지움」,1997.7 · 고강도 스파이럴 철근을 이용한 기존 RC 기둥의 내진보강실험, 제40회 일본학술회의 재료연구연합강연회 논문집, 1996.9

2.3.2	構 工 法
명 칭	PC강재를 후프근으로 이용한 RC교각 내진보강공법 **OSR 공법(Oriental & Shinko's Retrofitting)**

개 요

기존 RC교각을 대상으로 한 교각내진보강공법

RC 교각의 내진보강공법을 실시하는 경우, 몇 개의 요인을 고려해 보강공법을 선정할 필요가 있다. 주된 요인은 교각의 단면형태(원형, 구형, 엽전형, 벽식 및 중실형, 중공형 등)와 필요한 단면성능(인성만의 개선, 인성개선과 전단내력향상, 인성개선과 전단내력향상 및 휨내력 향상)이다. OSR공법은 이러한 요인에 추가하여 프리스트레스 도입의 필요성여부를 포함해, 가장 적합한 RC 교각보강을 선정할 수 있도록 개발한 것이다. 또한, 본 공법은 신강 강선공업(주)이 개발한 MACH공법(후프형 긴장재정착장치)를 이용하고 있다.

특 징

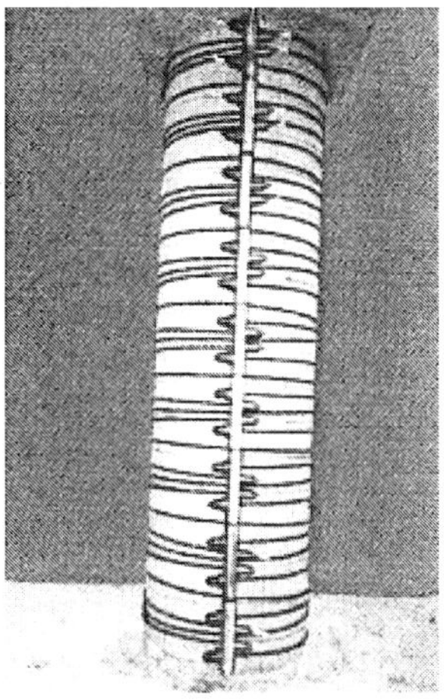

OSR 공법직접 PC 취부구조예
[인성개선, 전단내력 향상]

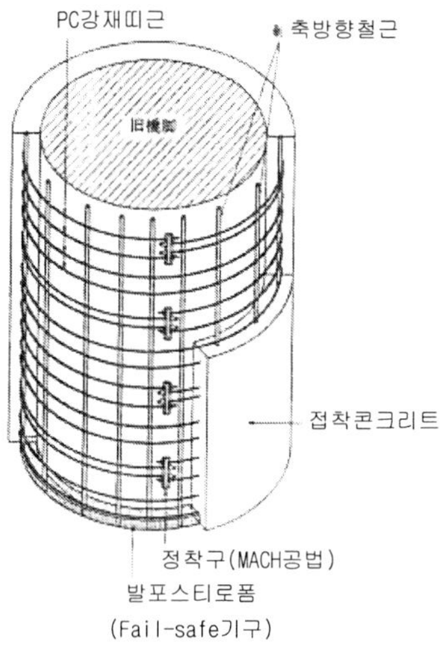

OSR 공법정착의 구조예
[인성개선, 휨 · 전단내력 향상]

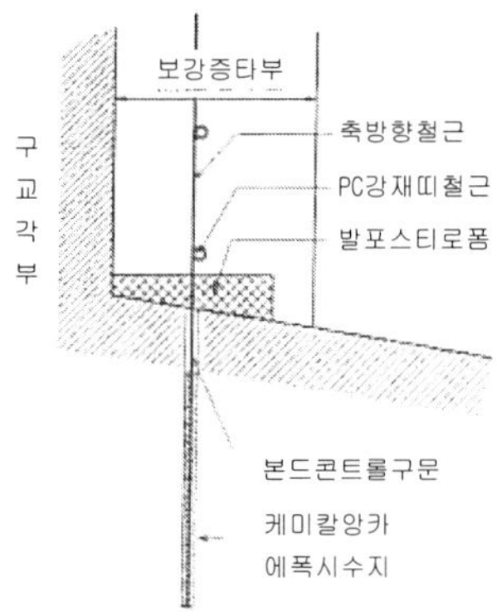

교각기초부 고정상세

종래의 RC 접착보강공법의 띠철근을 대신하여, PC 강재를 이용해 뛰어난 보강효과를 얻을 수 있음.

- MACH 공법에 의해 폐쇄형 PC 강재대근의 사용함.(PC강재대근에 의한 확실한 구속)
- 프리스트레스의 도입(신구 콘크리트의 일체화, 건조수축에 의한 균열방지)
- 교각기초부의 계획적인 소성힌지의 형성에 의한 Fail-Safe기구(손상을 최소한으로 억제한다.)
- 고유동 · 고강도 콘크리트의 이용(시공성의 향상)
- 뛰어난 경제성을 가짐.(보수가 필요없음.)

시공실적

기 타

- RC 교각내진보강을 위한 PC 공법, 프레스트레스 콘크리트 기술협회 제6회 심포지움 논문집, 1996
- 띠철근에 가는이형 PC 강봉을 이용한 구속 콘크리트의 특성, 토목학회 제51회 연차 학술강연회 5부문, 1996

2.3.3	構 工 法
명 칭	탄소섬유를 이용한 내진보강공법 **CRS 공법**

개 요

기존 철근콘크리트구조물의 내진보강

특 징

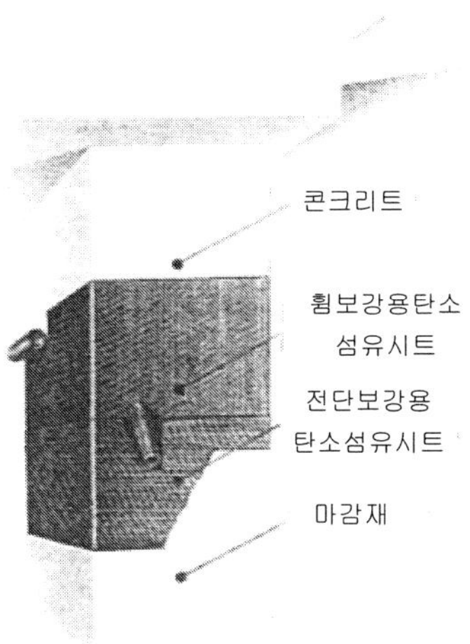

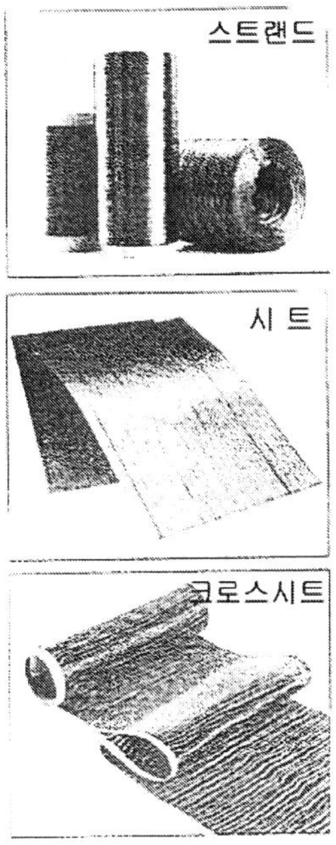

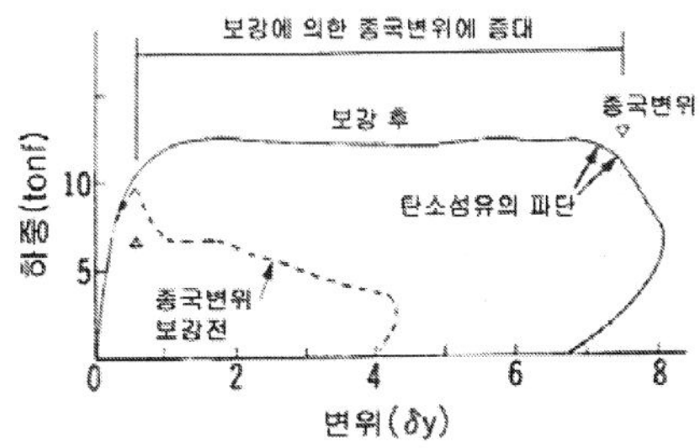

탄소섬유 · 경량으로 고강도와 고내구성임.
형태에 의한 스트랜드, 시트, 크로스 등이 있음.
보강효과 : 섬유를 부재 축 방향으로 첨부하는 것으로 휨 보강이 가능함.
섬유를 부재주위에 감아 정착하는 것으로, 전단 및 인성보강이 가능함.
시 공 : 인력에 의한 시공 때문에 중기가 필요 없고, 좁은 장소에서도 시공이 가능함.
자중이 거의 증가하지 않으므로 기초의 보강이 불필요함.

시 공 실 적

· 철도고가교, 도로교각(일본도로공단), 철근콘크리트 굴뚝, 건축건물(오사카성)등 시공다수.

기 타

탄소섬유 시트에 의한 철도고가교 기둥의 내진보강공법설계 · 시공지침, 철도종합 기술연구소
탄소섬유에 의한 철근콘크리트 교각의 보강공법, 일본도로공단 시험연구소
토목학술전국대회, 일본건축학회, 콘크리트공학 연차강연회 등 발표다수

2.3.4	構 工 法
명 칭	**아라미드 긴장재를 이용한 외부케이블 정착블록공법**

개요

PC 형교를 외부케이블공법에 보강하는 경우 정착 블록을 아라미드 긴장재로 고정하는 공법이다. 정착 블록고정에 이용하는 짧은 긴장재는 탄성 신장률이 크고, 변위에 대한 응력 변동의 적은 아라미드를 사용하는 것으로 프리스트레스를 손실하지 않고 이상적인 장력도입을 실시할 수 있다.

긴장력 도입은 프리텐션 방식으로 긴장방식은 교량 폭 전체를 일괄 긴장하는 방법과 블록마다 긴장한 방법이있다.

특징

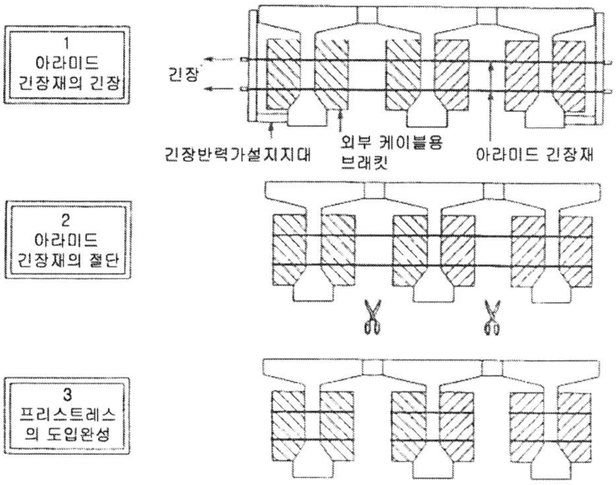

「아라미드 · 브래킷고정공법」 개념도

· 전체구조에 영향이 적고, 역학적 거동이 명확함.
· 전체를 한번에 긴장하므로, 긴장관리가 용이함.
· 아라미드 긴장재는 탄성계수가 작고, 신장률이 크기 때문에 변위에 대한 응력변동이 적고, 크리프 · 건조수축에 의해 긴장력 손실의 영향이 작음.
· 긴장재, 정착부 등 노출되는 금속재료가 없기 때문에 부식되지 않고, 유지관리가 용이함.
· 경량이기 때문에 좁은 공간에서의 작업성이 좋음.
· 교량주변 간격이 좁고, 작업스페이스에 제약이 있는 구조에도 적용이 가능함.

시공실적

아라미드 긴장재를 이용한 외부케이블 정착 블록공법
(일본도로공단, 히메지 우회도로소네 고가교, 타2교 교량보강공사)

기타

· 아라미드 긴장재를 이용한 외부케이블용 브래킷의 설계와 시공, 콘크리트공학 연차 논문보고집 Vol.18, 1996.6
· 아라미드 긴장재를 이용한 외부케이블용 정착체구조의 실험적연구, 토목학술 연차 강연회 강연요약집, 1995.9
· 소네고가교 외 2교의 교량보강공사, 프리스트레스 콘크리트 Vol.137, No 6, 1995.12
· 특허등록완료(일본도로공단과 치요다 컨설턴트와 공동)

2.3.5	構 工 法
명 칭	**벽식 RC 교각내진보강공법(AWS공법)**

개요

종횡비가 큰 벽식 교각에 강판접착을 시공하면, 강판의 돌출에 의한 내부콘크리트의 구속효과 저하가 염려된다. 거기서 교강의 벽 두께방향을 천공하고, 탄성율이 낮고 부착강도의 높은 이형 아라미드 FRP 로드를 배치해 프리스트레스를 도입하는 것으로 내부구속효과를 높여 휨 인성 및 전단내력을 향상하는 것이다.

프리스트레스의 도입은 프리텐션방식에 긴장을 실시하고, 그라우팅 주입에 의한 정착을 한다.

특징

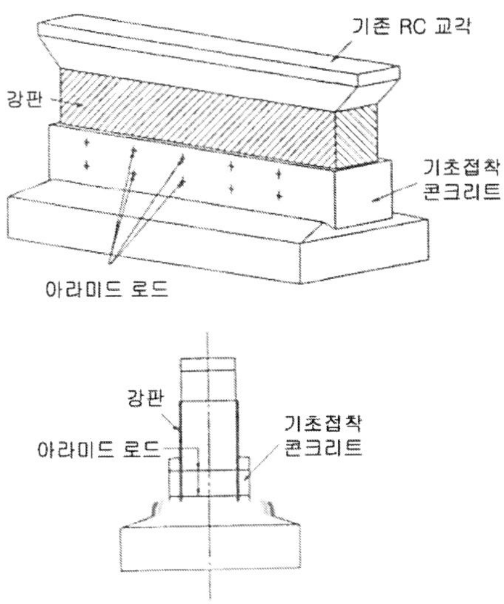

AWS 공법의 개요도

· 벽식교각의 같은 부재두께가 얇은 경우에도 탄성율의 낮은 아라미드 로드를 사용하여 프리스트레스를 도입했기 때문에 콘크리트의 수축이나 변형 등에 의한 로스가 작고, 긴장재가 유효하게 작용하여 대폭적인 인성개선을 바랄 수 있음.
· 부착강도가 높은 이형 아라미드로드를 사용함으로서, 기초접착 콘크리트부의 부착정착이 가능해져, 정착도구가 불필요해 미관에 기여할 수 있음.
· 내구성 높은 아라미드 FRP로드를 사용하기 때문에 방청처리가 필요 없다.

시공실적

· AWS 공법
(일본도로공단, 게이오 도로 후나바시중(그 2)공사)

기타

· 벽식 RC 교각의 내진보강공법에 관한 실험적 연구, 토목학회 제51회 연차학술 강연회, 1996
· 벽식 RC 교각의 내진보강공법에 관한 실험적 연구, 프리스트레스 콘크리트 기술협회 제6회 심포지움, 1996
· 특허를 일본도로공단과 공동출원

2.3.6	構 工 法
명 칭	**아라미드섬유 직물시트 부착 보강공법**

개요	기존 철근콘크리트 교각에 고강도, 경량으로 내식성에 뛰어난 아라미드 섬유시트를 에폭시수지에 함침 시키면서 붙이고 수지의 경화 후, 아라미드 섬유시트와 에폭시수지가 일체되어 내진성의 향상을 꾀할 수 있다. 강판에 비해, 경량으로 얇은 재료인 아라미드 섬유시트에 의해 작업공간에 제약이 있는 장소에서의 시공이나, 급속시공이 가능하게 되어 여러가지 제약조건 중에서 확실한 내진보강을 할 수 있다.
특징	 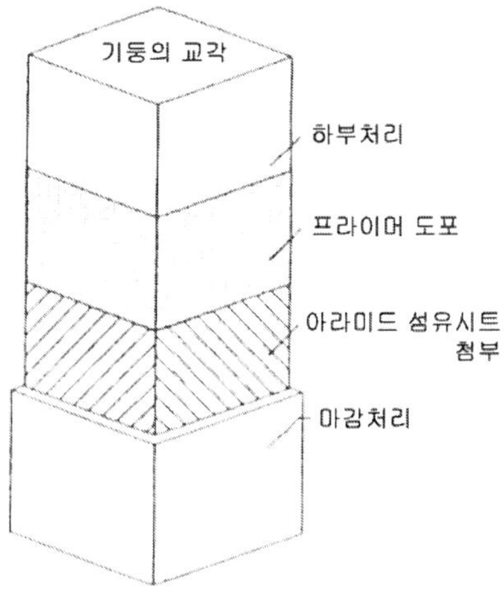 공법개념도 · 아라미드는 고강도, 경량에 내부식성이 뛰어나고, 비자성체, 비전도체 이므로 시공환경을 선택하지 않음. · 아라미드 시트는 경량으로 간단히 정리하여 운반할 수 있어 첨부가 용이함. · 아라미드는 유연해서 변형성에 뛰어나기 때문에, 기존교각의 다소 형태의 불균형에도 불구하고 좌우대칭으로 붙일 수 있음. · 강판보강과 같이 사전에 면밀한 현장조사는 필요하지 않고, 시공성이 매우 우수하므로 공기의 단축이 가능하다. · 보강효과는 필요한 매수를 겹치게 부착하여 강판보강과 동등하게 할 수 있음.
시공실적	· 아라미드 섬유식물시트 휨 보강공법 (제국수도고속교통영단, 고가교 내진보강공사) (수도고속도로공단, 교각 내진성 향상공사(W-9)동경)
기타	· 아라미드에 의해 보강된 RC구조의 전단성질과 상태, JCI 홋카이도지부, 신소재 콘크리트 구조물에의 이용 심포지움, 1996.11 · 특허를 테이진과 공동출원

2.3.7	構 工 法
명 칭	**격자형 블록 내진벽**

<table>
<tr><td>개
요</td><td>강제 플레이트를 내장한 프리캐스트 콘크리트 블록을 고력볼트에 의해 접합, 일체화하여 내진벽으로 하는 구법으로 기존구체와 격자형 블록과의 접합부(증설주변프레임)는, 후시공 앙카볼트와 정착철물을 이용한 현장타설하는 콘크리트조로 한다.</td></tr>
<tr><td rowspan="2">특
징</td><td>
격자형블록 내진벽 완성상황

격자형블록의 형태(ㅁ형 타입)</td></tr>
<tr><td>· 종래의 철골브레이스 보강, 철근 콘크리트조 증설벽과 거의 동등한 내력을 가짐.
· 프리캐스트화 및 경량화에 의해 구체품질의 확보, 시공순서의 간소화, 짧은 공기 내(48시간)시공 가능함.
· 채광, 환기를 저해하지 않고 디자인성이 있는 벽면을 실현할 수 있음.
· 구조성능은 일반 내진벽과 동등함(3.5×6m에 약 300만엔)</td></tr>
<tr><td>시
공
실
적</td><td>긴자 대성본사빌딩, 기타다수</td></tr>
<tr><td>기
타</td><td>특허출원중</td></tr>
</table>

2.3.8	構 工 法
명 칭	**심층 혼합처리공법에 따르는 격자형 지반개량공법**

개요	사용목적 : 건물 지지 지반의 액상화 방지. 적용범위 : 건물 지지 지반의 액상화 방지를 위한 기존건물 직하의 지반개량공사가 가능.
특징	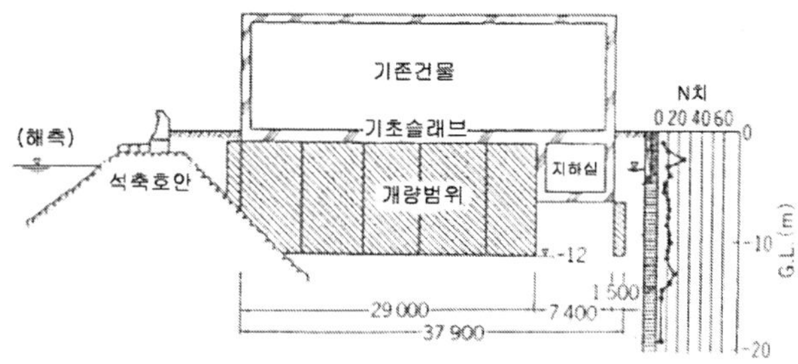 지반개량단면개요 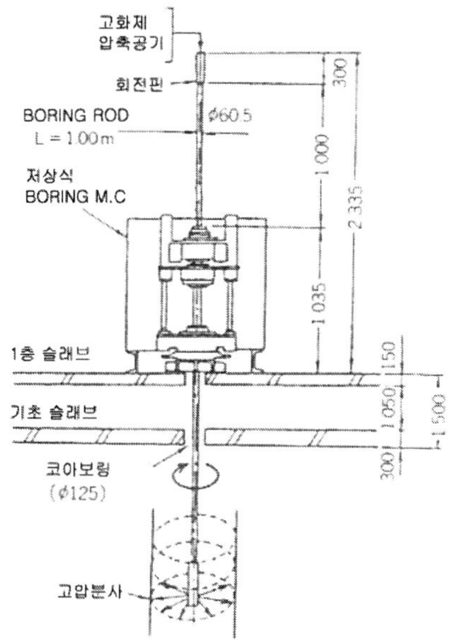 고압분사 공법개요
	· 소형의 기계로 시공할 수 있기 때문에, 기존건물의 내부에서 건물직하의 지반을 확실하게 개량할 수 있음. · 보강공사의 작업 스페이스는 기존건물의 1%만큼을 확보하면 건물의 사용을 그다지 방해받지 않음. · 본 공법의 원리를 적용한 건물이 효고현 남부지진을 경험했지만 건물직하 지하기초기반의 액상화를 방지한 실적이 있음.
시공실적	효고현 남부지진 재해건물의 내진보강
기타	히라이외, 액상화 지반에 있어서 직접기초의 내진보강 예, 흙과 기초 Vol.45, No.3, p.p 21~231, 1997

2.3.9	構 工 法
명 칭	**모르타르 뿜칠공법**

개요	내진벽이나 기둥, 보의 증타설시 치는 것에 최적인 공법. 기존 콘크리트 면에 필요한 두께의 모르타르를 분사해, 표면은 흙손으로 눌러 마무리 한다. 거푸집을 필요로 하지 않기 때문에 보강공사의 공기단축이 가능하다. 분사용 모르타르는 폴리머를 포함하지 않는 순수 시멘트계의 재료를 이용하고, 콘크리트와의 밀착성이 좋고 탈락이 없으므로 두꺼운 뿜칠도 가능하여 시공성에 뛰어나다. 또 60 N/㎟이상의 고강도를 발현하므로 소량타설의 벽 두께로 내진성능을 발휘할 수 있다.
특징	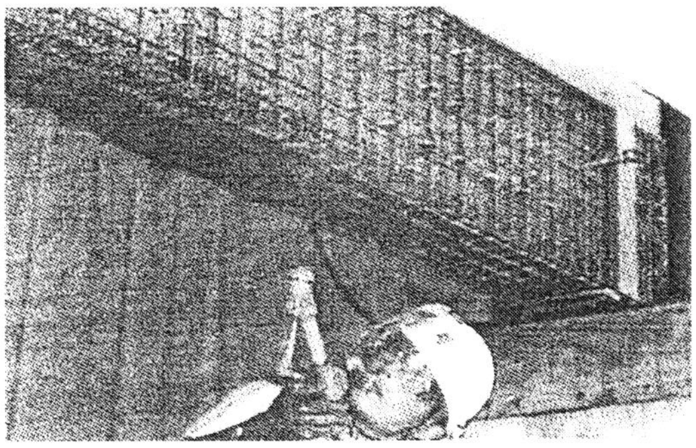 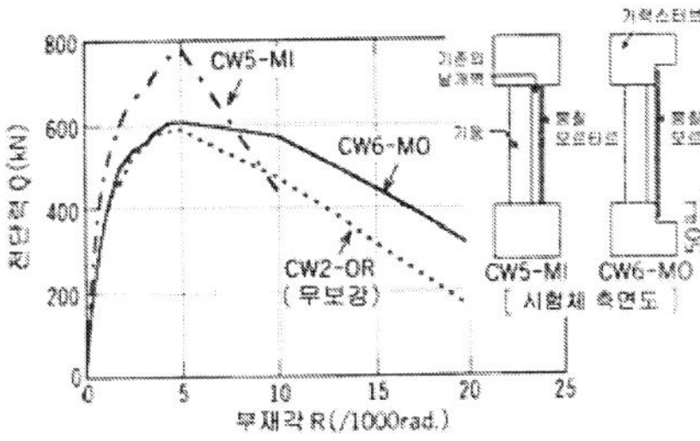날개벽 부착부기둥의 보강효과 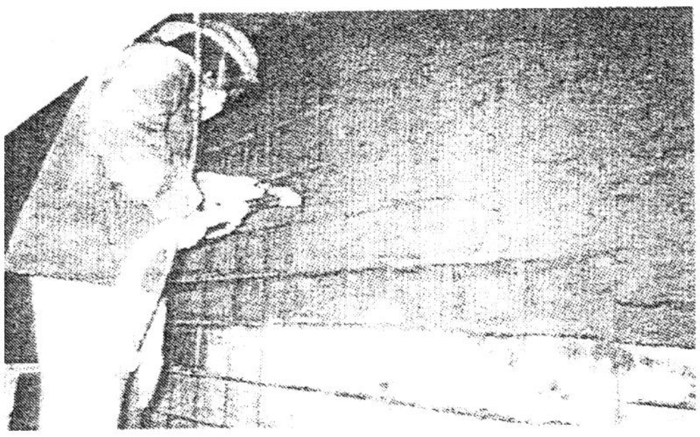 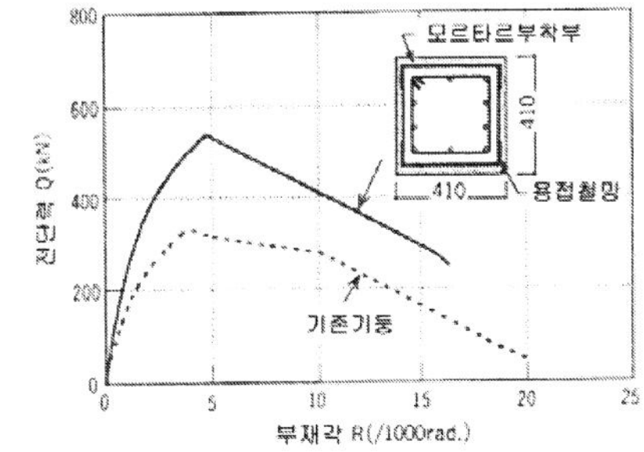RC 기둥의 보강효과
	· 거푸집의 조립과 해체가 불필요함. · 좁은 지역 작업스페이스에서 시공을 할 수 있기 때문에 공사기간의 단축이 가능함. · 고강도이므로, 벽이나 기둥, 보에 증타두께가 적음.
시공실적	M 사무소 빌딩(SRC조) 건물을 사용하면서 시공하며 실내의 내진벽을 증타하기 위하여 거푸집의 조립이나 콘크리트의 타설없이 보강한다. S 상업빌딩(RC조) 건물을 사용하면서의 시공하며 보의 보강을 실시했음.
기타	· 철근 콘크리트 구조부재의 특수 모르타르 뿜칠공법에 관한 연구(휨 전단실험), 일본건축학회 대회학술 강연 논문집, 1993.9 · RC 기둥의 보수 · 보강에 관한 실험적 연구, RC 내진벽의 보수 · 보강에 관한 실험적 연구, 일본건축학회 대회학술 강연 논문집, 1993.9 · 날개벽 첨부 RC 기둥의 전단강도에 관한 연구, 일본건축학회 대회학술 강연 논문집, 1997.9

2.3.10	構 工 法
명 칭	**철골 브레이싱 접착**

개요

에폭시수지를 이용한 철골브레이싱과 기존 기둥, 보와 접착하고, 일체화하는 공법이다. 따라서 기둥이나 보의 사이 철골브레이싱을 설치하고, 틈새에 접착용 수지를 주입하는 것만으로 시공이 완료된다.

브레이싱과 기존구조체가 확실히 결합되고, 충분히 내진성능을 발휘한다.

특징

철골브레이싱 접착공법의 실험장면

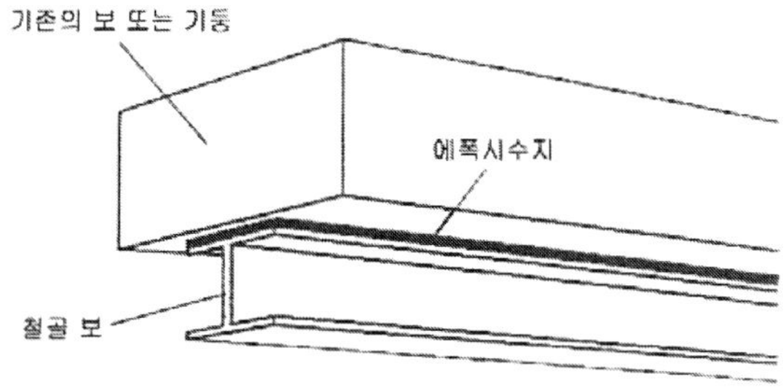

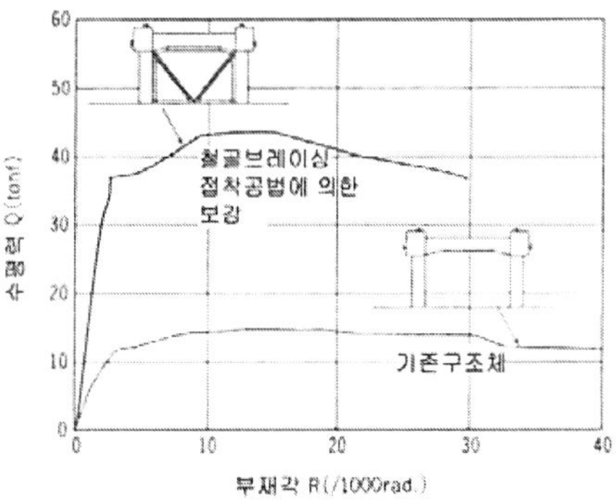

브레이싱의 유무에 따른 수평내력의 비교

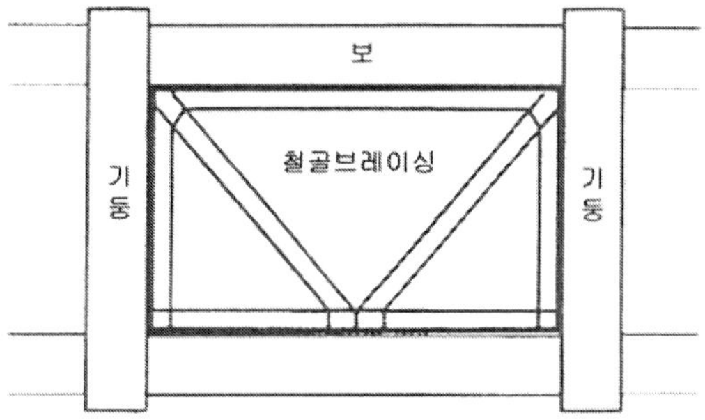

철골브레이싱 접착공법

- 종래의 공법과 비교해 소음이나 진동이 없으므로 건물의 사용하면서 보강공사가 가능함.
- 모르타르의 양생기간이 불필요하므로 공기단축이 가능함.

시공실적

F 빌딩(RC조, 지상 5층)

의료관계의 기초연구동이므로, 공사에 의한 소음이나 진동의 발생이 허락되지 않는 상황.

기타

철골 브레이싱 내진보강법에 관한 연구-접착식 철골브레이싱. 일본건축학회 대회학술강연 논문집, 1997.9

2.3.11	構 工 法
명 칭	**탄소섬유 성형판공법**

개요

충분한 보강효과를 발휘해, 살면서 보강을 실현한 공법이다. 미리 공장에서 ㄷ자형이나 L자형에 가공한 경량인 탄소섬유 성형판에 기존의 기둥을 감싸고, 틈새에 모르타르를 충전하여, 그 후에 맞댐부를 탄소섬유시트로 접합시킨다. 기둥과 외벽(또는 창)의 사이가 좁거나, 사람이 들어가기 어려운 기둥에도 보강이 가능하다. 또 경우에 따라서는 마무리를 제거하지 않고 보강공사가 가능하다.

특징

탄소섬유 성형판

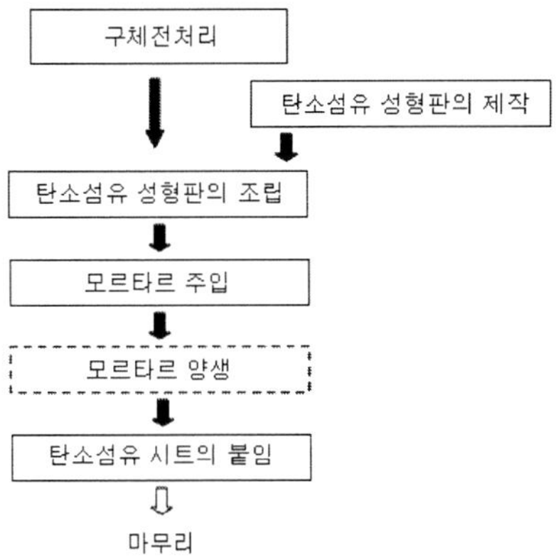

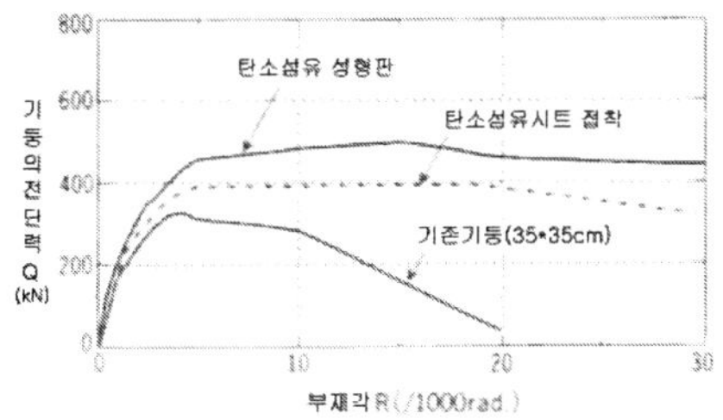

보강효과

탄소섬유 성형판 시공순서

탄소섬유 시트접착공법이나 강판접착공법과 비교하여,

- 단면적이 약간 증가하나 동등이상의 내진성능을 가짐.
- 분진이나 소음이 발생하는 연마, 면처리 등의 바탕처리가 불필요함.
- 악취가 발생하는 시트붙임 작업이 삭감됨.
- 중량물의 반입이 없고, 공사에 수반되는 작업스페이스가 작아 사람이나 물건의 이동을 최소화함.
- 주거하면서 보강이 가능하므로 공기단축의 가능이 가능함.
- 공장생산에 의해 높은 품질과 안정성을 확보함.

시공실적

M 사무소 빌딩(SRC조, 지상6층)
　평상대로에 집무를 하면서 보강공사를 시행.
T 공장 (RC조, 지상3층)
　식품관련의 공장이므로, 악취와 분진이 허락되지 않는 상황.

기타

RC 기둥의 보수 · 보강에 관한 실험적 연구, 일본건축학회 대회학술 강연개요집, 1996.9

2.3.12	構 工 法
명 칭	기둥의 내진보강공법 **강건공법**

개요

사용목적 : 기존의 부적격 건축물의 기둥 내진보강
전단내력의 향상 및 변형능력을 개선

적용범위 : 주로 철근 콘크리트 조 또는 철골 철근콘크리트조 건물의 독립기둥
짧은 공기(2일 정도)내에 시공이 가능.

특징

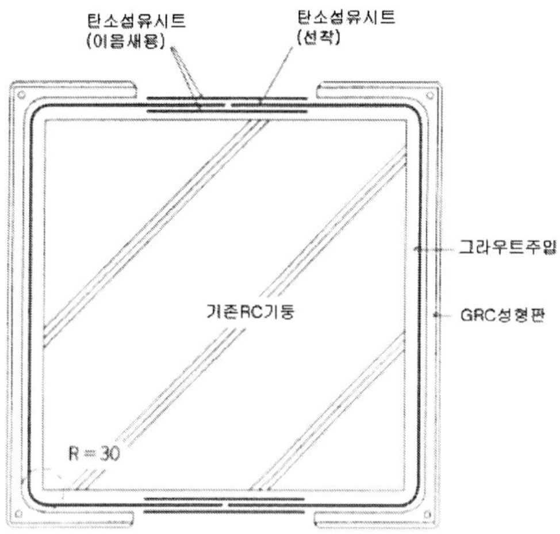

단면상세도

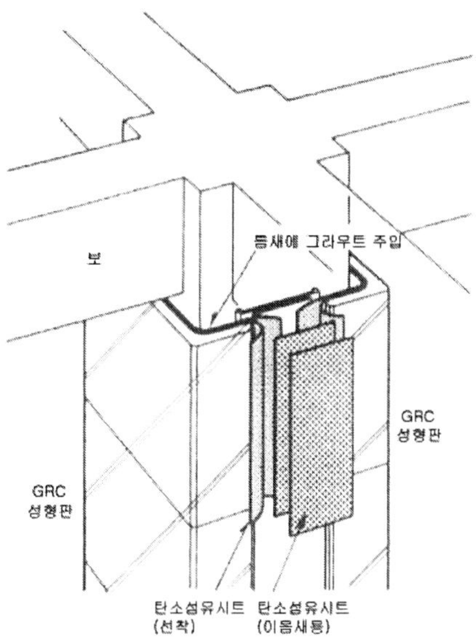

공법이미지도

· 미리 내면에 탄소섬유시트를 붙인 유리섬유 메쉬로에 보강된 고강도 모르타르 ㄷ자형의 성형판을 기둥의 내진보강에 이용한다. 보강대상 기둥의 주위에 성형판 (2유니트 1조)을 세우고, 이음부에 탄소섬유 시트만을 접착하고 성형판과 보강대상 기둥과의 틈새에 그라우트를 주입하여 일체화함.
· 성형판의 내면에 곡면이 취해있기 때문에, 분진이 발생하는 보강대상기둥 코너부의 원형면처리 작업이 불필요, 성형판은 거푸집과 마무리 바탕이 됨.
· 짧은 공기에 시공이 가능하므로 토, 일요일에 충분히 작업할 수 있음.
· 수평반복재하 실험에 의해 탄소섬유 시트를 직접 점착한 시험체와 거의 같은 내력, 변형성능을 가지고 있는 것을 확인했음.

시공실적

실물시공실험

기타

· 특허출원중
· 연속 탄소섬유시트를 접착한 모르타르 성형판에 의해 전단 보강된 기둥의 변형성능에 관한 실험적 연구, 일본건축학회 대회학술강연 개요집(관동), 1997 투고 중
· 공동개발자 : 뎃겐건설(주), 오오끼건설(주), 오카베(주), 동연(주), 신일본제철(주), 고토우 콘크리트(주)

2.3.13	構 工 法
명 칭	**HS 커플링 공법(HS coupling 공법)** (Haunch and steel plate)

개요	사용목적 : 필로티 층의 내진보강공법 강성 및 내력의 상승 목적에 이용 적용범위 : 필로티 전반 보강공사 후에도 용도변경을 따르지 않음.
특징	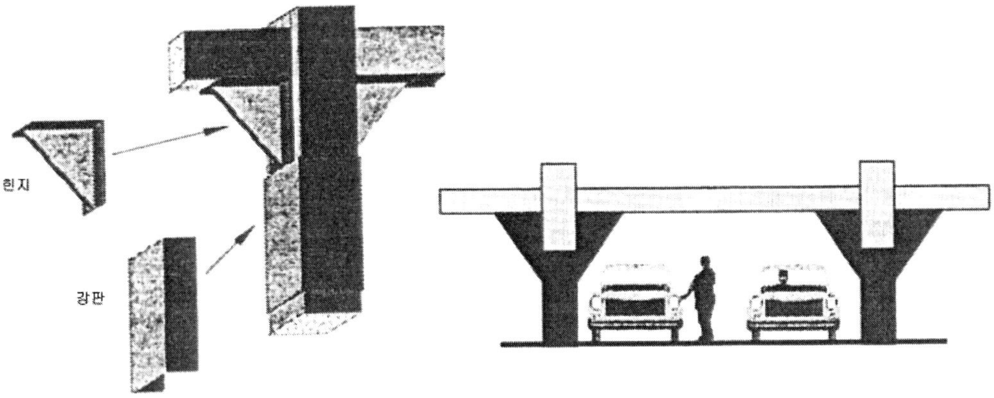 본 공법의 보강개요
	구조성능 : 헌치의 효과로 휨 내력과 수평방향의 강성이 상승하고 강판의 효과에 전단내력과 인성의 상승을 기대할 수 있다. 구조실험으로 부터 보강하는 것이 무보강의 경우보다 2배정도의 내력과 강성을 얻을 수 있었음. 사 용 성 : RC 벽 증설과 같은 폐쇄적인 공간을 만들지 않으므로, 보강 후에도 사용성을 해치는 것은 없음.
시공실적	
기타	새로운 내진보강공법에 관한 연구, 일본건축학회 대회학술강연 개요집 C-2, pp.313~314, 1996.9 특허출원중

2.3.14	構 工 法
명 칭	**뿜칠 모르타르를 이용한 내진보강공법**

개 요

사용목적 : 콘크리트 라멘 고가교의 내진보강
적용범위 : 라멘 고가교 기둥

특 징

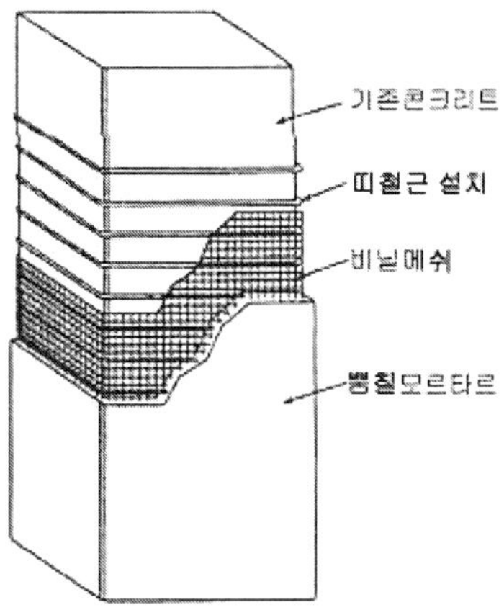

교각보강개념도

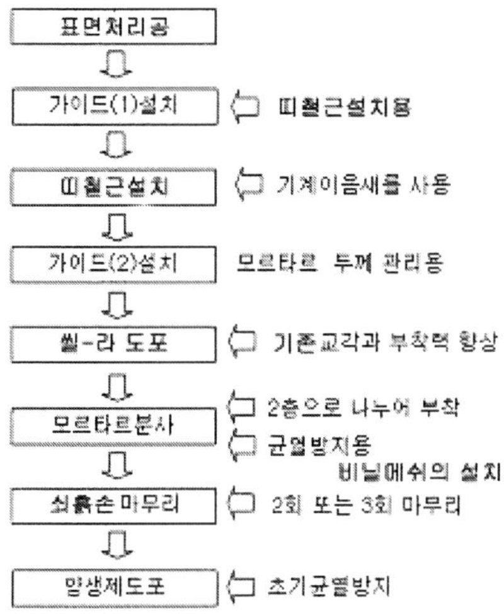

시공순서

- 보강강재에는 철근을 사용하기 때문에, 보강목적에 따른 보강띠철근량의 증감이 가능함.
- 보강띠철근의 이음은 기계식이음 또는 용접으로 하므로 종국파괴 시까지 보강효과가 있음.
- 시멘트계 재료에 의해 피복하기 때문에 내구성에 뛰어남.
- 중기시공이나 숙련공을 필요로 하지 않음.
- 프리믹스타입의 모르타르 재료에 물을 첨가하여 혼합하므로 용이하게 안정된 재료를 제조할 수 있음.
- 모르타르 표면은 쇠흙손 마무리하므로 미관상 뛰어남.

시공실적

- JR 서일본 오카야마 지사내의 라멘 고가교
- 나고야 철도 라멘 고가교 등

기 타

뿜칠 모르타르에 의한 고가교 기둥의 내진보강공법 설계 · 시공지침, (재)철도종합기술연구소, 1996.10

2.3.15	構 工 法
명 칭	**MARS(마스) 공법**

개요	사용목적 : 기존철근 콘크리트 구조물의 탄소섬유시트에 의한 보강(내력상승, 내변형능력 향상) 적용범위 : 기존철근 콘크리트 구조물(토목/건축)
특징	 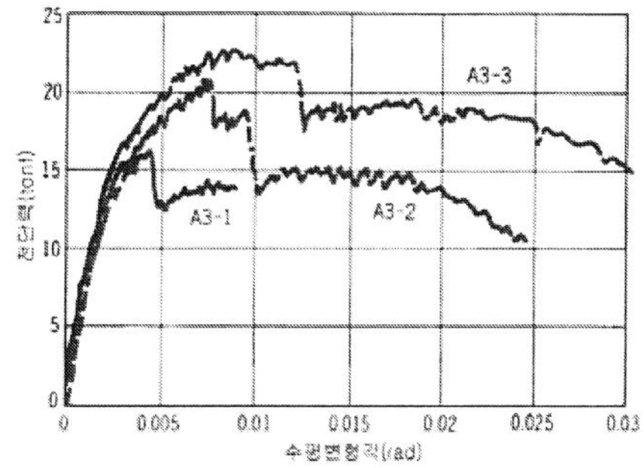 전단력-수평변형각 관계 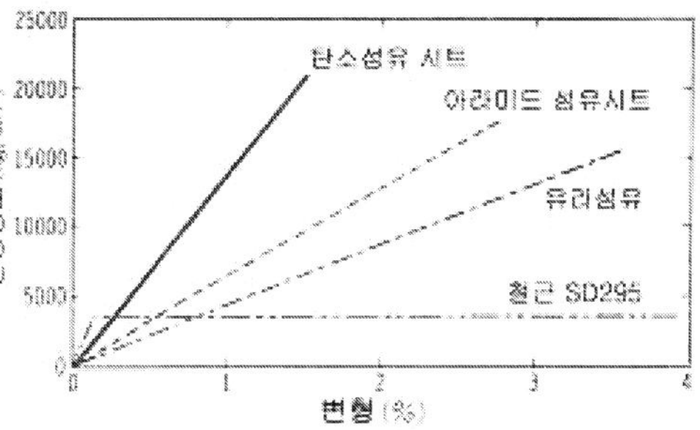 각종보강섬유의 특성비교 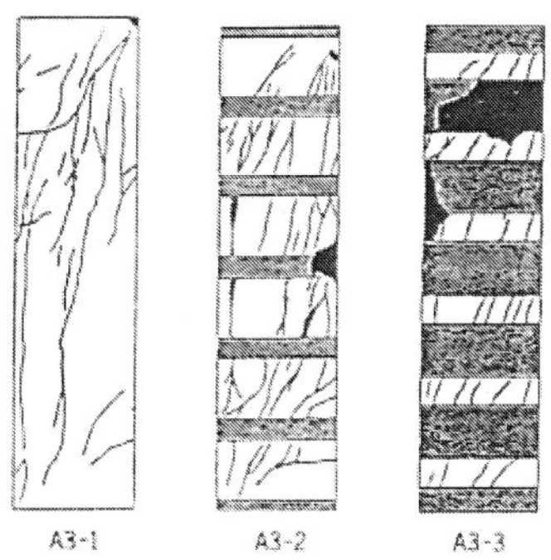 기둥보강실험 · 철과 비교해 고강도(약10배), 경량(약1/4)인 탄소섬유를 사용하고 있으므로, 보강 후의 철근 콘크리트 구조물의 중량증가나 형태의 변화가 거의 없음. · 탄소섬유 시트와 접착제를 붙이는 것만으로 보강이 가능하고, 종래의 강판보강공법 등과 비교해 시공이 간단함. · 부식이 없는 재료를 사용하기 때문에, 염해 등의 부식 환경에서도 사용할 수 있음.
시공실적	각종 빌딩, 맨션, 아파트, 학교, 공공건물 등의 건축물 보강 철도, 도로 등의 토목시설의 보강
기타	· (재)일본건축방재협회의 기술평가서 취득 · 특허출원 · 공개 중 · 토목 · 건축 관계의 각종 학회 등에 보고

출처 - 「CEMENT & CONCRETE」 1997. 8 (특집 : 내진보강과 보수기술)
(社)일본 시멘트 협회

2.4 해외면진

2.4.1	면 진
명 칭	**면진 RETROFITTING**

개요

사용목적 : 역사적, 문화적 건축물의 원형을 해치지 않고, 내진성 향상, 미술품, 가구, 비품 등을 지진으로부터 보호

내진성을 향상시키고 인명을 보호

적용범위 : 구조종류는 RC 조, 조적조, 목조를 불문하고 면진화가 가능

특히 역사적 · 문화적가치가 높은 건축물, 기념비적인 건축물

특징

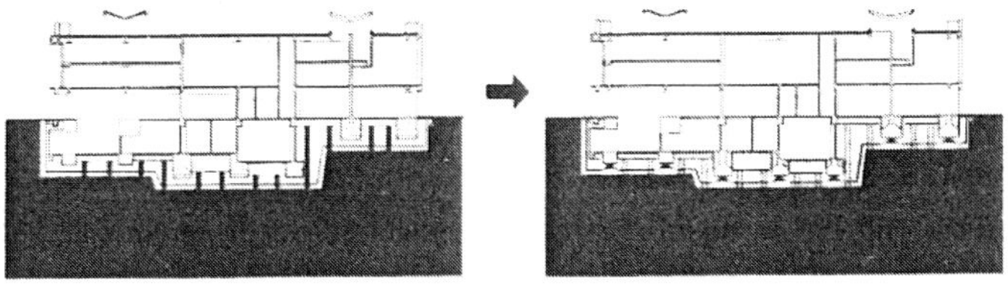

강관말뚝에서 지어진 형태　　　완성시

기초의 하부에 설치중인 면진장치

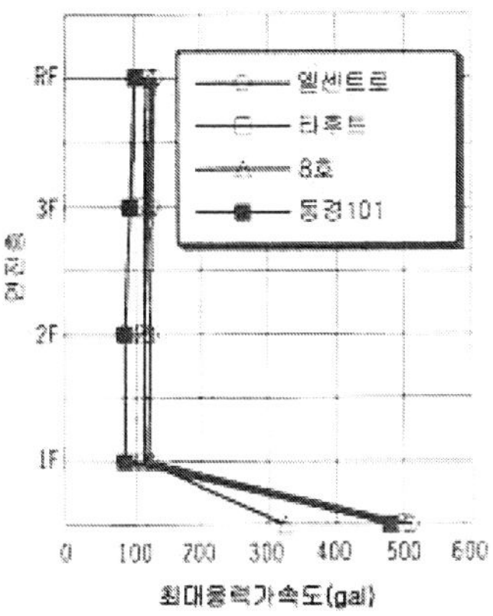

- 건물응답이 1/2~1/10정도로 저감되므로 상부건물의 보강을 최소화 할 수 있음.
- 면진층만의 공사가 되어, 다른 층은 평시처럼 사용할 수 있음.
- 면진층은 목적에 따라 기초하부, 중간층 등 적당히 선정할 수 있음.
- 말뚝지지건물에는 면진에 의해 말뚝에의 지진력이 저감되고, 종래 보강이 곤란한 말뚝의 내진성 향상을 꾀함.
- 거주성의 향상을 꾀하고, 미술품, 가구, 비품 등의 전도를 방지할 수 있음.

시공실적

국립 서양 미술관 본관

중부대학 9호관

기타

모치다 외, 압입강관 말뚝의 시공거동에 관한 연구, 일본건축학회 대회학술 강연개요집, 1997.9

빌딩레터, 성능평가시트, 일본건축센터, 1997.4

2.4.2	면 진
명 칭	**RETROFITTING 중간층 면진구법**

<table>
<tr><td>개
요</td><td>기존건물의 중간층 기둥에 납블럭을 넣어 적층고무 등에 의한 면진장치를 설치해, 면진층부터 상부의 응답전단력을 저감시키고, 아울러 면진층의 하부는 상부의 전단력을 저감시키므로 지진력의 부담을 큰 쪽에 저감할 수 있다.
면진층부터 상부의 응답전단력은 1/5~1/10 정도로 저감되고, 다른 보강이 불필요하게 된다. 나아가 면진층 하부에 대해서도 상부의 응답전단력이 감소하여 부담이 저감된다. 또 면진층 이외를 사용하는 상태로 공사를 실시할 수 있다.</td></tr>
<tr><td>특
징</td><td>
중간층 기둥 절단전의 상황

면진장치 설치상황 후 주위 강관의 중앙부가 절단되고 면진화가 완료된다.

· 적용건물의 주위 40cm미만에 대해 인접건물이 있는 경우 검토를 필요로 함.
· 면진층의 바닥면적(평)당 250만엔 정도 소요.</td></tr>
<tr><td>시
공
실
적</td><td>대성건설 유가하라 연수클럽</td></tr>
<tr><td>기
타</td><td>특허출원중</td></tr>
</table>

<table>
<tr><td>2.4.3</td><td>면 진</td></tr>
<tr><td>명 칭</td><td>RETROFITTING 기초면진공법</td></tr>
</table>

<table>
<tr><td>개
요</td><td>기존 건물의 기초아래에 면진장치를 설치하여, 건물을 면진화한 구법. 본 구법에는 미끄럼힌지와 적층고무힌지를 균형 있게 조합하여 면진성능을 한층 더 향상시킨 하이브리드 TASS 면진구법을 채택하고 있다.
건물을 면진화 했기 때문에 내부의 내진보강은 필요 없다. 또 건물을 사용하면서 보수가 가능하다. 하이브리드 TASS 면진구법은 미끄럼힌지와 적층고무힌지를 병용 하는 것으로 더욱 고유주기의 장기화를 꾀할 수 있다. 기초면진을 시공하는 것만으로 상부에 다른 보강을 시공할 필요가 없다.</td></tr>
<tr><td rowspan="2">특
징</td><td>
기존건물 기초하부 굴착상황
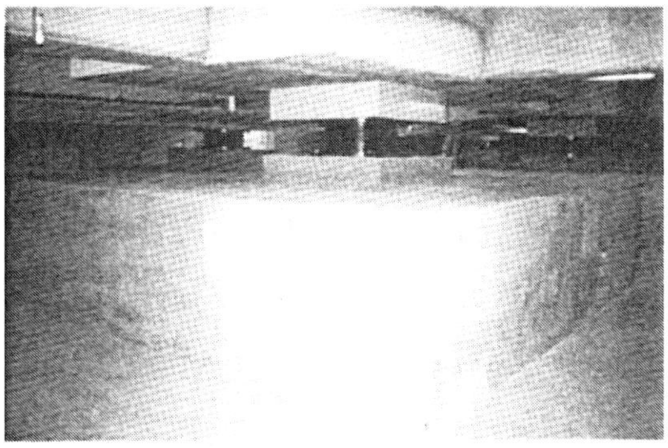
기초하부 면진장치 설치상황</td></tr>
<tr><td>· 기존건물의 기초하부를 굴착해 면진층을 구축하므로 건물 주변에 공사 가능한 스페이스가 필요함.
· 건축면적(평)당, 지하가 없는 층 약200만엔, 지하1층이 있는 층 약250만엔 소요됨.</td></tr>
<tr><td>시
공
실
적</td><td>대성건설 유가하라 연수클럽</td></tr>
<tr><td>기
타</td><td>특허출원중</td></tr>
</table>

2.4.4	면 진
명 칭	**이돈 NDR 구법**

개요	사용목적 : 지진에 의한 변형 혹은 관성력에 대해서 추종할 수 있는 구법 적용범위 : 풍압력이 정압으로 200kg/㎡, 부압으로 100kg/㎡ 이하의 건물 ALC부착 10cm판(의장판넬12.5cm판) 전용
특징	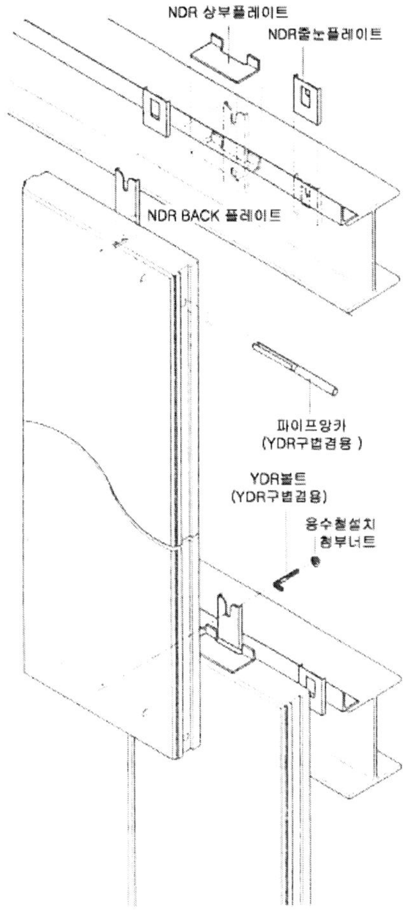 · 줄눈모르타르의 충전이 없고, 공기단축을 도모하며, 또 한·냉기의 시공도 용이함. · 구멍을 파는 보수가 불필요하기 때문에 미관성과 인건비절감을 할 수 있음. · 건식면진구법 중 가장 사용빈도가 높은 저층건물에 한정하는 것으로, 철물 등의 경감에 의해 경제성이 뛰어남. · 철골구체의 변형에 대해 locking방식에 추종하므로 구체가 변형해도, 판넬 1매 단위로 지진력을 흡수함.
시공실적	
기타	특허출원중

2.5 기타

2.5.1	기 타
명 칭	**내진교각 보강표면처리 공사용 SHOT BLASTING 기계**

개 요	교각보강공사를 실시에 있어, 보강공사전의 벽면과 새롭게 증타할 콘크리트부 혹은 강판과의 부착강도를확보 하기 위한 바탕연마청소처리전용의 장치이다. 작은 철구슬(스틸쇼트)를 연속적으로 대상물에 맞히는 것으로 면처리를 실시하지만, 쇼트와 면처리 작업에 수반하여 발생한 분진은 진공장치에 의해 일단 모두 흡수되어, 그 후 기계 안에서 분리되어 분진은 집진기에 포집되면서 스틸쇼트는 재이용되는 구조이다. 현재의 그라인더, 샌트블라스트, 워터제트와 달리, 분진의 비산도 없고, 물이나 모래의 뒤처리가 불필요한 기계이다. 또 텐션스트랩의 작용에 의해 작업 중, 기계가 교각으로부터 떨어질 염려가 없다.
특 징	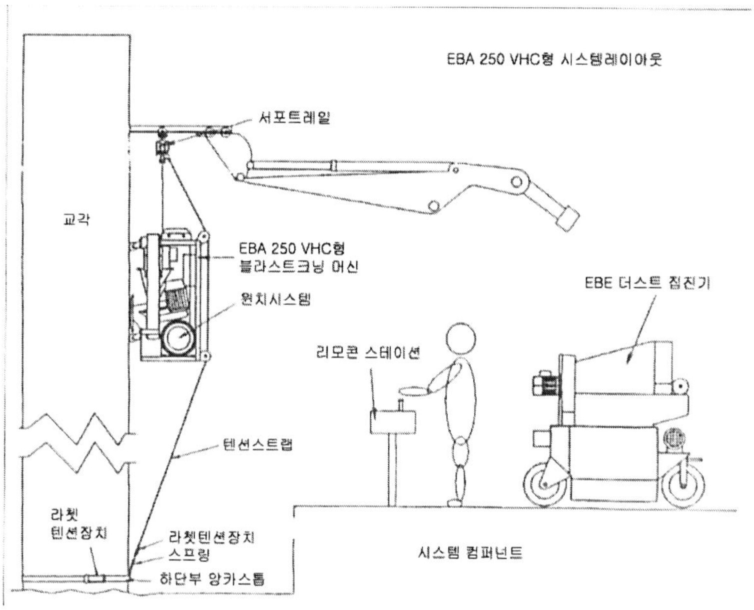 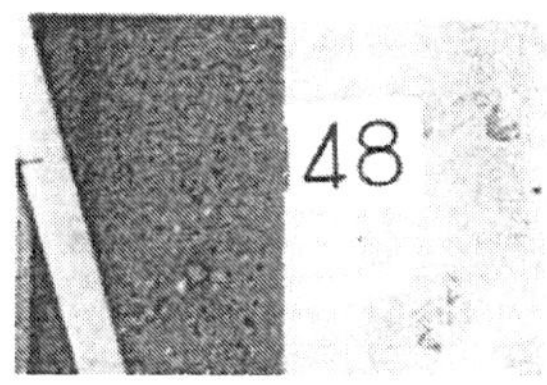 **표면의 모습**
	· 종래 공법보다 대폭적인 작업효율이 뛰어남. · 더스트프리 시스템으로 분진을 막을 수가 있기 때문에 주변 환경에 대한 나쁜 영향도 없고 또 작업원의 건강에 나쁜 영향을 미치지 않음. · 종래공법보다도 소음을 저감할 수 있음.(기계로부터 1m떨어진 타점으로 70db) · 현장에서 발판이 불필요함. · SHOT BALSTING 유니트, 집진기, 리모콘 스테이션으로 구성된 나은 시스템은 컴팩트함. · 리모콘에 의한 조작 및 셋팅은 간단함.
시공실적	수도고속, 한신고속, 나고야고속, 일반국도, 지바토우가네 도로, 기타
기 타	

2.5.2	기 타
명 칭	**앵글 C 플러그**

개요	사용목적 : 콘크리트 구조물의 균열부 주입이나 모르타르마무리 외벽의 들뜸에 대한 초미립자시멘트 주입재료를 주입하기 위한 기구 적용범위 : 균열부 폭 0.1mm 이상의 미세한 균열부터 주입가능. 습윤면에 주입가능. 전천후성에 주입가능.
특징	균열폭과 물시멘트비의 주입범위 관계도 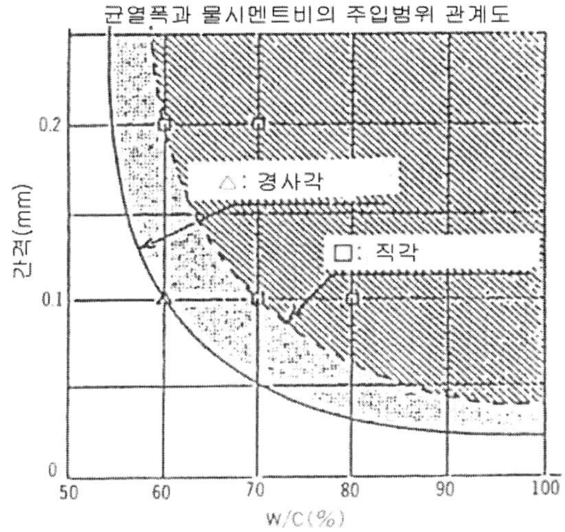 **멘테 앵글 C 공법** 수류식 드릴로 기울기천공 일회용, 원형플러그 저압주입 일반구조물「들뜸」,「균열」대상 현재 제작중 · 사용중 · 7월~8월 발매 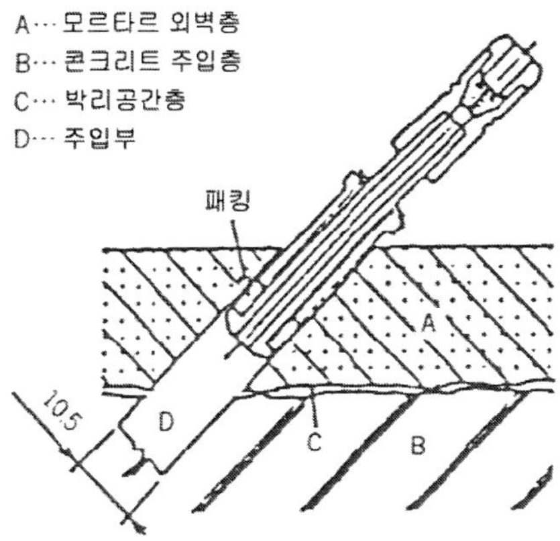 · 패커-자체고정식 플러그이기 때문에, 플러그 장착시 접착세가 불필요함. · 수류식드릴을 사용하기 때문에, 절단 후 분진으로 주입구가 막히는 것이 없음. · 모르타르 마무리 외벽의 들뜸에 주입한 경우는 프라그를 기울기 45°로 장착함. · 1개소의 주입구로 많은 량의 주입이 가능함. · 특별한 기술을 필요로 하지 않음.
시공실적	· 콘크리트 구조물의 균열주입(건설성, 도로공단, 터널, 댐 등) · 건축물의 외벽 모르타르 들뜸주입(학교건물, 기타 공공건물 등)
기타	특허신청중

2.6 국내재료

2.6.1	재　료
명　칭	**무수지형 일방향 탄소섬유쉬트**

특성

· 경량이며 작업성 및 시공성이 우수.
· 수지가 탄소섬유에 완전히 함침되어 강도 및 탄성율이 우수
· 무수지 탄소섬유이므로 구조물에 적용시 수지가 신속히 함침되며 기포가 적게 발생.
· 인장강도가 30,000kg/cm^2으로 철의 10배 이상으로 보강후 콘크리트 부재의 형상변화가 없음.
· 탄소섬유 쉬트에 수지를 바로 도포하므로 가사시간으로 인한 문제점이 없고, 연속작업 가능
· 내구성, 경제성이 우수

재료 물성치

품　목	NR32	NR33	NR72/CF720	NR73/CF730	NR43R	NR53S
섬유종류	중강도탄소	중강도탄소	고강도탄소	고강도탄소	고탄성탄소	고탄성탄소
섬유중량(g/m^2)	200	300	200	300	300	300
시트치수(Wcm×Lm)	50×50	50×50	50×50	50×50	50×50	50×50
섬유비중(g/cm^3)	1.80	1.80	1.82	1.82	1.80	1.85
설계두께(mm)	0.11	0.167	0.11	0.167	0.165	0.165
표준시공두께(mm)	0.45	0.60	0.45	0.60	0.60	0.65
인장강도(kgf/cm폭) (설계강도, kg/cm^2)	300 (27,300)	456 (27,300)	390 (35,500)	590 (35,500)	450 (27,300)	400 (24,200)
인장탄성률(kgf/cm폭) (설계탄성률, kg/cm^2)	25,850 (2.35×10^6)	39,250 (2.35×10^6)	25,850 (2.35×10^6)	39,250 (2.35×10^6)	62,700 (2.35×10^6)	76,000 (2.35×10^6)
파단시 변형률(%)	1.2	1.2	1.5	1.5	1.1	0.8

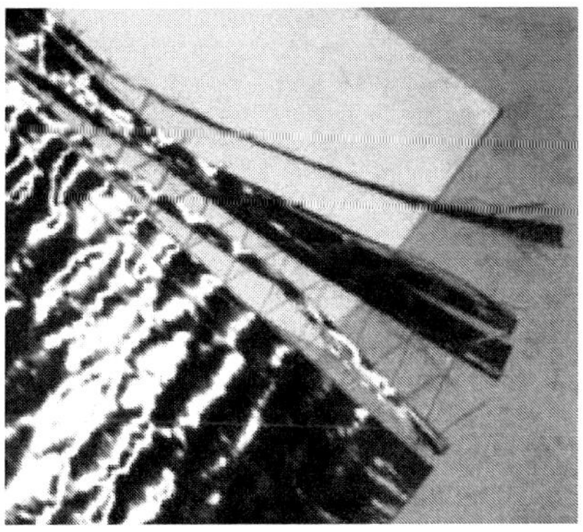

< 탄소 섬유 모양 >

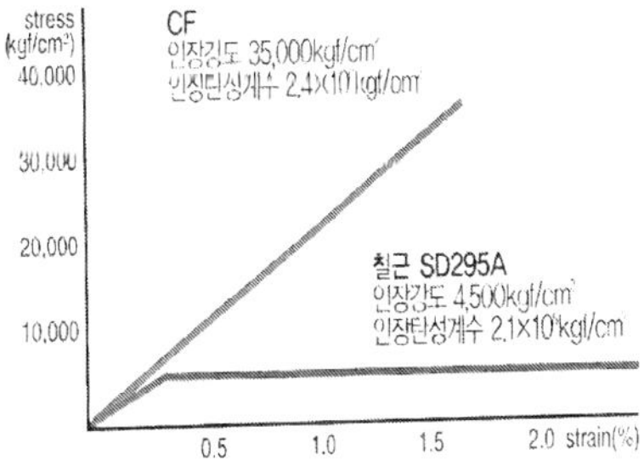

< 물 성 도 표 >

성능 및 효과

· 휨내력의 향상, 균열의 보강, 원형구조물의 보강 내마모성의 향상
· 무수지 일방향 탄소섬유시트 1m의 폭을 휨보강시 철근 D19(SD30) 7개를 사용한 것 이상의 보강효과가 있음.
· 전단 보강효과는 15~30%정도 뛰어남.
· 휨보강 :　항복하중 - 14%, 20%, 26% 증가
　　　　　최대하중 - 13%, 21%, 25% 증가

2.6.2	재 료
명 칭	EPOXY RA COATING

특징	· EPOXY 수지는 다른 수지에 비교해 볼 때 강력한 접착력을 보유하고 있으며 은폐력, 밀착성, 내마모성에 특히 우수한 성질을 가지고 있음.
용도	· CON'C 하지에 대한 침투성이 매우 양호하므로 부실한 CON"C 표면보강 및 방진이 요구되는 바닥. · 건물 지하 주차장, 전자 공장, 각종 산업체의 공장 및 창고 바닥.
시공방법	· 전처리 - CON'C 면을 완전히 건조 - CON'C 면의 레이턴스, 스케일, 먼지, 유분등의 다른 이물질이 있을 경우 완전히 제거 - CON'C 의 들뜬 부위는 현장여건에 따라 제거를 하든지 EPOXY GROUTING을 하여 보강 - 요철 부위 및 불육 수정면을 핸드 그라인더를 이용하여 최대한 면을 일정하게 유지하고 EPOXY PUTTY로 표면을 매끈하게 SEALING · PRIMER COATING (RA - 200) - 먼지나 유분, 스케일 등의 이물질을 제거한 후 완전히 건조된 상태에서 RA - 200 (R:H = 1:1)을 배합비에 따라 전동 믹서를 이용하여 충분히 혼합 - CON'C 면이 부실한 경우 전용 용제를 5~10% 첨가하여 CON'C에 충분히 침투시키고 2~3시간(20℃) 지난 후 프라이머를 재도포 · MEDIUM COATING (RA - COLOR) - 중도 COATING은 PRIMER COATING을 한 후 6시간 이후 24시간 이내에 충분히 혼합한 다음 붓, 롤러, AIR LESS를 이용 도포 · TOP COATING (RA - COLOR) - 상도 코팅은 중도 코팅을 한 다음 적어도 24시간 이후 48시간 이내 코팅을 해주는 것이 효과적이며, 내용 물질에 따라 중도 제품을 그대로 사용할 수 있고, 변경할 수 있으나, 일반적으로 중도와 같은 재질로 코팅 - 상태에 따라서는 상도를 2~3회 더 함

제품물성	구 분	제품명	배합비	도포량	색상	도포방법
	하 도	RA - 200	100:100	0.3	반투명	AIR LESS ROLLER 붓
	중 도	RA - COLOR	100:100 (100:50)	0.3	각 색	AIR LESS ROLLER 붓
	상 도	RA - COLOR	100:100 (100:50)	0.3	각 색	AIR LESS ROLLER 붓

2.6.3	재 료
명 칭	EPOXY LINNING (TF-1)

특징	· 에폭시 바닥재 TF-1은 휘발성 용제를 함유하고 있지 않은 무용제형 에폭시 수지 바닥재로서 1~3㎜의 두꺼운 에폭시 도막을 형성하며 하지의 거칠은 표면 상태를 쉽게 은폐하면서 레벨링 효과가 뛰어나고 표면상태가 미려한 고품위의 실내분위기를 연출 · 내약품성이 우수한 도막을 두껍게 도포함으로써 방식효과가 특히 우수하고, 반복적인 충격이 하지에까지 전달되지 않고 차단되므로 하지손상에 의한 박리등의 문제가 발생되지 않음 · 또한 전체적으로 이음매 없는 바닥이 형성되므로 먼지 이 물질등의 제거 및 관리가 손쉽고 청소가 용이
용도	· 방진효과가 강조되는 제조업체 - 제약회사, 식품가공공장, 병원, 전기·전자등 정밀산업업체, 테이프, 필름공장, 각종 방진실 바닥등. · DELUXE한 실내분위기를 추구하는 사무실, 빌딩의 바닥처리 · 편의점, 써비스업종의 상업공간 · 안정적인 내약품성이 요구되는 화학공장, 제과공장
장점	· 표면이 미려하고 하지의 요철, 굴곡상태의 은폐효과가 양호 · 이음새가 없으므로 먼지, 분진에 대한 철저한 관리가 가능 · 내약품성이 우수하고 내구성이 있어서 화학공장 등에 적합 · DELUXE한 분위기를 연출하므로 사무실, 상업공간 등에 적합 · SELF-LEVELLING성이 양호하므로 작업이 용이하고 마감이 매끈함 · 색상의 선택이 용이하며 안료분산성이 양호하여 색얼룩 등의 문제가 발생하지 않음 네마모선이 우수하여 도막의 수명이 오래 유지
사용방법 및 주의사항	· 주제와 경화제의 배합비를 정확하게 균일 혼합한 후 사용할 것. · 작업자는 면장갑, 마스크등의 보호장구를 착용하여 작업하고 수지가 피부에 묻었을 경우는 즉시 비눗물로 세척할 것. · 작업실에 환기 장치를 하여 신성한 공기가 유입될 수 있도록 할 것 · 작업용구, 용기 등을 세척시에는 신너를 사용할 것. · 가능한 먼저 제조된 제품을 우선석으로 사용할 것.
보관방법	· 보관온도 : 18~25℃ · 건조한 곳에 보관 · 가능한 밀봉성이 유지되도록 유지 · 보관 기한 : 6개월

2.6.4	재 료
명 칭	EPOXY RESIN MORTAR (RM-2)

특징	· 강인한 내마모성 · 내유, 내약품성, 특히 내산성과 내알칼리성이 우수 · 경화속도가 빨라 긴급 요구하는 보수·보강재료로 우수 · 접착력이 우수
용도	· EPOXY MORTAR 보수공법은 CON'C에 발생된 균열이나 박리로 인하여 철근이 노출되어 있거나 부분적인 CON'C 파손부위 등에 이용하여 CON'C 열화와 철근의 부식을 방지하는 효과가 있고, CON'C포장(공항활주로, 고속도로)보수나 기계 기초 보수등 EPOXY MORTAR의 강도가 수시간 이내에 발현 되어야 하는 긴급한 조건하에서의 공사를 시행하기 위하여 속경화 TYPE를 적용하는 점이 효과적

일반성상 및 기계적 특징

· **일반성상** **수지 : 규사의 배합비 = 1 : 4**

품명	주제	경화제	혼합물
비중	1.46±0.03	1.06±0.03	1.23±0.03
색상	회색	담황색	회색
점도(CPS)	23,000±1,000	230±50	8,600±500
배합비	주제 : 경화제 = 100 : 20		

· **기계적 특징**

인장강도	kg/㎠	360
굴곡강도	kg/㎠	260
압축강도	kg/㎠	750이상
전단접착력	kg/㎠	110이상
경도		80이상
내열도	℃	70
내한성	℃	-20

시험조건 : 상온(20℃)×7일
시험규격 : JIS K 6850, 6911

일반사항

· CON'C 타설면의 불순물 및 철근이 부식된 곳의 녹은 WIRE 부러쉬로 완전히 제거하며 습기를 완전히 건조시킴
· 에폭시 모르타르의 주제 및 경화제를 혼합 후 다시 규사를 모르타르의 배합비에 따라 혼합하여 에폭시 모르타르를 만듦
· 에폭시 모르타르를 타설한 CON'C 표면에 충분히 PRIMER를 도포
· 에폭시 모르타르를 타설한 CON'C 표면에 우천이나 기타 습기가 있을 경우 접착력이 불완전하므로 시공을 피할 것.
· 에폭시 모르타르 혼합은 발열로 인하여 경화되므로 1회에 20kg이상 혼합하지 않아야 함.
· 시공가능 시간은 온도에 따라 다르므로 고온일 경우는 시공시간을 되도록 짧게 하여 시공을 완료해야 하며 저온에는 경화시간이 늦어지므로 보편적으로 시공시간이 연장됨.

2.6.5	재　료
명　칭	EPOXY RESIN MORTAR (RM-30)

용도	· EPOXY RM-30은 고품질의 100% 순수 무용재 에폭시 수지와 변성 폴리아민 경화제로 구성된 투명TYPE 수지 모르타르재로서 모르타르 타설 후 외관이 양호하고 수지경화물 양생속도가 빠르며 수지에 각 색을 첨가하여 사용할 수 있어 색상 표현이 자유롭고 강도가 높아 고도의 내구성이 요구되는 넓은 면적의 각종 산업용 건물 및 전면 보수용도로 폭넓게 사용되며 특별히 어려운 환경에 있는 특수바닥 문제해결에 도움을 줌.
특징 및 장점	· MORTAR를 엷게 바를 경우에도 들뜨거나 일어나지 않으며 하지 조성이 용이 · 저점도로 사용이 쉽고 기계미장이나 손미장에도 용이 · 모든 본체에 대한 MORTAR의 부착성을 향상시킴

일반성상 및 기계적 특징

· 일반성상　　　수지 : 규사의 배합비 = 1 : 5-6

품명	주제	경화제	혼합물
비중	1.11±0.03	1.03±0.03	1.09±0.03
색상	투명	투명	투명
점도(CPS)	650±50	180±20	550±50
배합비	주제 : 경화제 = 3 : 1		

· 기계적 특징

인 장 강 도	kg/㎠	470
굴 곡 강 도	kg/㎠	600
압 축 강 도	kg/㎠	750
저 단 접 착 력	kg/㎠	102
경　도		82
내 열 도	℃	90
내 한 성	℃	-20

시험조건 : 상온(20℃)×7일
시험규격 : JIS K 6850, 6911

주의사항

· 주제와 경화제의 2액형 혼합형이므로 정해진 배합비율을 엄수 할 것.
· 경화제량을 증감시켜도 경화 속도는 변하지 않으며 물성은 크게 저하되므로 주의 할 것.
· 혼합한 수지의 반응속도는 온도가 높으면 빨라지고 온도가 낮을수록 느려지며 한번에 배합하는 양이 많을수록 빠르고 적을수록 느려짐.
· 시공시 온도가 5℃이하의 경우는 간접가열에 의하여 온도를 상승시켜 줄 것.
· 작업시에는 화기 및 환기에 충분히 주의할 것.
· 작업을 마친 후에는 사용한 도구, 용기등을 신나를 이용하여 즉시 닦아 놓을 것.
· 직접 피부에 접촉하지 않도록 할 것.

2.6.6	재 료
명 칭	GROUTING용 EPOXY 수지 (SSG-12S)

용도	· 철판 보강용 주입재 · 기계 기초용 주입재 · 바닥면 들뜸부위 충진재
특징 및 장점	· 콘크리트 및 철판 등에 강력히 접착 · 물리적 강도 및 내수성, 내구성이 우수 · 고압 주입기를 이용한 주입작업에 적합하도록 최적의 점도 및 유동성을 가지고 있음. · 경화속도가 완만하여 작업이 용이하고 경화시 발열 및 수축이 거의 없음.

일반성상 및 기계적 특징

· 일반성상

품 명	주제	경화제
주성분	에폭시 수지	폴리아미드 아민
색상	투명점조액	담록색투명점조액
점도(25℃)	750 CPS	
배합비	주제 : 경화제 = 2 : 1	
혼합비중	1.13	
가사시간(1kg)	60분	
지촉경화시간	12시간	
완전경화시간	24시간	

· 기계적 특징

품 명	SSG-12S	시험방법
압 축 강 도(kg/㎠)	650±50	JIS K 6911
굴 곡 강 도(kg/㎠)	530±50	JIS K 6911
인 장 강 도(kg/㎠)	360±50	JIS K 6911
충 격 치(kg · cm/㎠)	4.1	JIS K 6911
접 착 력(연강 kg/㎠)	125	JIS K 6850
내 후 성	500시간 이상 없음	JIS K 5400
내 수 성	6개월 이상 없음	JIS K 5400

주의사항

· 주제와 경화제의 2액 혼합형이므로 정해진 배합비율을 엄수 할 것
  - 경화제량을 증감시켜도 경화속도는 변하지 않으며 물성은 크게 저하되므로 주의할 것.
· 혼합한 수지의 반응속도는 온도가 높으면 빨라지고 온도가 낮을수록 느려지며 한번에 배합하는 양이 많을수록 빠르고 적을수록 느려짐
· 시공시 온도가 5℃ 이하의 경우는 간접가열에 의하여 온도를 상승시켜 줄 것
· 작업시에는 화기 및 환기에 충분히 주의할 것.
· 작업을 마친 후에는 사용한 도구, 용기를 신나로 즉시 닦아 놓을 것.
· 직접 피부에 접촉하지 않도록 할 것.

2.6.7	재 료
명 칭	GROUTING용 EPOXY 수지 (SSG-12R)

용도	· 철판 보강용 주입재 · 기계 기초용 주입재 · 실크랙 및 중크랙용 주입재 · RESIN MORTAR
특징 및 장점	· 저점도 TYPE으로 실크랙 및 중 크랙용으로 사용이 용이 · 자동주입기 및 마이크로 캡슐 공법을 용이하게 사용할 수 있음. · 내후성이 뛰어나고 기계적 강도가 양호 · 저점도 TYPE으로 교반이 용이 · 비교적 저온에서도 사용이 가능

일반성상 및 기계적 특징

· 일반성상

품 명	주제	경화제
주성분	에폭시 수지	AMIDOAMINE MODIFIDE
색상	투명점조액	담록색투명점조액
점도(25℃)	1,180	230
배합비	주제 : 경화제 = 2 : 1	
혼합비중	1.04±0.01	
가사시간(1kg)	30분	
지촉경화시간	12시간	
완전경화시간	24시간	

· 기계적 특징

품 명	SSG-12S	시험방법
압 축 강 도(kg/㎠)	800±50	JIS K 6911
굴 곡 강 도(kg/㎠)	640±50	JIS K 6911
인 장 강 도(kg/㎠)	540±50	JIS K 6911
충 격 치(kg · ㎝/㎠)	6.2	JIS K 6911
접 착 력(연강 kg/㎠)	135	JIS K 6850
경 도(HDD)	85	KSM 3043-90
내 후 성	500시간 이상 없음	JIS K 5400
내 수 성	6개월 이상 없음	JIS K 5400

주의사항

· 주제와 경화제의 2액 혼합형이므로 정해진 배합비율을 엄수 할 것
  - 경화제량을 증감시켜도 경화속도는 변하지 않으며 물성은 크게 저하되므로 주의할 것.
· 혼합한 수지의 반응속도는 온도가 높으면 빨라지고 온도가 낮을수록 느려지며 한번에 배합하는 양이 많을수록 빠르고 적을수록 느려짐
· 시공시 온도가 5℃ 이하의 경우는 간접가열에 의하여 온도를 상승시켜 줄 것
· 작업시에는 화기 및 환기에 충분히 주의할 것.
· 작업을 마친 후에는 사용한 도구, 용기를 신나로 즉시 닦아 놓을 것.
· 직접 피부에 접촉하지 않도록 할 것.

2.6.8	재　료
명　칭	Crack Injection(Grouting)을 위한 Sealing재(SSG-57, SSG-70)

용도	· 크랙 그라우팅을 위한 씰링재
특징 및 장점	· SSG-57 : 기계적 강도가 우수하고, 제거가 용이 · SSG-70 : 접착력이 우수하고 기계적 강도가 우수

일반성상 및 기계적 특징

· 일반성상

품 명	SSG-57		SSG-70	
	주　제	경화제	주　제	경화제
주성분	에폭시 수지	지방족 폴리아미드 아민	에폭시 수지	지방족 폴리아미드 아민
색상	백색 Paste	자역색 Paste	백색 Paste	흑색 Paste
점도(25℃)	paste		paste	
배합비	주제 : 경화제 = 4 : 1		주제 : 경화제 = 4 : 1	
혼합비중	1.43±0.01		1.43±0.01	
가사시간(100g)	30분(20℃)		40분	
완전경화시간	24시간 ~ 36시간		24시간 ~ 36시간	
슬럼프	5㎜이하		5㎜이하	

· 기계적 특징

품 명	SSG-57	SSG-70	시험방법
압 축 강 도(kg/㎠)	900±50	750±50	JIS K 6911
굴 곡 강 도(kg/㎠)	700±50	450±50	JIS K 6911
인 장 강 도(kg/㎠)	330±50	320±50	JIS K 6911
충 격 치(kg · cm/㎠)	2.3	1.5	JIS K 6911
접 착 력(연강 kg/㎠)	90	120	JIS K 6850
내 후 성	500시간 이상 없음	500시간 이상 없음	JIS K 5400
내 수 성	6개월 이상 없음	6개월 이상 없음	JIS K 5400

주의사항

· 주제와 경화제의 2액 혼합형이므로 정해진 배합비율을 엄수 할 것
- 경화제량을 증감시켜도 경화속도는 변하지 않으며 물성은 크게 저하되므로 주의할 것.

· 혼합한 수지의 반응속도는 온도가 높으면 빨라지고 온도가 낮을수록 느려지며 한번에 배합하는 양이 많을수록 빠르고 적을수록 느려짐

· 시공시 온도가 5℃ 이하의 경우는 간접가열에 의하여 온도를 상승시켜 줄 것

· 작업시에는 화기 및 환기에 충분히 주의할 것.

· 작업을 마친 후에는 사용한 도구, 용기를 신나로 즉시 닦아 놓을 것.

· 직접 피부에 접촉하지 않도록 할 것.

2.6.9	재　료
명　칭	노출형 POLY URETHANE

용도	· 지하주차장, 일반사무실, 병원, 회의실, 도서관, 공장 등의 바닥에 도포함으로서 필요한 평활성 도막이 형성되고, 탄성이 좋아 기본 균열에도 방수막을 형성하는 특성을 가지고 있어 바닥재로 널리 이용되고 있음.
특징 및 장점	· 우레탄 특유의 고무 탄성체로서 신율이 매우 크기 때문에 하지의 균열, 팽창, 수축에 대한 추종성이 매우 우수 · 냉공법으로 상온 경화형이고 내후성, 내수성이 매우 우수 · 하지와의 우수한 접착력으로 이음매 없는 도막 방수층을 형성 · 유지 관리비가 저렴하며 경제적 · 부분적 보수가 가능 · 충격 흡수성이 우수 · 작업성이 용이
시공 순서	① 전처리 → ② PRIMER(0.3kg/㎡) → ③ 바닥재 교반 → ④ 바닥재 도포(1.3 ~1.4 kg/1mm.㎡) → ⑤ TOP COAT 도포(노출형)(0.2~0.3kg/㎡)

제품물성

물성 \ 제품명	RS-CA-3(H)	RS-CA-3(R)	비　고
용　도	일 반　바 닥 재		
외　관	담황색 투명	착색 점조액	
점도(CPS/25℃)	2,000~5,000	1,000~5,000	
비중(D25/4)	1.0~1.2	1.4~1.8	
배합비(무게)	1	2	
가사시간(분/25℃)	20 - 40		
경화시간(시간/25℃)	24 - 48		
인장강도(kgf/㎝)	50 이상		
인열강도(kgf/㎝)	25 이상		
신　율(%)	150 이상		
경도(shore-a)	80 ± 5		
포장단위(kg)	10	20	

주의사항

· 콘크리트 타설시 KS규격의 레미콘을 슬럼프 8.0을 기준으로 하며 제물마감을 원칙으로 함.
· 구조물 하체에 균열이 발생시 V-CUTTING 한 후 탄성 EPOXY로 줄눈재처리로 균열 발생을 막아야 함.
· 콘크리트는 함수율 8% 이내로 건조시킴.
· 바탕면의 레이턴스층, 번지, 유분, 역청물 등을 제거
· 바탕면의 요철부분은 EPOXY PUTTY 작업으로 평활히 함.
· 시공방법은 반드시 연속작업을 행해야 함.
· 시공시 온도와 습도관계는 폴리우레탄수지가 이액형 상온반응 경화형이므로 대기온도 5℃이상 35℃이하여야 하며 상대습도는 75%이하여야 함.
· 탄성층 시공완료 후 20℃ 상온기준으로 최소한 2시간 이상 경과 후 다음 공정에 들어 갈수 있음.
· 시공완료 후에는 최소한 24시간이 경과되야 보행가능하며 시공자 및 보조자는 반드시 PE FILM으로 감싼 신을 신고 작업해야 함.

2.6.10	재 료
명 칭	특수 시멘트계 보수용 모르타르(EMACO S88C)

용도	· 일반 건축, 토목 구조물의 보수 및 개수 · 항만, 해양 구조물의 보수 및 개수
특징 및 장점	· 점성이 좋아 흘러내리지 않음. · 손실이 적음. · 염화물이 포함되어 있지 않음. · 콘크리트와 부착성이 뛰어남. · 열팽창 계수가 콘크리트와 비슷하여 층간 박리가 없음. · 조강성(1일 204kg/㎠이상) · 고강도성(28일 600kg/㎠이상) · 플라스틱 단섬유를 포함하고 있어 두꺼운 부위도 한번에 시공가능. · 투수성이 적고, 내구성이 우수.

표준사양 및 기술자료

표준사양

1포당 비빈 후의 양	에마코 S88C (kg)	25
	물 (ℓ)	4.3
	혼합 후의 양 (ℓ)	약 13
㎥당 표준사용량	에마코 S88C (kg)	1,950 (25kg * 78포)
	물 (ℓ)	335
표준 시공두께	1층의 표준두께 (㎜)	10 ~ 40
	1㎥ 당 시공면적 (㎡)	100 ~ 25

기술자료

사용수량 (ℓ/포)		4.3		
콘시스턴시 FLOW치 (㎜)		176		
양생온도 (℃)		5	20	30
응결시간 (시 : 분)	초결	6 : 50	4 : 46	3 : 30
	종결	9 : 40	6 : 25	4 : 20
압축강도 (kgf/㎠)	1일	54	218	338
	3일	264	410	470
	7일	441	510	574
	28일	622	769	777

주의사항	· 혼합 시에는 반드시 Mixer를 이용하고, 혼합수는 음료수 또는 이와 동등한 물을 사용할 것. · 사용 수량은 제품설명서에 표시된 사양범위로 하고, 시험 믹싱을 통해서 결정할 것. · 흡습성을 가진 미분말이므로 시멘트와 동일하게 취급하고, 파포 또는 한번 개봉하여 방치한 재료는 사용하지 않을 것. · 혼합수량은 매우 중요하므로 규정수량의 범위를 벗어나지 않도록 함. · 본 상품에 규정량의 쇄석 외에 시멘트, 골재 등을 첨가하지 않을 것.

2.6.11	재　　료
명　　칭	모르타르 증강제, 강력접착제(BARRA EMULSION 57)

용도	· 강력한 방수 및 접착력이 필요한 부위의 초벌칠 · 지하옹벽 방수 연결 부위 · 신·구 콘크리트 접착부위 · 콘크리트 슬래브, 터널 방수·미장부위 · 타일, 자연석, 인조석, 접착부위 · 판넬, ALC, PLC접착부위 · 콘크리트 조인트 방수 봉합 부위 · 콘크리트 보수, 허니컴 부위의 보수보강 모르타르
특징 및 장점	· 우수한 방수성 · 콘크리트, 벽돌, 금속, 목재 등에 강력한 접착력 · 마모에 대한 우수한 저항성 · 염분, 기름, 그밖의 화학적 성분 등에 탁월한 저항성. · 내구성과 탄성을 증진시킴 · 성형 효과를 증진시키며 수축, 균열을 감소시킴 · 콘크리트 및 모르타르의 부식방지 효과가 있음. · 우수한 내충격성 및 압축강도의 증진 효과 발휘

표준사양 및 기술자료

표준사양

품　명	BARRA EMULSION 57
형　태	액상
pH	9
색	유백색
용 해 성	수용성
비　중	1.02
시공온도	+5℃ 이상
점　성	약 30 cp
독　성	무
포장단위	20kg/pail 또는 200kg/drum
보존기간	밀봉된 용기에서 1년

시공 시 주의사항	· 모르타르 배합은 45분 이내에 사용할 수 있는 양만 배합할 것. · 초벌칠은 강력한 부착력이 요구되는 경우에만 사용할 것. · 방수미장 작업 시 초벌칠한 부위는 완전히 마르기 전에 작업을 하여야 하며 완전히 마른 부분은 다시 바른 다음 미장을 할 것.

2.6.12	재 료
명 칭	특수 시멘트계/비금속 골재계, 고성능 무수축 그라우트재(MASTERFLOW 870GK)

용도	· 각종 기계 설비류의 설치공사 · 각종 ANCHOR BOLT의 고정, 기계기초 유입식 PAD 그라우팅 공사 · 각종 CRANE 궤도 등의 설치공사 · 철골주, 교량 등의 강판설치공사 · 기타 위와 유사한 공사
특징 및 장점	· 뛰어난 유동성으로 시공성이 좋음. · 무수축성 · 조강도성(재령 1일) : 200(kg/㎡) 이상 · 고강도성(재령 28일) : 650(kg/㎡) 이상 · 안정된 내구성 · 우수한 내열성
사용방법	· 마스터플로우 870GK는 바로 사용할 수 있는 프리믹스 제품이므로 사용 시에는 소정의 물만 첨가하여 믹서로 균일하게 비벼서 사용 할 것. · 사용수량은 재료온도, 기온 및 믹서의 성능 등에 따라서 다소 좌우됨. - 주입시공에 적당한 반죽질기로 비비기 위해서는 1대당 4.0 ~ 4.6ℓ의 범위에서 사용할 것. · 1대당 비빈 뒤의 양은 약 13ℓ이며 1㎥의 표준사용량은 1,875kg(25kg * 75대)임.

물성치

사용수량 (대)	콘시스턴시 (초)	비빈후의 온도 (℃)	양생온도 (℃)	블리딩율 (%)	응결시간 (시-분) 초결	응결시간 (시-분) 종결	팽창수축율 (%) 1일	3일	7일	28일
4.3	7.0	20.0	5	0.0	11-55	16-00	+0.12	+0.13	+0.13	+0.13
			20	0.0	5-25	6-40	+0.16	+0.18	+0.18	+0.18
			30	0.0	3-50	4-55	+0.18	+0.20	+0.20	+0.20

압축강도 (kg/㎠) 1일	3일	7일	28일	정탄성계수 (*10⁶kgf/㎠) 7일	28일	휨강도 (kgf/㎠) 7일	28일	철근과의 부착강도 (kgf/㎠) 7일	28일	콘크리트와의 부착강도 (kgf/㎠) 28일
28	272	511	685	2.3	2.9	-	-	-	-	-
235	479	588	730	2.5	3.0	110	117	53	58	20이상(콘크리트부에서 파단)
385	522	624	730	2.6	3.0	-	-	-	-	-

시공시 주의사항	· 시멘트와 동일하게 취급하고 대단위로 사용하며 파대 또는 개봉하여 방치된 제품은 사용하지 말 것. · 혼합용수는 음료수 또는 이와 동등하게 청결한 물을 사용하고, 사용수량은 시험 배합하여 결정할 것. · 시멘트 사용시와 같이 보호안경, 고무장갑 등을 착용하고 피부 등에 부착한 경우에는 되도록 빨리 물로 씻어낼 것. · 주위온도가 30℃를 넘을 때에는 되도록이면 비빈 뒤의 온도를 낮게 하여 사용 할 것. · 일반제품에 비하여 가사시간이 짧고, 시공부위의 제약이 있으므로 사용 시에는 당사와 상담하여 결정할 것.

2.6.13	재 료
명 칭	특수 시멘트계/비금속 골재계, 고성능 무수축 그라우트재(MASTERFLOW 800GK)

용도

· 토목, 건축구조물의 기초 그라우팅 및 설치공사
· 각종 ANCHOR BOLT의 고정, 기계기초 유입식 PAD 그라우팅 공사
· 콘크리트 구조물 보수공사
· 교량 및 기계기초 PAD 그라우팅 공사
· 기타 위와 유사한 공사

특징 및 장점

· 뛰어난 유동성으로 시공성이 좋음.
· 무수축성
· 조강도성(재령 1일) : 200(kg/㎡) 이상
· 고강도성(재령 28일) : 600(kg/㎡) 이상
· 안정된 내구성
· 우수한 내열성

사용방법

· 마스터플로우 800GK는 바로 사용할 수 있는 프리믹스 제품이므로 사용 시에는 소정의 물만 첨가하여 믹서로 균일하게 비벼서 사용 할 것.
· 사용수량은 재료온도, 기온 및 믹서의 성능 등에 따라서 다소 좌우됨.
  - 주입시공에 적당한 반죽질기로 비비기 위해서는 1포당 3.8 ~ 4.3ℓ의 범위에서 사용할 것.
· 1포당 비빈 뒤의 양은 약 13ℓ이며 1㎥의 표준사용량은 1,875kg(25kg * 75포)임.

물성치

사용수량 (대)	콘시스턴시 (초)	비빈후의 온도 (℃)	양생온도 (℃)	블리딩율 (%)	응결시간 (시-분)		팽창수축율 (%)			
					초결	종결	1일	3일	7일	28일
4.0	10.0	20.0	5	0.0	11-45	15-50	+0.13	+0.14	+0.14	+0.14
			20	0.0	5-15	6-29	+0.17	+0.19	+0.19	+0.19
			30	0.0	3-44	4-50	+0.19	+0.20	+0.20	+0.20

압축강도 (kg/㎠)				정탄성계수 ($*10^6$kgf/㎠)		휨강도 (kgf/㎠)		철근과의 부착강도 (kgf/㎠)		콘크리트와의 부착강도 (kgf/㎠)
1일	3일	7일	28일	7일	28일	7일	28일	7일	28일	28일
26	259	485	618	2.3	2.8	-	-	-	-	-
210	439	524	652	2.4	2.9	109	114	48	56	20이상(콘크리트부에서 파단)
285	492	588	685	2.4	2.9	-	-	-	-	-

시공시 주의사항

· 시멘트와 동일하게 취급하고 대단위로 사용하며 파대 또는 개봉하여 방치된 제품은 사용하지 말 것.
· 혼합용수는 음료수 또는 이와 동등하게 청결한 물을 사용하고, 사용수량은 시험 배합하여 결정할 것.
· 시멘트 사용시와 같이 보호안경, 고무장갑 등을 착용하고 피부 등에 부착한 경우에는 되도록 빨리 물로 씻어낼 것.
· 주위온도가 30℃를 넘을 때에는 되도록이면 비빈 뒤의 온도를 낮게 하여 사용 할 것.
· 일반제품에 비하여 가사시간이 짧고, 시공부위의 제약이 있으므로 사용 시에는 당사와 상담하여 결정할 것.

2.6.14	재 료
명 칭	고강도 그라우트 HS

용도

· 그라우트 HS는 특수시멘트 광물의 팽창특성을 이용한 프리믹스 타입의 그라우트재로 각종 기계류, 고속도로, 철도의 교량, 역타공법 등 상부구조 또는 기계장치와 하부구조와의 연결시, 좁은 공간을 완전히 충전하여 상부구조의 하중을 확실하게 하부구조(기초)에 전달하는 무수축, 고유동, 고강도 그라우팅 재료

특성

· 무수축성
· 고유동성
· 고강도성
· 뛰어난 조강성
· 우수한 밀착성

물리적 성질

· 무수축 MORTAR
- W/C비 변화에 따른 HS MORTAR 물성변화

항목 / W/C 비	압축강도(kg/㎠)				20℃ FLOW (30분) (㎜)	가사시간 (min)
	1일	3일	7일	28일		
13%	490	700	830	990	215	30
14%	440	660	815	975	230	40
15%	340	640	800	960	240	60
16%	320	550	630	850	255	70
17%	290	480	550	700	270	80

1. W/C비 가 적을 경우(12%이하) 압축강도는 상승되나 MIXING이 어려움.
2. W/C가 16.5% 이상인 경우 BLEEDING 현상이 발생될 수 있음.
3. 길이 변화율(28일) 수중양생+014%, 기건양생+0.07%

· 무수축 CONCRETE
- 골재 변화량에 따른 물성변화(HS CONCREAT)

항목 / 모르타르 : 자갈	압축강도(kg/㎠)				SLUMP (㎝)	가사시간 (min)
	1일	3일	7일	28일		
1.2 : 1	350	470	580	680	26.0	40
1 : 1	320	450	530	650	23.0	35
1 : 1.2	300	380	480	570	17.0	30
1 : 1.4	110	200	260	310	5.0	-

1. GROUT HS 와 자갈 배합시 자갈이 55%이상 넘는 것은 작업성 및 강도면에서 부적합한 것으로 판단됨.
2. 위 결과는 LAB TEST 결과이며 현장 조건에 따라 오차가 발생할 수 있음.

용도

■ 기계설비기초 GROUT용(고유동성) ■ 철주, 철골의 기초 ■ PC판 및 고속도로 JOINT부 충진
■ 교량의 이음부와 SHOE ■ 주입시공용 ■ 역타법, 기둥 ■ 원자력 발전소

기계기초

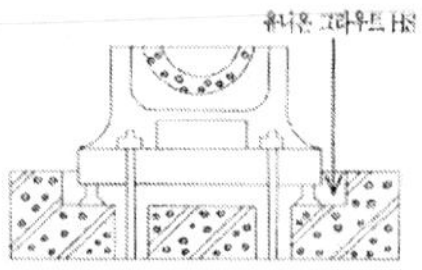

철주,철골 기초

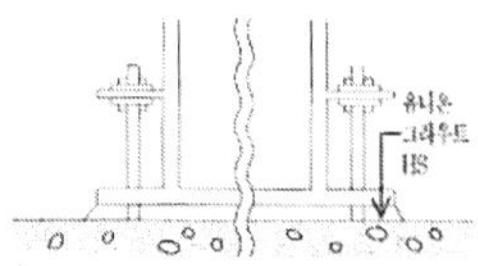

역타(逆打) 콘크리트

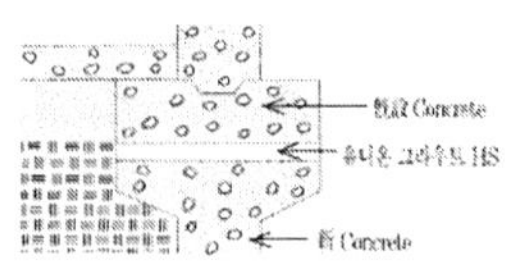

교량의 익스펜션 조인트

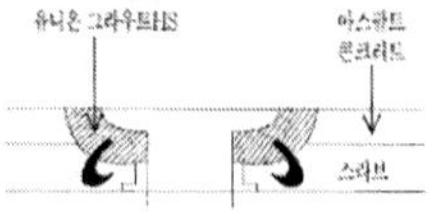

파이프 주변부의 충진, 보수

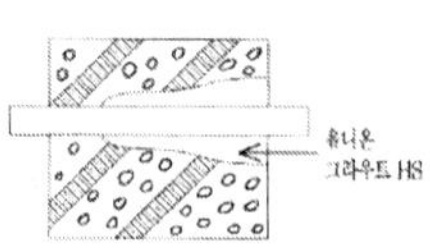

바닥보수

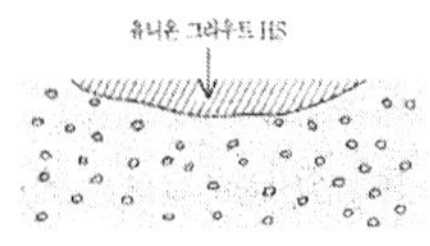

2.6.15	재　료
명　칭	고강도 그라우트 GM

용도

· 범용성을 요구하는 일반 그라우트 시공으로부터 원자력발전소 등 고유동성을 요하는 특수한 부위의 용도에 이르기까지 다양하게 사용할 수 있는 고 기능성 그라우트 모르타르로서 충전 효과와 시공성이 우수

특성

· 무수축성
· 고유동성
· 우수한 강도
· 고기능성 및 범용성
· 경제성

물리적 성질

· 물리적 성질

물 리 성 능		표준수량(%)	흐름(FLOW)	압축강도(kg/㎠)			
				1일	3일	7일	25일
사용 조건	고유동시공	17~18	유하시간 26초	170	450	520	630
	일반시공	15.5~16.5	FLOW(mm)" 200	220	450	550	650

1. ASTM C939에 의한 유동성 측정방법.
2. 자연유동에 의한 모르타르의 퍼짐 직경 측정(위Φ70, 아래Φ100의 FLOW CONE 이용)
3. CRD C 621 에 의한 팽창률 측정방법.

· 무수축 CONCREAT
 - 골재 변화량에 따른 물성변화

항목 / 모르타르 : 자갈	압축강도(kg/㎠)				SLUMP (㎝)	가사시간 (min)
	1일	3일	7일	28일		
1.2 : 1	190	300	430	540	12±2	45
1 : 1	160	280	400	500	10±2	40

1. GROUT GM 와 자갈 배합시 자갈이 55%이상 넘는 것은 작업성 및 강도면에서 부적합한 것으로 판단됨.
2. 위 결과는 LAB TEST 결과이며 현장 소건에 따라 오차가 발생할 수 있음.

· 표준사용량

믹싱조건	모르타르 사용량 (1㎥)	혼합수량((25kg/1포)	사용온도범위(℃)	타설시간
고유동시공	1830~1850kg	4.2~4.5ℓ	10~35	40분 이내
일반시공	1880~1900kg	3.9~4.1ℓ	10~35	40분 이내

수축팽창율 (%, VOLUME)				응결시간 (시:분)		슬러리 밀 도 (kg/㎥)
1일	3일	7일	28일	초결	종결	
+0.08	+0.08	+0.08	+0.08	5:50	8:00	2230
+0.06	+0.06	+0.06	+0.06	4:30	6:30	2250

용도

· 원자력 발전소용
· 각종 기계설비 기초 GROUT
· 주입 시공용
· 철주, 철골의 기초
· ANCHOR BOLT 고정
· 유동성을 크게 요하는 구조물의 기초공사

2.6.16	재 료
명 칭	방청복합 알카리 회복제(CR-1000)

<table>
<tr><td>개요</td><td colspan="3">· 본 CR-1000은 철근 부식 억제 시스템 공법 및 철근 부식 보수 시스템 공법에 적용하는 것으로 염해, 중성화 또 염해 및 중성화 복합현상에 의하여 철근이 부식하거나 부식될 우려가 있는 철근 콘크리트 구조물의 보수 시공법에 사용하는 방청성이 있는 철근 콘크리트 구조물의 알카리 회복제. 그 구성은 수산기(OH-)를 베이스로 하는 고알카리성 수용액으로 50~70중량%와 특수 아질산(NO2)계 방청제 30~50중량%가 혼합되어 제조됨으로써, 고알카리성 (pH13 이상)을 가지고 있음.</td></tr>
<tr><td rowspan="7">물성도</td><td>주 성 분</td><td colspan="2">고알카리 수용액 + 아질산계 방청제</td></tr>
<tr><td>외 관</td><td colspan="2">연녹색 투명 용액</td></tr>
<tr><td>점 도</td><td>8 CPS</td><td>KS M 3825</td></tr>
<tr><td>비 중</td><td>1.09</td><td>KS A 0601</td></tr>
<tr><td>pH</td><td>12.9</td><td>KS M 0100</td></tr>
<tr><td>화재 · 폭발성</td><td colspan="2">불연성 물질</td></tr>
<tr><td>유 해 성</td><td colspan="2">독극물에 해당 없음</td></tr>
<tr><td>사용방법</td><td colspan="3">· 콘크리트 표면에 붓 또는 로라로 도포하거나 스프레이하여 함침시킴.
· 도포량은 400g/㎡를 표준으로 하며 진단 결과에 따라 도포량 결정.
· 도포 후 용액의 건조방지 및 내부 침투성을 높이기 위하여 도포면을 비닐로 밀봉.
· 1회 도포·함침이 곤란한 경우 15분내외로 표면이 건조된 상태에서 2회째 도포하며, 도포횟수는 시방서에 따름.</td></tr>
<tr><td>효과</td><td colspan="3">· 고 알카리성 : 중성화된 콘크리트에 도포함으로써 콘크리트의 알카리성을 회복시킴.
· 방청성분 : 아질산계 방청제가 염소이온을 흡착하여 고정하고 철근의 부동태피막을 재생시킴.
· 점도 및 비중 : 물과 비슷한 비중 및 점도를 가지고 있으므로 모세관 현상 및 흡수에 의하여 콘크리트내로 깊이 침투.</td></tr>
<tr><td>특징</td><td colspan="3">· 환경 친화적 제품 : 기존 함침제는 유성(알콜 함유)으로서 강산성을 가지나, 본 제품은 완전 수성으로 환경 및 인간에 유해하지 않은 환경친화적 제품.
· 신규 국산 개발 제품 : 국내외 유일한 고알카리성과 고농도 방청성분을 동시에 갖는 수용액으로 다른 재료와 비교하여 성능은 우수하며 가격이 저렴.
· 우수한 시공성 제품 : 물과 같은 물리적 성질을 가지고 있어 분무 또는 롤러에 의하여 넓은 면적에 단시간 도포가 가능.</td></tr>
<tr><td>주의사항</td><td colspan="3">· 높은 알카리성 수용액이므로 보호안경·고무장갑을 착용하여야 함.
- 만일, 피부에 접촉될 경우는 흐르는 물로 세척해야 하며, 이를 방치하면 피부 거칠어짐이 발생할 우려가 있음.
· 눈에 들어갈 경우 즉시 청정수로 15분이상 세척한 후 의사의 치료를 받아야 함.
· 보관은 직사광선을 피하여 5~30℃에서 보관.
· 다른 물질과 혼합해서는 안되며 특히 산성물질과는 절대로 혼합해서는 안 됨.
· 소량 폐기시 100배 이상의 물로 희석하여 산성물질과 접촉하지 않는 곳에 폐기.</td></tr>
</table>

2.6.17	재　료
명　칭	수성 표면 강화제(CR-2000)

개요	· 본 CR-2000은 콘크리트 면에 도포함으로써 콘크리트 표면강도를 향상시키는 효과를 갖는 완전 수성 타입의 표면 강화제. 주로 무수축 Grout, 시멘트계 단면 수복재, 시멘트계 표면 피복재와 콘크리트의 접착강도 향상을 목적으로 하며, 이는 초미립자 성분에 의한 콘크리트내 공극의 충진과, 실리카 성분과 수산화 칼슘에 의한 포졸란 반응으로 가능하며 콘크리트 표면 친화성이 매우 높고 침투성이 우수.		
물성도	주 성 분	실리카, 아크릴산 에스테르	
	외　관	투명 용액	
	점　도	12 CP	KS M 3825
	비　중	1.02	KS A 0601
	부 착 강 도	22 kgf/㎠	KS F 4918
	투 수 량	1.3 g	KS F 2451
	화재 · 폭발성	없 음	
	유 해 성	없 음	
사용방법	· 도포면에 부착하고 있는 유류, 이형제(박리제), 먼지 등의 오염된 것들을 제거하고 청소. · 스프레이, 롤라 등으로 도포. · 표준 도포량은 200g/㎡		
효과	· 콘크리트 표면강도를 강화시킴. · 보수재와 콘크리트의 접착강도를 향상시킴. · 일반 모르타르 및 콘크리트의 하지 조정재로 사용. · 모르타르 및 콘크리트의 신·구 이어치기용 접착제로 사용 가능.		
특징	· 에멀젼의 입자 크기가 작으므로 콘크리트에 대해서 친화성이 좋고 침투성이 우수함. 또한 완전 수성으로서 인체에 무해하며, 시공성이 뛰어남. · 콘크리트, 철판에 대한 부착성이 우수. · 내수성이 우수.		
주의사항	· 본 상품은 직사일광을 피하고 5~30℃의 실내에서 보관할 것. 그리고 동절기에는 동결되지 않도록 주의 · 사용 전에 Can을 충분히 흔들어서 사용. · 취급 시에는 마스크, 보호안경, 고무장갑 등의 보호구를 착용 · 눈에 들어간 경우는 신속히 깨끗한 물로 충분히 세안 후 즉시 전문의의 진찰을 받도록 함. · 음용 한 경우는 다량의 물을 마시고 토한 후 즉시 전문의의 진찰을 받도록 함.		

2.6.18	재　료
명　칭	방청 모르타르(CR-10)

개요	· 본 CR-10은 철근 부식 보수 시스템 공법 적용하는 것으로 부식된 철근의 녹을 제거한 후 철근에 도포함으로써 철근의 부동태를 재생시키고 고농도의 방청성분이 철근의 방청을 지속시킴. 그 구성은 아질산계 방청제 고형분이 시멘트의 10%이상 중량 함유된 특수시멘트, 실리카질 골재를 주성분으로 하는 시멘트 모르터 파우더에 SBR 라텍스 화액을 혼합하여 제조되며 고농도의 아질산계 방청성분을 포함하는 것이 특징.		
물성도	**주 성 분**	특수 방청시멘트 파우더 + SBR 라텍스	
	혼 합 비 율	파우더(25kg) : SBR 라텍스(8kg)	
	압 축 강 도	210 kgf/㎠	KS L 5105
	휨 강 도	48 kgf/㎠	KS F 2477
	투 수 량 (3kgf/㎠ 압력1시간)	9.0 g	KS F 2451
사용방법	· 철근방청 파우더와 SBR 라텍스를 25kg : 8 kg의 비율로 혼합하여 사용 · 핸드 믹서를 사용하여 SBR 라텍스안에 파우더를 투입하면서 충분히 혼합 · 철근에는 붓으로 바름.		
효과	· 방 청 성 분 : 특수 아질산계 방청제가 고농도로 함유되어 철근의 부동태 피막을 재생시키는 효과가 있으며 방청성분을 지속적으로 공급함. · 저 투수량 : 무도포 콘크리트에 비하여 방청 모르타르 시공 시험편의 투수량은 약 1/3로서 수분 및 산소 차단성이 높음.		
특징	· 환경 친화적 제품 : 수성인 SBR 라텍스를 혼화제로 사용하므로 환경 및 인간에 유해하지 않은 환경 친화적 제품. · 신규 개발 제품 : 국내 최초 분말 방청제를 첨가한 프리믹스 타입 방청 모르타르 제품. · 우수한 시공성 제품 : 방청성분이 프리믹스 되어 있으므로 SBR 라텍스만 혼합하여 사용되며, 완전 수성이므로 시공연도 조정은 물에 의하여 간단히 조정할 수 있음.		
주의사항	· 본 상품은 시멘트와 똑같이 취급하고 포장단위로 사용. · 파대 또는 한번 개봉하여 방치한 재료는 사용하지 않음. · 혼합수는 음용수 또는 이와 동등 이상의 것을 사용. · 본 제품이 피부에 묻었을 때는 시멘트가 묻었을 때와 같이 처치. · 음용 한 경우는 다량의 물을 마시고 토한 후 즉시 전문의의 진찰을 받도록 함.		

2.6.19	재　료
명　칭	방청 단면 수복재(CR-20)

구분	내용
개요	· 본 CR-20은 철근 부식 보수 시스템 공법에 적용하는 것으로 중성화나 염해에 의하여 철근이 부식해 콘크리트가 박락한 경우 이를 털어내고 보수 한 후 콘크리트 단면을 충전하여 단면수복 하는데 적용. CR-20은 단면 수복 효과, 부식 철근부에 침입하는 이산화탄소, 염소이온, 산소, 수분을 차단하는 성능, 방청성분을 지속적으로 철근 부위에 공급하는 성능, 마감도재의 비탕으로 사용. 그 구성은 아질산계 방청제 고형분이 시멘트의 10%이상 함유된 특수 시멘트, 실리카질 골재, 플라스틱 단섬유를 프리믹스한 특수 시멘트 모르터 파우더에 소량 첨가하여 제조되며 고농도의 아질산계 방청성분을 포함하는 것이 특징.

물성도

항목	값	시험방법
주 성 분	단섬유 혼입 방청시멘트 파우더	
혼 합 비 율	시멘트 파우더 (25kg) : 물 (4.5kg)	
압 축 강 도	8 CPS	KS L 5105
휨 강 도	1.09	KS F 2477
부 착 강 도	12.9	KS F 4918
투 수 량 (3kgf/㎠ 압력1시간) 유 해 성	17.0 g	KS F 2451

구분	내용
사용방법	· 파우더 25kg에 물 4.5kg를 표준으로 혼합하며 시공연도는 물의 첨가량으로 조절 · 콘크리트면을 습윤상태로 하여 시공 · 균일하게 비빈 CR-20를 스프레이 또는 흙손으로 시공 · 스프레이 시공시에도 흙손으로 마무리 · 열악한 환경 하에 있을 때에는 적절한 양생 조치 함.
효과	· 단면 수복 : 점도가 높고 흘러내리지 않으며 콘크리트와의 접착강도(재령 7일 20kgf/cm2 이상)가 매우 우수. 또한, 무기질 시멘트를 기초로 한 폴리머 모르타르로서 마감재의 하지로서 사용되며 플라스틱 단섬유가 혼입되어 변형이 적으며 두꺼운 부위의 단면 수복도 1회 시공으로 가능(약 40mm 두께, 최대 180mm 가능). 또한, 조강성(재령 1일 240kgf/cm2 이상)과 고강도성(재령 28일 500kgf/cm2 이상)을 가지고 있음. · 방청성분 : 아질산계 방청제가 고농도로 함유되어 콘크리트 표면에서 지속적으로 철근까지 아질산계 방청성분을 공급. 또한, 아질산계 방청제는 중성화 및 염분진행을 억제하는 효과가 탁월. · 저 투수량 : 무도포 콘크리트에 비하여 방청 모르타르 시공 시험편의 투수량은 약 1/2로서 이산화탄소, 염소이온, 수분 및 산소 차단성이 비교적 높음.
특징	· 점성이 좋아서 흘러내리지 않고, 무수축 고강도성. Plastic 균열이나 경화 후 건조균열이 거의 없음. · 신규 개발 제품 : 국내 최초 분말 방청제를 첨가한 프리믹스 타입 방청 모르타르 제품. · 우수한 시공성 제품 : 방청성분이 프리믹스 되어 있으므로 물만 혼합하여 사용되며, 수성이므로 시공연도 조정은 물에 의하여 간단히 조정할 수 있음.
주의사항	· 본 상품은 시멘트와 똑같이 취급하고 포장단위로 사용. · 파대 또는 한번 개봉하여 방치한 재료는 사용하지 않음. · 혼합수는 음용수 또는 이와 동등 이상의 것을 사용. · 본 제품이 피부에 묻었을 때는 시멘트가 묻었을 때와 같이 처치. · 음용 한 경우는 다량의 물을 마시고 토한 후 즉시 전문의의 진찰을 받도록 함.

2.6.20	재 료
명 칭	방청 표면 피복재(CR-30)

개요	· 본 CR-30은 철근 부식 보수 시스템 공법 적용하는 본 방청 표면 피복재는 신기술의 철근 부식 억제 시스템 공법 및 철근 부식 보수 시스템 공법 적용하는 것으로 콘크리트 표면에 도포함으로서 이산화탄소, 염소이온, 산소, 수분을 차단하는 성능, 방청성분을 지속적으로 콘크리트 내부로 공급하는 성능, 마감도재의 바탕으로 사용. 그 구성은 아질산계 방청제 고형분이 시멘트의 10%이상 함유된 특수시멘트, 실리카질 골재를 프리믹스한 특수 시멘트모르타르 파우더에 SBR 라텍스 혼화액을 혼합하여 제조되며 시공연도를 조정하기 위하여 소량의 물이 혼입되어 제조되며 고농도의 아질산계 방청성분을 포함하는 것이 특징.		
물성도	주 성 분	방청 시멘트 파우더 + SBR계 라텍스	
	혼 합 비 율	방청 시멘트 파우더 (25kg) : SBR 라텍스 (8kg)	
	점 도	20 CPS 이하	
	압 축 강 도	356 kgf/㎠	KS L 5105
	휨 강 도	110 kgf/㎠	KS F 2477
	부 착 강 도	21 kgf/㎠	KS F 4918
	투 수 량 (3kgf/㎠ 압력1시간)	1.3 g	KS F 2451
사용방법	· 파우더와 SBR 라텍스를 25kg : 8kg의 비율로 혼합하여 사용. · 핸드 믹서를 사용하여 SBR 라텍스에 파우더를 투입하면서 잘 혼합. · 콘크리트 면에는 흙손을 이용하여 적당한 두께(2㎜ 추천)로 바름.		
효과	· 단면 수복 : 점도가 높고 흘러내리지 않으며 콘크리트와의 접착강도(재령 7일 20kgf/cm2 이상)가 매우 우수. 또한, 무기질 시멘트를 기초로 한 폴리머 모르타르로서 마감재의 하지로서 사용되며 플라스틱 단섬유가 혼입되어 변형이 적으며 두꺼운 부위의 단면 수복도 1회 시공으로 가능(약 40㎜ 두께, 최대 180㎜ 가능). 또한, 조강성(재령 1일 240kgf/cm2 이상)과 고강도성(재령 28일 500kgf/cm2 이상)을 가지고 있음. · 방청성분 : 아질산계 방청제가 고농도로 함유되어 콘크리트 표면에서 지속적으로 철근까지 아질산계 방청성분을 공급. 또한, 아질산계 방청제는 중성화 및 염분진행을 억제하는 효과가 탁월. · 저 투수량 : 무도포 콘크리트에 비하여 방청 모르타르 시공 시험편의 투수량은 약 1/2로서 이산화탄소, 염소이온, 수분 및 산소 차단성이 비교적 높음.		
특징	· 환경 친화적 제품 : 수성인 SBR 라텍스를 혼화제로 사용하므로 환경 및 인간에 유해하지 않은 환경 친화적 제품 또한, 시멘트를 베이스로 한 무기질 폴리머 시멘트 모르타르로서 열변형에 강함. · 신규 개발 제품 : 국내 최초 분말 방청제를 첨가한 프리믹스 타입 방청 표면 피복제품. · 우수한 시공성 제품 : 방청성분이 프리믹스 되어 있으므로 SBR 라텍스만 혼합하여 사용되며 수성이므로 시공연도 조정은 물에 의하여 간단히 조정할 수 있음. 또한, 붓, 롤러 시공이 가능하고 특히 넓은 면적 시공은 뿜어 붙이기(Shotcrete)에 의하여 손쉽게 도포가 가능하고 점성이 좋아 흘러내리지 않음.		
주의사항	· 본 상품은 시멘트와 똑같이 취급하고 포장단위로 사용. · 파대 또는 한번 개봉하여 방치한 재료는 사용하지 않음. · 혼합수는 음용수 또는 이와 동등 이상의 것을 사용. · 본 제품이 피부에 묻었을 때는 시멘트가 묻었을 때와 같이 처치. · 음용 한 경우는 다량의 물을 마시고 토한 후 즉시 전문의의 진찰을 받도록 함.		

2.6.21	재 료
명 칭	CRO - EMULSION(CR-6000)

개요	· 본 CR-6000은 스티렌과 부타디엔 중합체로 이루어진 수성의 에멀젼으로 방수성, 내마모성, 내구성, 결합성을 증진시키기 위해 모르타르나 콘크리트에 투입하여 사용하며, 특히 시멘트계와의 조화성이 우수하여 더욱 효과적. · 시멘트계와 결합 후 매우 세밀하게 분산된 중합체 CR-6000은 접착력과 분산성이 매우 우수하여 탄성방수 중합 구조체로서 탄성력이 증진됨.	
물성도	형 상	유백색 액상
	비 중	1.02
	점 도	30 CPS 이하
	pH	9
	독 성	무
	용 해 성	수 용 성
	시공온도	+5℃ 이상
사용방법	· 시멘트 파우더와 시방 혼합비율로 사용. · 방청 모르타르, 방청 표면 피복재의 혼화액으로 사용.	
효과	· 강력한 방수 및 접착력이 필요한 부위의 초벌칠. · 지하옹벽 방수 연결부위의 보수. · 신·구 콘크리트 접착을 증진시킴. · 콘크리트 슬래브, 터널 방수·미장부위에도 효과적 · 타일, 자연석, 인조석 접착부위. · 판넬, ALC, PLC 접착부위. · 콘크리트 조인트 방수 봉합 부위. · 콘크리트 보수, 허니컴 부위의 보수보강 모르타르.	
특징	· 우수한 방수성을 가지고 있음. · 콘크리트, 벽돌, 금속, 목재 등에 강력하게 접착. · 마모에 대한 저항성이 뛰어남. · 염분, 기름, 그 밖의 화학적 성분 등에 쉽게 용해되지 않음. · 내구성과 탄성을 증진시킴. · 성형효과를 증진시키며 수축, 균열을 감소시킴. · 콘크리트 및 모르타르의 부식방지에 효과가 뛰어남. · 내충격성 및 압축강도 증진에 효과적.	
주의사항	· 모르타르 배합은 45분 이내에 사용할 수 있는 양만 배합. · 강력한 부착력이 요구되는 경우에만 초벌칠로 사용. · 방수미장 작업시 초벌칠한 부위는 완전히 마르기 전에 작업을 하여야 하며, 완전히 마른 부분은 다시 바른 다음 미장. · 보존기간은 밀봉된 용기에 표시된 날로부터 1년.	

2.6.22	재 료
명 칭	CRO - COAT

개요	· 본 CRO-COAT느 롤러 또는 붓으로 도포하여 CRO-GUARD와 같이 고탄성 섬유 SHEET 층을 자외선으로부터 보호하여 미관을 향상시키는 것이 가능	
물성도	주 성 분	세라믹 계통
	색 상	밝은 회색 등 다양함
	가시시간	12시간
	내 산 성	이상없음
	내알칼리성	이상없음
사용방법	· CRO-COAT는 희석하지 않고 그대로 사용 · 재료의 두꺼운 도포의 경우 얼룩이나 경화지연의 원인이 될 수 있으므로 얇고 균일하게 도포 · 표준사용량은 190g/㎡	
효과	· 외부 산소 및 수분의 차단성을 가짐 · 이산화탄소와 염소이온을 차단하여 부식 촉진 물질이 콘크리트 안으로 침투하는 것을 억제함. · CROS 방청 보수 시스템 공법의 마감재로 적용	
특징	· 고탄성 쉬트층을 자외선으로부터 보호 · 미관을 향상시킴 · 롤러, 붓, 스프레이 등으로 도포하므로 시공성이 매우 우수	
주의사항	· 도포작업 시에는 안경이나 고무장갑을 사용하고 CRO-COAT가 눈에 들어가거나 묻었을 경우에는 즉시 물로 씻어 낼 것. · 기온이 5℃이하이거나 습도가 높은 경우(80%이상)에는 시공해서는 안 됨. · 보관은 직사일광을 피하고 5~30℃이하의 실내에서 보관하며, 동결되지 않도록 주의 · 캔으로부터 사용한 재료는 다시 캔에 담지 않고, 밀봉하여 보관.	

2.7 국내공법

2.7.1	공 법
명 칭	CROSS 방청보수 시스템

보수적용범위	본 신기술 보수공법은 철근 콘크리트조 및 철근 콘크리트조 건축/토목 구조물을 대상으로 주로 중성화 및 염해에 의하여 철근이 부식하거나 부식 될 우려가 있는 경우에 그 구조물의 유직관리보수, 내구성 향상, 수명연장을 위하여 실시하는 보수공법에 활용되며, 기타 철근 부식을 일으키는 산성비, 하천의 부식성가스, 동해, 알칼리골재 반응 등의 복합 열화된 구조물 보수에 적용된다. 특히, 본 신기술 보수 공법은 열화원인을 근본적으로 제거 또는 억제하는 화학요법과 함께 국내에서 자체개발한 사용재료를 이용한 보수 시스템 공법으로 구성되는 특징을 가지고 있다.

종류

본 보수공법 적용 철근 콘크리트 및 철골철근 콘크리트 구조물의 종류	
활용구조물	활용구조물의 종류
건축구조물	아파트, 공공건물, 스포츠시설, 상업시설, 교육시설, 근린시설 사일로 등
토목구조물	교량, 경계석, 고속도로, 고가도로, 지하차도, 항만시설, 지하철, 철도시설 등
상하수도시설	상하수도시설, 복개천, 정화조, 오수처리장 등
기타	발전소, 터미널, 공항 등

구성도

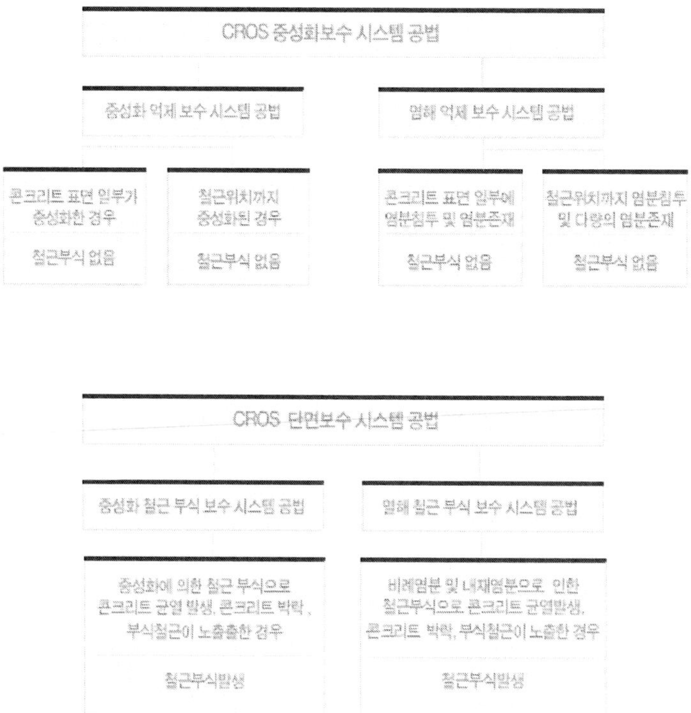

2.7.1	공 법
명 칭	CROSS 방청보수 시스템

CROSS 방청보수 시스템

CROS 표면처리 시스템

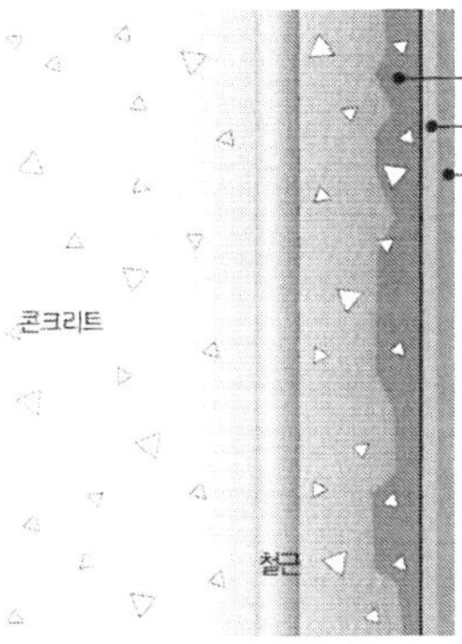

1. 콘크리트 표면 정리 (고압수세정)
2. 수성 표면 강화제 도포 (콘크리트 표면 강도 및 피복재 부착강도 증가) ➡ CR-2000
3. 방청 표면 피복재 시공 (염소이온, 산소, 수분 침투 억제) ➡ CR-30A
4. 탄성 마감 도재 ➡ CRO-COAT

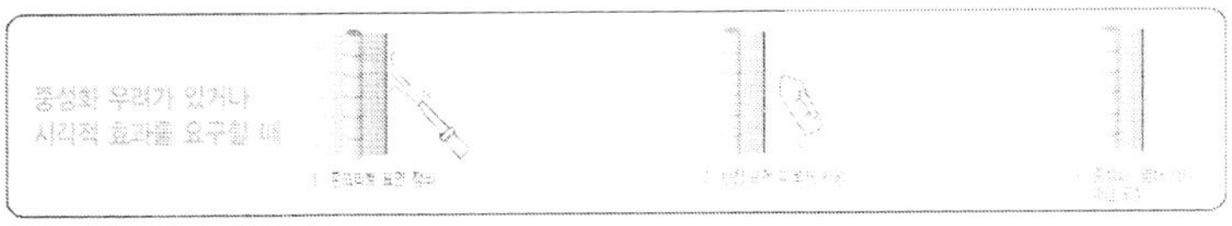

CROS 중성화보수 시스템

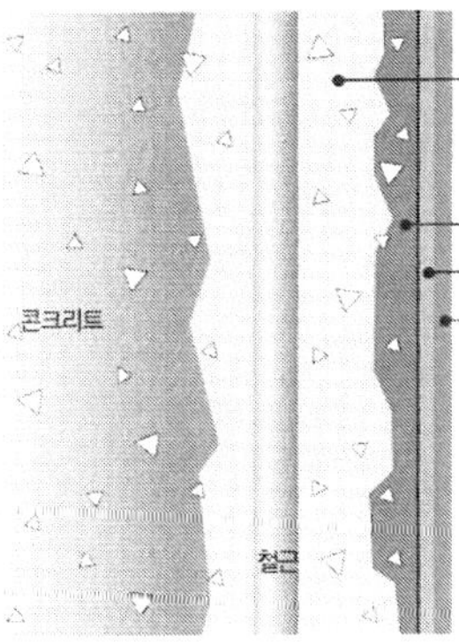

1. 콘크리트 표면 정리 (고압수세정)
2. 방청 복합 알카리 회복제 도포 (콘크리트 알카리 회복, 염소이온 고착, 철근 부동태 재생, 방청환경 제공) ➡ CR-1000
3. 콘크리트 표면 비닐밀봉 양생
4. 수성 표면 강화제 도포 (콘크리트 표면강도 및 피복재 부착강도 증가) ➡
5. 방청 표면 피복재 시공(염소이온, 산소, 수분 침투 억제) ➡ CR-30A
6. 탄성 마감 도재 ➡ CRO-COAT

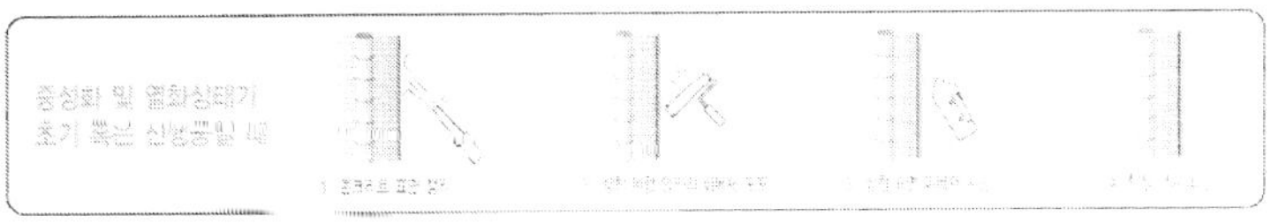

CROS 단면보수 시스템

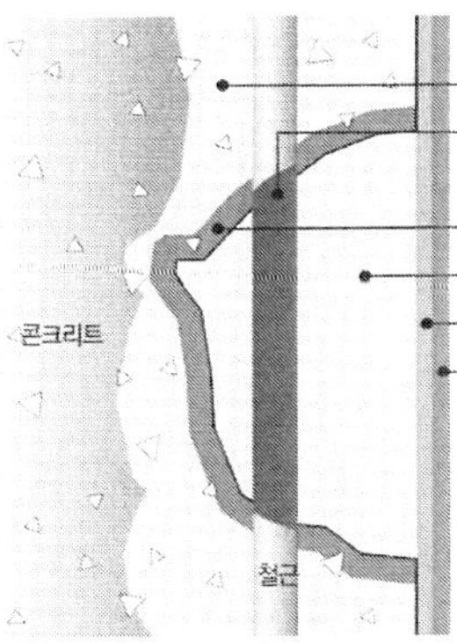

1. 콘크리트 박락부 정리 및 철근 녹 제거
2. 방청 복합 알카리 회복제 도포 (염소이온 고착, 철근 부동태 재생, 방청환경) ➡
3. 철근부위 방청 모르터 도포 (철근 부동태 재생 및 방청환경 지속 제공) ➡
4. 콘크리트 표면 비닐 밀봉 양생
5. 수성 표면 강화제 도포 (콘크리트 표면강도 및 피복재 부착강도 증가) ➡
6. 방청 단면 수복재 시공 (단면수복 및 방청환경 제공) ➡
7. 방청 표면 피복재 시공 (이산화탄소, 산소, 수분 침투 억제) ➡
8. 탄성 마감 도재 ➡ CRO-COAT

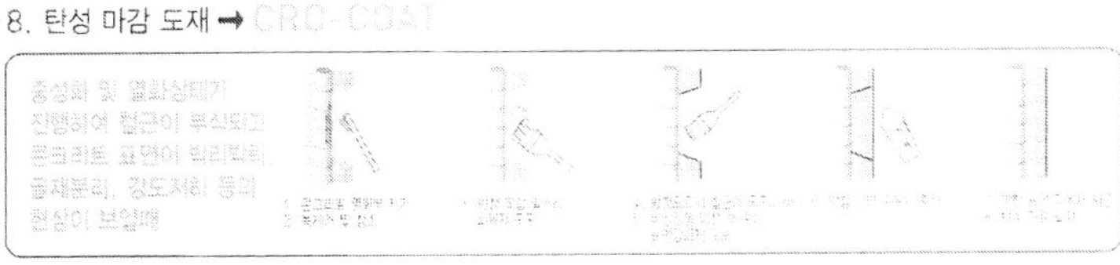

2.7.1	공 법
명 칭	CROSS 방청보수 시스템

CROSS 방청보수 시스템의 실험

중성화 억제 실험

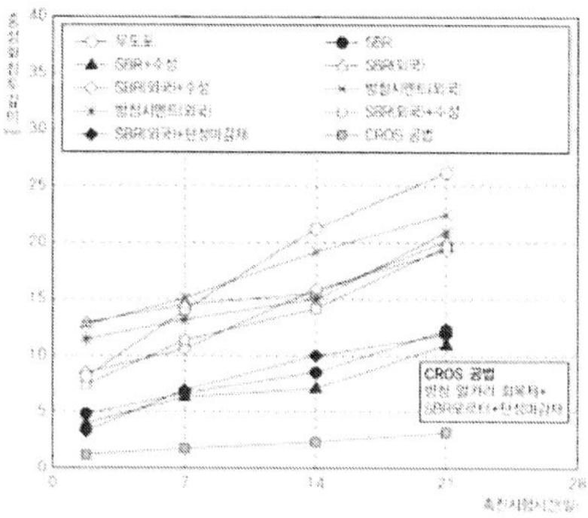

시험조건 및 측정방법

- ▶ 콘크리트 : W/C 65%
- ▶ 중성화 촉진 조건 : 40 C, RH 40%, CO 농도 10%
- ▶ 측정방법 : 1% 페놀프탈레인 용액 분무

무보수 CROS 공법

염해 억제 실험

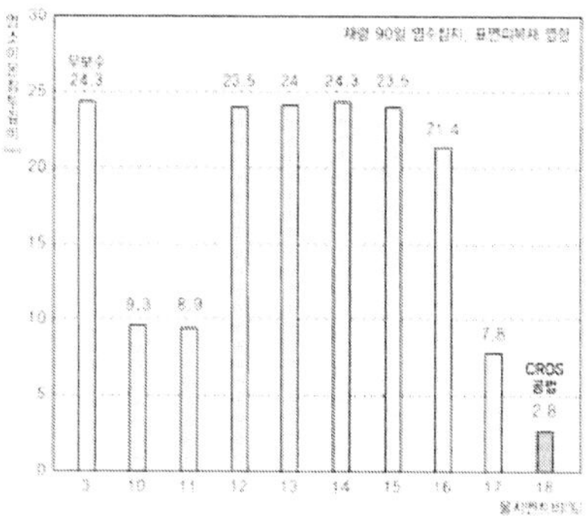

시험조건 및 측정방법

- ▶ 콘크리트 : W/C 65%
- ▶ 포화 염화나트륨 수용액 90일간 침지
- ▶ 플루오렛세인나트륨+2% 질산은 수용액 분무

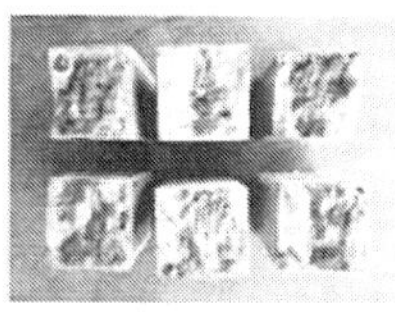

염소이온 침투 깊이 비교

철근 부식 보수 실험

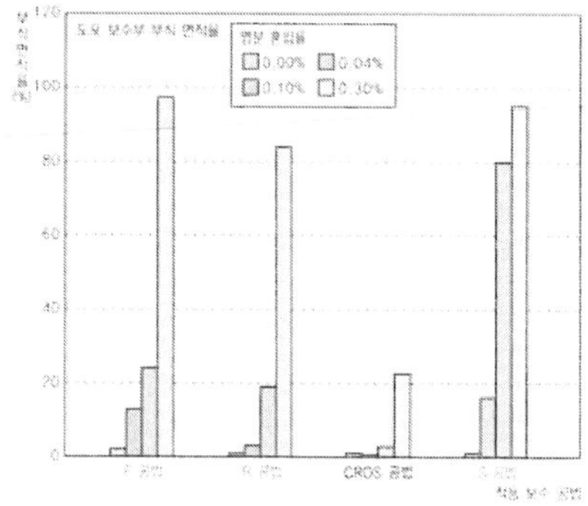

시험조건 및 측정방법

- ▶ 콘크리트 : W/C 65%
- ▶ 보수 후 80 C RH 95% 1일, 80 C RH 40% 1일 - 1 cycle (총 15 cycle 실험)

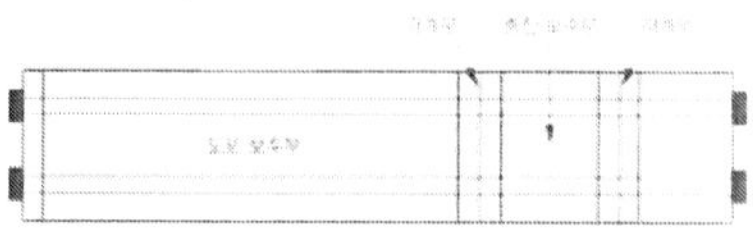

2.7.1	공 법
명 칭	CROSS 방청보수 시스템

CROSS 방청보수시스템

항목		신기술 288호 (CROSS 공법)	A사	B사
원리		· 알칼리 회복 및 복합효과 · 방청환경, 부동태 피막 재생	· 표면강화 및 알칼리 회복 · 방청제 침투, 부동태 재생	· 비정질 실리카 표면강도향상 · 표면강도 증대로 염분침투차단
특징		· 화학요법, 사용재료 완전수정 · 국내 자체 개발 공법	· 화학요법, 보수시스템공법 · 외국제품 도입개량 공법	· 콘크리트 구체강화, 접착력강화 · 외국제품 국내 도입개량
기능		· 중성화, 염해 억제	·중성화, 염해 보수	· 열화된 RC 구조물 보수/보강
사용재료	함침제	· 방청복합 알칼리회복제(특허) · 수성 표면 강화제(국산물)	· 규산 라튬 수용액 · 방청제(수입품)	· 표면강도 향상제 · 염소이온 확산 방지제
사용재료	방청 모르타르	· LINO+SBR+폴리머시멘트(신개발) · 아질산 방청성분 고농도 함유	· CaNO 혼합 SBR+특수시멘트 · 방청 페이스트	· 표면강도 향상제 · 염소이온 확산 방지제
사용재료	표면피복재	· 아질산 분말 방청제+SBR(신개발) · CO 및 염분 침투억제, 방청성분 지속공급	· 방청 페이스트 중성화 방지층 형성	· 표면강도 향상제 · 염소이온 확산 방지제
사용재료	단면수복재	· 아질산 분말 방청제+단섬유+물 (신개발) · 방청성분 지속공급	· CaNO 혼입SBR + 프리믹스모르타르	· 가넷혼입 수성 아크릴 모르타르 · 콘크리트 탈락부 보수
사용재료	마감재	· 탄성 마감재 (산소, 수분, 염분, CO차단)	CaNO 혼입 SBR+ 프리믹스 모르타르	· 가넷혼입 수성 아크릴 모르타르 · 콘크리트 탈락부 보수
시공	양생방법	· 침투깊이 확보를 위한 비닐양생	CaNO 혼입 SBR+ 프리믹스 모르타르	· 가넷혼입 수성 아크릴모르타르 · 콘크리트 탈락부 보수
공법	시스템공법	· 중성화,염해억제시스템공법(특허) · 중성화, 염해 철근 부식 보수 시스템공법(특허)	· 특별히 명시되어 있지않음	· 특별히 명시되어 있지않음
제조국가		· 한국	· 한국 및 일본	· 한국
장점		· 국내 자체개발 및 보수공법 · 완전수성으로 독성없고, 친화적인 공법 · 열화 원인별 보수시스템 공법확립 · 재료/시공비 절감, 유지관리 비용유리	· 화학요법을 갖춘 보수 시스템공법	· 아크릴 및 에폭시 모르타르로 접착강도 등 강도 특성이 우수하다. · 비교적 사용실적이 많음.
단점		· 시공법으로 사용실적 비교적 적음	· 사용재료 일부수입, 재료단가고가	· 화학요법보다는 물리요법 · 보수 시스템공법 확립필요
경제성지수비교 (THK × 10mm보수시)		100	120	117

2.7.1	공 법
명 칭	CROSS 방청보수 시스템

CROSS 방청보수시스템

제품명	사용목적	적용개소	혼합비율	표준사용량	시공방법	포장단위
방청복합 알카리회복제 (CR-100)	콘크리트 알카리회복 철근방청	중성화 및 염해 피해 RC 구조물	수성1액형	400g/㎡	붓, 롤러 스프레이	200kg/pall
수성 표면 강화제 (CR-2000)	콘크리트 표면강화	취약한 콘크리트면	1액형	200g/㎡	롤러 스프레이	18kg/can
방청모르타르 (CR-10)	철근방청	철근방청부	CR-10[A]: 21kg CR-10[B]: 1kg CR-6000: 7~9kg	2mm 두께	붓	21kg/포 1kg/pall 20kg/pall
방청 단면 수복제 (CR-20)	단면수복면	콘크리트 길손부 단면수복부	파우더:25kg 물:4~4.5kg	시방서	미장 스프레이	25kg/포
방청 표면 피복제 (CR-30A)	단면피복	콘크리트 표면	CR-30: 21kg CR-6000[A]: 6~8kg	시방서	미장	21kg/포 20kg/pall
CRO Emulsion (CR-6000)	SER 혼화액	혼화액	1액형	시방서	-	20kg/pall
탄성 마감재	마감	마감재 (자외선차단)	1액 크림형	190g/㎡	붓 롤러 스프레이	20kg/pall
탄성마감 도장재 (CROS-52, CROS-53)	하도 (프라이머) 상도 (탄성마감도재)	-	1액 크림형	100g/㎡ 800g/㎡	롤러 붓	15kg/pall 16kg/pall
무기계마감재 (CRO-GUARD)	마감	마감재 (무기계)	재파우더: 21kg B재 파우더: 6.5kg~7,5kg	5000g/㎡	미장 스프레이	21kg/포 14kg/can

2.7.1	공 법
명 칭	CROSS 방청보수 시스템

구분	시공전	시공후
남산터널		
대구동인철교	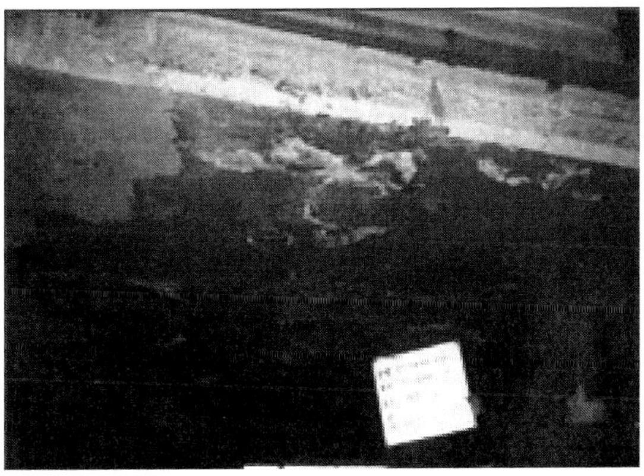	
서울역본체지하		

2.7.2	공 법
명 칭	건식균열보수공법

개요

균열 내부에 저점도 에폭시 수지를 주입하여 이원화된 구조물을 일체화시켜 저하된 구조물의 기능을 회복시키는 방법이다. 일반적으로 수지주입은 외기 및 상판 콘크리트의 온도가 저하되어 있는 겨울철보다는 온도가 옳은 시기에 시공하는 것이 수지의 온도가 저하되어 있는 겨울철보다는 온도가 높은 시기에 시공하는 것이 수지의 온도관리가 용이하여 주입에 대한 신뢰도도 높게 된다.

균열보수공법의 선정

<table>
<tr><th>결함</th><th colspan="3">결함정도</th><th>보수공법</th></tr>
<tr><td rowspan="7">균열</td><td rowspan="2">균열폭 0.2mm 미만</td><td colspan="2">진동 小</td><td rowspan="2">퍼티상의 에폭시수지 바름</td></tr>
<tr><td colspan="2">진동 小, 누수 가능성</td></tr>
<tr><td rowspan="3">균열폭 0.2~1.0mm 미만</td><td colspan="2">관통</td><td rowspan="3">초저점도 에폭시 수지 저압충전</td></tr>
<tr><td rowspan="2">비관통</td><td>진동 大</td></tr>
<tr><td>진동 小</td></tr>
<tr><td rowspan="2">균열폭 1.0mm 이상</td><td colspan="2">진동 大</td><td rowspan="2">균열부 에폭시수지 주입</td></tr>
<tr><td colspan="2">진동 小</td></tr>
</table>

시공순서

1. 균열조사
2. 균열부 표면 처리
3. 좌대부착 : 에폭시 접착제로 주입용 좌대부착 후 고정시킨다.
4. 씰링 : 씰링재의 경화 보통 12시간에서 24시간 정도 소요
5. 주입 : 주입재 강화 여름에는 1일, 겨울에는 2일정도가 되면 초기경화가 되어 마감작업가능
   (완전경화는 약 7일 소요)
6. 마감

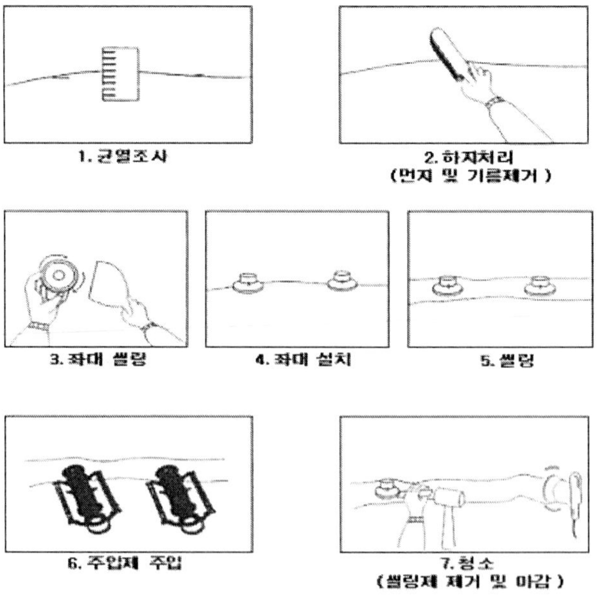

2.7.3	공 법
명 칭	습식균열보수공법

개 요

본 공법은 자동주입장비를 사용하여 주입된 폴리우레탄 수지가 누수가 되고 있는 구조물 내에서 물과의 반응으로 발포하여 셀(CELL)을 형성하며 팽창하여, 진행균열부위는 물론 주변의 미세한 공극까지도 쉽게 침투하여 폼(FORM)이 형성되므로 구조물의 균열부위 누수의 지수는 물론 보수·보강도 완벽히 할 수 있다는 장점이 있다. 기압에 의해 주입된 수지는 일정한 시간이 경과되면 딱딱한 GEL 상태로 형성되며, 이 때 구조물의 균열내부에서 강력한 팽창성으로 고접착력을 유지하며 또한 폼(FORM)이 형성된 후에도 탄성이 계속 유지되므로 구조물의 진동이나 움직임에 특히 내성이 탁월하다.

현재까지 수차례에 걸쳐 보수공사를 실시하였으나 차수가 되지 않고 있거나, 누수부위는 차수되었지만 누수 부위 옆으로 새로운 누수부위가 발견되고 있을 경우에는 근본적인 차수조치를 시행하고 부근의 콘크리트 표면을 콘크리트면과 친화력이 좋은 무기질 고탄성 아크릴계 도막방수재를 도포하여 추후 발생할 수 있는 균열에 대해 사전 대비해야 한다.

균열보수공법의 선정

결함	결함정도		보수공법
균열	균열부 누수	진동 小	수중접착용 탄성 에폭시 씰링, 발포성 폴리우레탄 주입
		진동 小	
	결손부 누수	전면누수	

시공순서

1. 균열조사 : 누수부위 균열조사
2. 천공 : 균열부 중심에서 3~4cm 떨어진 약 45도 각도로 경사지게 천공
3. 천공부위 청소 : 고압공기로 이물질 제거
4. 패카설치 : 약 100mm간격으로 설치
5. 주입 : 고압주입기로 이용하여 빌포제(YK-1000)주입
6. 패카제거 : 표먼위에 돌출 되어있는 패커를 망치 등을 이용하여 제거
7. 마감처리 : 마감공사를 하거나 면처리

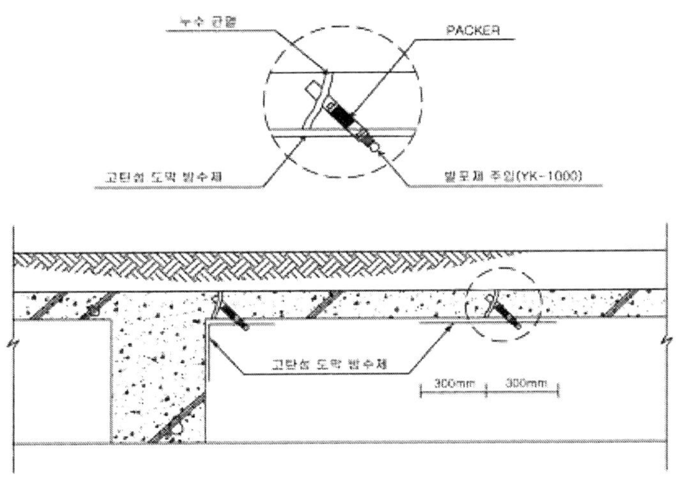

2.7.4	공 법
명 칭	철판보강공법

개요

· 강판접착공법은 노후화 또는 부실시공 된 콘크리트 구조물에 내하력을 향상시킬 목적으로 개발된 공법이다.
· 상판, 보, 기둥벽체 등 철근콘크리트 면에 강판을 접착 일체화시켜 내하력을 증강시키는 보강공법으로 내진보강 공사에도 많이 사용되고 있다.

시공

철판접착공법

· 슬래브의 상/하부에 적용할 수 있는 방법으로 강판을 설치한 후 강판사이에 에폭시 접착제를 주입하는 방식으로 시공

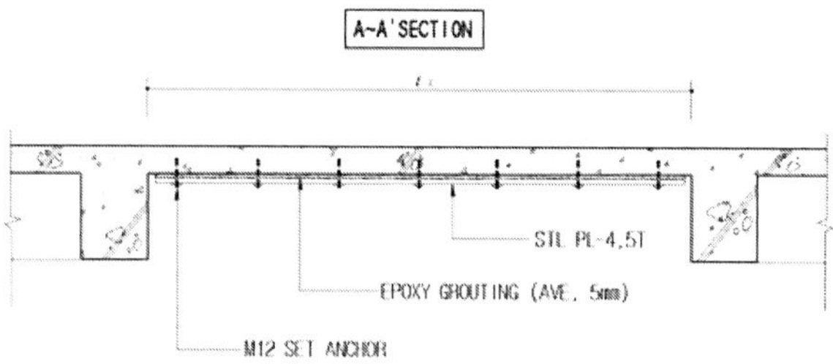

접착용에폭시물성

항목	프라이머, 마감접착용
혼합물점도	동절기 9000이하(CPS)
사용가능시간	60분 이상
압축강도	630kg/㎠이상
인장강도	180kg/㎠이상
휨강도	360kg/㎠이상
인장전단강도	120kg/㎠이상

강판표준두께

강판표준두께
4.5mm
6.0mm
9.0mm
12.0mm

주의 및 효과

· 에폭시 접착제의 선택에 따라 구조적 성능과 내구성이 좌우되므로 에폭시 선택이 매우 중요함.
· 강판두께가 두꺼울 경우 단부에서 탈락하기 쉬우므로 강판길이를 충분히 확보해야 되며 보강 후의 철근비 가 최대철근비 이하가 되도록 유지되어야 함.
· 설비나 전기의 장애물이 많을 경우 적용이 곤란함.
· 강판으로 보강한 보와 보강하지 않은 보를 비교하면 균열하중에서 1.5~2.0배, 파괴하중에서 1.5~1.6배 증가된 것으로 증명됨.

2.7.5	공 법
명 칭	탄소섬유보강공법

개요

· 경량이며 작업성 및 시공성이 우수하다.
· 수지가 탄소섬유에 완전히 함침되어 우수한 강도 및 탄성율을 갖는다.
· 무수지 탄소섬유이므로 구조물에 적용시 수지가 신속히 함침되며 기포가 적게 발생한다.
· 인장강도가 30,000 kg/㎠로 철의 10배 이상으로 보강 후 콘크리트 부재의 형상변화가 없다.
· 탄소섬유 쉬트에 수지를 바로 도포하므로 가사시간으로 인한 문제점이 없다. 연속작업이 가능
· 내구성, 경제성이 우수하다.

재료물성치

품목	NR32	NR33	NR72	NR73	NR43R	NR53S
섬유종류	중강도탄소	중강도탄소	고강도탄소	고강도탄소	고강도탄소	고탄성탄소
섬유중량(g/㎡)	200	300	200	300	300	300
시트치수(Wcm × Lm)	100 × 50	100 × 50	100 × 50	100 × 50	100 × 50	100 × 50
섬유비중(g × ㎤)	1.80	1.80	1.82	1.82	1.80	1.80
설계두께(mm)	0.11	0.167	0.11	0.167	0.165	0.165
표준시공두께(mm)	0.45	0.60	0.45	0.60	0.60	0.65
인장강도 (kgf/cm폭) 설계강도 (kg/㎠)	300 (27,300)	456 (27,300)	390 (35,500)	590 (35,500)	450 (27,300)	400 (24,200)
인장강도 (kgf/cm폭) 설계강도 (kg/㎠)	25,850 (2.35 × 106)	39,250 (2.35 × 106)	25,850 (2.35 × 106)	39,250 (2.35 × 106)	62,700 (2.35 ×106)	76,000 (2.35 × 106)
파단시 변형률	1.2%	1.2%	1.5%	1.5%	1.1%	0.8%

탄소섬유모양

물성도표

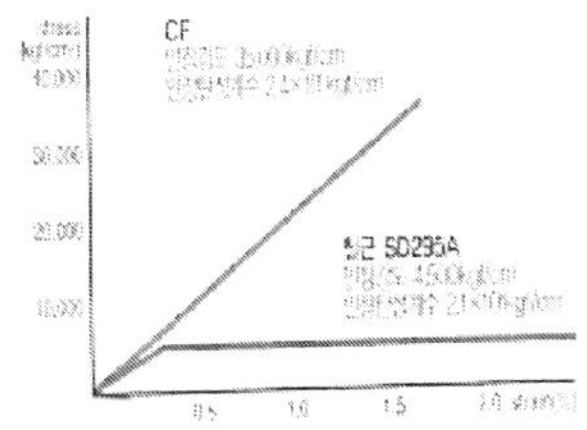

성능 및 효과

· 휨내력의 향상, 균열의 보강, 원형구조물의 보강 내마모성의 향상
· 무수지 일방향 탄소섬유시트(NR63) 1m의 폭을 휨보강시 철근 D19(SD30) 7개를 사용한 것 이상의 보강효과
· 전단 보강효과는 15~30%정도 뛰어남.
· 휨보강 : 항복하중 - 14%, 20%, 26% 증가
최대하중 - 13%, 21%, 25% 증가

2.7.6	공 법
명 칭	형강보강공법

개요	· 형강을 국부적으로 추가 보강하여 보강전의 응력을 감소시킬 수 있도록 응력의 상태를 변화시켜서 저강도의 콘크리트에 대응할 수 있도록 하는 공법이다.	
시공	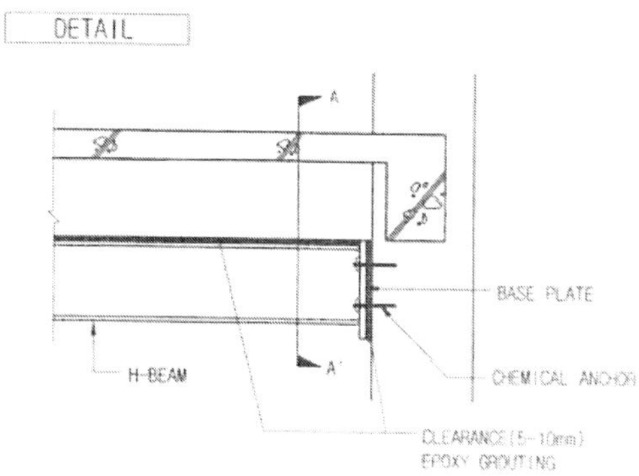	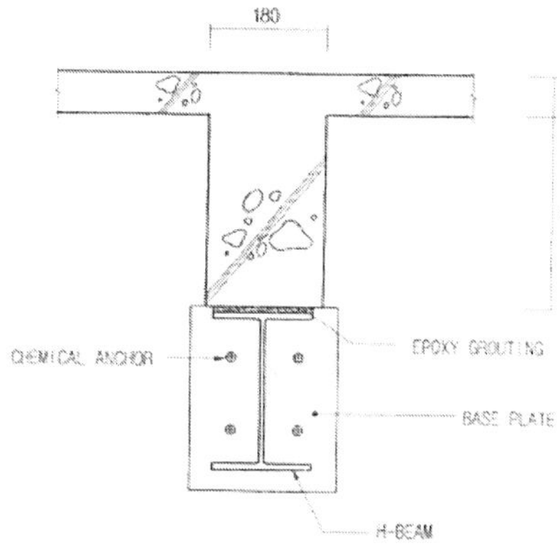

순서 및 대상	**[시공순서]** ① 콘크리트 표면처리 ② 천공 ③ H-BEAM 가설 ④ 수지 주입구 설치 및 씰링 ⑤ 에폭시수지 주입 ⑥ 양생 ⑦ 마무리 청소 **[대상]** · 본래의 설계목표를 달성하지 못한 건축물, 용도 변경 · 과다하중 작용, 콘크리트 열화로 인한 내력 감소 · 차량 및 통행량 증가로 인한 환경변화	

2.7.7	공 법
명 칭	아라미드섬유보강공법

개요

· 연속섬유인 방향쪽 공중합 폴리아미드로 직조된 일방성 섬유쉬트이다.

특징

· 고강도(12000이상kg/㎠), 인장강도(3900이상kg/㎠)을 유지하며, 시공 후 변형이 없음.
· 철물보강재의 24%로 매우 가벼워 구조물에 하중중량으로 인한 피로를 줄임.
· 내구성 : 부식열화에 대해 충분히 안정되어 있고, 내피로성의 문제도 적음.
· 전기절연성 : 전기가 통하지 않고, 공사중 및 완성 후에 전기적인 트러블을 일으키지 않음.
· 시공성 : 복잡한 형상도 부드럽게 대응할 수 있어 별도의 장비나 공구가 필요없이 작업가능.
· 경제성 : 목적에 따라 보강량의 증감을 할 수 있고, 중기작업 등 특수기능공이 필요없으며, 공정이 적어 공기단축이 도모되는 등 전체적으로 경제적인 공법

적용용도

· 구조물의 힘내력 부족
· 구조물의 전단응력 부족
· 피로하중, 외부충격, 설계 또는 시공상의 내력부족
· 재료분리현상에 의한 내력부족과 트랙발생억제

물성치

항 목	단 위	시험결과	시험방법
인장강도	kg/㎠	21730	KS K 040
인장탄성계수	kg/㎠	2.6×106	KS K 040
열팽창계수	1/℃	1×10^{-5}	KS K 301
인장변형률	%	1.9	KS K 040

시공순서

1) 균열과 면처리

균열부위는 에폭시 주입 또는 수용성 폴리머몰탈로 충전 보수를 한다. 모체의 난차(1㎜ 이상) 및 에각 부위, 마감도장재, 오염물을 그라인더로 평활시키며 표면의 기포나 공극, 재료현상부위는 에폭시계 퍼티로 되메움을 한다.

2) 프라이머

주재와 경화재를 계량하여 전동혼합기로 약 2분 이상 충분히 혼합한다. 롤러나 붓으로 도포하여 흡수력이 강한 부위는 2회 이상 도포하여 접착재의 접착력을 향상시킨다.

3) 점토 및 수지도포

주재와 경화재를 가사시간 내에 사용할 양만 계량하여, 전동혼합기로 약 2분 이상 충분히 혼합하고, 롤러나 붓으로 밀실하게 충분히 도포한다.(0.4kg/㎠)

4) 쉬트부착, 합침

정밀하게 측정하여 절단한 섬유쉬트를 부착하고 탈포롤러나 고무주걱으로 표면을 섬유방향으로 고르게 문지른다.

5) 도장, 정리

필요한 경우 마감도장을 행하여 우레탄계나 불소계의 내기후성도로 사용한다.

2.7.8	공 법
명 칭	L.W 그라우팅 공법

개 요

· 물유리 용액(규산화수소)과 시멘트 현탁액을 혼합하여 소정의 압력으로 지반에 주입시키는 공법
L.W란 불안정화한 물유리(규산소다)라고 하는 독일어 [LAGIELESS WASSER GLAS]의 두문자에서 딴 주입제도의 약칭이다. 따라서 L.W주입공법이란 L.W를 사용하는 주입공법을 말하며 약액의 종류로는 A액(물유리 수용액)과 B액(시멘트 현탁액)과의 2종류를 동시에 사용하며 주로 시멘트양의 증감에 따라 겔타임을 조절하는 부합그라우팅 L.W-1과 토질에 따라 시멘트입자의 침전을 방지하며 그라우팅의 유동성을 영속시키기 위하여 L.W-1의 조성에 다시 적당량의 벤트나이트를 혼용하는 L.W-2가 있다.

특 징

· 토양 안정제로는 가장 취급하기 쉬우며 또 싼 약재임.
· 겔타임의 조절법은 시멘트량의 중감에 의해 하므로 간단함.
· 공극의 크기가 불규칙하게 분포되어 있는 지반에서도 합리적으로 주입개량 할 수 있음.
· 그라우트 속에 시멘트가 혼용되어 있기 때문에 다른 약액에 비하여 호모겔 강도가 크고 때문에 연약성 점도에 대해 유효함.

주입형태

11.5 SHOT 방식

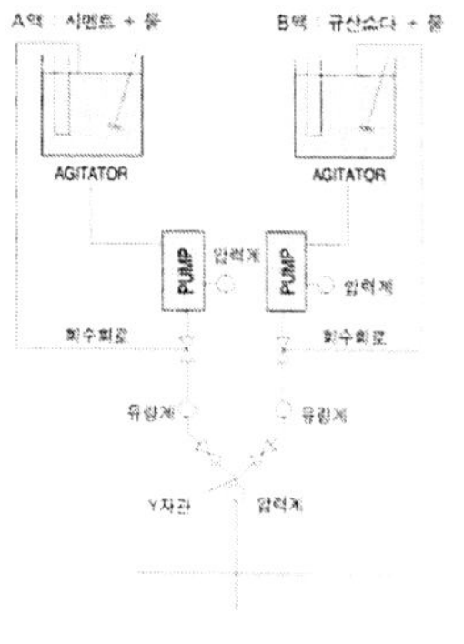

MANJET TUBE 상세도

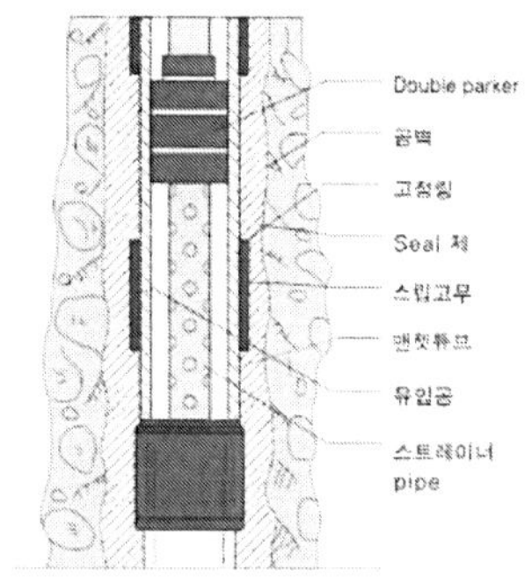

시공순서

① 소정의 깊이까지 천공 ② 맨젯트 튜브삽입 ③ 주입관 삽입 ④ 주입완료

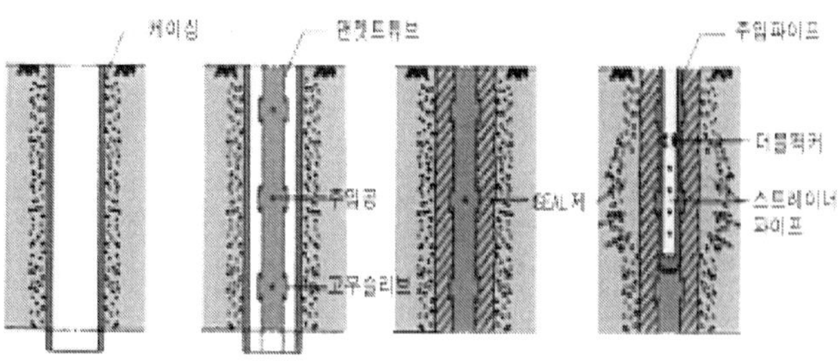

2.7.9	공 법
명 칭	프리팩공법

개요	· 본 PREPACKED CONCRETE 공법은 일반적인 콘크리트 타설방법으로 불가능하거나 수중 콘크리트 타설시 응용되는 특수 타설방법으로 PRE-AGGREATE CONCRETE(P.A.C)공법이라 한다.
특징	· Cement, Silica, Filler, Fume 등 기타 혼합제와 일정한 배합을 하여 표준 Ready Mixed Concrete(레미콘)의 배합강도보다 15배 이상까지 설계가능. · 초강도의 수밀 콘크리트 생산가능. · 이어치기시 기존의 포틀랜드 시멘트의 접착력의 미약한 단점을 보완하여 신구 콘크리트와 구 콘크리트의 완전한 접합이 가능함. · 골재의 접착력을 증진시켜 수밀성이 높은 콘크리트 제품을 생산하여 강도를 증강.
적용범위	· 기존기둥의 단면증가 및 단면결손보강 · 수중 콘크리트 타설공사 · 높은 수밀성이 필요한 공사 · 거푸집변형으로 인한 콘크리트 재타설 · 콘크리트의 여러가지 강도가 필요한 공사 · 신·구 콘크리트 접합공사 등

공법의 종류 및 시공방법

WET PAC GROUTING

1. 기존기둥의 콘크리트면을 CHIPPING한다.
2. 케미컬 앙카로 철근을 배근한다.
3. 철근표면에 에폭시계열의 ANTI CORROSION 프라이머를 도포한다.
4. 1.2톤 EXPANDED METAL을 철근표면으로 성형한다.
5. 40mm이하의 쇄석자갈을 채운다.
6. 1급내수 합판으로 고압형틀을 제작설치한다. 이때 모든틈새는 에폭시 실러로서 밀봉하며 주입을 위한 BALL VALVE를 적설한 간격으로 설치한다
7. 특수배합된 CEMENNT MILK(f'c≥400kg/scn)을 VALVE를 통하여 고압 주입한다.
8. 2일간의 무하중 양생 후 형틀을 제거하고, 표면 정리한다.

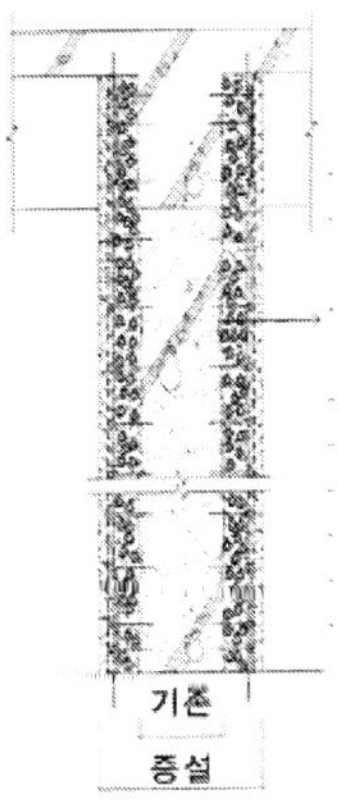

- SURFACE ROUGHENING
- RE-BAR FIXING(BY CHEMICAL ANCHOR)
- ANTI-CORROSION PRIMER
- 1.2t EX-METAL
- CRUSHED STONE 40mm
- FORM WORK
- CEMENT MILK GROUTING
- CURING
- FORM REMOVAL

DRY PAC GROUTING

1. 기존기둥의 콘크리트면을 CHIPPING한다.
2. 케미컬 앙카로서 철근을 배근한다.
3. SS400 철판을 도면에 맞게 가공조립한다. 이때 철판은 콘크리트기둥과 케미컬 앙카로서 고정되며 앙카의 철판외부돌출부는 용접 후 면처리하여 철판면과 평활하게 만든다.
4. 기건상태의 SILICA SAND를 철판내면의 기둥부에 밀실히 채운다.
5. 설치된 TUBING/STOPPER를 통하여 저점도 주입용 EPOXY를 고압주입한다.
6. 1일간의 양생 후 주입구를 제거하고 철판면은 기둥표면으로 사용한다.
7. 철판면은 메탈라스를 붙이고 미장마감을 한다.

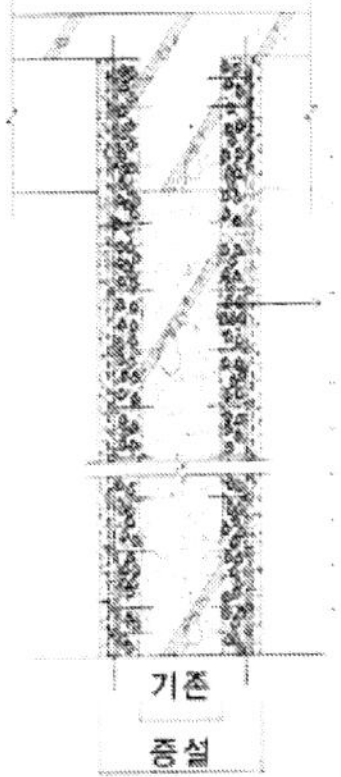

- SURFACE ROUGHENING
- RE-BAR FIXING(BY CHEMICAL ANCHOR)
- STEEL PLATE SETTING
- SILICA SAND FILLING
- EPOXY GROUTING

2.7.10	공 법
명 칭	철근매설공법

개요	· 본 공법은 구조시스템 변경방법으로 환경적 여건 및 기존 보강재의 특성상 대상 구조물 표면에 보강재료를 사용하여 보강하기 어려울 경우 철근을 매설하여 부재를 보강하는 방법이다.
특징	· 본 공법은 구조체의 보강부위를 CHIPPING하여 철근을 매설한 후 변성에폭시 계통의 구조보강재를 경화제와 혼합제를 적정한 비율로 섞어 타설하는 공법이다. 기존의 강판보강이나 탄소섬유보강보다 모재와 일체화가 용이하게 강도의 회복이나 증진효과가 크다. 특히 대상구조물의 표면에 보강하지 않기 때문에 구조물의 사용으로 인한 주제의 손상이 적다.
적용범위	· 슬래브 철근 매설 · 보 철근 매설 · 벽체 철근 매설

용도 및 특성

용 도	특 성
· 고강도의 보수를 요하는 낡고, 파손된 바닥판 · 얼룩이나 화학물질 등에 노출되어 있는 바닥판 · 공장, 창고, 기계실, 부엌, 식당, 창고, 통로, 화학물질저장소, 차량통로, Dock, Ramp 등의 바닥판	· 3mm-5mm 까지의 두께에 적당 · 공장 등의 가동정지시간을 최소화할 수 있도록 양생기간이 짧음.(사용전상온(16-21℃)에서 24시간 양생) · 차량 등의 하중에 대한 내마모성 등이 우수 · 신·콘크리트 모두에 적용가능 · 충격하중시 충분한 부착력 및 휨응력 · 내화학성 · 미끌어짐 방지 · 표면온도가 지속적으로 104℃이상이 아닌 바닥판에 사용가능

시공순서

① 비계의 설치 및 보양작업
② 균열의 보수공사
③ 표면처리공사
④ 철근 배근
⑤ 거푸집의 설치 및 준비
⑥ 재료 MIXING
⑦ 재료 타설
⑧ 재료 양생
⑨ 마감처리

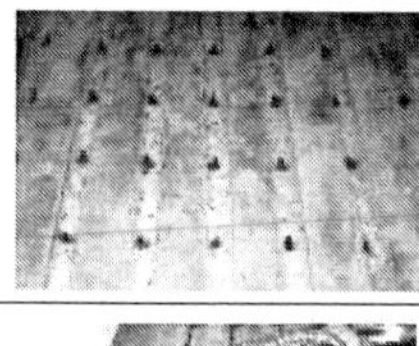

1. SAW CUTTING 및 앵커철근의 접착

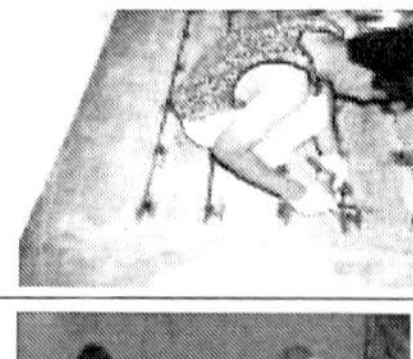

2. 철근의 배근

3. 재료의 타설

2.7.11	공 법
명 칭	WGS 방수 그라우팅 시스템 (신기술 제178호)

요약 및 범위	· WGS 방수 그라우팅 시스템은 누수가 발생하는 콘크리트 구조물에 대하여 시멘트를 주재료로 하여 고안된 방수성 그라우트재(WGS 그라우트재)를 압력주입식(그라우팅) 방수기법을 적용하여 누수를 효과적으로 방지할 수 있는 보수공법

기본상세도	전면 방수 그라우팅(WGS 100)	충전방수 그라우팅(WGS 200)	배면 방수 그라우팅(WGS 300)
	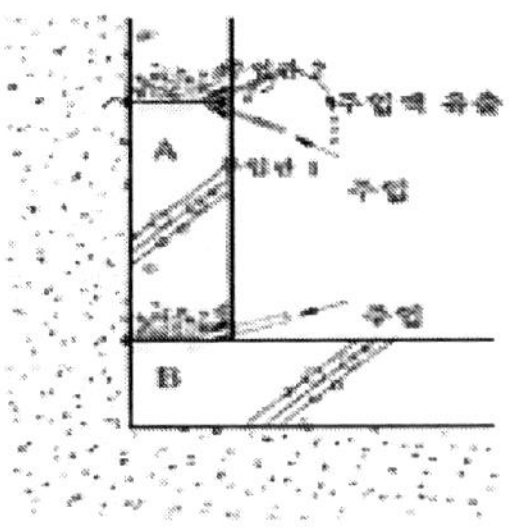	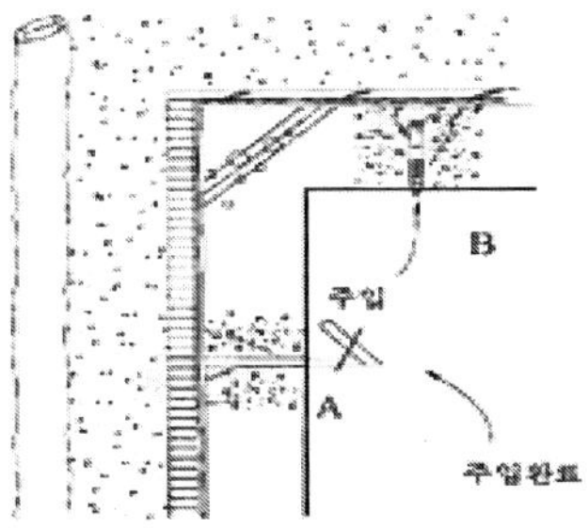	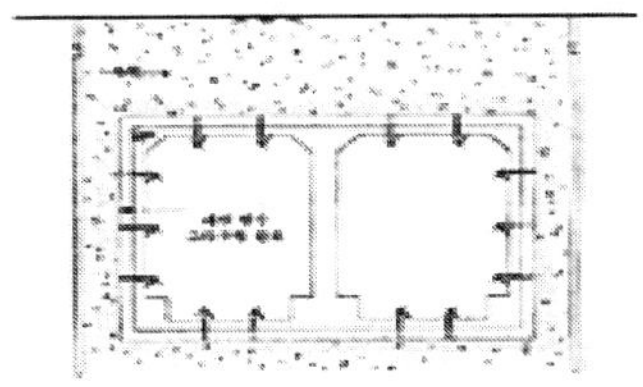

그라우트재	구 분		W G S 방수 그라우팅 시스템
	주입재	전면 방수 그라우트재(WGS 100)	· 구성 : 초미립자 시멘트 + 우지스 100 · 특징 : 미세한 공극 부위와 누수경로에 침투 가능한 주입재
		충전 방수 그라우트재(WGS 200)	· 구성 : 보통 시멘트 + 우지스 200 · 특징 : 구조물 거동에 순응하고 유동성, 접착성이 좋은 주입재
		배면 방수 그라우트재(WGS 300)	· 구성 : 보통 시멘트 + 우지스 300 · 특징 : 주로 토사층에 주입되어 침투성, 방수성, 내구성 및 환경 안전성이 우수한 주입재

품질개요	구 분		WGS 100	WGS 200	WGS 300
	평균입경		7㎛이하	15㎛이하	18㎛이하
	표준배합	W/B(%)	80이상	60이상	60이상
		점도(CPS)	30이하	30이하	30이하
	28일 강도		350kg/㎠이상	250kg/㎠이상	250kg/㎠이상
	주입한계		0.03mm균열	0.1mm균열	0.5mm 이상 균열

2.7.12	공 법
명 칭	Meta Joint System - 방수형 봉합재(Meta Joint)

개 요

· Meta Joint는 탄력성과 UV(자외선)에 강한 내성이 있는 Exp. Joint용 재료
· Meta Joint의 Cell층은 질소를 이용하여 화학적인 것보다 물리적인 기능을 살린 재료
· 에틸렌, 비닐, 아세테이트, 폴리에틸렌의 합성분이 서로 연결된 closed cell 저밀도형
· 높은 수준의 Q.C를 보증하며 불화탄소가스(CFC, HCFC,HFC 등) 또는 휘발성 탄화수소등이 사용되지 않기 때문에 화학적으로 불활성이며 제조상 순도가 매우 우수
· 탁월한 내화학성은 물론 식음료수 그리고 환경상 민감한 부위에도 안전하게 Meta Joint의 표면 접착력을 증가시켜 줌

기본상세도

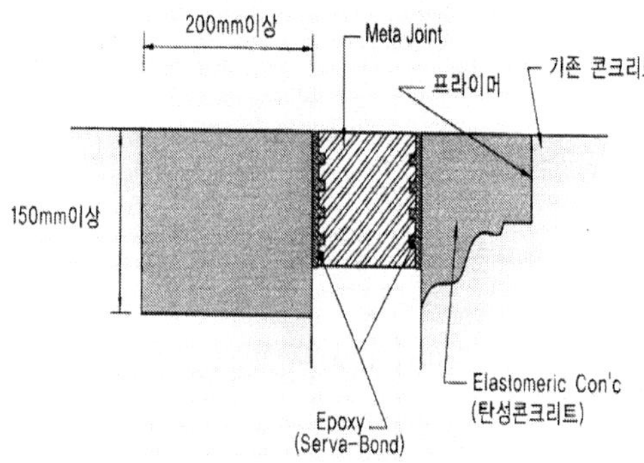

* 차량등의 통행으로 인하여 파손되었거나 파손의 우려가 있는 조인트부위에는 내구성을 향상시키기 위하여 Elastomeric Con'c로 패칭하여 보완한다.

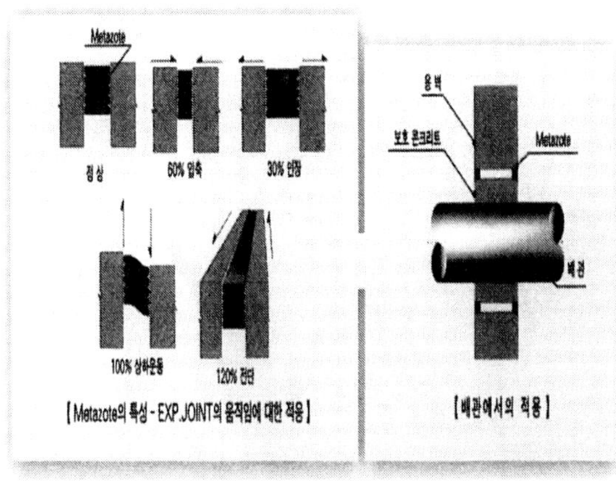

[Metazote의 특성 - EXP.JOINT의 움직임에 대한 적용] [배관에서의 적용]

특 성

방수형 봉합재(Meta Joint)	
보 존 기 한	반영구적
자외선에 대한 내구성	탁월함
내 화 학 성	탁월함 (산성과 알카리성 저항)
내 화 성(耐火性)	자기 소화성 물질 함유 (불속에서는 타고 끄집어 내면 저절로 꺼지는 성질)
성능 및 역학적 특성	방수 100%
	압축력 60%
	인장력 30%
	전단응력 120%

접착제(Serva Bond)

· Meta Joint를 경화된 CON'C, 대리석 그리고 Steel에 접착시키도록 특별히 변형시칸 2액형 에폭시
· 시공온도는 일반적으로 0℃에서부터 가능하나, 최저 -4℃에서도 시공이 가능.
· 압축강도 - 628 kgf/㎠ , 인장강도 - 264 kgf/㎠
· 접착강도 - 205 kgf/㎠ , 가사시간 - 60 min
· 수분흡수율 0.2%
· 초기경화 - 8~12시간, 완전경화 - 7일
* 시험기준은 KS M 3015-'95 등의 기준에 준함.

성능 및 용도

· Exp. Joint의 최대 움직임을 제어할 수 있고 100% 방수가 가능.
· 과도한 움직임과 극도한 뒤틀림 등이 발생되는 곳에 매우 효과적
· 물리적으로 한정된 시간 이상 원설계 보다 초과하는 움직임까지 제어하기 위해 고안된 재료 내진설계용으로 적절
· Expansion Joint - 교량, 도로, 주차장, 공항활주로, 상하수처리장 시설물 기타 상업용 구조물, 석유화학단지 등 압력
조절 조인트, 지진대 조인트, 담수벽 조인트 등

2.7.13	공　법
명　칭	VSL 영구 앙카 (SOIL AND ROCK ANCHORS)

용도

· 소일 및 록 앙카는 기초공사 분야에 프리스트렛싱 기법을 도입한 것이다. 주로 사면보호, 옹벽 및 굴착면 앙카, 양압력의 기초 슬라브 앙카등에 사용됨. 이는 또한 시공 방법에 중대한 변화를 가져왔으며, 예를 들어 암반 굴착 때 록 앙카로 사용하여 지보공을 필요없게 하였음. VSL 록 앙카는 1957년에, VSL 소일 앙카는 1963년에 최초로 사용되었고, 그 이후 VSL은 모든 분야에 있어 폭넓은 경험을 축적하였으며 이 분야의 발전에 개척자로서 역할을 다하였음. 오늘날 VSL 앙카는 가능한 모든 요건과 작업 조건에 맞게 광범위하게 적용할 수 있으며 이는 시공성, 부식방지, 시공 장비를 고려한 것임.

기본상세도

상세도-1

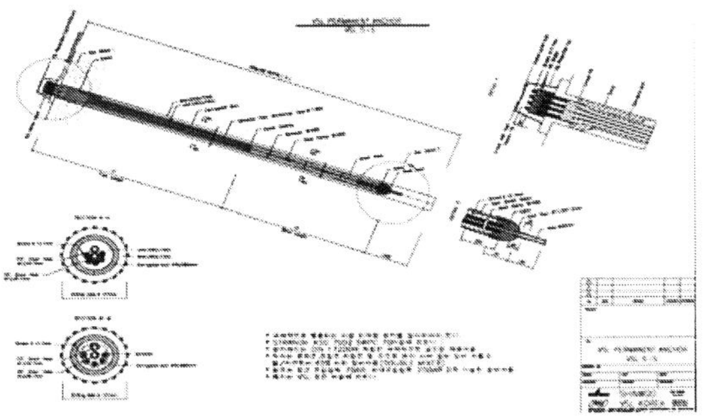

상세도-2

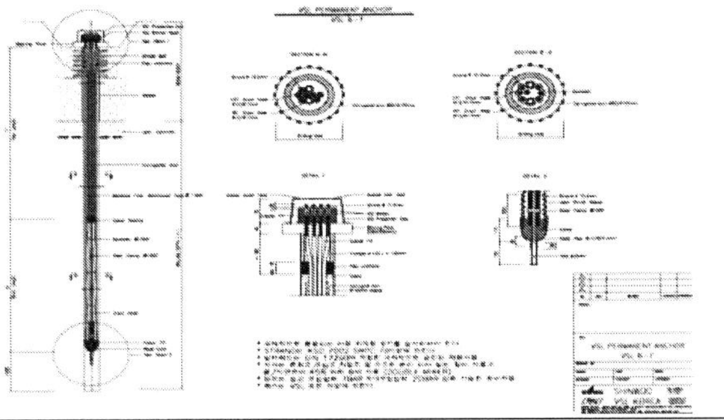

자재

■ 앙카체(Anchor Body) .

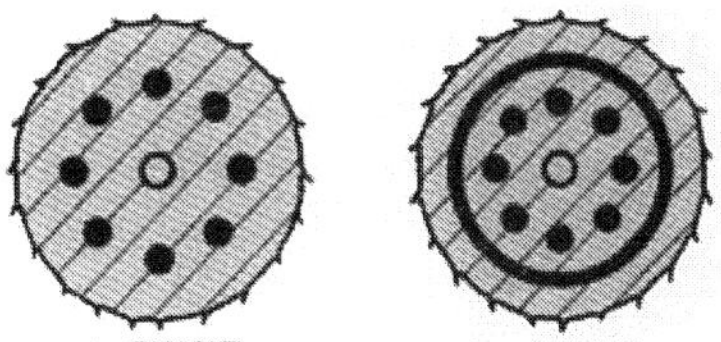

a) 가설앙카　　b) 영구앙카

■ 텐던자유장(Free Tendon Lenght)

· 앙카의 수명(가설 또는 연구 앙카)
· 텐던의 보호정도(부식 또는 기계적 손상)
· 단계적 인장의 필요성
· 재인장 또는 감인장의 필요성
· 필요때 정착력(Anchor forces)의 측정 가능성
· 지반 횡변위의 허용 가능성

■ 정착구(Anchor Head)

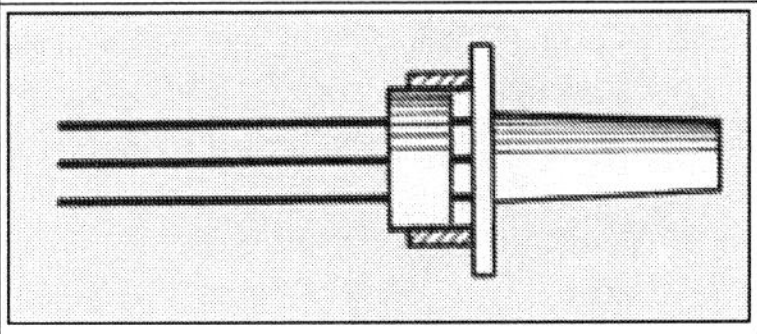

ER형

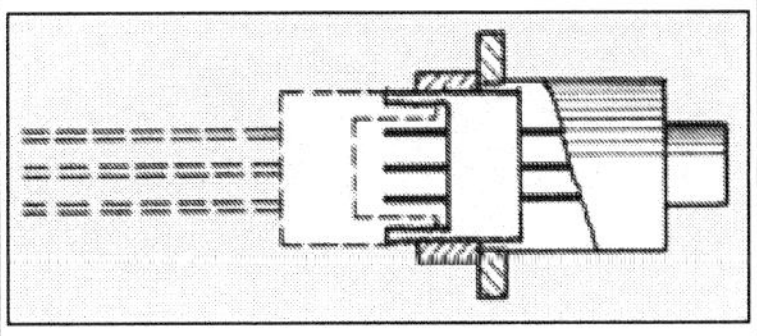

EA형

재료특성

<표 I >스트랜드 특성(KS D7002 SWPC 7B 2종)

스트랜드 종류(직경)	단　위	12.7㎜(0.5")	15.2㎜(0.6")
공칭직경 Nominal Diameter	mm	12.7	15.2
공칭단면적 Nominal steel area	㎟	98.71	138.7
m 당 단위 중량 Nominal weight per m	kg	0.774	1.101
파괴하중 Minimum breaking load	kg	18,700	26,600
0.2% 영구신율에 대한 하중 Minimum load at 0.2% offset	kg	15,900	22,600
탄성계수 Modulus of Elasticity	kg/cm²	1.95X10^6	1.95X10^6
70% 초기 하중에서 20℃, 1000시간 후 릴렉세이션 Relaxation after 1000h at 20℃ from 70% initial load low relax	%	2.5%	2.5%

시공사진

기존 옹벽 보강방지

도로 사면 붕괴

신설H-PILE 옹벽 보호

2.7.14	공 법
명 칭	충전공법

<table>
<tr><td>개
요</td><td colspan="2">· 비교적 큰 균열(0.5㎜)보수에 적합한 공법으로, 균열선을 따라 콘크리트를 제거히고 이 부분에 보수제를 충전하는 방법이다. 이 공법은 철근의 부식여부에 따라 보수방법을 달리하여야 한다.</td></tr>
<tr><td rowspan="5">철
근
이
부
식
되
지
않
은
경
우</td><td colspan="2">① 철근이 부식되지 않는 경우
그림에 나타난 바와 같이 균열선을 따라 약 10㎜ 폭으로 콘크리트를 U형 또는 V형으로 절단한 후, 절단부분에 폴리머 모르터나 폴리머 시멘트를 충전한다. U형 절단방법도 균열선을 중심으로 양쪽에 커터로 홈을 낸 후 그 사이의 콘크리트를 제거하는 것이며, V형 절단방법은 원추형의 다이아몬드날을 전동드릴 끝에 장착하여 균열선을 따라 제거하는 방법이다. V형으로 절단하는 방법은 간단하지만, 폴리머 시멘트 모르터로 충진하는 경우는 박리현상이 일어나기 쉬우므로 U형 절단방법을 사용하는 것이 바람직하다.</td></tr>
<tr><td>U형</td><td>순서도</td></tr>
<tr><td>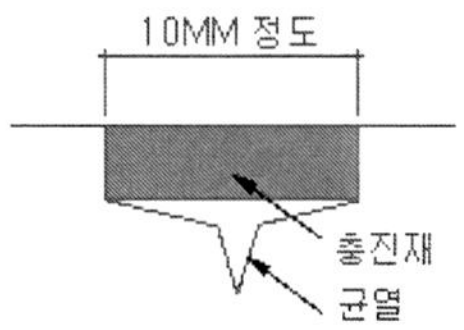
</td><td rowspan="3">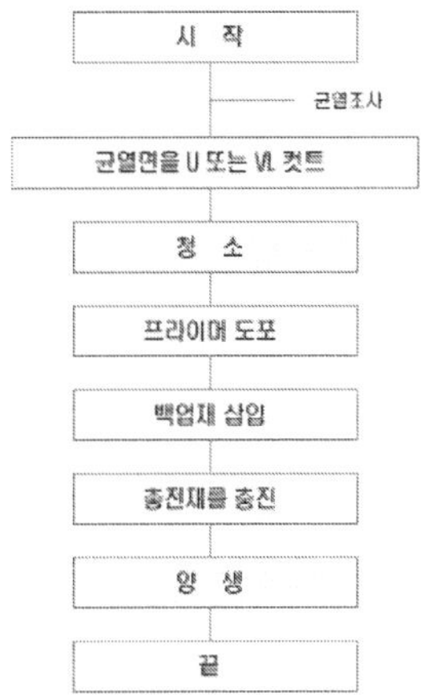
</td></tr>
<tr><td>V형</td></tr>
<tr><td>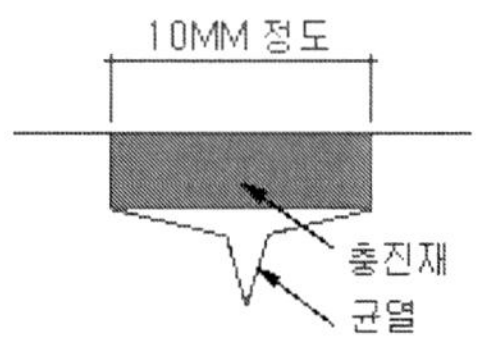
</td></tr>
<tr><td rowspan="4">철
근
이
부
식
된
경
우</td><td colspan="2">② 철근이 부식되는 경우
그림에 나타난 바와 같이 철근이 녹슨 경우, 부식한 부분을 제거하고 철근에 방청처리를 한 후 폴리머 모르타르나 폴리머 시멘트 모르타르로 충전한다. 이 방법은 철근이 부식된 철근 콘크리트 구조물의 내구성 회복을 목적으로 한 것으로서 여러 가지 공법이 개발되어 있다.
ⓐ 보수재료를 사용하여 물리적으로 부식을 방지하는 방법
ⓑ 콘크리트에 알카리성을 갖게하여 화학적으로 부식을 억제하는 방법
ⓒ 상기 두가지 방법을 조합한 방법이 있다.</td></tr>
<tr><td></td><td>순서도</td></tr>
<tr><td>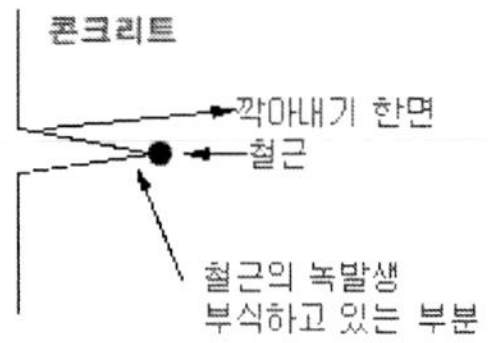
</td><td rowspan="2">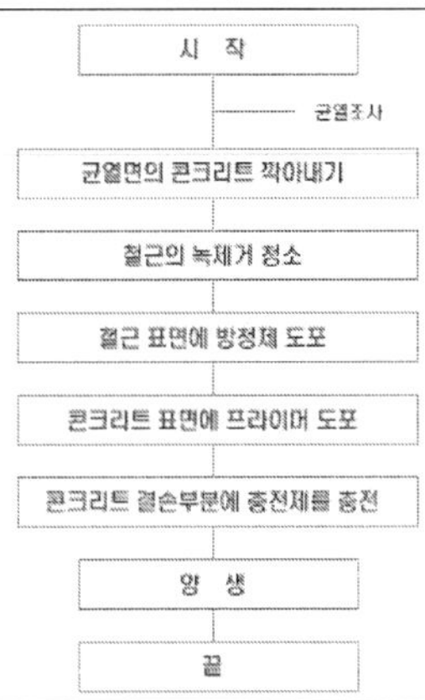
</td></tr>
<tr><td>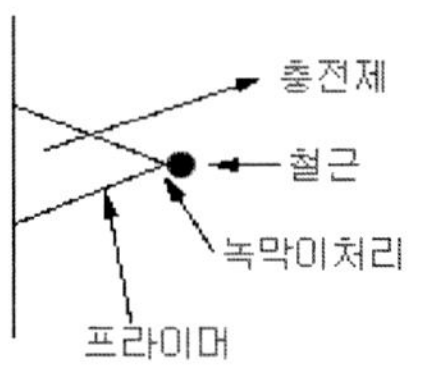
</td></tr>
</table>

2.7.15	공 법
명 칭	**엠보싱 철판**

용도 및 특성	· 노후화된 콘크리트 슬라브, 보, 기둥, 교량 상판, 교각, 교대 등에 엠보싱 철판을 부착, 에폭시를 충전시켜 콘크리트 구조물을 보강하는 공법. · 기존 철판 보강의 최대 단점인 콘크리트면과 철판 사이의 일정 간격 유지의 어려움을 철판에 일정한 높이로 형성되어 있는 엠보싱을 이용하여 보완하므로 에폭시가 균등하게 충전됨.

기본상세도

입 체 도	No.RC-C0201
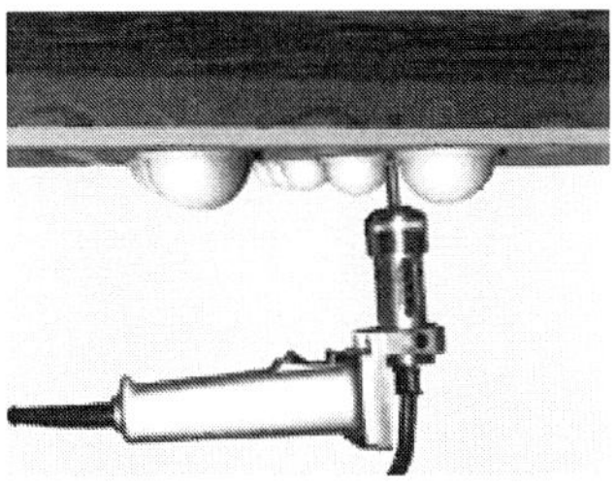	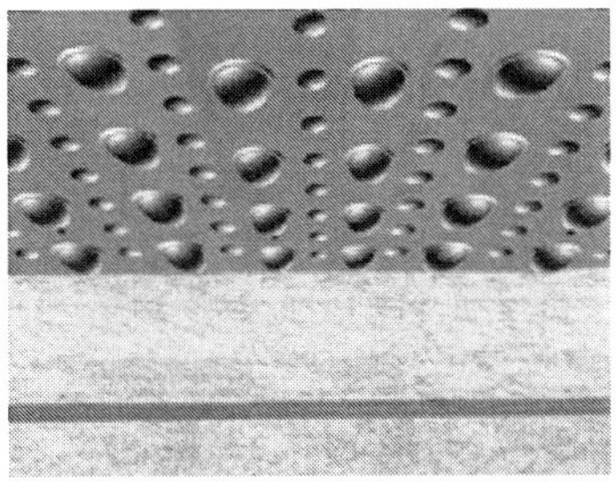

효과	· 콘크리트면과 철판 사이의 일정한 이격거리가 형성되어 에폭시의 균등한 주입으로 인한 확실한 보강 효과가 있음. · 콘크리트면과 철판 사이의 일정거리 유지를 위해 와샤나 스페이서를 넣을 필요가 없어 작업 시간이 단축됨. · 균등한 시공품질을 확보할 수 있음.

비교분석표

구 분	일 반 철 판	엠 보 싱 철 판
구조물과 철판사이 간격유지	· 철판에 구멍을 뚫고 관통구멍에 와샤를 올려놓음. · 앵커볼트가 와샤를 관통하여 구조물과 철판을 결속시키면서 구조물과 철판의 일정한 간격을 유지시킴. · 앵커볼트 결합시 와샤가 빠지는 경우가 많아 일정 간격 유지가 곤란	· 철판에 형성되어 있는 3~15㎜의 돌기부가 구조물과의 간격을 일정하게 유지
시 공 품 질	· 철판과 구조물의 일정 간격 유지가 곤란하므로 에폭시가 균등하게 주입되지 못하여 균등한 시공 품질을 기대하기 어려움.	· 철판과 구조물이 일정 간격을 유지하고 있어 에폭시가 균등하게 주입되므로 시공 품질이 균등

시공순서

① 철브러쉬를 이용해 구조물 바탕 청소 및 하지작업
② 구조물에 앵커 삽입용 구멍을 천공
③ 에어건을 사용하여 표면에 먼지를 제거
④ 구조물 천공부에 앵커를 삽입 고정
⑤ 철판에 앵커볼트 삽입용 구멍을 천공
⑥ 구조물에 앵커볼트를 이용하여 철판을 접착
⑦ 철판 이음부를 용접
⑧ 주입구 및 배기구를 설치하고 철판 가장자리를 실링제로 밀폐
⑨ 실링제가 충전된 캡을 씌움.
⑩ 에폭시를 주입
⑪ 방청페인트로 2회 도포하여 방청 처리한 다음 지정된 색상으로 도장

2.7.16	공 법
명 칭	RC - SYSTEM 조인트

용도 및 특성	· 교량의 상판과 상판사이를 접속하여 온도변화 및 건조수축, 활하중에 의한 상부구조의 수축과 팽창을 원활하게 수용하여 교량의 변형을 방지할 수 있게 하는 교량용 신축이음장치. · 기존 조인트와 달리 조인트가 아스콘층에 완전히 매립되도록 설계되어 차량 주행시 조인트에 충격이 전달되지 않아 파손이 적고 승차감이 향상됨.

기본상세도	입 체 도 - RC-C0101	RC-C0101
		조인트의 매립식 설치로 인한 완벽한 방수와 차량 통행시 충격을 주지않아 승차감이 향상될 뿐만아니라, 교량의 수명을 연장시킴으로 기존의 제품과는 다른 혁신적인 조인트 공법

효과	· 아스콘 층에 완전 매립식 설치로 인하여 완벽한 방수 · 피로 강도가 없어 교각의 콘크리트에 균열이 발생하지 않음 · 조인트가 일체적으로 되어 있어 교량의 조인트 위에 도포된 아스팔트층이 갈라지지 않음. · 조인트에 틈이 없어 아스팔트 포장이 매우 용이 · 교각, 교좌, 아스팔트 포장의 부식 및 파손이 없음으로 인하여 교량의 수명이 길어짐.

비교분석표	구 분	기존의 조인트	RC-System 조인트
	조인트의 방수성	노출 배설로 인하여 방수가 안됨.	매립식 배설로 인하여 완벽한 방수가 됨.
	염분의 침투로 인한 교좌 및 철구조물의 부식 관계	노출 배설로 인해 염분이 침투되어 교좌 및 철조물을 부식시킴	매립식으로 염분이 침투하지 않음.
	조인트의 피로 강도	차량 주행에 따른 지속적인 충격으로 인하여 피로 강도가 교량 부위 중 가장 큼	차량 주행에 따른 충격이 없어 조인트에 피로 강도가 없음.
	조인트의 수명	제품에 따라 수명이 각기 차이가 있음.	반영구적
	교각의 균열 여부	지속적인 피로 강도로 인하여 교각에 균열이 발생	피로 강도가 없으므로 교각에 균열이 발생하지 않음.
	차량의 충격 및 소음	지속적으로 차량에 충격이 가해지고 소음이 심함.	차량에 충격 및 소음이 없음.
	차량의 승차감	충격 및 소음으로 승차감이 저하	충격 및 소음이 없으므로 승차감이 좋음.
	조인트의 경제성	하자가 많아 보수 비용이 많이 들어 비경제적	반영구적이기 때문에 유지 보수가 거의 필요없어 경제적
	교량의 수명	교각, 교좌, 아스팔트 포장의 부식 및 파손이 심하여 교량의 수명이 짧아짐.	교각, 교좌, 아스팔트 포장의 부식 및 파손이 없음으로 인하여 교량의 수명이 길어짐.

시공순서	① 교각 위의 교좌 상위에 좌, 우측 상판을 형성. ⇒ ② 조인트를 설치할 부분에 고무판을 접착하여 밀착시킴 ⇒ ③ 고무판 사이에 조인트를 설치 ⇒ ④ 조인트의 헤드부 상에 충격 흡수재를 설치 ⇒ ⑤ 지지봉에 일정한 간격을 두고 지지판을 용접하여 설치 ⇒ ⑥ 지지봉을 충격 흡수재 위에 놓고 볼트로 체결 ⇒ ⑦ 아스팔트 균열 방지를 위해 지지봉을 일정한 간격을 두고 서로 교호로 배치 ⇒ ⑧ 좌, 우 측 상판의 조인트 상에 소정두께의 아스팔트를 도포

2.7.17	공 법
명 칭	스테인레스 스틸 와이어 메쉬 (신기술 제222호)

용도

· 기존 철근 콘크리트 구성체계와 동일한 체계를 갖고 있는 본 보강공법의 기본 원리는 스테인레스스틸 와이어메쉬가 접착강도 및 휨강도가 우수한 침투성 폴리머 모르타르에 의해 부착되어 기존 콘크리트와 일체 거동을 하게 되고 스테인레스스틸 와이어메쉬에 의한 강성증가로 내하력 향상을 도모함과 동시에 침투성 폴리머 모르타르에 의해 내구성 저하를 방지하는 것임.

기본상세도

입 체 도	No. RC-A0301
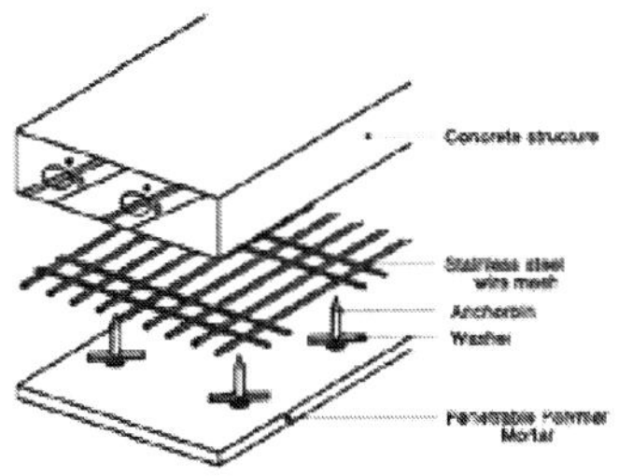	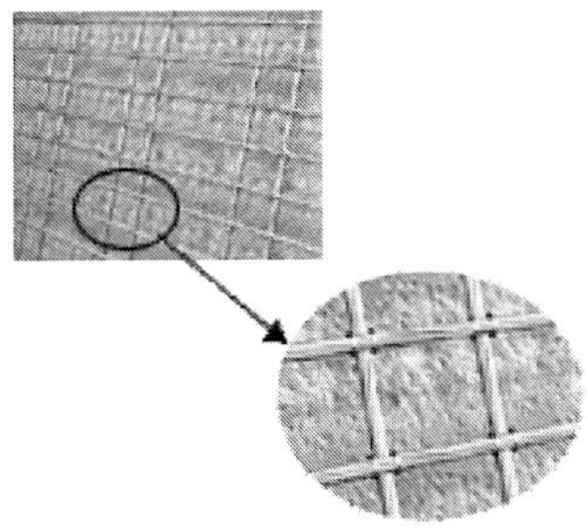

장점

· 피로강도가 좋음
· 녹이 슬지 않음.
· 릴렉세이션(relaxation)이 작음
· 응력부식에 대한 저항성이 우수
· 직선성을 유지하여 와이어 메쉬 제작이 용이
· 인장강도가 높아 적은 단면에서 큰 힘을 발휘
· 항복비(항복점 응력의 인장강도에 대한 백분율)가 큼
· 메쉬 제작시 와이어의 선택에 따른 배치간격을 조정할 수 있음.
· 파괴에 이르기까지 높은 응력에 견디며 신장률(elongation)도 큼
· 부착시켜 사용하는 와이어는 큰크리트(모르타르)와의 부착력이 우수

특성

Dia. of cable (mm)		Dia. of Wire(mm)	Nominal Area(mm2)	Breaking Force(kg)		Stress(kg/cm2)	
ø	act.	spec.	act.	spec.	act.	σf	0.85σf
2.4	2.43	0.29	2.821	417.3	503.3	17841.2	15165.02
3.2	3.35	0.35	5.091	661.0	873.1	17149.8	14577.33
4.8	4.9	0.28	10.88	1488.0	1835.0	16865.8	14335.9

효과

· 시공 절차의 간소화 및 간편화
· 공기 단축으로 인한 경제성 확보
· 기존의 유기계 보수 재료의 문제점을 해결한 신 모르타르 개발로 품질 향상
· 기존 콘크리트와 물성이 비슷하고 부착력이 우수한 침투성 폴리머 모르타르 사용으로 계면 부착력 및 시공성 향상
· 기존 콘크리트 보다 내구성이 우수한 침투성 폴리머 모르타르 사용으로 최악의 손상 조건에서도 사용 가능
· 스텐레스 스틸 와이어 메쉬가 철근의 모멘트 저항 역할을 감당하여 강성을 증진시키고 내하력을 향상시킴

2.7.19	공 법
명 칭	Electro-Osmotic Sand Drain Method

개 요	· 전기삼투-샌드드레인 복합공법은 새로운 개념의 연약지반 개량공법으로 전기삼투기술과 샌드드레인 공법의 배수 시스템을 결합하여 압밀기간의 단축, 지반강도의 증진에 탁월한 효과가 있으며 소규모 연약지반의 급속개량이 필요하거나 투수성이 매우 작은 연약지반 에서 단기간내에 개량효과를 얻을 수 있는 공법.
상세도면	개 념 도
	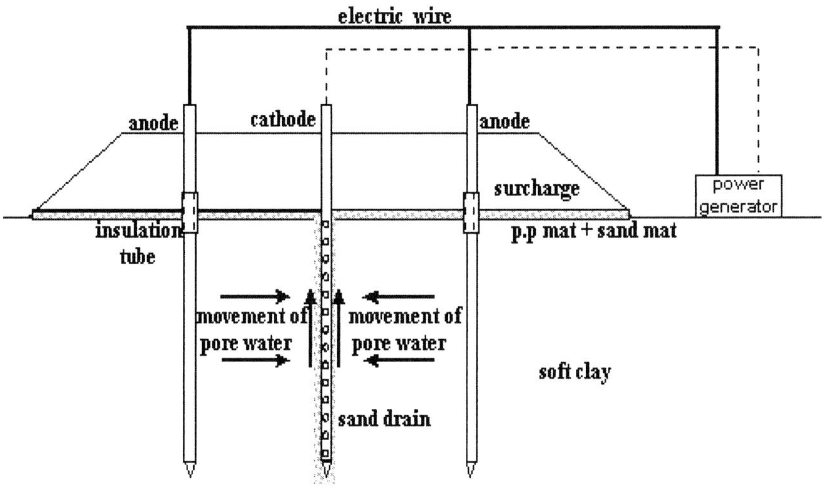 전기삼투 - 샌드드레인 복합공법 개념도
시공사진	시 공 사 진
	 전기삼투 - 샌드드레인 복합공법 현장시험 전경

2.7.19	공 법
명 칭	NEFMAC 공법

<table>
<tr><td>개
요</td><td colspan="6">· NEFMAC(New Fiber Composite Material for Reinforcing Concrete)공법은 탄소 섬유와 같은 고성능 연속 섬유로 내약품성에 우수한 수지를 사용하여 격자형(Mesh)으로 만든 보강용 구조재로서 기존 콘크리트의 보수 보강에 사용할 경우 철근에 10배의 인장력을 발휘하는 경량의 재료로서 기존 콘크리트 표면에 부착시켜 몰탈과 앙카를 사용하여 전단내력을 보강시킬 수 있을 뿐 아니라 항만 구조물에서는 철근 대용으로 사용할 수 있는 공법.</td></tr>
<tr><td rowspan="2">상
세
도
면</td><td colspan="3">개 념 도 - 1</td><td colspan="3">개 념 도 - 2</td></tr>
<tr><td colspan="3">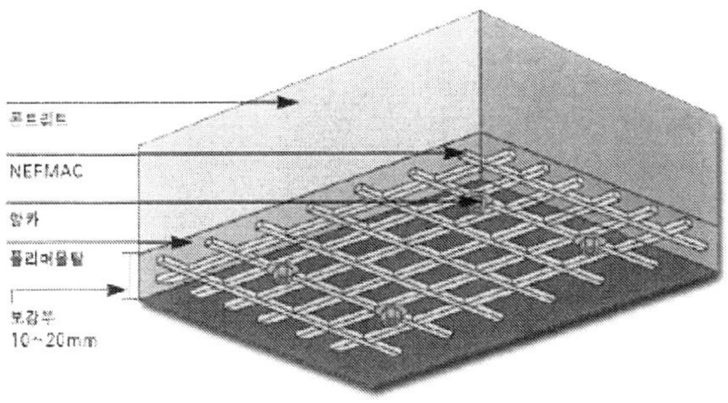
</td><td colspan="3">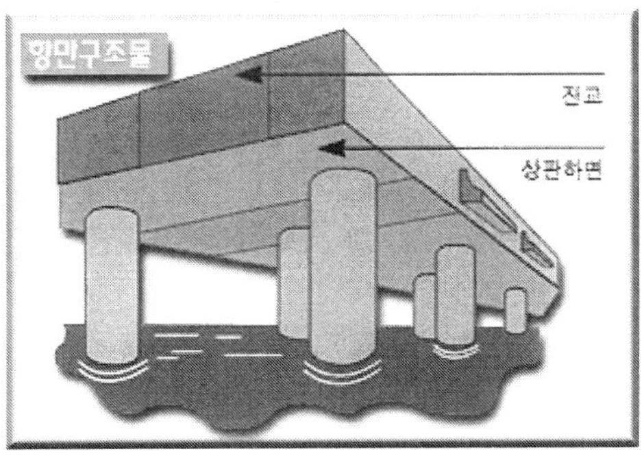
</td></tr>
<tr><td rowspan="2">시
공
사
신</td><td colspan="2">시 공 사 진 1</td><td colspan="2">시 공 사 진 2</td><td colspan="2">시 공 사 진 3</td></tr>
<tr><td colspan="2"></td><td colspan="2"></td><td colspan="2"></td></tr>
<tr><td>기
타</td><td colspan="6">· NEFMAC을 이용한 공법의 기본은 기존 콘크리트에 앙카로 NEFMAC을 부착한 후, 그 위에 폴리머 몰탈을 소정의 두께로 뿜칠 하거나 수작업으로 미장하여 마감함.</td></tr>
</table>

2.7.20	공 법
명 칭	디솔트 리프리트 공법

개요

· 디솔트 리프리트 공법은 「RF-100」에 의한 콘크리트 면의 알카리성 회복과 침투성이 좋은 특수 염해 방지용 방청제 「디솔트」의 함침으로 염분을 함유한 콘크리트 내부의 철근에 적극적인 염소 이온의 활동을 억제하여 방청력을 높이는 화학적 개수 공법이며, 또한 「RF모르타르」 「RF 방청 페이스트」를 피복함에 따라 물과 염분
탄산가스 등의 침입을 방지하고 이 후의 중성화 방지와 철근 방식 처리 효과를 높이는 물리적 개수공법

상세도면

개 념 도 - 1

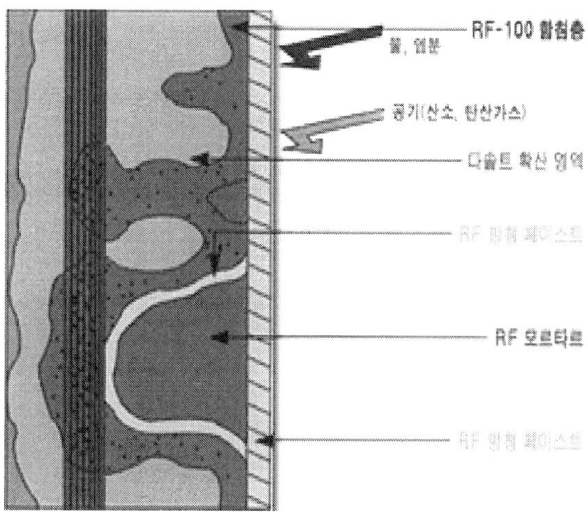

시 공 순 서

① 먼저, RF-100의 콘크리트 내부 함침에 의해, 열화한 콘크리트 표면강도의 증대와 보호재의 밀착성을 향상시킴. 또한 노출 철근의 주위와 균열부에는 내부까지 알카리성을 부여하고 철근의 방식 보호 환경을 만듦.

② 다음으로 디솔트의 콘크리트 내부함침에 의해, 염소 이온의 활동을 억제하고 방청성을 높임.

③ 이러한 알카리성과 방청성의 조건하에서, 노출철근은 방청제혼입 SBR계 폴리머시멘트인 RF방청 페이스트를 피복함으로써, 보호 효과를 얻을수 있음.

④ 더욱이 결손 부분의 매움재로서 방청제 혼입SBR계 폴리머시멘트 모르타르인 RF모르타르를 사용하여, 철근에 대하여 3중,4중으로 보호층을 만듦.

⑤ 이 후의 열화 방지에 중성화 억제와 염해 방지의 효과가 큰RF방청 페이스트를 이용하여 전면 보호.

시공사진

시 공 사 진 1	시 공 사 진 2	시 공 사 진 3

시공개념도

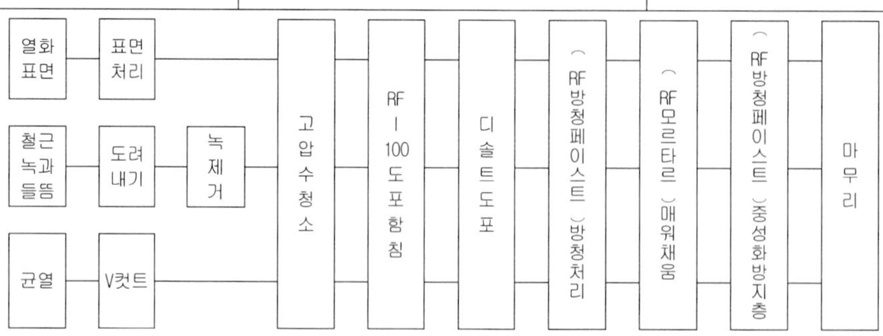

제 3 장 공사별 실시공 사례

상영엔지니어링(주)

3.1	○○전쟁 기념관 외부치장석재 보수 및 보강
PERIOD	1991. 2 ~ 1991. 6

개요

· 설계상 습식공법을 채택하여 습식부착력(돌과 콘크리트+뒷채움모르타르)이 시일이지남에 따라 기온의 연교차에 의한 박리현상 발생
· 설계시 조적식 석축개념을 도입하여 안정상대를 유지하려 하였으나 시공시 설계보다 작은 크기의 돌이 사용되어 편심 하중 및 전도 모멘트가 발생
· 설계시 뒷채움 모르타르는 압착에 의한 부착력 증대가 의도하였으나 떠붙이기에 의한 뒷채움 모르타르의 부족
· 시공당시의 계절적 요인에 따른 부착력 저하

상세도면

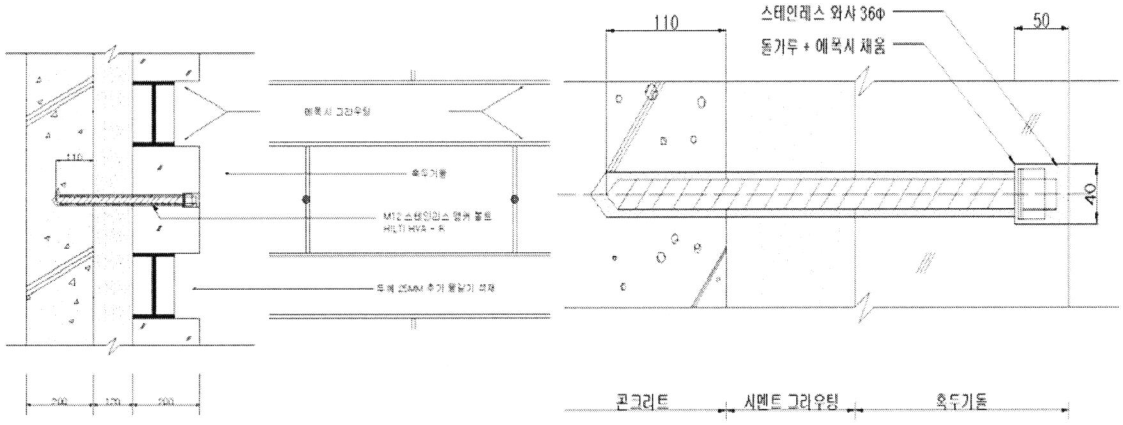

시공사진

시 공 사 진 1	시 공 사 진 2	시 공 사 진 3

보수·보강방안

· 습식 · 건식 · 조적 공법 등의 장단점을 비교하여 건식 및 에폭시 부착 채움 형식의 조적공법 혼합 방안을 채택
· 영구성, 구조 안전성, 미관성, 경제성 등 고려
· 기존 코킹으로 시공된 석재 줄눈을 제거
· 혹두기돌과 물갈기돌의 수평 수직접합부 줄눈에 에폭시 줄눈을 시공하여 접착효과 및 방수효과를 가져오게함.
· 앙카볼트를 혹두기돌을 관통하여 콘크리트 옹벽에 설치 앙카볼트는 모재에 충격을 주지 않는 접착식 케미컬접착제와 수분에 부식되지 않는 스테인레스 제품사용
· 수직하중이 기존의 물갈기돌과 추가 물갈기돌을 통하여 확실하게 하부기초에 전달되도록 하기 위하여 물갈기돌 상하부에 에폭시 줄눈 사용
· 앙카볼트 머리부분은 외부에서 보이지 않도록 에폭시 몰탈로서 외관 처리
· 석축하단에 스테인레스 배수 파이프 설치

3.2	○○재개발 아파트 신축 - L.W 그라우팅 공법
PERIOD	2000. 3 ~ 2000. 5

개 요

· 연약지반에 축조된 구조물로 기초의 활동 및 침하 발생
· 지반의 강도증가 및 지수를 목적으로 지반개량공법 중 약액 주입공법인 L-W 공법 채택

상세도면

시 공 개 요 도

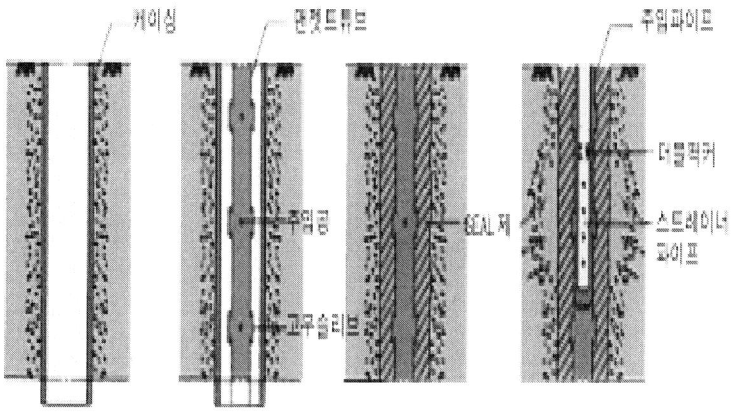

시 공 순 서

① 소정의 깊이까지 천공

② 맨젯트 튜브삽입

③ 주입관 삽입

④ 주입완료

시공사진

시 공 사 진 1	시 공 사 진 2	시 공 사 진 (구세 산부인과 B동 신축공사)

기 타

· 지반특성을 사용목적에 맞게 개량하기 위해 특수한 성질의 주입재를 지반에 침투시키는 공법
· 물유리 용액(규산화수소)과 시멘트 현탁액을 혼합, 소정의 압력으로 지반에 주입 시키는 공법
- 취급이 간편
- 가격이 저렴
- GEL TIME 조절이 용이
- GEL 강도가 큼

3.3	○○병원 보강공사 - 보 철판보강공법
PERIOD	2000. 7 ~ 2000. 7

개요

철판보강공법

- 강판접착공법은 노후화 또는 부실 시공된 콘크리트 구조물에 내하력을 향상시킬 목적으로 개발된 공법
- 상판, 보, 기둥벽체 등 철근콘크리트 면에 강판을 접착 일체화시켜 내하력을 증강시키는 보강공법.
- 내진보강공사에도 많이 사용

상세도면

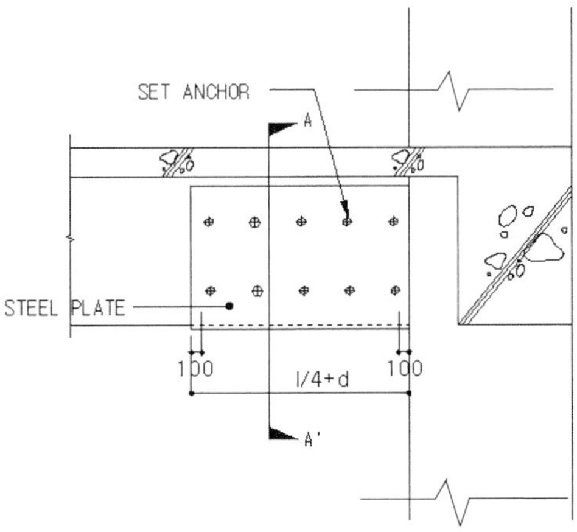

DETAIL
NON-SCALE

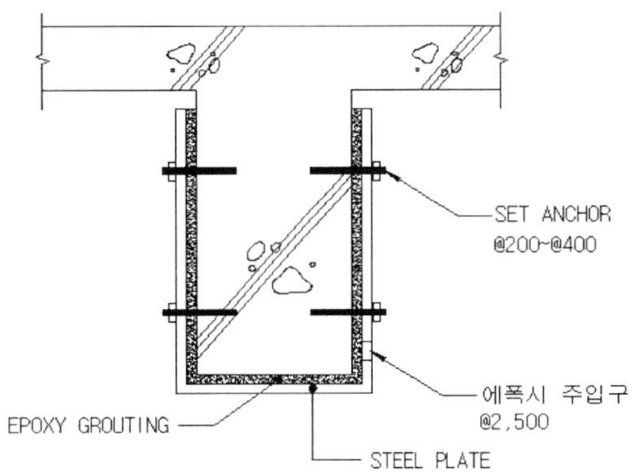

A - A' SECTION
NON-SCALE

시공사진

시 공 사 진 1	시 공 사 진 2	시 공 사 진 3
	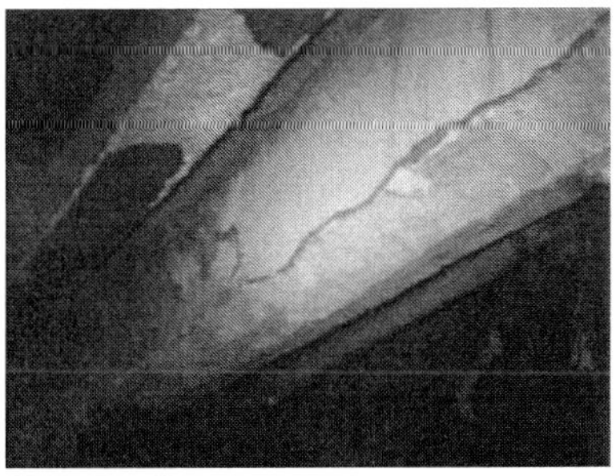	

기타

- 에폭시 접착제 선택에 따라 구조적 성능과 내구성이 좌우되므로 에폭시 선택이 매우 중요함.
- 강판두께가 두꺼울 경우 단부에서 탈락하기 쉬우므로 강판길이를 충분히 확보해야 되며, 보강 후의 철근비가 최대
  철근비 이하가 되도록 유지해야 함
- 설비나 전기의 장애물이 많은 경우 적용이 곤란함.
- 강판으로 보강한 보가 보강되지 않는 보와 비교하여 균열 하중에서 1.5~2배, 파괴하중에서 1.5~1.6배 증가된 것으로 증명

3.4	○○공장 및 진입교량 보강공사 - 형강 보강 공사
PERIOD	2000. 11 ~ 2000. 12

개요

- 교량 콘크리트 부분의 세굴, 열화 발생
- 당초 설계하중을 초과한 사용하중으로 인하여 구조 안전상의 문제점을 초래하고 있음.
- 본 공법은 형강을 국부적으로 추가 보강하여 보강전의 응력을 감소시킬 수 있도록 응력의 상태를 변화시켜서 저강도의 콘크리트에 대응할 수 있도록 하는 공법으로 가장 일반적인 방법

상세도면

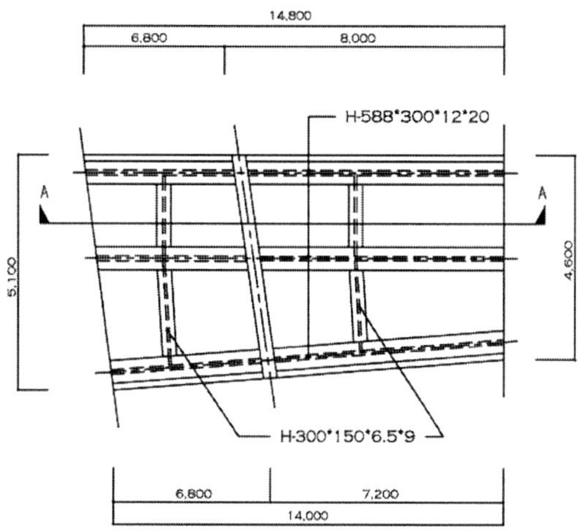

평면도

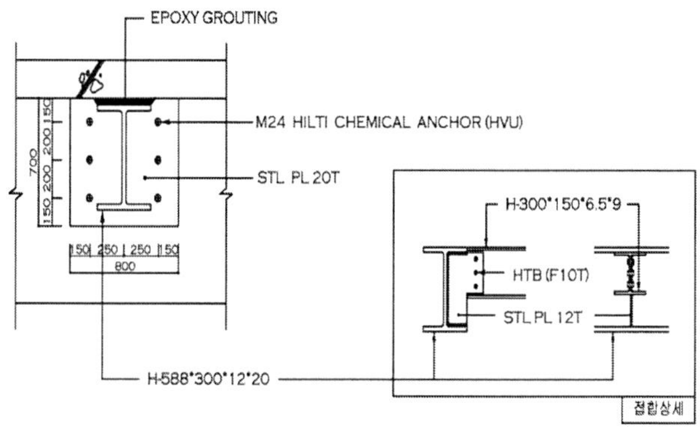

접합상세

시공사진

시 공 사 진 1	시 공 사 진 2	시 공 사 진 3

기타

대상 구조물(건축 및 토목) - 본래의 설계목적성능에 미달되는 건축물
- 용도 변경
- 과다하중 작용
- 콘크리트의 열화로 인한 내력감소
- 차량 및 통행량 증가로 인한 환경변화

3.5.1	○○여중 재난위험시설 보수·보강공사 - 슬래브 탄소섬유보강공법
PERIOD	2000. 12 ~ 2001. 1

개요	· 콘크리트 노후화에 따른 열화 및 파손부위 발생 · 콘크리트 내하력 저하 등 구조 안전성의 문제발생

상세도면

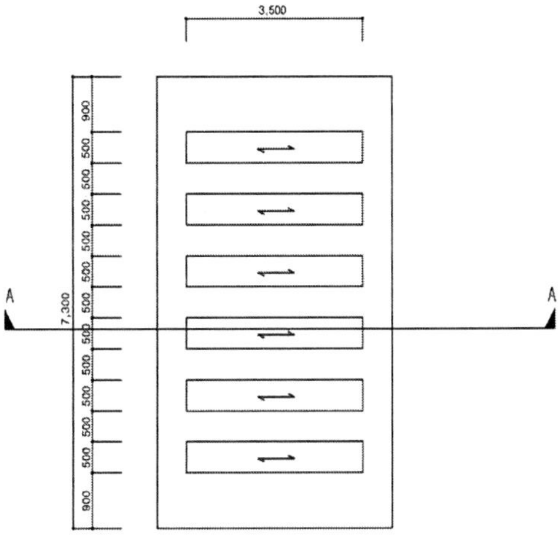

평면도

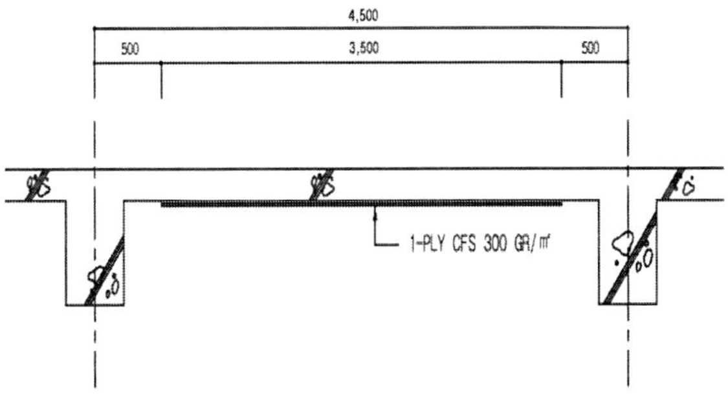

section-A

시공사진

시 공 사 진 1	시 공 사 진 2	시 공 사 진 3
		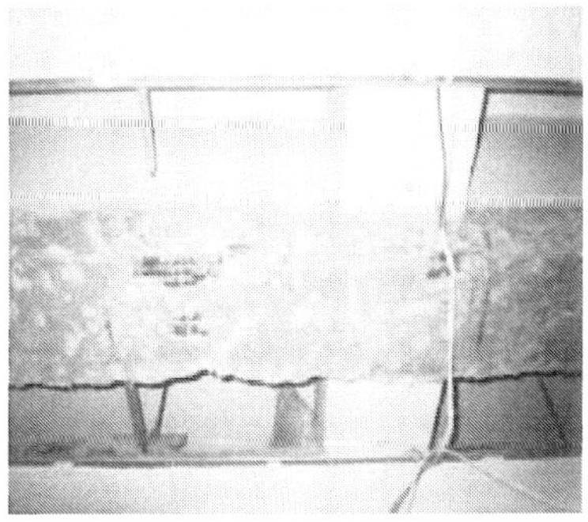

기타

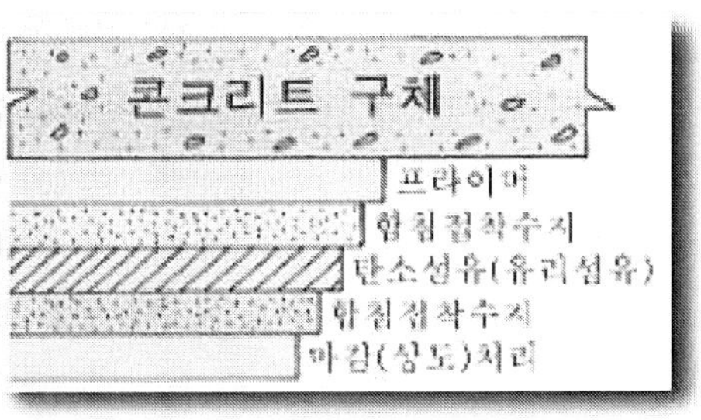

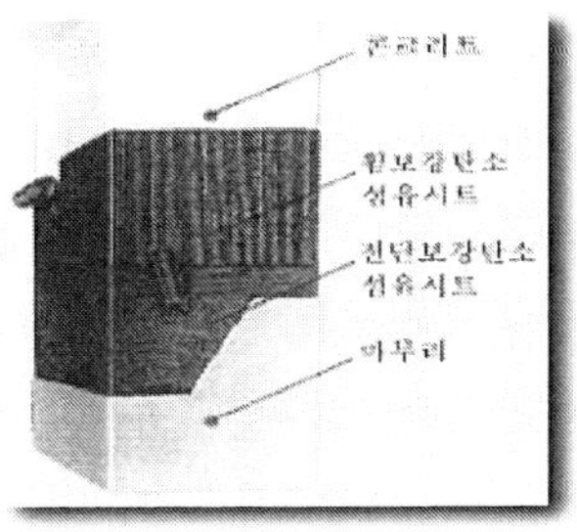

3.5.2	○○여중 재난위험시설 보수·보강공사 - EXPASION JOINT 보수
PERIOD	2000. 12 ~ 2001. 1

개요

· 구조형식 : 철근 콘크리트 구조
· 지붕층 EXPASION JOINT 보수

상세도면

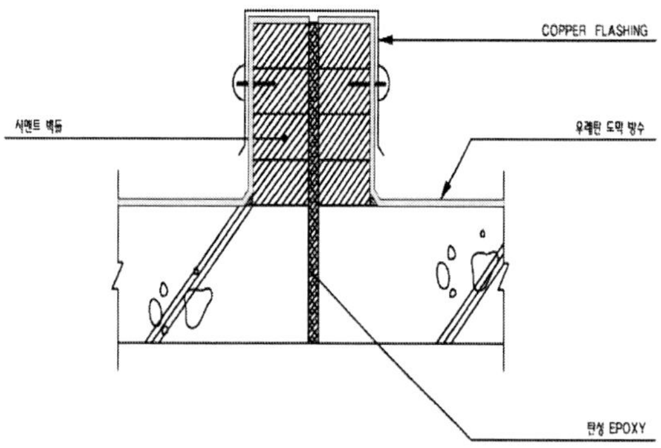

옥상 바닥 Section

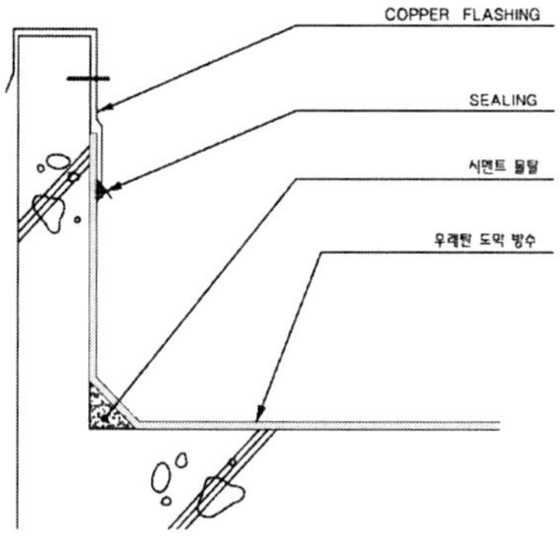

파라펫 Section

시공사진

시 공 사 진 1	시 공 사 진 2	시 공 사 진 3

기타

<기타 신축이음장치 형태>

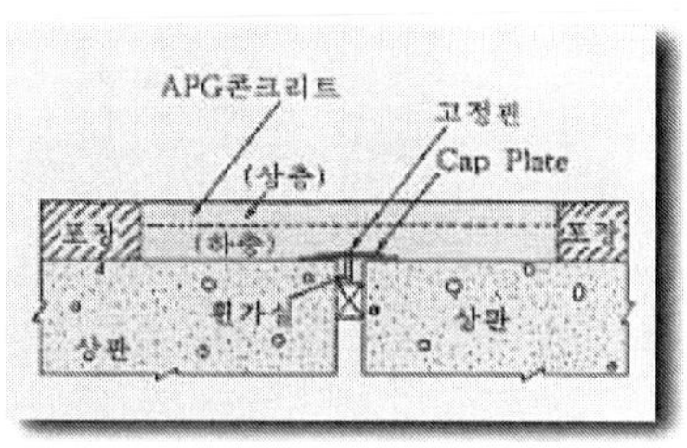

ASPAX 이음장치 단면도

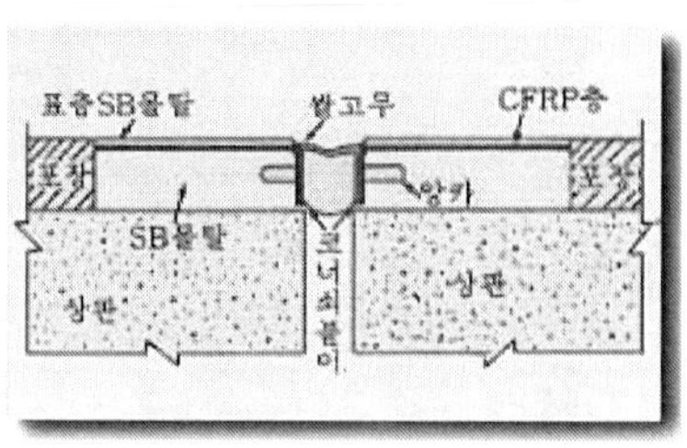

CUTOFF 이음장치 단면도

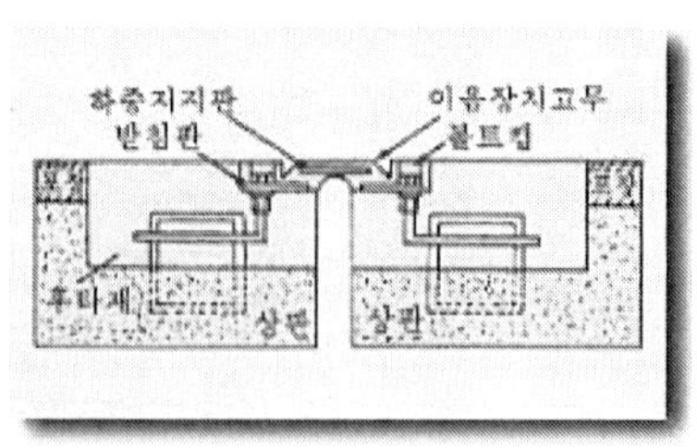

RUNGER 이음장치 단면도

3.6	○○시청 보수·보강공사 - 보 철판보강공법
PERIOD	2001. 4 ~ 2001. 5

개요

· 본 공법은 콘크리트 구조물의 콘크리트 표면(특히 인장측 및 전단측 표면)에 철판을 접착하여 기설구조물과 일체화시킴으로써 내력 향상을 도모하는 공법임.

· 철판 접착공법의 원리는 철근콘크리트 구조의 철근과 콘크리트 관계와 같음. 즉 철근콘크리트 부재의 인장측 표면에 철판을 접착하고 그 접착력에 의해 전단력의 전달을 확보하여 철판을 철근의 일부로서 기능케 하려는 것임. 따라서 철판과 콘크리트의 부착 또는 정착성능이 충분히 이루어질 수 있도록 배려해야 함.

· 철판 보강법은 사용중인 구조물을 상대적으로 신속하게 보강할 수 있으며 보강 후 부재크기의 변화가 매우 적음. 또한 그 기술이 교량뿐 아니라 건축구조물의 인장, 압축, 전단 등 여러 부위의 콘크리트 표면에 시공이 가능하다는 장점이 있음.

상세도면

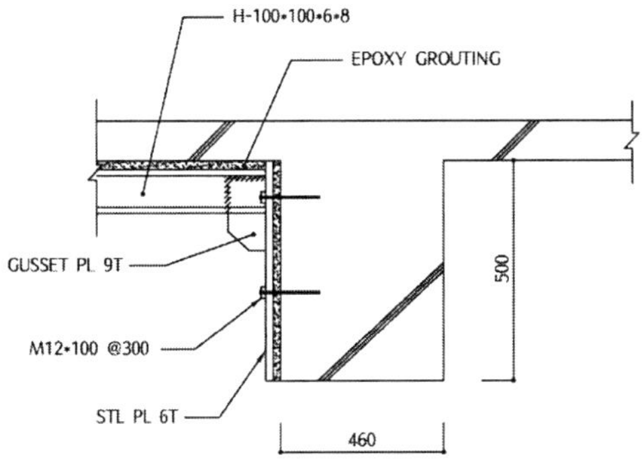

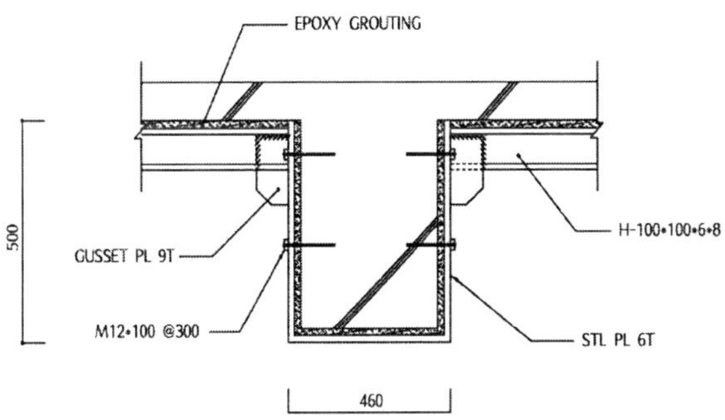

시공사진

시 공 사 진 1	시 공 사 진 2	시 공 사 진 3

기타

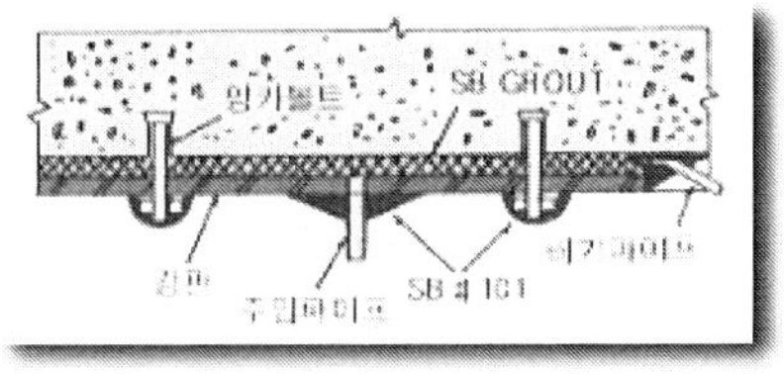

강판접착 표준도

<사용 에폭시수지의 특성>

(씰제, SB #101)

·접착성이 우수.

·퍼티형태로 작업성이 좋음.

·경화수축율이 극히 적음.

·내수성, 내약품성이 우수.

(주입제, SB Grout)

·콘크리트와 강판에 대한 접착이 우수.

·점도가 적어 주입작업이 쉬움.

·주입두께 5mm의 층에 적합.

·경화수축이 없고 내구성이 우수.

3.7	○○호텔 기둥 보강공사 - 기둥 단면 수복 공법
PERIOD	2001. 7 ~ 2001. 8

개요

· 본 공법은 CON'C 손상된 부위에 에폭시 수지를 원료로 하는 변성에폭시 계통의 구조 보강재를 경화제와 혼화제를 적당한 비율로 섞어 타설 하는 공법임.

· 본 공법에 사용되는 보강재는 폴리머 시멘트계 단면수복재보다 압축 및 인장, 휨강도가 우수하여 보강효과가 크며 접착성도 우수하여 모재와 일체화가 용이. 또한, 폴리머 시멘트계 단면수복 공법보다 경화시간이 빠르므로
공기를 단축할 수 있음.

상세도면

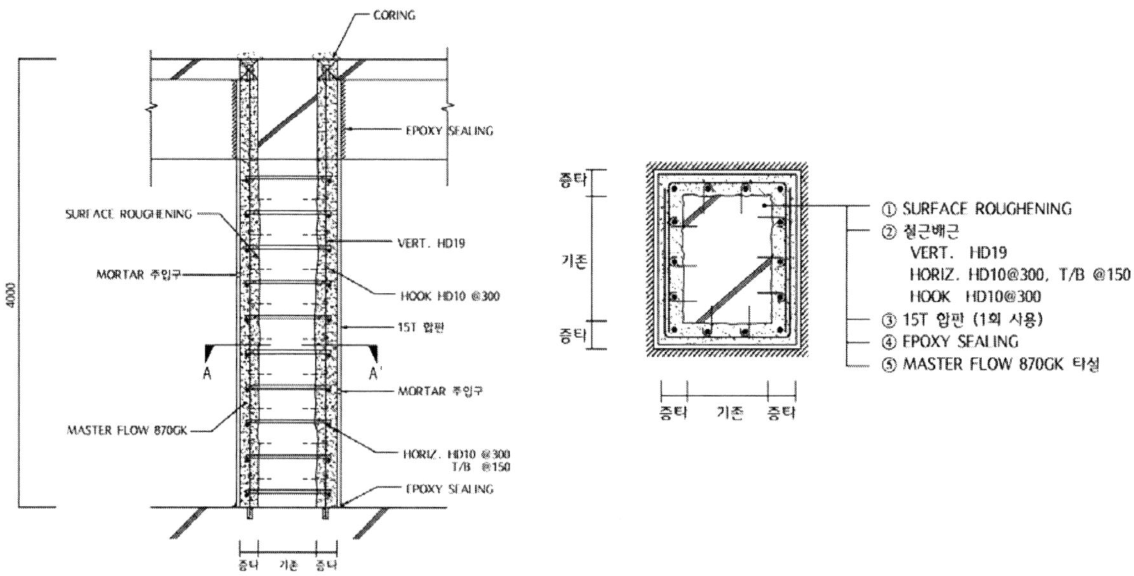

시공사진

시 공 사 진 1	시 공 사 진 2	시 공 사 진 3

시공방법 및 종류

Wet Pack Grouting	Dry Pack Grouting
① 기존 기둥의 미장면 철거 후 표면 치핑 ② Chemical Anchor 시공 ③ Expaned Metal 시공 후 쇄석 자갈 채움 ④ 형틀제작 후 Cement Milk를 고압주입 ⑤ 2일간 무하중 양생 후 형틀제거 ⑥ 표면정리	① 기존 기둥의 미장면 철거 후 표면 치핑 ② Chemical Anchor 시공 ③ Expaned Metal 시공 후 기건상태의 Silica Sand를 철판내부에 밀실히 채움 ④ 내부에 저점도 Epoxy 주입 ⑤ 1일간의 양생 후 철판면은 기둥표면으로 사용 ⑥ 철판표면에 메탈라스를 붙이고 미장 마감함

3.8.1	○○원 보수·보강공사 - 보 탄소섬유보강공법
PERIOD	2001. 9 ~ 2001. 10

<table>
<tr><td>개
요</td><td colspan="3">· 탄소 섬유공법은 일방향 배열의 고강도 탄소섬유 시트를 이용하여 취약한 철근 콘크리트 구조물 표면에 간단하게 점착함으로서, 강판에 비해 경량이며 시공성이 우수할 뿐만 아니라 철근의 10배의 인장성능을 발휘하AM로, 휨 내력의 향상과 방수, 방식효과가 우수하여, 구조물 내진을 위한 보강 공사 및 교량, 항만, 터널, 건축물 등의 보수 보강에 유효한 공법</td></tr>
<tr><td>상
세
도
면</td><td colspan="3">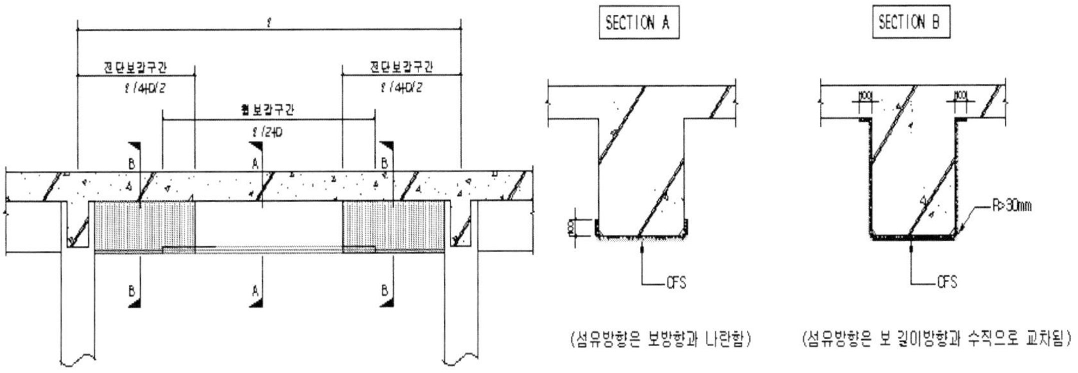
</td></tr>
<tr><td rowspan="2">시
공
사
진</td><td>시 공 사 진 1</td><td>시 공 사 진 2</td><td>시 공 사 진 3</td></tr>
<tr><td>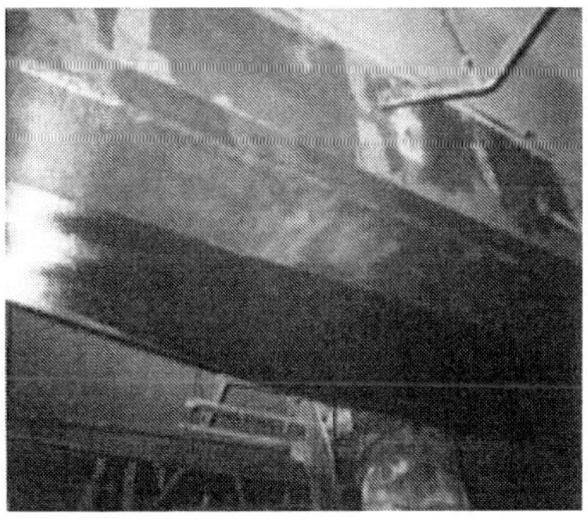</td><td></td><td></td></tr>
<tr><td>성
능
및
효
과</td><td colspan="3">· 콘크리트 균열(CRACK)의 억제효과
· 강도(압축 인장)의 증가로 내구력 증가
· 싸이로(SILO) 등의 원통구조물에서의 측면 압축강도 증강
· 지진에 대비한 기둥보강으로서 측면부 비틀림과 좌굴 저항의 구조내력의 증강
· 전단보강 탄소섬유방향은 휨보강 탄소섬유방향과 수직으로 교차됨</td></tr>
</table>

3.8.2	○○원 보수·보강공사 - 보 철판 보강
PERIOD	2001. 9 ~ 2001. 10

개요

· 본 공법은 콘크리트 구조물의 콘크리트 표면(특히 인장측 및 전단측 표면)에 철판을 접착하여 기존구조물과 일체화 시킴으로써 내력향상을 도모하는 공법임.

· 철판 접착공법의 원리는 철근콘크리트 구조의 철근과 콘크리트 관계와 같음. 즉 철근콘크리트 부재의 인장측 표면에 철판을 접착하고 그 접착력에 의해 전단력의 전달을 확보하여 철판을 철근의 일부로서 기능케 하려는 것임. 따라서 철판과 콘크리트의 부착 또는 정착성능이 충분히 이루어질 수 있도록 배려해야 함.

· 철판 보강법은 사용중인 구조물을 상대적으로 신속하게 보강할 수 있으며 보강 후 부재크기의 변화가 매우 적음. 또한 그 기술이 교량뿐 아니라 건축구조물의 인장, 압축, 전단 등 여러 부위의 콘크리트 표면에 시공이 가능하다는 장점이 있음.

상세도면

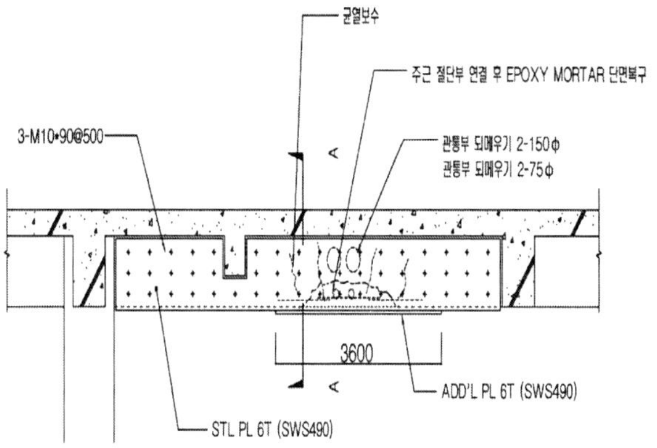

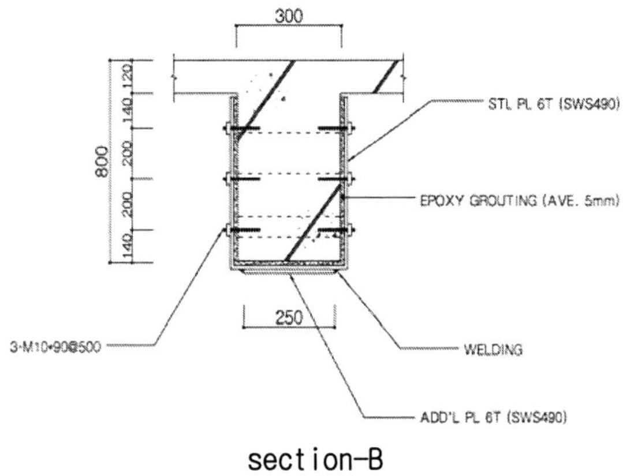

section-B

시공사진

시 공 사 진 1

시 공 사 진 2

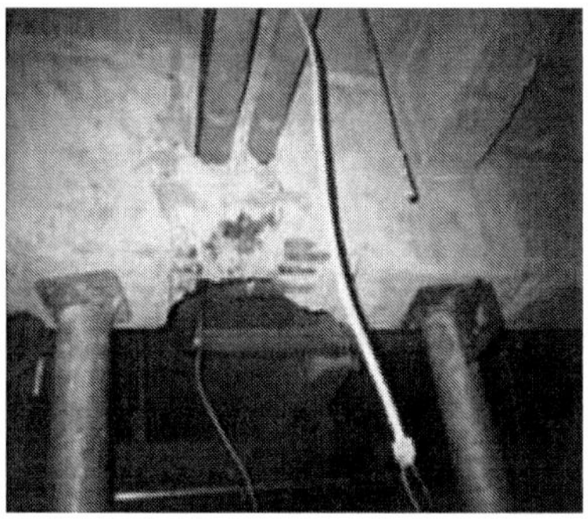

시 공 사 진 3

기타

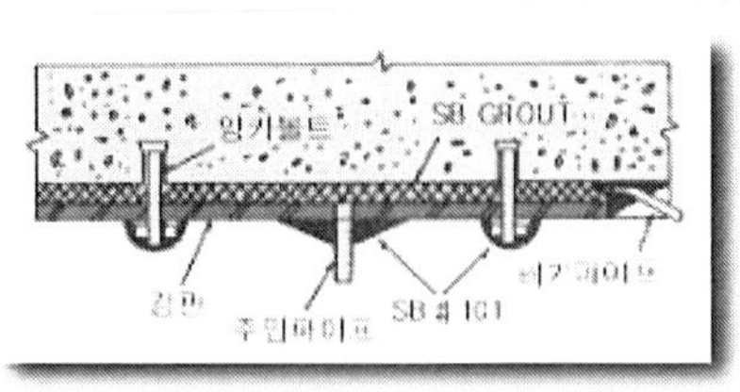

강판접착 표준도

<사용 에폭시수지의 특성>

(씰제, SB #101)
- 접착성이 우수. ·퍼티형태로 작업성이 좋음.
- 경화수축율이 적음. ·내수성, 내약품성이 우수.

(주입제, SB Grout)
- 콘크리트와 강판에 대한 접착이 우수.
- 점도가 적어 주입작업이 쉬움.
- 주입두께 5mm의 충전에 적합.
- 경화수축이 없고 내구성이 우수.

3.9.1	○○역 보수·보강공사 - 중성화 철근 부식 보수 후 기둥 철판보강
PERIOD	2001. 12 ~ 2002. 1

<table>
<tr><td>개
요</td><td colspan="3">· 기둥 철근 노출 및 부식
· 콘크리트 피복부속 및 중성화에 의한 기둥 수직 균열 발생</td></tr>
<tr><td>상
세
도
면</td><td colspan="3">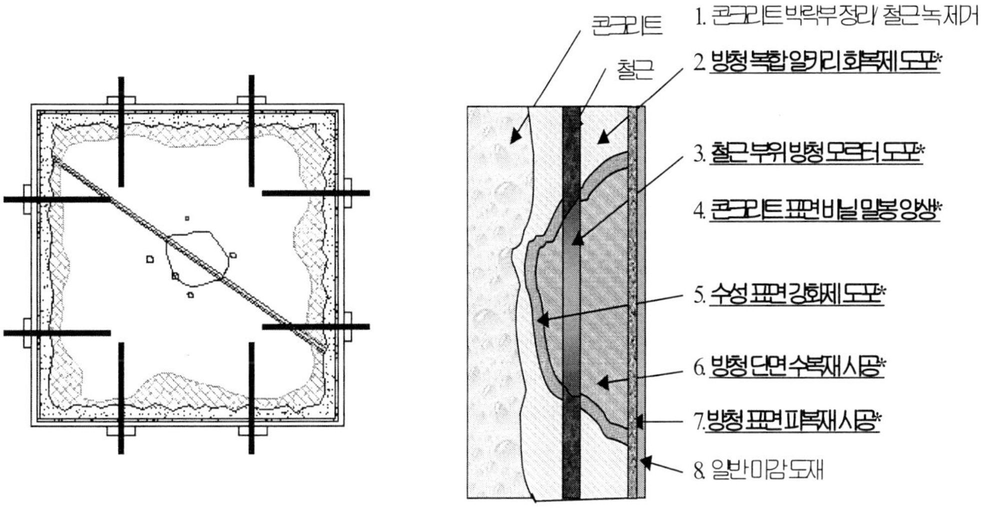
</td></tr>
<tr><td rowspan="2">시
공
사
진</td><td>시 공 사 진 1</td><td>시 공 사 진 2</td><td>시 공 사 진 3</td></tr>
<tr><td></td><td></td><td></td></tr>
<tr><td>특
징</td><td colspan="3">· 중성화된 콘크리트 알카리회복, 부식철근 아질산 방청성분에 의한 철근 부동태 재생 및 방청단면수복재의 방청 환경제공
· 수성 표면 강화제에 의한 콘크리트 표면 강화
· 방청 표면피복재의 CO_2 가스, 산소, 수분차단 및 우수한 접착력
· 수성제품사용, 환경친화적 공법
· 신규 개발 공법</td></tr>
</table>

3.9.2	○○역 보수·보강공사 - 중성화 철근 부식 보수 후 보 철판보강
PERIOD	2001. 12 ~ 2002. 1

개요

· 슬래브 콘크리트 박락 및 철근노출
· 콘크리트 중성화를 방치함으로써 철근이 부식 · 팽창하여 구조체에 균열을 유발시킴
· 균열로 인해 내부 철근의 부식정도가 촉진되어 구조체에 균열 및 박락 현상이 진행됨

상세도면

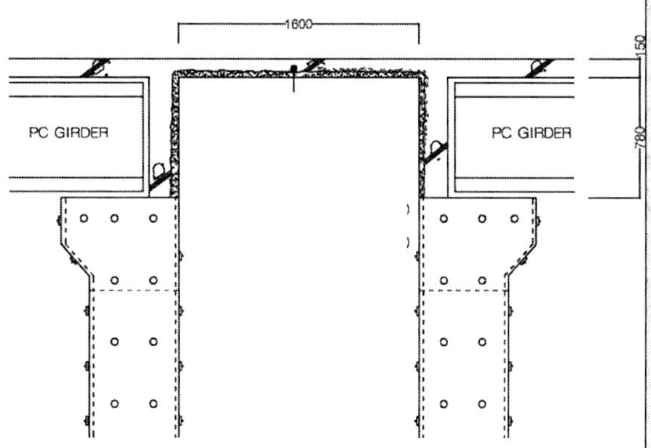

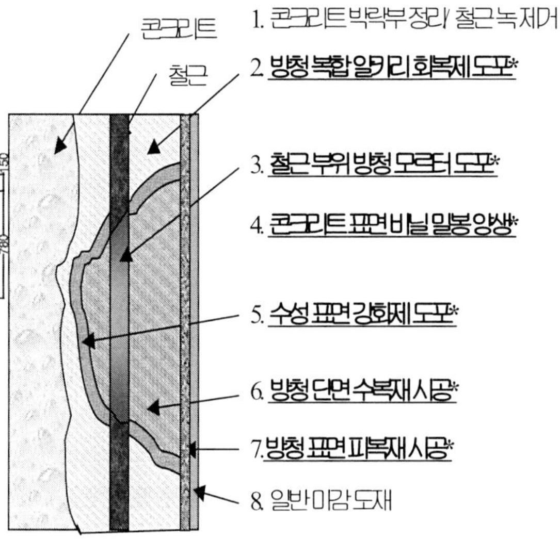

시공사진

시 공 사 진 1	시 공 사 진 2	시 공 사 진 3

특징

· 중성화된 콘크리트 알카리회복, 부식철근 아질산 방청성분에 의한 철근 부동태 재생 및 방청 단면수복재의 방청환경제공.
· 수성 표면 강화제에 의한 콘크리트 표면 강화
· 방청 표면피복재의 CO_2 가스, 산소, 수분차단 및 우수한 접착력
· 수성제품사용, 환경친화적 공법
· 신규 개발 공법

3.10	경부선 ○○역 일부 보강공사 - 중성화 보수 후 철판보강
PERIOD	2002. 10 ~ 2002. 11

개요

- 연결통로 구체 보강공사
- 슬래브 및 보의 중성화 철근 부식 보수 공법 / 철판보강공법
- 열화 원인 : CO_2 가스, 산성비, 산성가스 등
- 열화 정도 : 중성화에 의한 철근부식 발생, 콘크리트 균열 및 박락 발생

상세도면

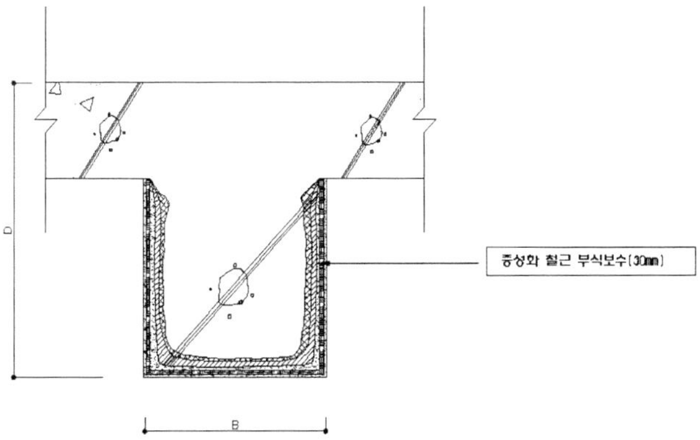

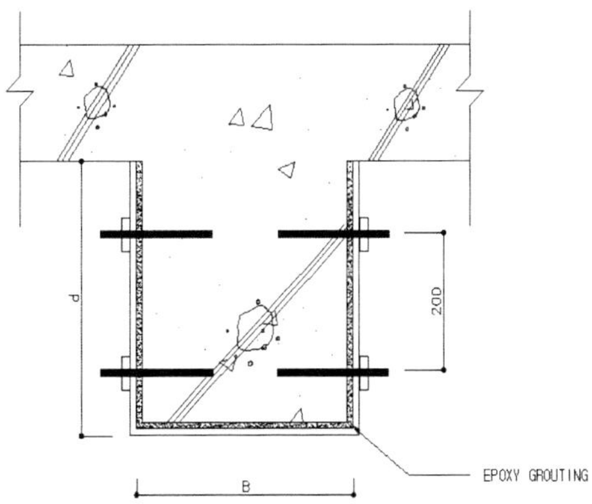

시공사진

시 공 사 진 1	시 공 사 진 2	시 공 사 진 3

시공순서

① 마감제거
② 균열부위 에폭시 수지주입
③ 콘크리트 결손부위 보수
④ 보강철판 SETTING (PL-6t)
⑤ ANCHOR 정착 (M12)@500
⑥ 보강 철판 고정 (PL-6t)
⑦ 에폭시 그라우팅
⑧ 강판부착
⑨ 주입구 설치 및 씰링
⑩ 에폭시 주입
⑪ 주입구 제거 및 강판도장
⑫ 방청 페인트칠 2회
⑬ 조합 페인트칠 2회

3.11	○○타워 주차장 화재 구조보강공사
PERIOD	2003. 6 ~ 2003. 8

<table>
<tr><td>개
요</td><td colspan="3">· 주차장에서 화재발생
· 화해 D, E 등급으로 천정슬래브 및 보 부재의 콘크리트 폭열
· 현재 사용중으로 철거가 불가능하여 보강하기로 함.
· 손상된 콘크리트를 제거하고, 원상태 이상의 강도를 발휘할 수 있는 재료로 단면복구 후 강판으로 보강함.
· 적용공법 : 신기술 288호 / 강판보강공법 / 형강보 신설공법</td></tr>
<tr><td>상
세
도
면</td><td colspan="3">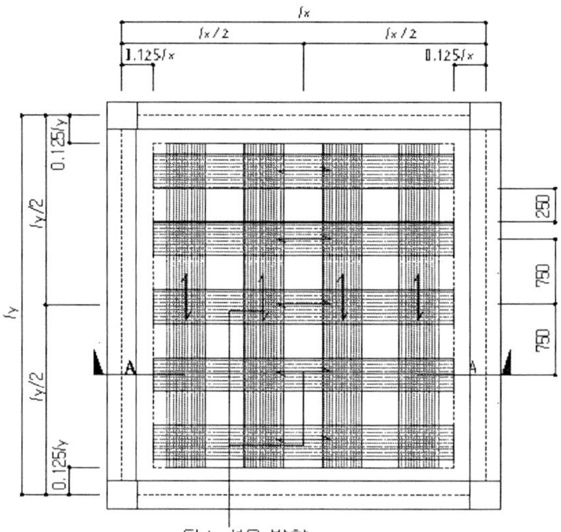

탄소 섬유 방향</td></tr>
<tr><td rowspan="2">시
공
사
진</td><td>시공사진 1</td><td>시공사진 2</td><td>시공사진 3</td></tr>
<tr><td>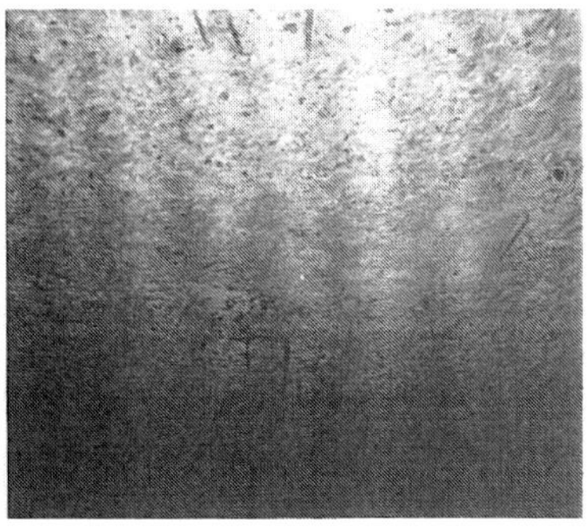</td><td>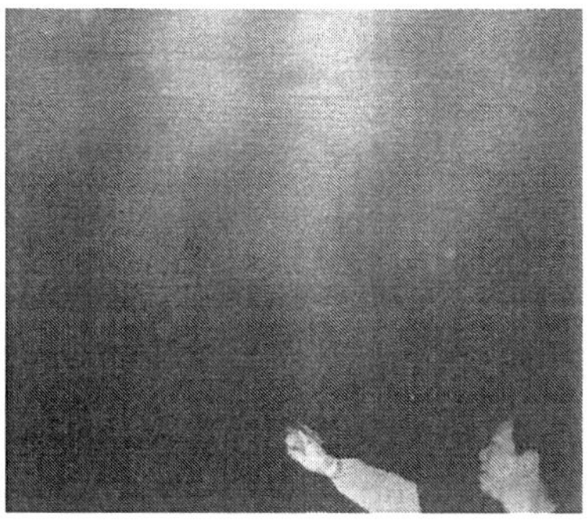</td><td></td></tr>
<tr><td>시
공
순
서</td><td colspan="3">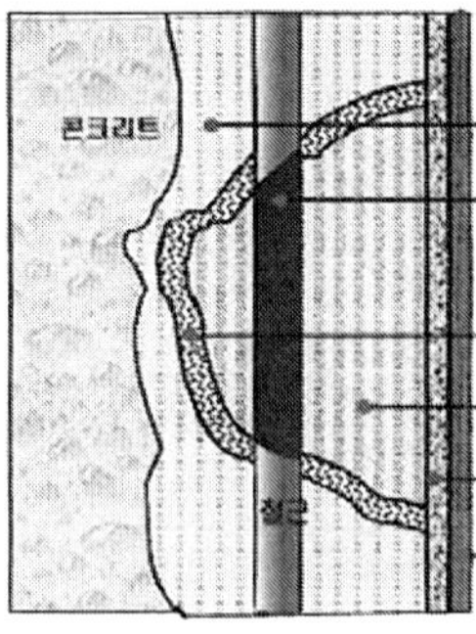

1. 콘크리트 박락부 정리 및 철근 녹 제거
2. 방청 복합 알카리 회복제 도포(염소이온 고착, 철근 부동태 재생, 방청환경) CR-1000
3. 철근 부위 방청 모르터 도포(철근 부동태 재생 및 방청환경 지속 제공) CR-10
4. 콘크리트 표면 비닐 밀봉 양생
5. 수성 표면 강화제 도포(콘크리트 표면 강도 및 피복재 부착강도 증가) CR-2000
6. 방청 단면 수복재 시공(단면수복 및 방청 환경 제공) CR-20
7. 방청 표면 피복재 시공(이산화탄소, 산소, 수분 침투 억제) CR-30A
8. 탄성 마감 도재 CRO-COAT</td></tr>
</table>

3.12.1	○○역 본체 보수·보강공사 - 중성화 보수
PERIOD	2004. 7 ~ 2004. 10

개요

· 경년 변화에 의한 콘크리트 열화가 상당히 진행됨
· 콘크리트 균열, 박리, 박락, 철근노출 및 부식, 오염, 누수흔적, 백화현상, 콘크리트 중성화, 재료분리 등이 조사됨
· 구조물의 경년변화, 중성화로 인한 내구성 저하등이 예상됨
· 내력부족 및 콘크리트 단면탈락 현상을 방치할 경우 철도 이용 승객의 안전사고가 예상됨

상세도면

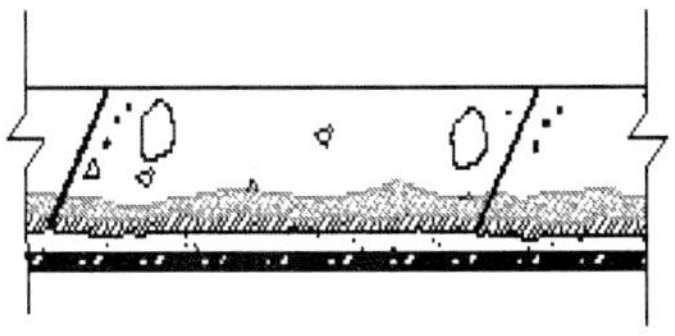

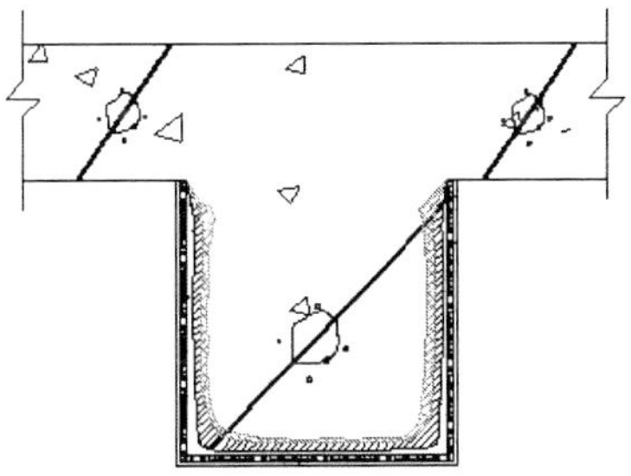

시공순서

① 기존 콘크리트 박락부 파취
② 방청복합 알카리회복제 도포
③ 콘크리트 표면 비닐밀봉양생
④ 수성표면강화제 도포
⑤ 방청단면수복재 바르기
⑥ 방청표면피복재 바르기
⑦ 크로코트 마감

시공사진

시공사진 1

시공사진 2

시공사진 3

기타

· 향후 구조물의 내력 회복과 내구성 증진 등의 구조적인 안전성 확보와 안전사고 예방차원에서 콘크리트 중성화 조치가 요구됨

3.12.2	○○역 본체 보수·보강공사 - 탄소섬유보강
PERIOD	2004. 7 ~ 2004. 10

개요	· 경년 변화에 의한 콘크리트 열화가 상당히 진행됨 · 콘크리트 균열, 박리, 박락, 철근노출 및 부식, 오염, 누수흔적, 백화현상, 콘크리트 중성화, 재료분리 등이 조사됨 · 구조물의 경년변화, 중성화로 인한 내구성 저하등이 예상됨 · 내력부족 및 콘크리트 단면탈락 현상을 방치할 경우 철도 이용 승객의 안전사고가 예상됨 · 중성화 보수 후 내력 부족 부분에 대하여는 차로 부분의 열차운행, 공사의 안전조치, 시공성, 공기 등을 종합적으로 고려할 때 탄소섬유 보강이 적합함.
상세도면	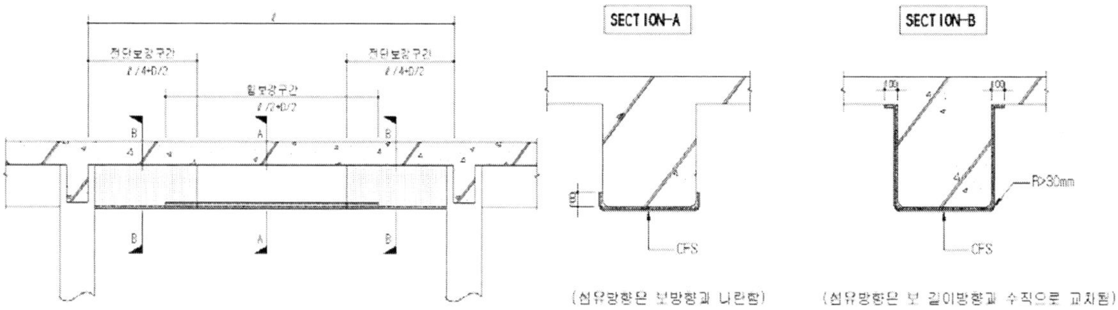

시공사진	시 공 사 진 1	시 공 사 진 2

성능 및 효과	· 콘크리트 균열(CRACK)의 억제효과 · 강도(압축 인장)의 증가로 내구력 증가 · 싸이로(SILO) 등의 원통구조물에서의 측면 압축강도 증강 · 지진에 대비한 기둥보강으로서 측면부 비틀림과 좌굴 저항의 구조내력의 증강 · 전단보강 탄소섬유방향은 휨보강 탄소섬유방향과 수직으로 교차됨

3.13.1	분당 3차 ○○아파트 204동 지하주차장 보수·보강공사 - 철판보강
PERIOD	2004. 8 ~ 2004. 10

개요

- 본 현장은 기초하부의 지질상태의 투수성이 낮은 암반이고 지하수위가 높아 부력의 영향이 큼.
- 당초 부력에 의해 부분적으로 융기하여 락 앵커로 보강함.
- 락 앵커 보강시 지하주차장이 안정화가 되기 전에 보강한 것으로 추정됨.
- 미세균열에 의한 응력불균형으로 오랜 기간동안 기둥에 추가응력이 발생하여 균열이 발생함.
- 전체 균열에 대한 보수를 실시하고 기둥에 대해 강판보강을 실시함.

상세도면

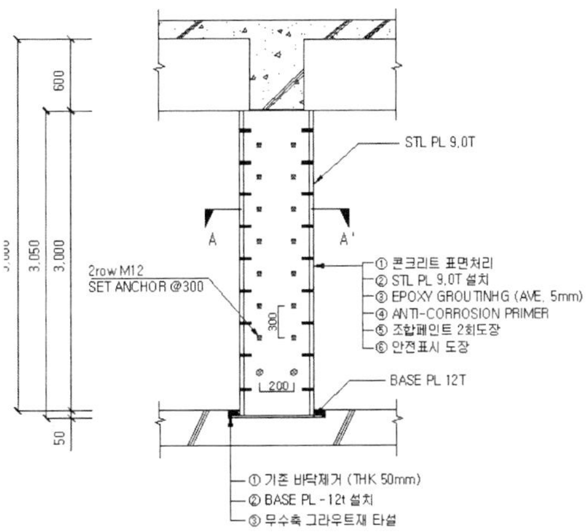

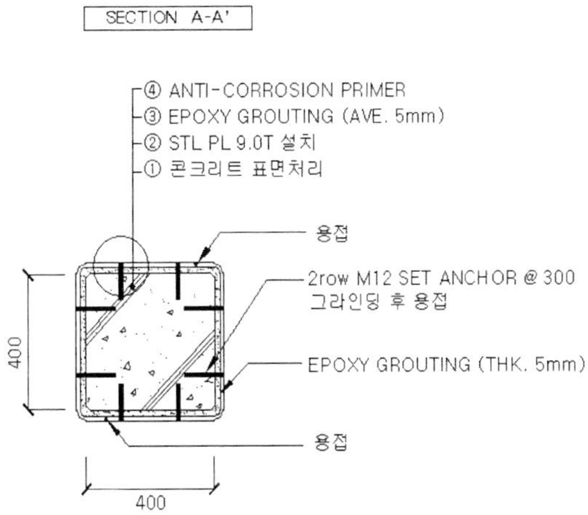

시공사진

시공사진 1	시공사진 2	시공사진 3
		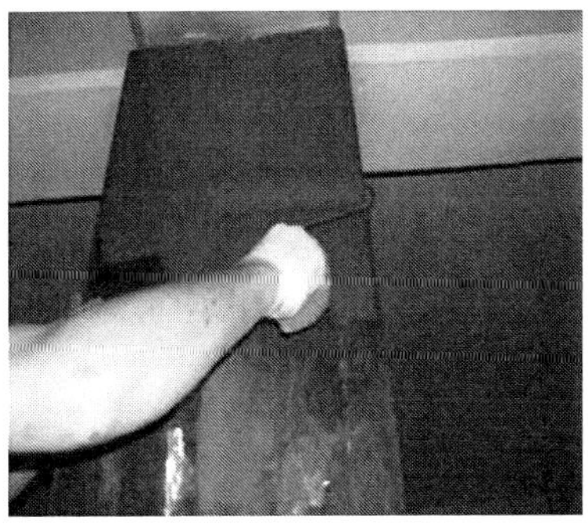

기타

	일반 콘크리트에 의한 단면확대법	철판보강법	탄소섬유보강/유리섬유보강
시공성	작업이 복잡함, 공기가 길이짐. 시공시 하자의 발생요인이 큼.	작업이 간단함.	작업이 간단함. 큰 축력에 대해 보강효과를 기대하기 어려움
경제성	비용이 저렴함, 계획적인 면에서 불리.	비용이 저렴함.	비용이 비쌈.
미관성	보강한 표시가 없음. 일체감이 있음.	보강한 표시가 없음.	일체감이 있음.
유지관리	특별한 유지보수가 필요없음.	유지관리보수가 필요. 화재 시 취약함.	특별한 유지보수가 필요없음. 화재에 취약

3.13.2	분당 3차 ○○아파트 204동 지하주차장 보수·보강공사 - 균열보수
PERIOD	2004. 8 ~ 2004. 10

개요

· 균열의 원인
- 재료적측면 : 시멘트, 골재, 혼화재
- 시공적측면 : 배합, 타설, 다짐, 양생, 운반
- 물리 화학적측면 :염해, 중성화, 알칼리 골재 반응
- 기상영향 : 온도변화, 동결융해, 건조수축
- 시공불량
- 시공시/사용시 과하중

상세도면

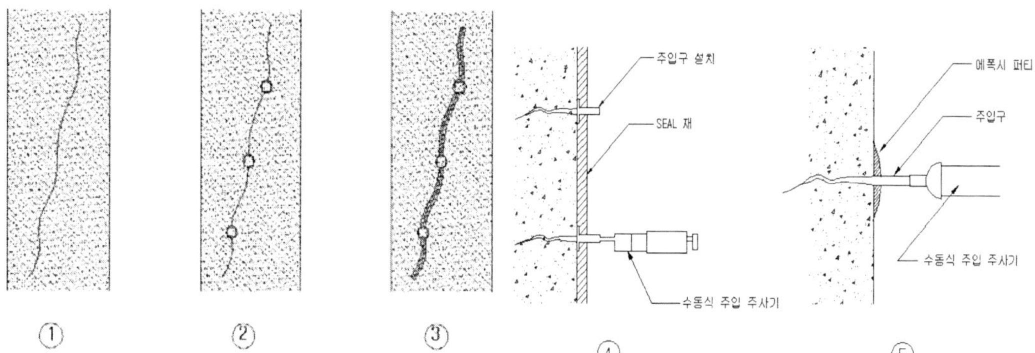

시공사진

시공사진 1	시공사진 2	시공사진 3
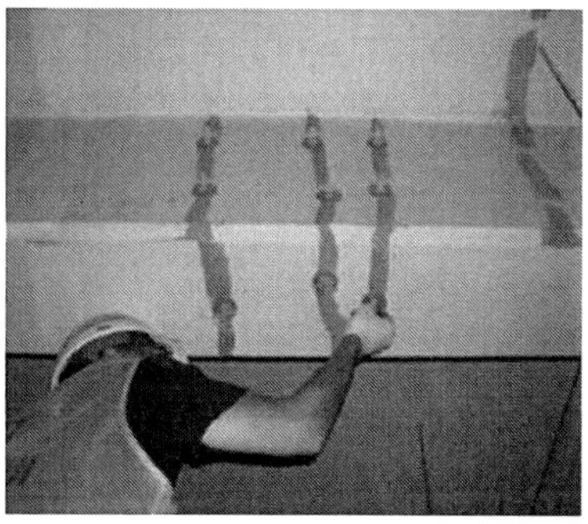		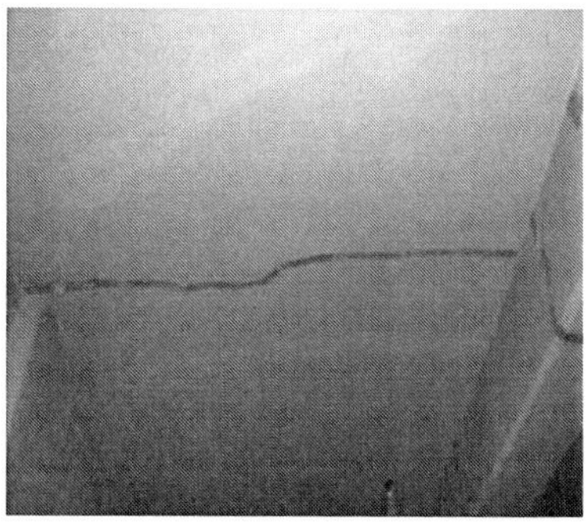

기타

· 균열의 이해

긍정적인면	부정적인면
· 모멘트 재분배에 따른 응력집중 완화 · 보강된 철근이 기능을 발휘 - 보의 늑근은 전단력에 의한 사인장 균열이 발생한 후에 그 기능을 발휘	· 구조물에 대한 신뢰도 저하 · 안전과 사용상의 문제야기 · 성능 저하로 인해 균열이 진전 → 내구성 감소 · 설계 및 시공불량

3.14	○○어린이집 개수 기타공사
PERIOD	2004. 10 ~ 2004. 12

<table>
<tr><td>개
요</td><td colspan="3">· 기존 건물의 수평 증축으로 구 콘크리트와 신 콘크리트의 접합이 필요함.
· 건식공법이므로 공기를 단축할 수 있음.
· 콘크리트에 미리 매설하지 않고, 양생된 뒤에 필요에 따라 위치와 크기를 선정함.
· 화학적 접착으로 콘크리트와 앵커를 결합시키는 공법임.
· 기존의 콘크리트보다 강도 및 접착 성능이 우수한 제품을 사용하기 때문에 ANCHOR 와 콘크리트를 완전히 일체화 할 수 있음.</td></tr>
<tr><td>상
세
도
면</td><td colspan="3">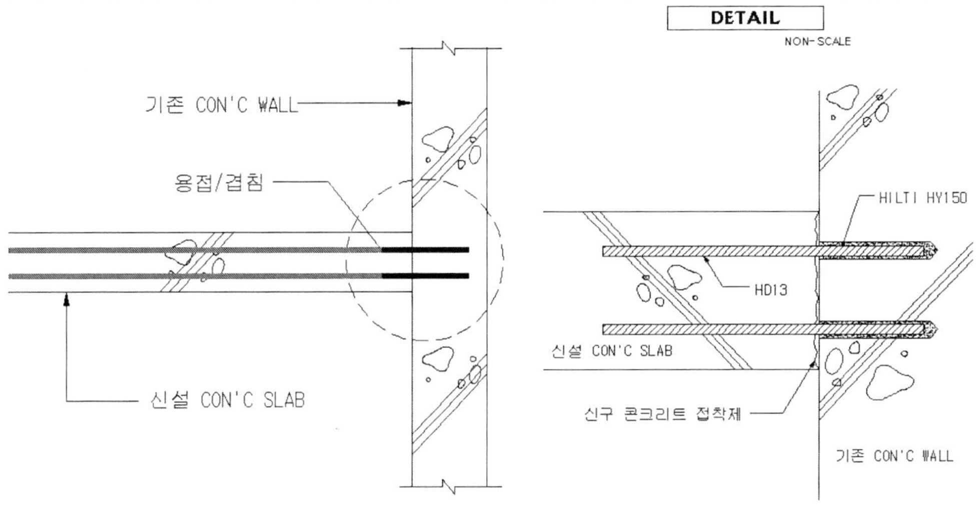
</td></tr>
<tr><td rowspan="2">시
공
사
진</td><td>시공사진 1</td><td>시공사진 2</td><td>시공사진 3</td></tr>
<tr><td></td><td></td><td></td></tr>
<tr><td>시
공
시
유
의
사
항</td><td colspan="3">· 이형철근 삽입구멍은 ROTARY-HAMMER DRILL을 사용, 천공 후 철저히 청소해야 함.
· 포일 포장재는 카셋트에 최고 4주까지 보관할 수 있고, 재사용 시 믹서노즐(NOZZLE)을 교환해야함. (단 처음에 나오는 약간의 양은 버린다.)
· 구멍의 밑바닥 부터 삽입하여 구멍을 완전히 채우고, 이형철근 삽입할 때 약간의 모르타르가 밖으로 흘러 나오도록 함.
· 하중을 가하기 전에 완전한 경화가 필요함.</td></tr>
</table>

3.15.1	○○동 15호 프로젝트 - 철판보강
PERIOD	2004. 11 ~ 2004. 11

개요

· 시야를 가로막는 기둥 철거 후 강판 및 탄소보강.
· 강판접착공법은 노후화 또는 부실시공 된 콘크리트 구조물에 내하력을 향상시킬 목적으로 개발된 공법.
· 상판, 보, 기둥벽체 등 철근콘크리트 면에 강판을 접착 일체화시켜 내하력을 증강시키는 보강공법
· 내진 보강공사에도 많이 사용되고 있음.

상세도면

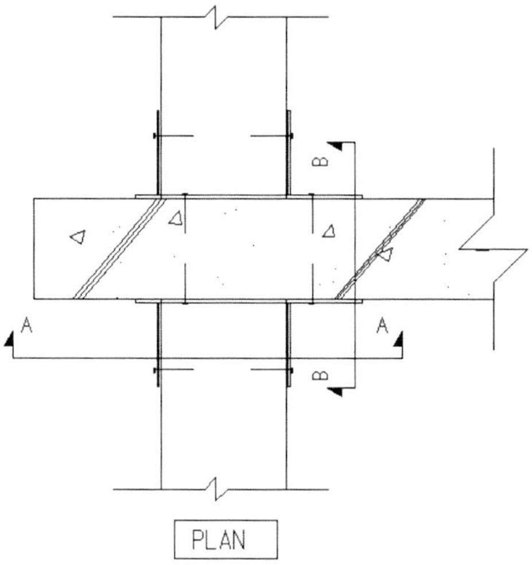

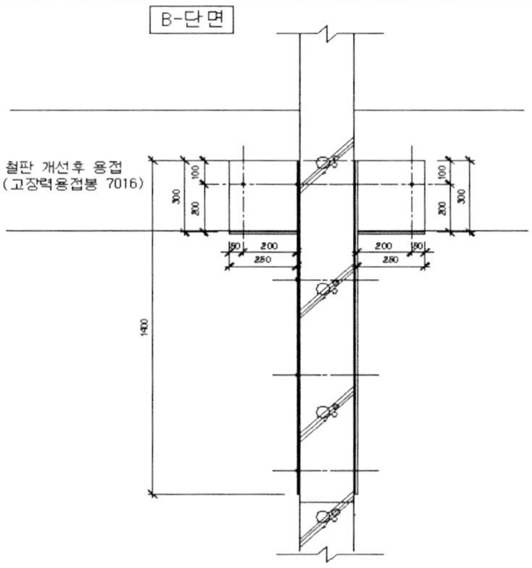

시공사진

시공사진 1	시공사진 2	시공사진 3
		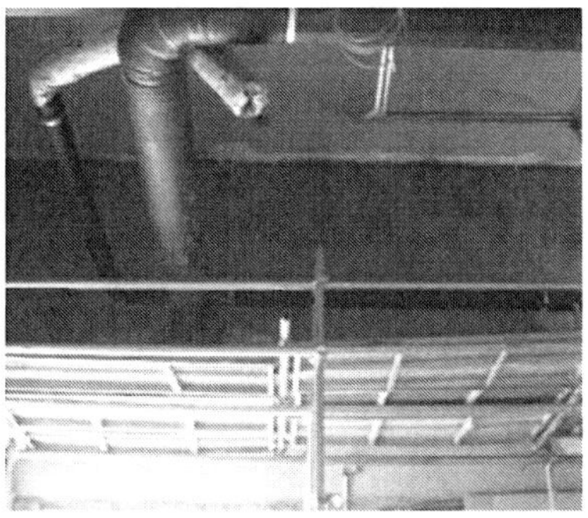

접착용에폭시물성

항목	프라이머, 마감접착용
혼합물점도	동절기 9000이하(CPS)
사용가능시간	60분 이상
압축강도	630kg/㎠이상
인장강도	180kg/㎠이상
휨강도	360kg/㎠이상
인장전단강도	120kg/㎠이상

강판표준두께

강판표준두께
4.5 mm
6.0 mm
9.0 mm
12.0 mm

3.15.2	○○동 15호 프로젝트 - 탄소섬유에 의한 보 휨 보강
PERIOD	2004. 11 ~ 2004. 11

개요

탄소섬유 보강공법
- 경량이며 작업성 및 시공성이 우수.
- 수지가 탄소섬유에 완전히 함침되어 우수한 강도 및 탄성율을 갖음.
- 무수지 탄소섬유이므로 구조물에 적용시 수지가 신속히 함침되며 기포가 적게 발생.
- 인장강도가 30,000kg/㎠로 철의 10배 이상으로 보강 후 콘크리트 부재의 형상변화가 없음.
- 탄소섬유 쉬트에 수지를 바로 도포하므로 가사시간으로 인한 문제점이 없으며, 연속작업이 가능.
- 내구성, 경제성이 우수.

상세도면

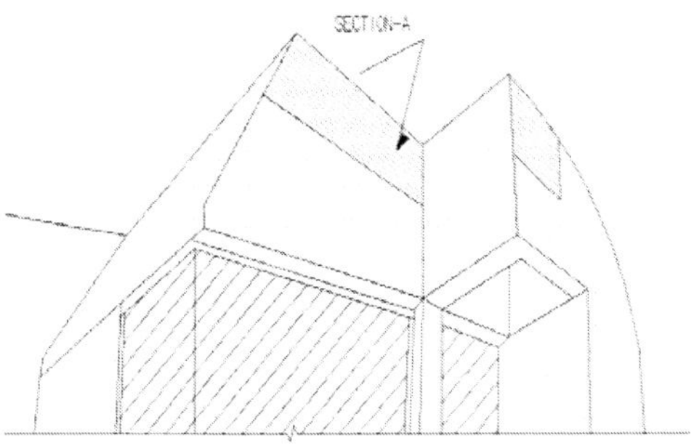

SECTION-A

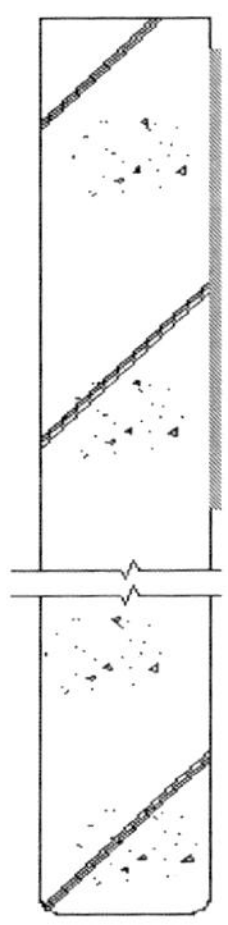

시공순서

① 마감층과의 취약부 제거
② 침투성 모체보강재 도포
③ 균열부 보수
④ 하지접착보강 및 레진하도
⑤ 탄소섬유 SHEET 접착
⑥ 레진상도
⑦ 마무리 도장(OPTION)

시공사진

시공사진 1	시공사진 2	시공사진 3

성능 및 효과

- 휨내력의 향상, 균열의 보강, 원형구조물의 보강, 내마모성의 향상
- 무수지 일방향 탄소섬유시트(NR 73) 1m의 폭을 휨보강 시 철근 D19(SD30) 7개를 사용한 것 이상의 보강 효과가 있음.
- 전단 보강효과는 15~30% 정도 뛰어남.
- 휨보강 : 항복하중 - 14%, 20%, 26% 증가.
  최대하중 - 13%, 21%, 25% 증가.

3.13	용인 수지 ○○빌리지 3차 정화조 보강공사
PERIOD	2005. 2 ~ 2005. 4

개요

- 기존 정화조의 오폐수 처리능력에 따른 경제성을 개선하고자, 설비시스템을 변경
- 슬래브 오픈으로 보 신설 및 기둥단면의 증가가 요구됨
- 형강으로 보를 신설 후 형강이 부식되는 정화조의 특성상 형강에 무수축 그라우팅을 실시.
- 기존 콘크리트 벽체에 케미컬 앙카를 시공 및 철근배근 후 콘크리트 타설 실시.

상세도면

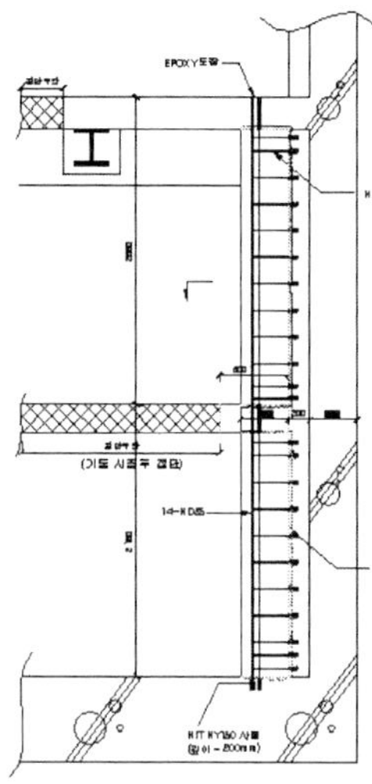

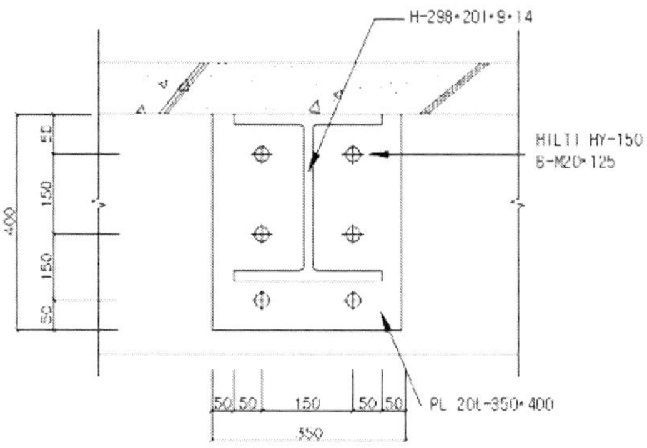

시공사진

시공사진 1

시공사진 2

시공사진 3

시공사진 4

시공사진 5

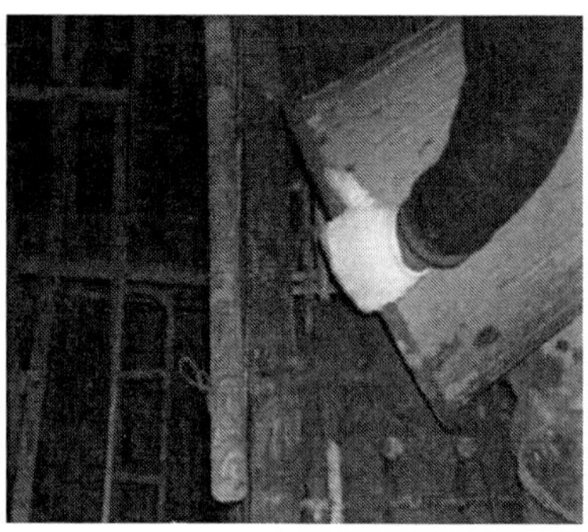

시공사진6

3.14	○○대학교 도서관 외부 치장벽돌 보수 및 보강
PERIOD	

공사개요	1. 현황조사 · ○○대학교 도서관 구조는 내부1.0B BACKUP벽돌, 50mm공간, 외부 0.5B 치장벽돌쌓기 구조로 되어있음. · 균열은 대부분 1층 부분과 부분적으로 2층에 걸쳐 발생하였으며, 외부치장벽돌 하부가 콘크리트 구조체 위에 있는 부분을 제외한 부위에 주로 발생하였음. 2. 원인조사 및 분석 · 외부치장벽돌 하부구조가 부분적으로 불량하거나, 기초지반 침하 · BACKUP BRICK 과 FACADE BRICK 의 연결철물 불량 · 접착몰탈 내력부족 및 시공불량 (편심하중) · 외부 기온변화에 따른 신축율의 차이 등 종합적으로 복합 작용하여 발생된 것으로 사료됨.
상세도면	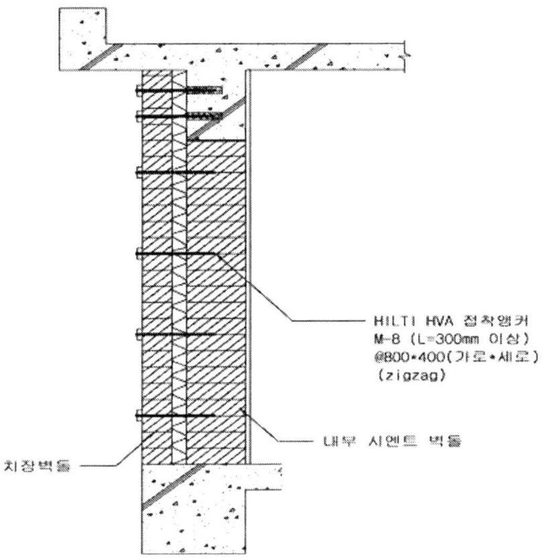
시공사진	시 공 사 진 1:  시 공 사 진 2: 
기타	위의 원인을 종합분석해 보면, 보수·보강 방법은 · 매 층마다 외부 보에 외부치장벽돌 하중을 전달 지지하는 방법 · 전층의 외부치장벽돌 하중을 최하부의 SHELF ANGLE 로 전달하는 방법이 있으나, 치장벽돌 일부가 파손된 부분의 보를 조사해본 결과, 휨균열이 발생하였으므로 매층마다 외부보에 외부치장벽돌 하중을 전달시키지 않는 것이 바람직하며, 또한 BACKUP BRICK 과 FACADE BRICK의 연결철물을 보강하고, 균열부분은 EPOXY INJECTION하며, 심하게 균열이 발생된 부분은 제거 후 재시공.

3.15	○○육교 STEEL BOX COLUMN파손 보수 및 보강
PERIOD	

공사개요	1. 현황조사 · ○○육교 철골 보를 지지하는 STEEL BOX COLUMN을 보호하는 철근 콘크리트에 균열이 발생하여 콘크리트 조각이 떨어지는 현황. 2. 균열 원인조사 · 균열폭은 1~2mm 정도로서 기온이 급강하 하면서 BOX COLUMN 내부에 있던 물이 얼면서 생긴 체적팽창력(약 10% 정도의 체적팽창)이 BOX 기둥의 철판을 밀어 내면서 철판 용접부위의 파손 및 배부름 현상이 발생하고 외부 피복 콘크리트에 균열이 발생. 3. 보수 보강대책 및 시공 · 철골 보 지지를 위한 가설기둥 설치 · 철골기둥의 실제변형 및 용접부위 결함을 확인하기 위한 피복 콘크리트제거 · BOX기둥의 기존용접 결함부위의 제거 및 재 용접 · BOX기둥 외부에 수평, 수직 COLUMN BAND 용접 · 하부 모멘트 보강을 위한 EPOXY MORTAR GROUTING · 상부 우수 및 사용수 유입방지 조치 · 육교 철골 보의 교좌장치(SLIDING SYSTEM)에 대한 교체작업 · 철재면 부식 방지 처리 · 상기 공정수행을 위한 제반 가설공사
상세도면	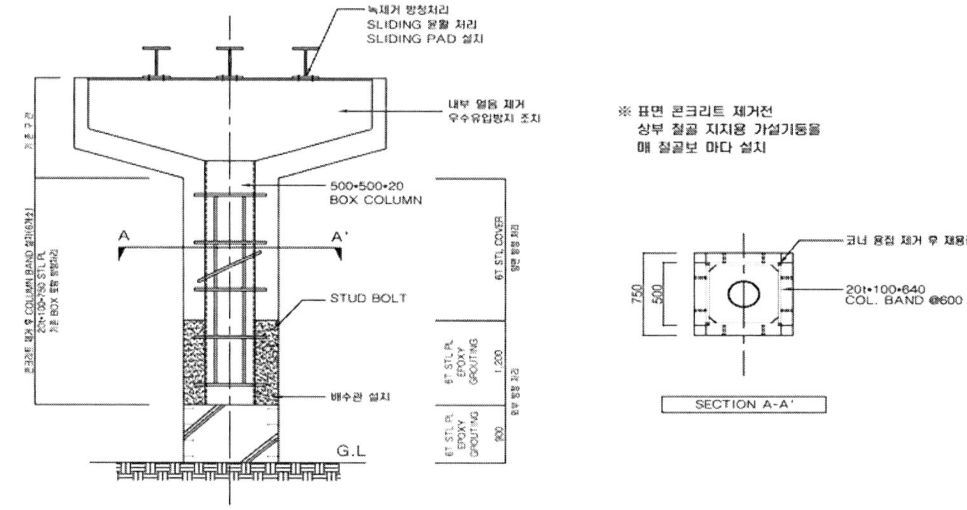

시공사진	시공사진 1	시공사진 2	시공사진 3	시공사진 4
	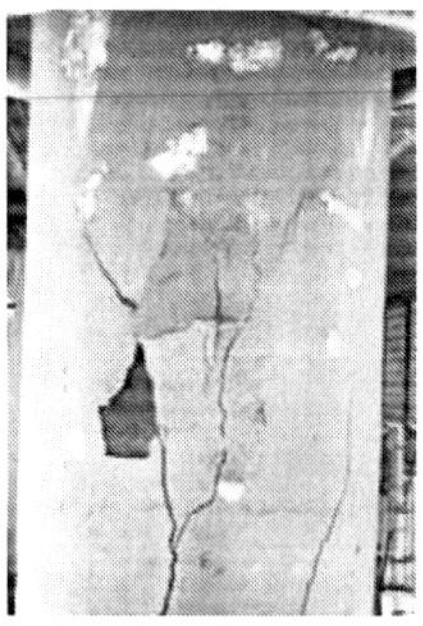			

제 4 장 보수·보강 계획 사례

상영엔지니어링(주)

○○백화점 증 · 개축 공사

· REPAIR & REHABILITATION DRAWING ·

4.1.1a	OO백화점 증개축 공사

DETAIL "A"

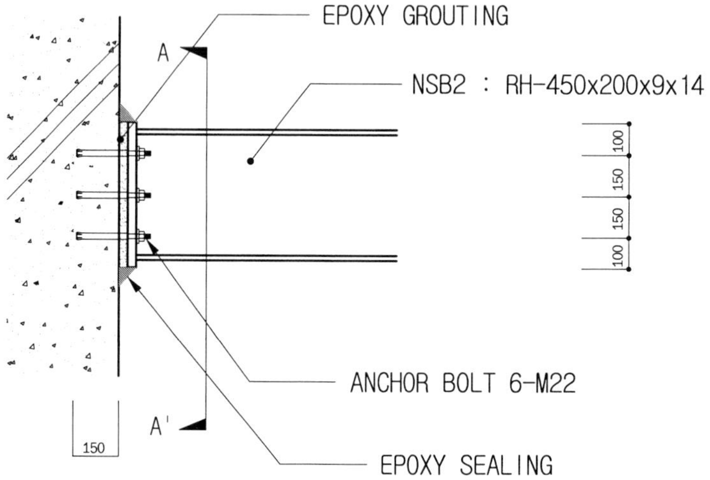

SECTION A-A'

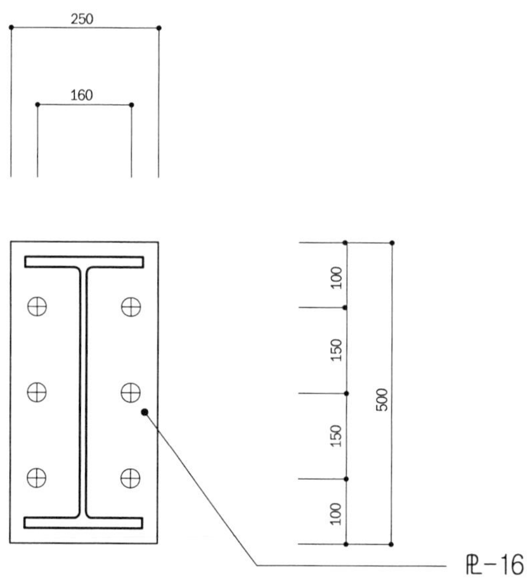

상 영 엔 지 니 어 링 (주) SANG YOUNG ENGINEERING. CO., LTD	접 합 상 세	DWG. NO.

· REPAIR & REHABILITATION DRAWING ·

4.1.1b	OO백화점 증개축 공사

DETAIL "B"

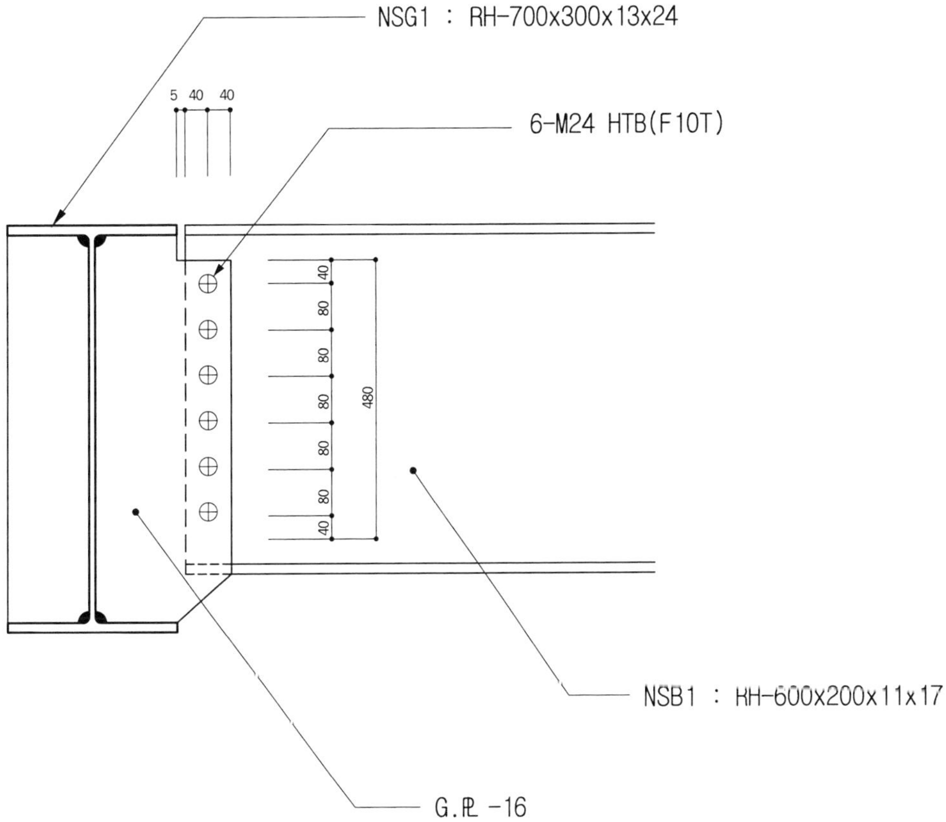

상 영 엔 지 니 어 링 (주) SANG YOUNG ENGINEERING. CO., LTD	접 합 상 세	DWG. NO.

4.1.1c	OO백화점 증개축 공사

DETAIL "C"

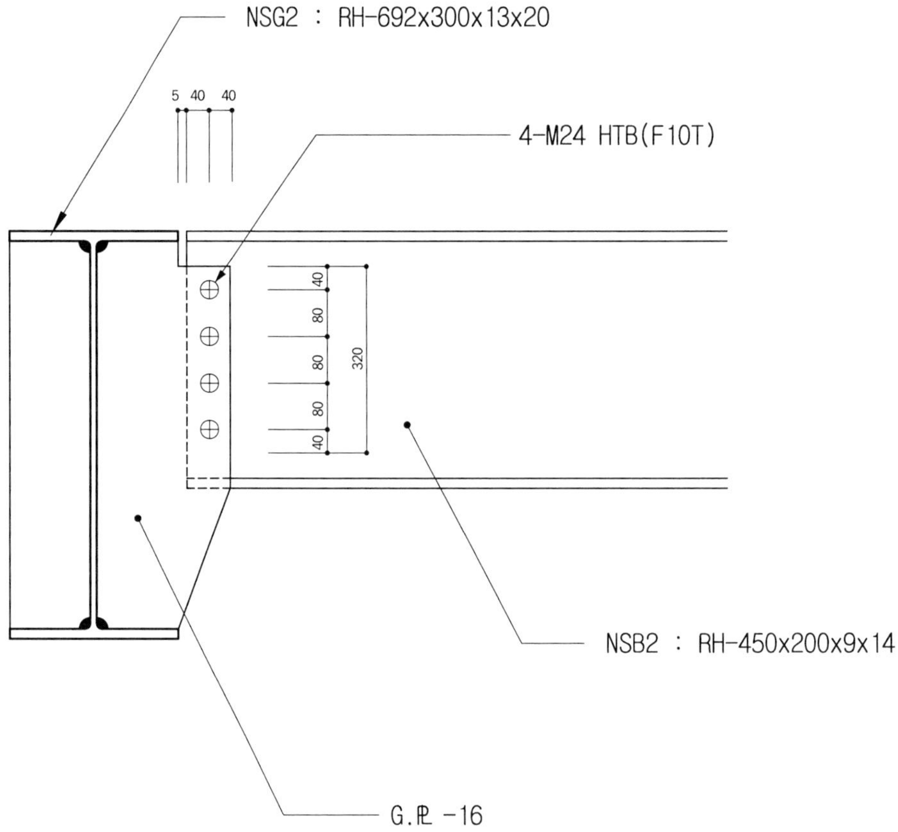

상 영 엔 지 니 어 링 (주) SANG YOUNG ENGINEERING. CO., LTD	접 합 상 세	DWG. NO.

· REPAIR & REHABILITATION DRAWING ·

4.1.1d	OO백화점 증개축 공사

DETAIL "D"

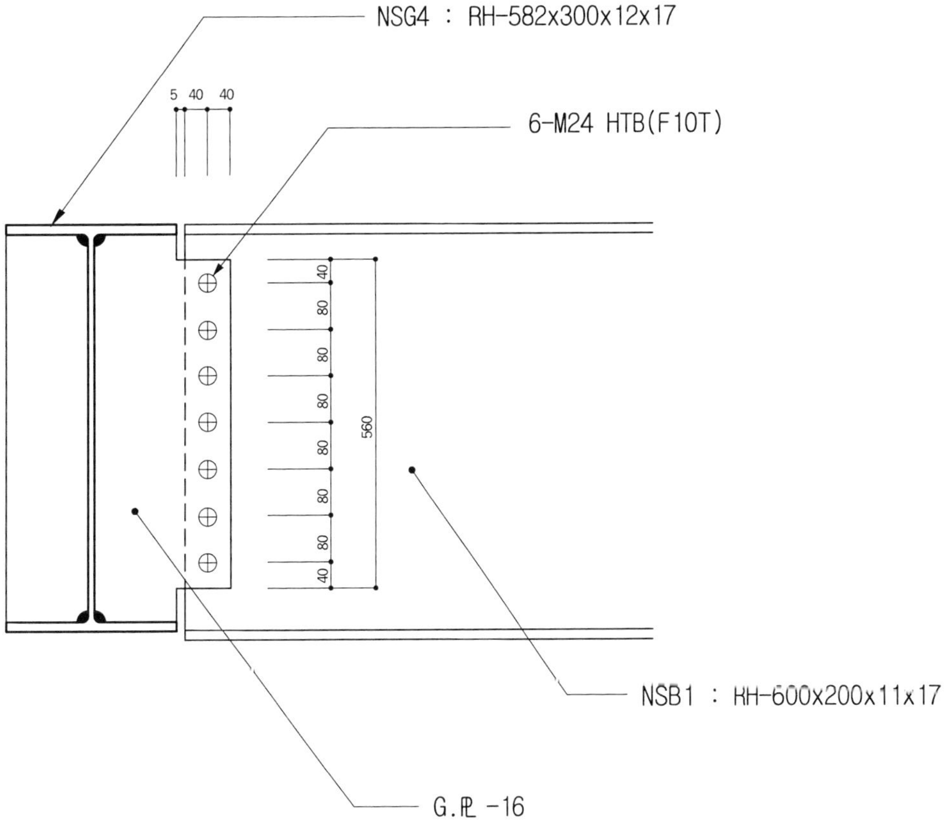

상 영 엔 지 니 어 링 (주) SANG YOUNG ENGINEERING. CO., LTD	접 합 상 세	DWG. NO.

· REPAIR & REHABILITATION DRAWING ·

4.1.1e	OO백화점 증개축 공사

DETAIL "E"

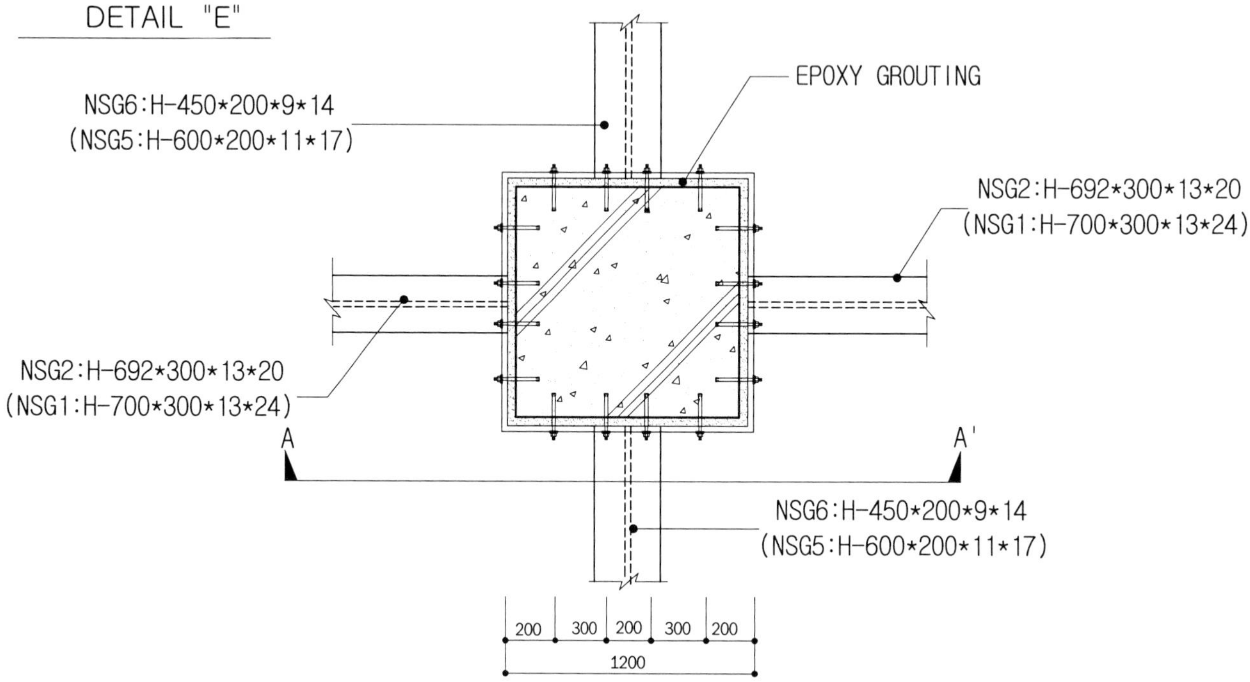

SECTION A-A'

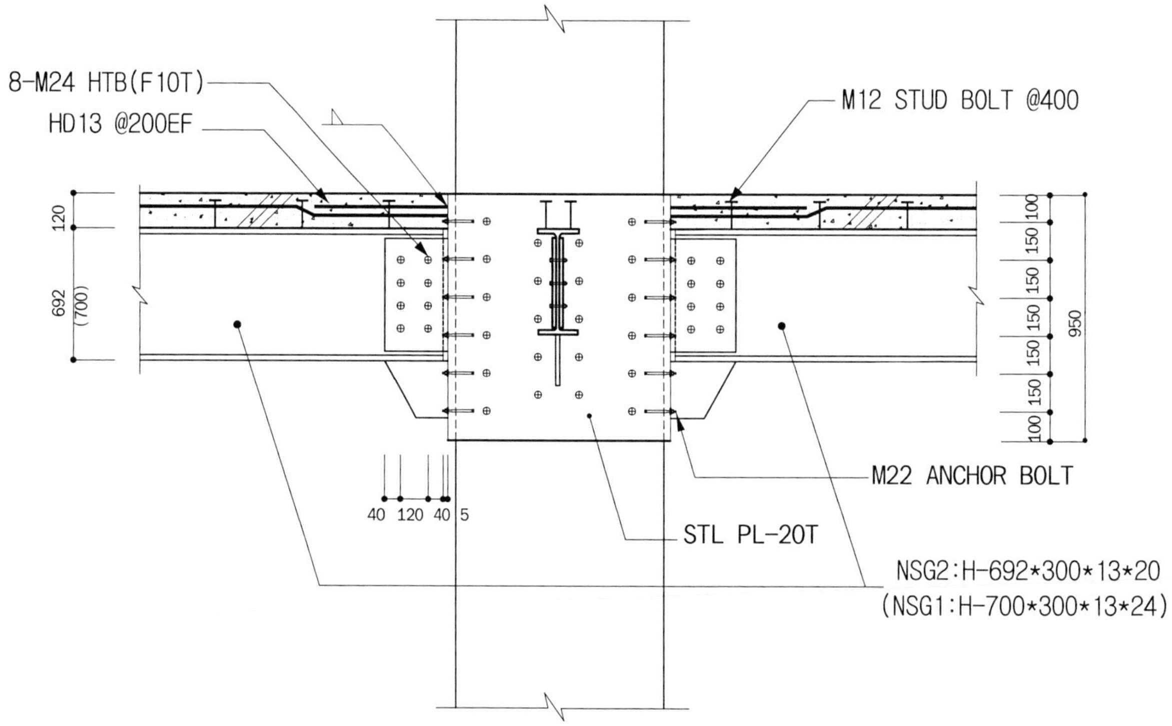

상 영 엔 지 니 어 링 (주) SANG YOUNG ENGINEERING. CO., LTD	접 합 상 세	DWG. NO.

4.1.1f	OO백화점 증개축 공사

DETAIL "F"

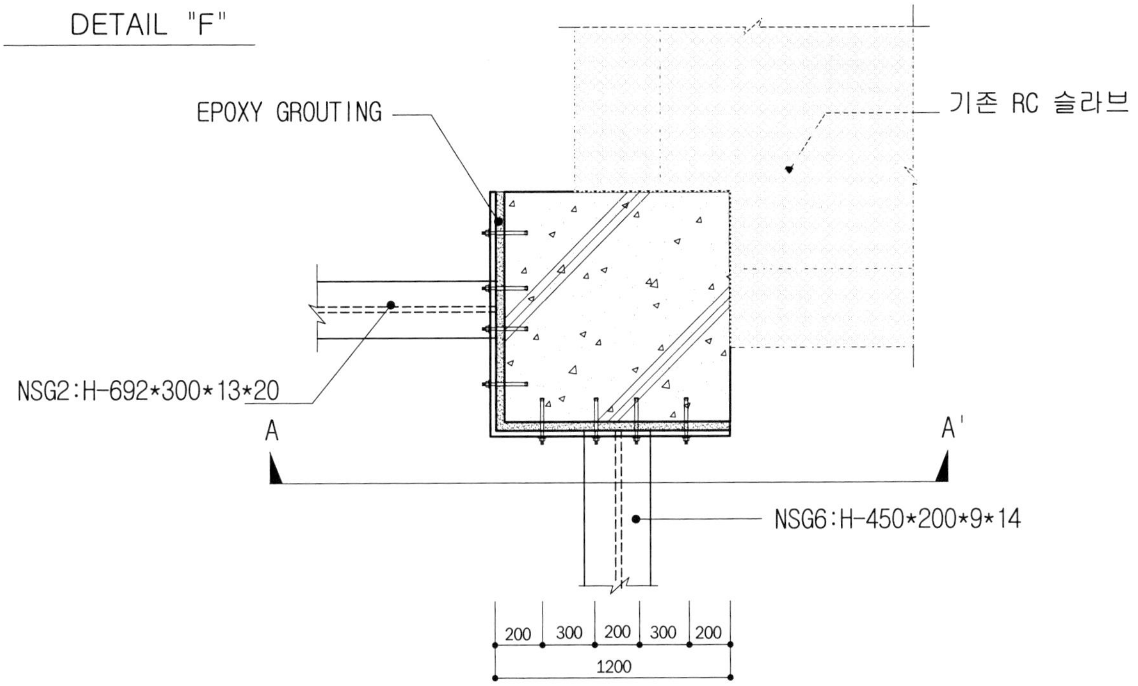

SECTION A-A'

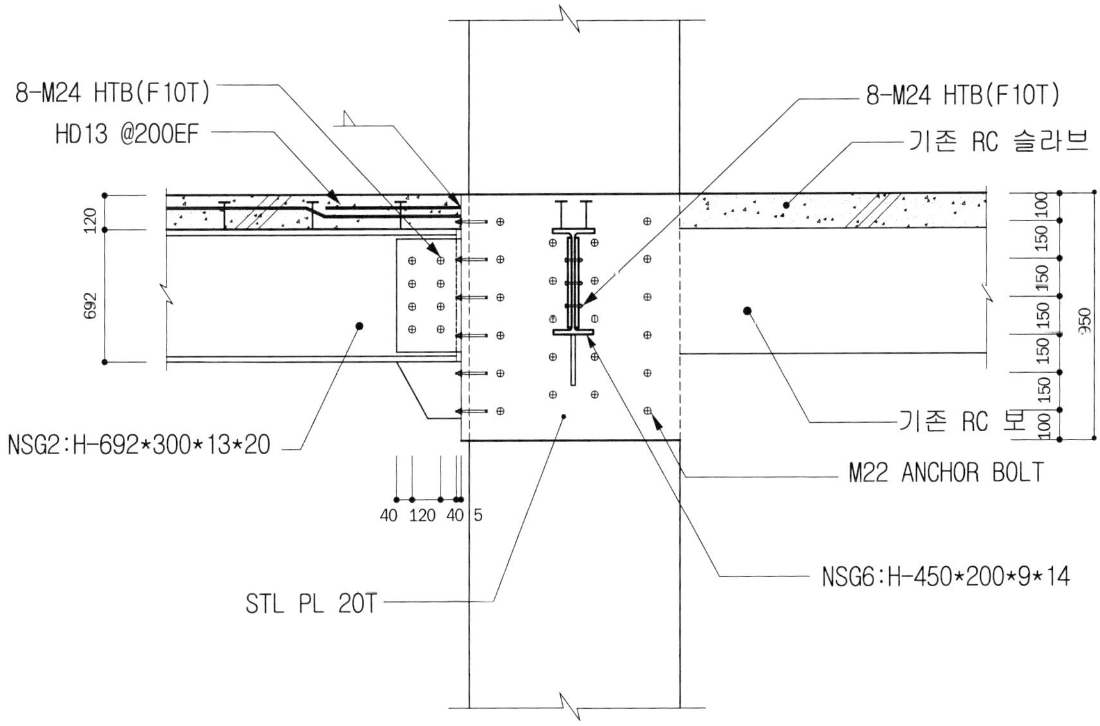

상 영 엔 지 니 어 링 (주) SANG YOUNG ENGINEERING. CO., LTD	접 합 상 세	DWG. NO.

· REPAIR & REHABILITATION DRAWING ·

4.1.1g	OO백화점 증개축 공사

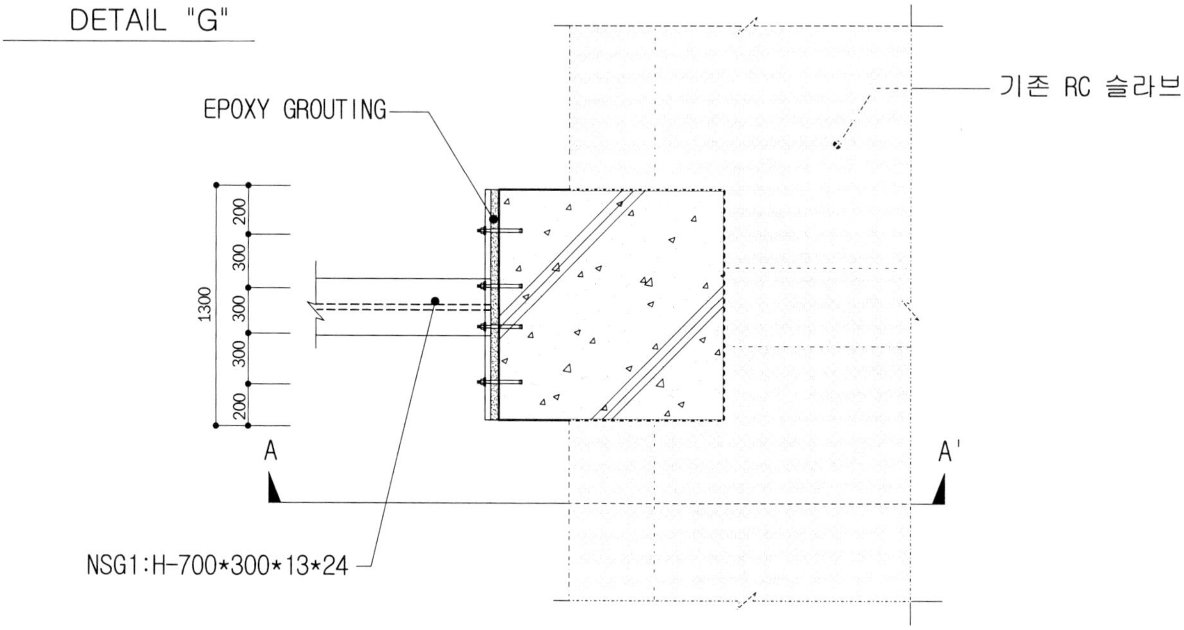

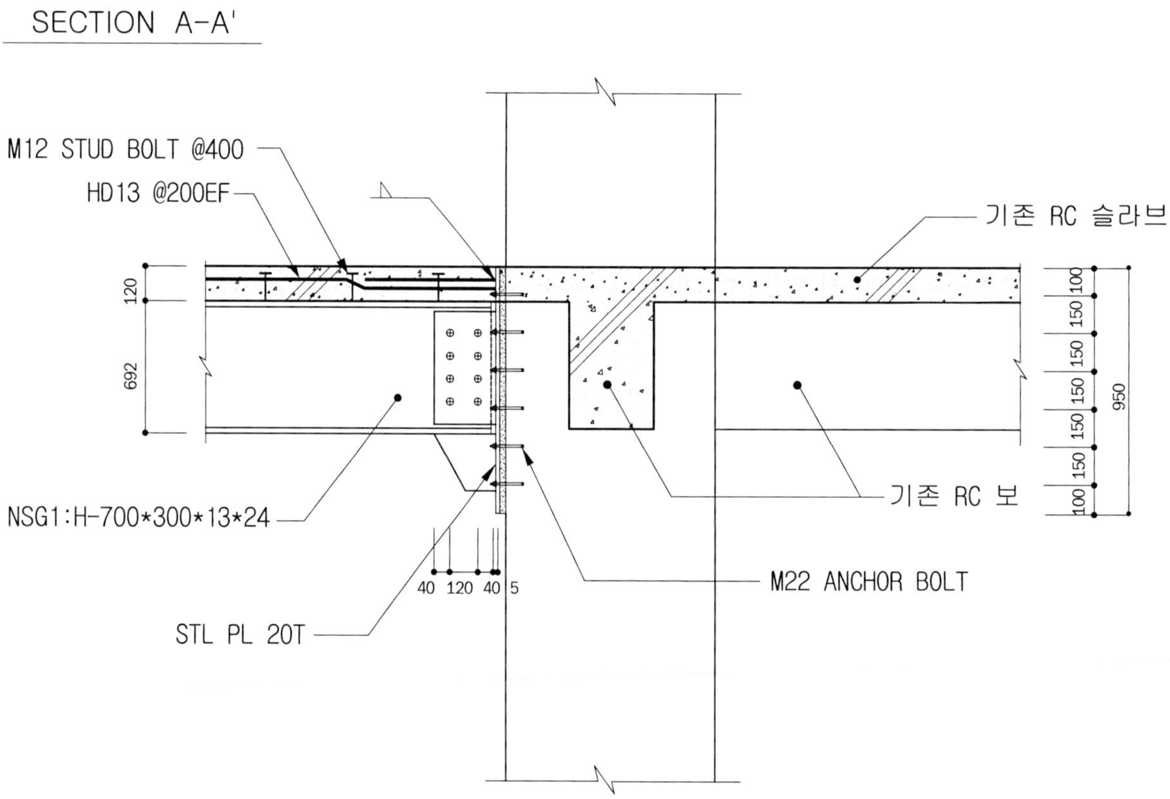

상 영 엔 지 니 어 링 (주) SANG YOUNG ENGINEERING. CO., LTD	접 합 상 세	DWG. NO.

· REPAIR & REHABILITATION DRAWING ·

4.1.1h	OO백화점 증개축 공사

DETAIL "H"

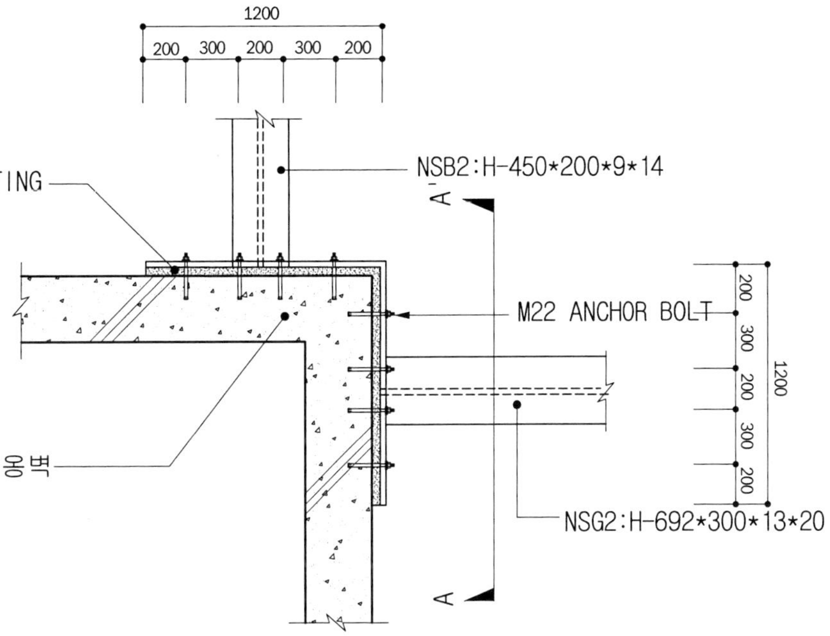

SECTION A-A'

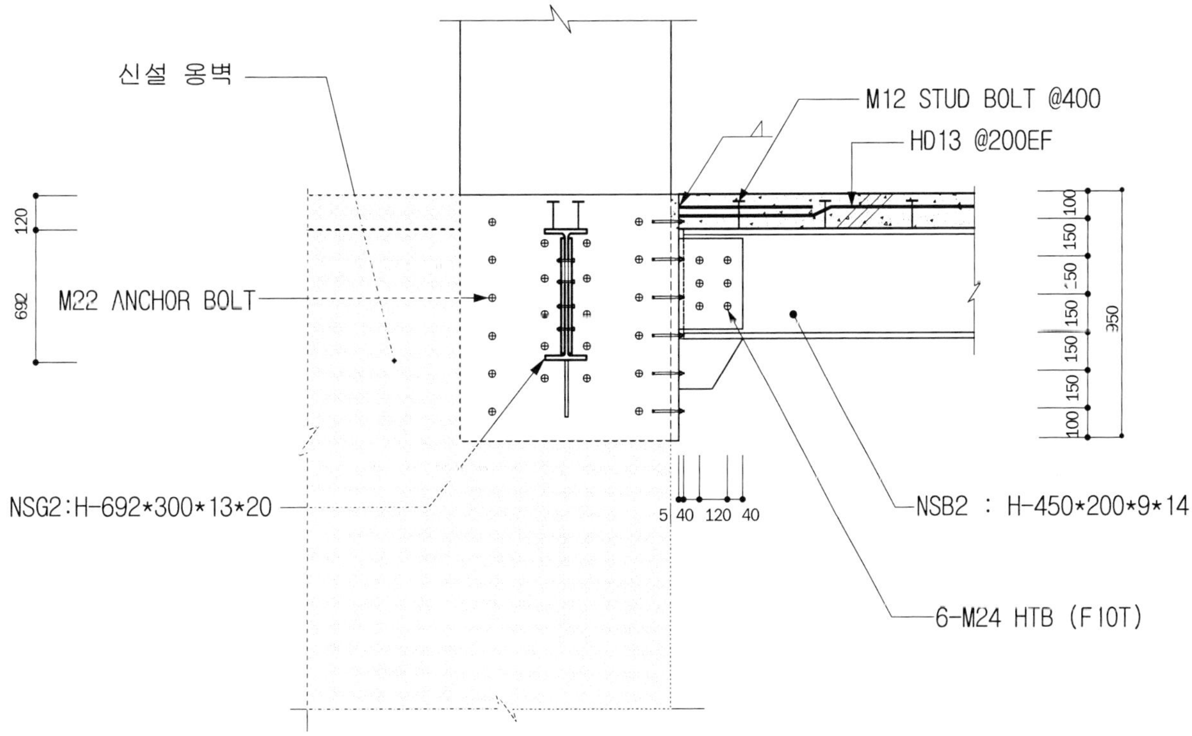

상 영 엔 지 니 어 링 (주) SANG YOUNG ENGINEERING. CO., LTD	접 합 상 세	DWG. NO.

· **REPAIR & REHABILITATION DRAWING** ·

4.1.1i	OO백화점 증개축 공사

DETAIL "I"

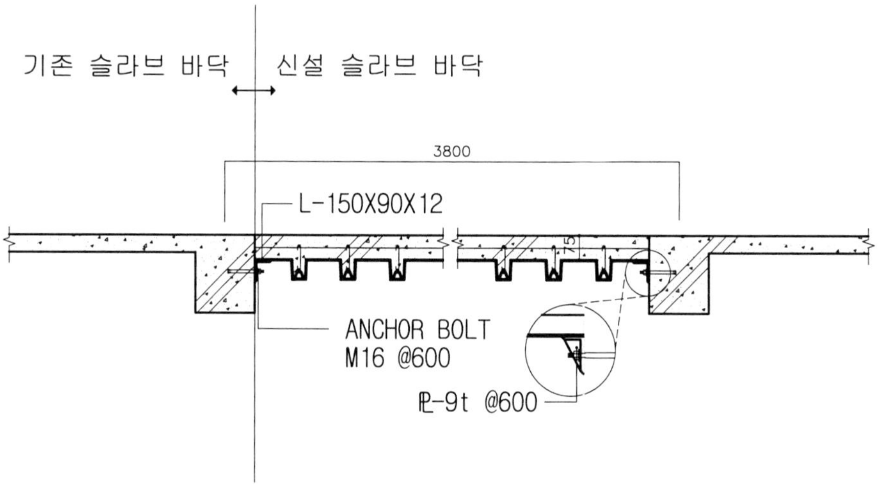

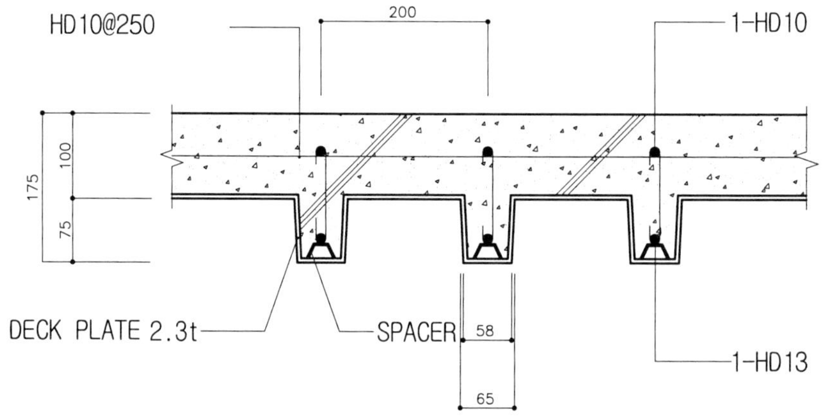

상 영 엔 지 니 어 링 (주) SANG YOUNG ENGINEERING. CO., LTD	접 합 상 세	DWG. NO.

· REPAIR & REHABILITATION DRAWING ·

4.1.1j	OO백화점 증개축 공사

DETAIL "J"

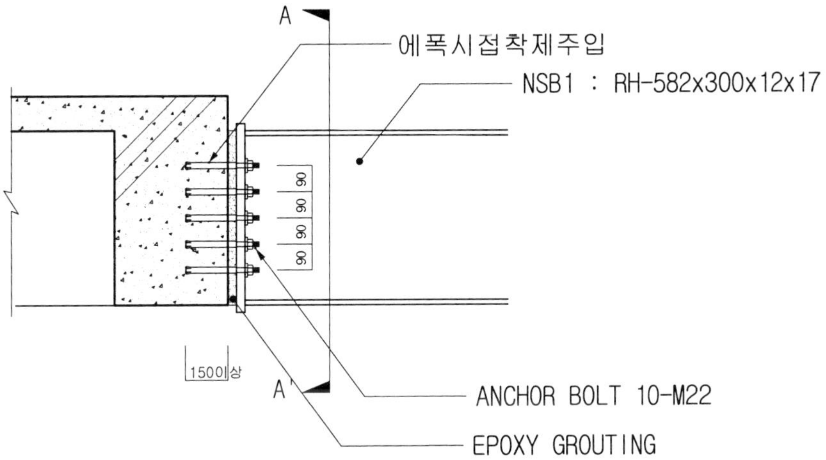

SECTION A-A'

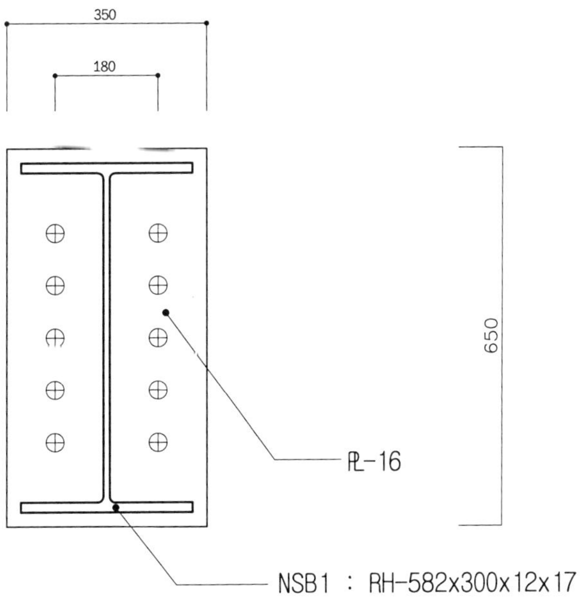

상 영 엔 지 니 어 링 (주) SANG YOUNG ENGINEERING. CO., LTD	접 합 상 세	DWG. NO.

· REPAIR & REHABILITATION DRAWING ·

4.1.1k	OO백화점 증개축 공사

DETAIL "K"

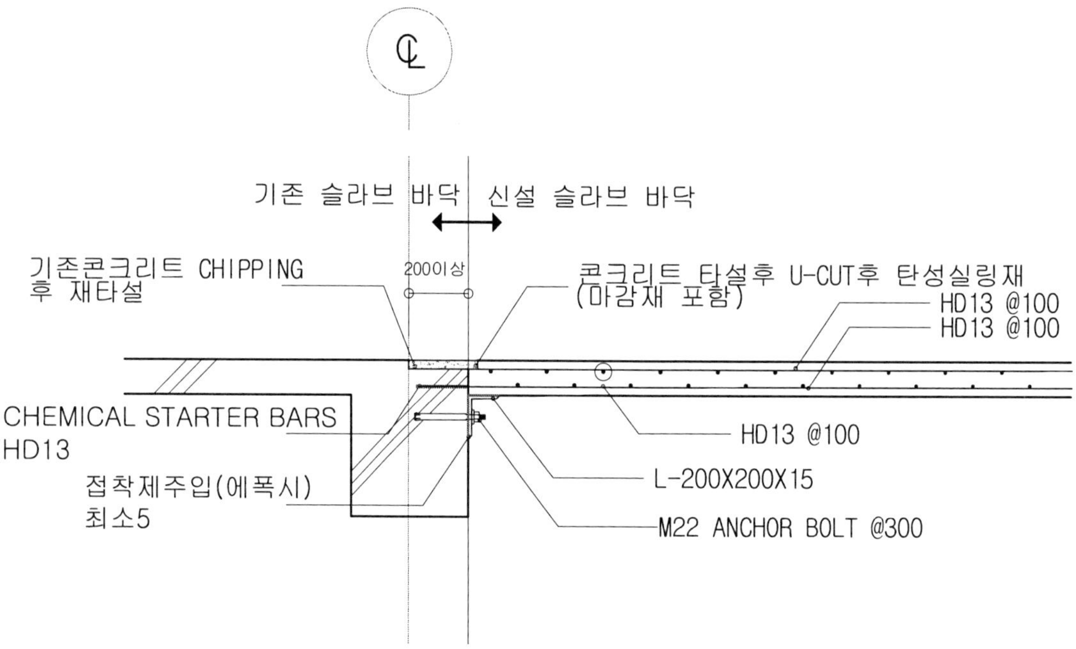

상 영 엔 지 니 어 링 (주) SANG YOUNG ENGINEERING. CO., LTD	접 합 상 세	DWG. NO.

· REPAIR & REHABILITATION DRAWING ·

4.1.1L	OO백화점 증개축 공사

DETAIL "L"

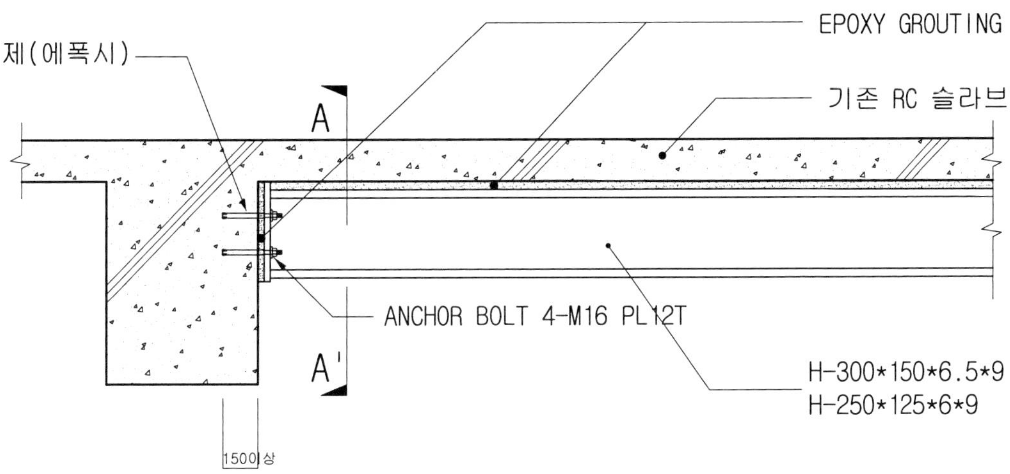

SECTION A-A'

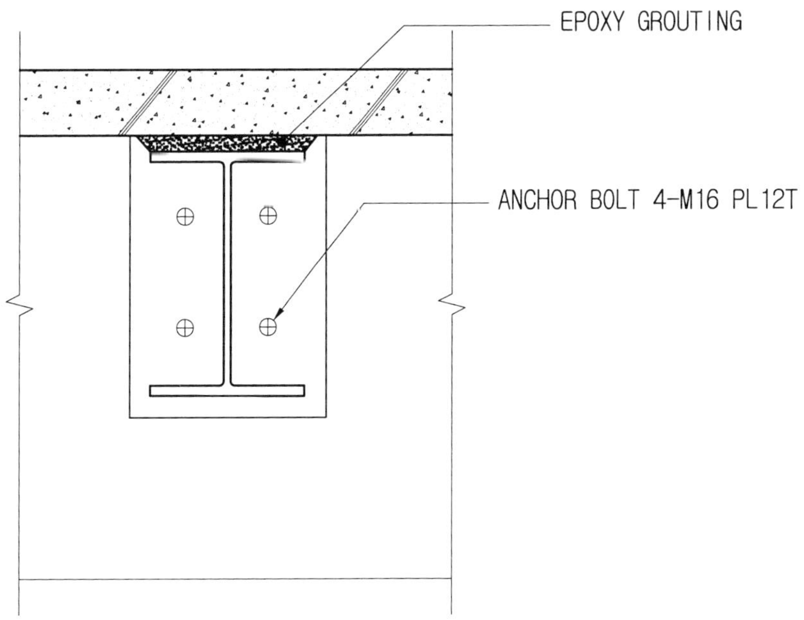

상 영 엔 지 니 어 링 (주) SANG YOUNG ENGINEERING. CO., LTD	접 합 상 세	DWG. NO.

1, 2 층 B8 보강상세

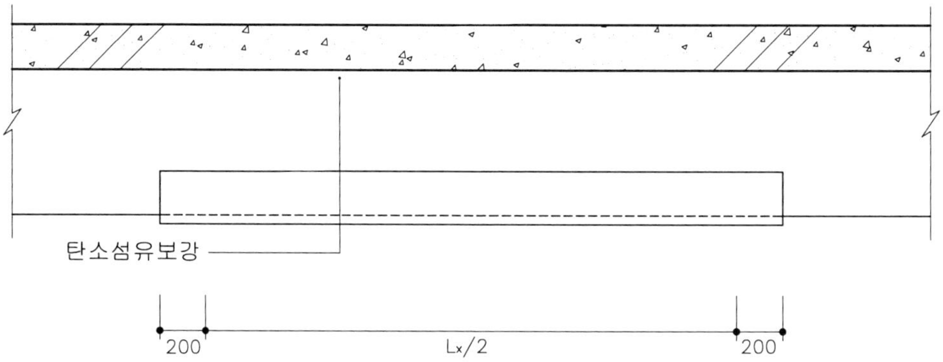

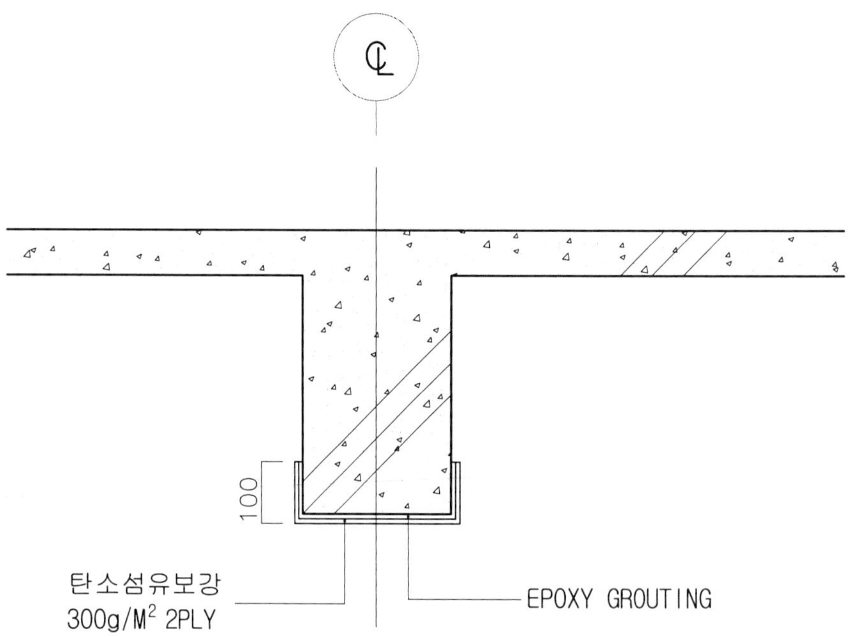

· REPAIR & REHABILITATION DRAWING ·

4.1.2b	OO백화점 증개축 공사

G6, G7, B18 보강상세

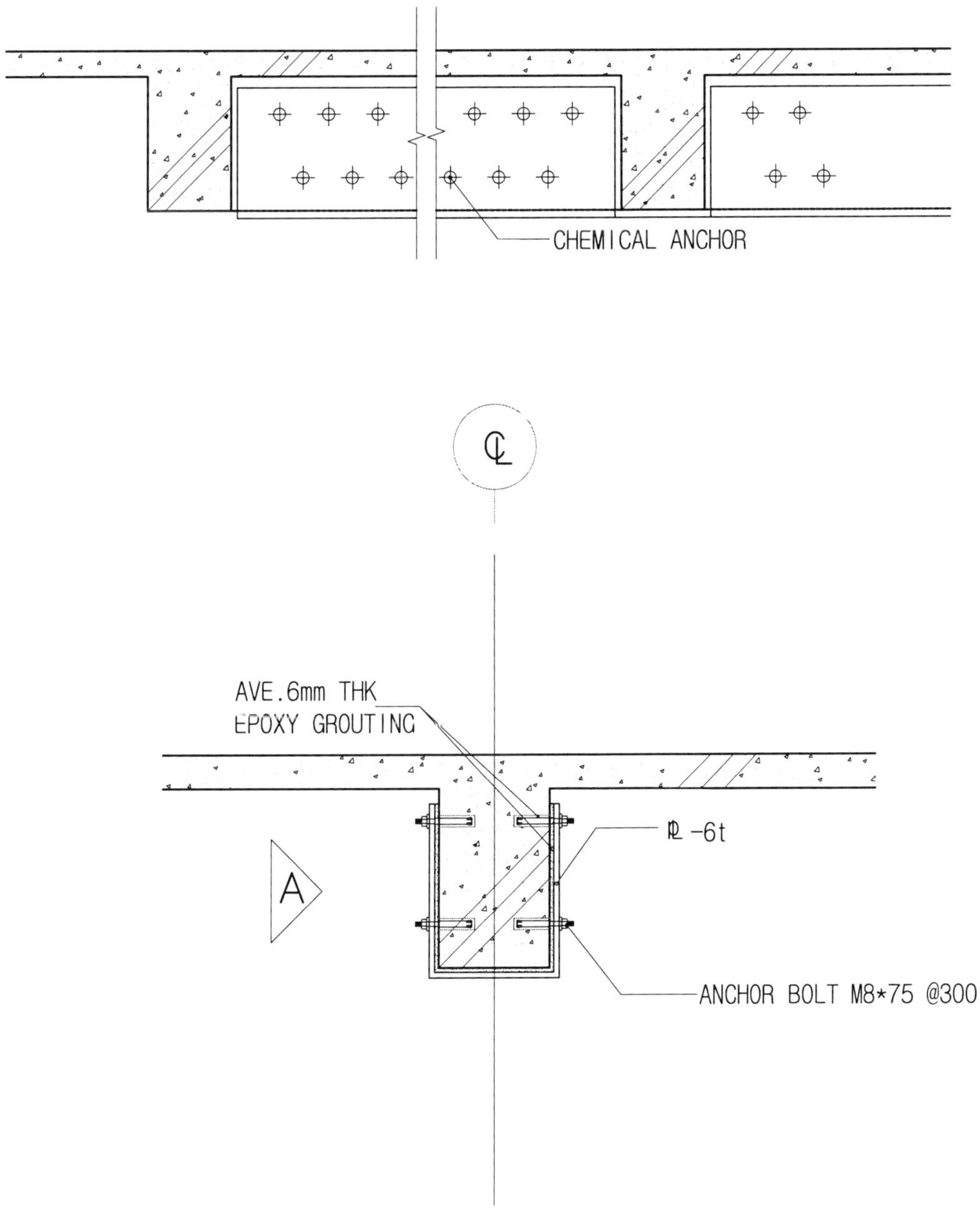

상 영 엔 지 니 어 링 (주) SANG YOUNG ENGINEERING. CO., LTD	보 강 상 세	DWG. NO.

○○연립주택 골조 콘크리트 LIFTING-UP

· REPAIR & REHABILITATION DRAWING ·

4.2.1	OO연립주택 골조 콘크리트 LIFTING-UP

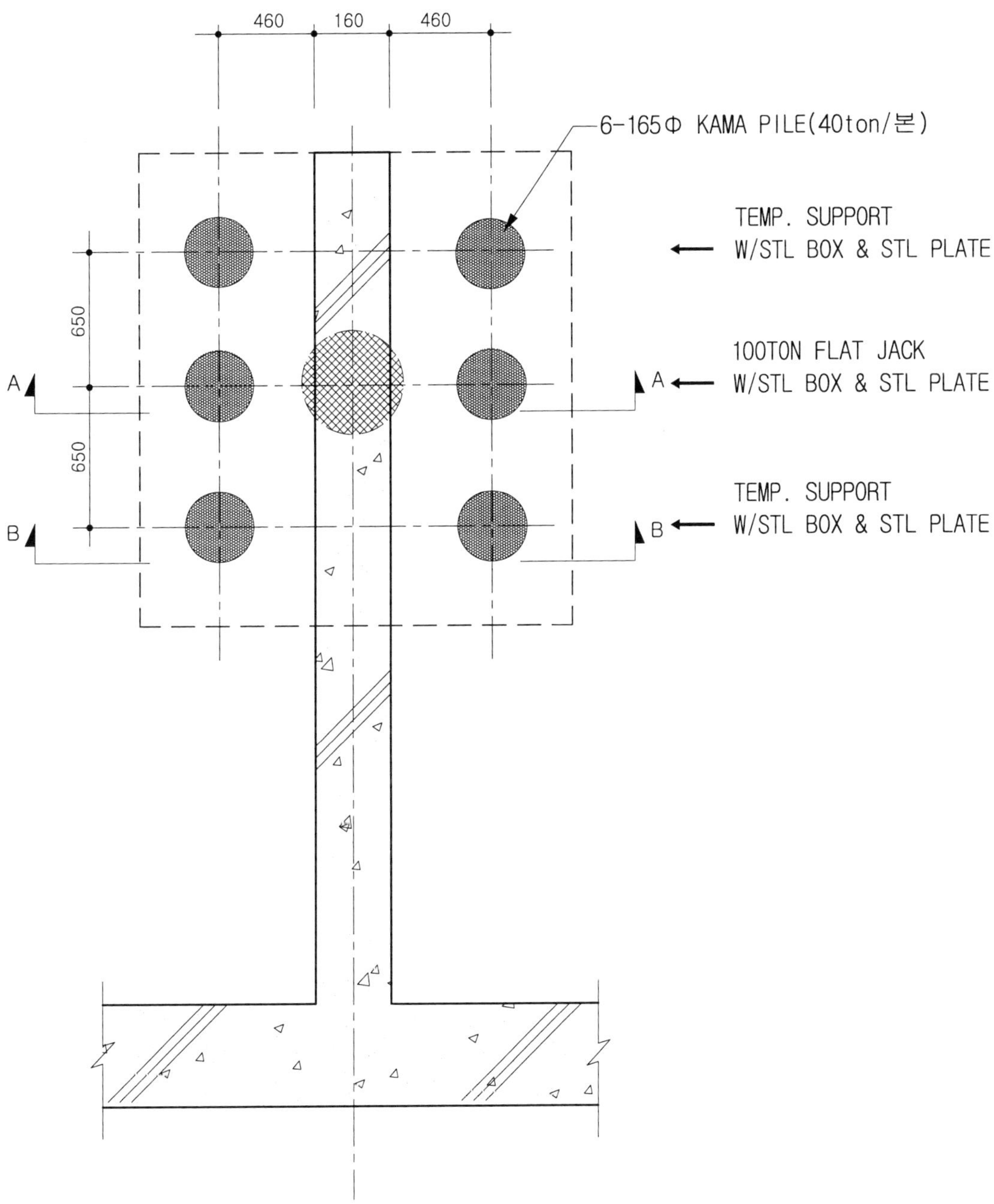

상 영 엔 지 니 어 링 (주) SANG YOUNG ENGINEERING. CO., LTD	DETAIL	DWG. NO.

4.2.2a	OO연립주택 골조 콘크리트 LIFTING-UP

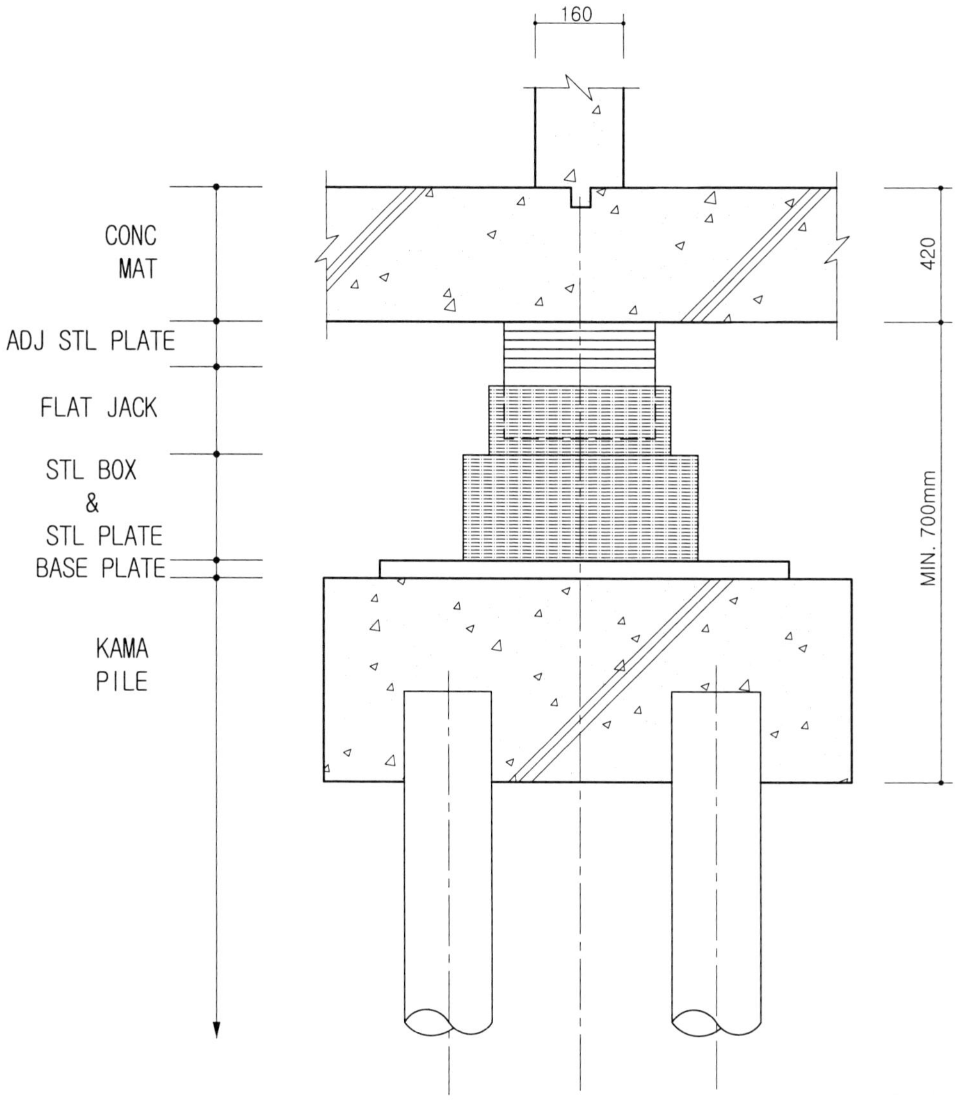

SECTION A-A

상 영 엔 지 니 어 링 (주) SANG YOUNG ENGINEERING. CO., LTD	DETAIL	DWG. NO.

4.2.2b	OO연립주택 골조 콘크리트 LIFTING-UP

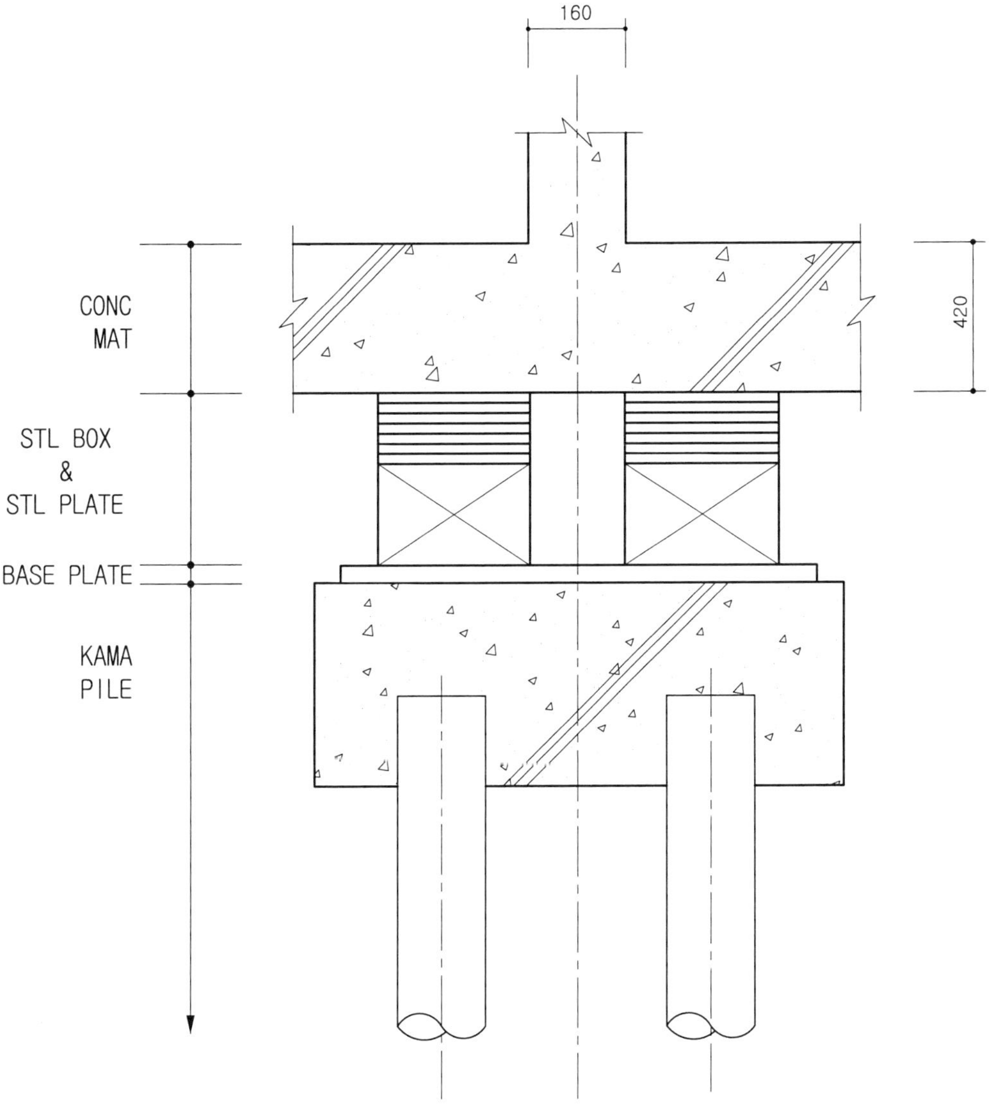

SECTION B-B

상 영 엔 지 니 어 링 (주) SANG YOUNG ENGINEERING. CO., LTD	DETAIL	DWG. NO.

4.2.2c	OO연립주택 골조 콘크리트 LIFTING-UP

P L A N

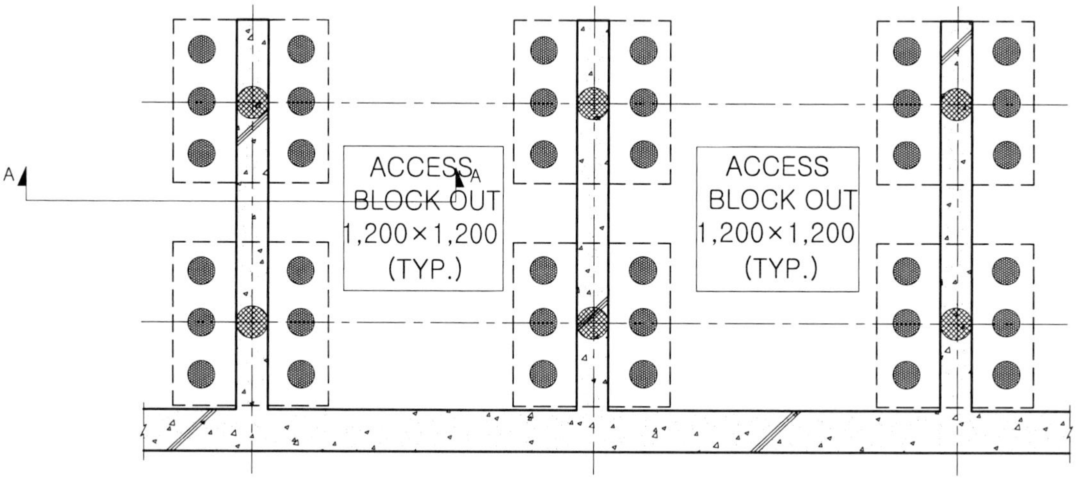

A-A SECTION

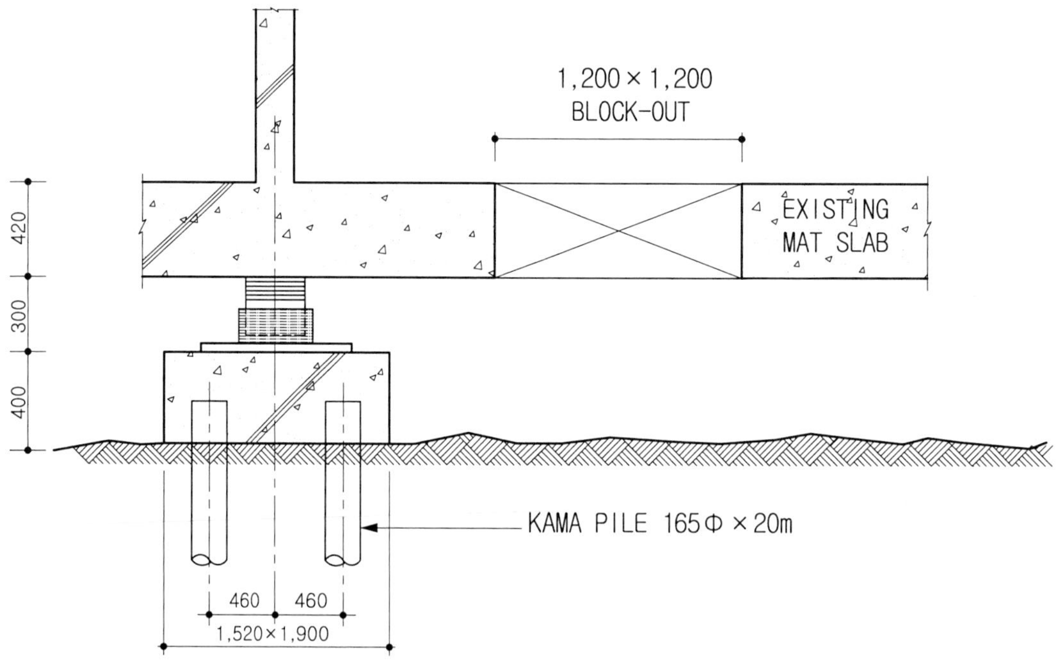

상 영 엔 지 니 어 링 (주) SANG YOUNG ENGINEERING. CO., LTD	D E T A I L	DWG. NO.

APT 단지내 조형물 설치공사

· **REPAIR & REHABILITATION DRAWING** ·

4.3.1a	APT 단지내 조형물 설치 공사

Foundation — A type (대형)

SCALE = NON.

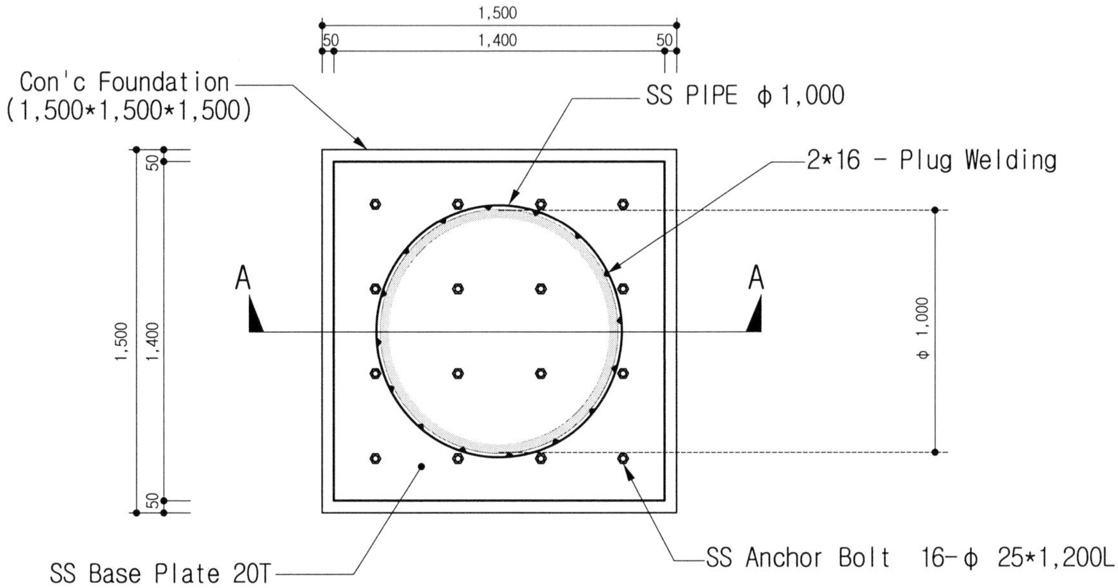

SECTION-A

SCALE = NON.

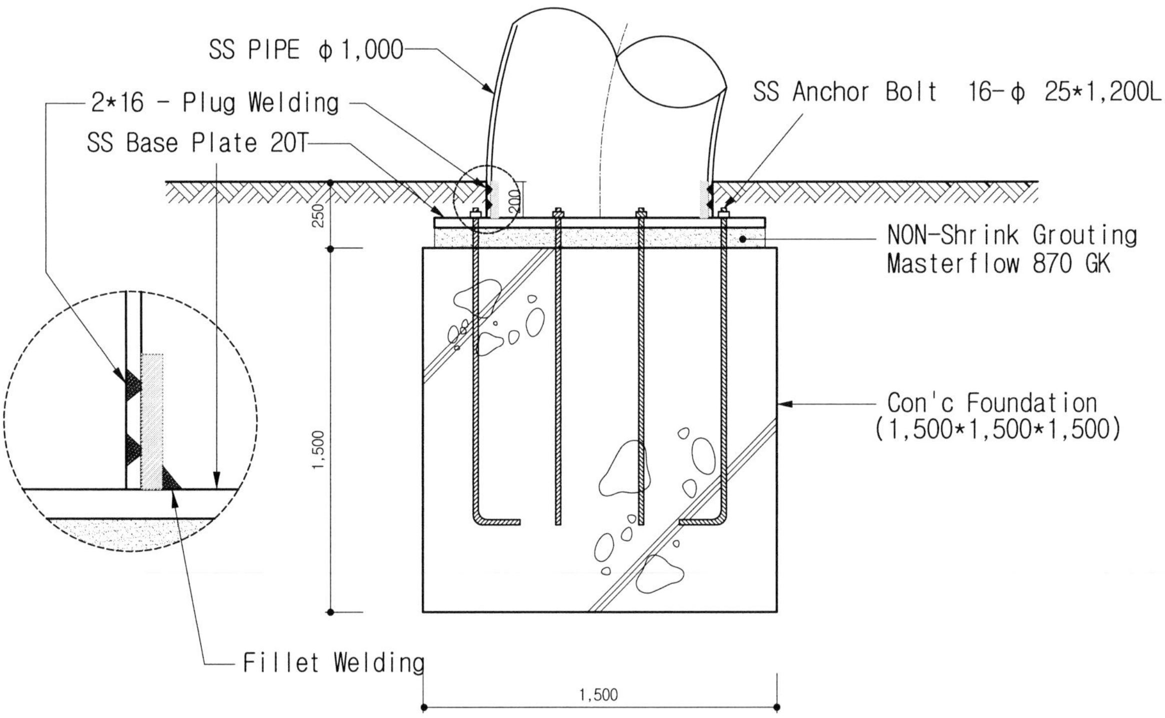

상 영 엔 지 니 어 링 (주) SANG YOUNG ENGINEERING. CO., LTD	**기초 접합부 상세**	DWG. NO.

4.3.1b	APT 단지내 조형물 설치 공사

Foundation – B type (소형)

SCALE = NON.

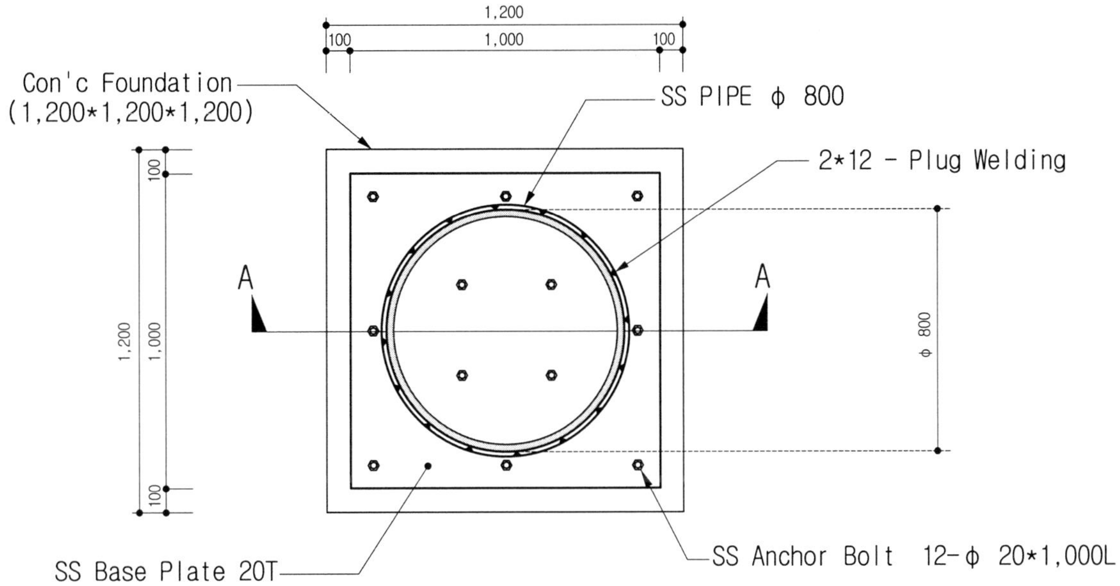

SECTION-A

SCALE = NON.

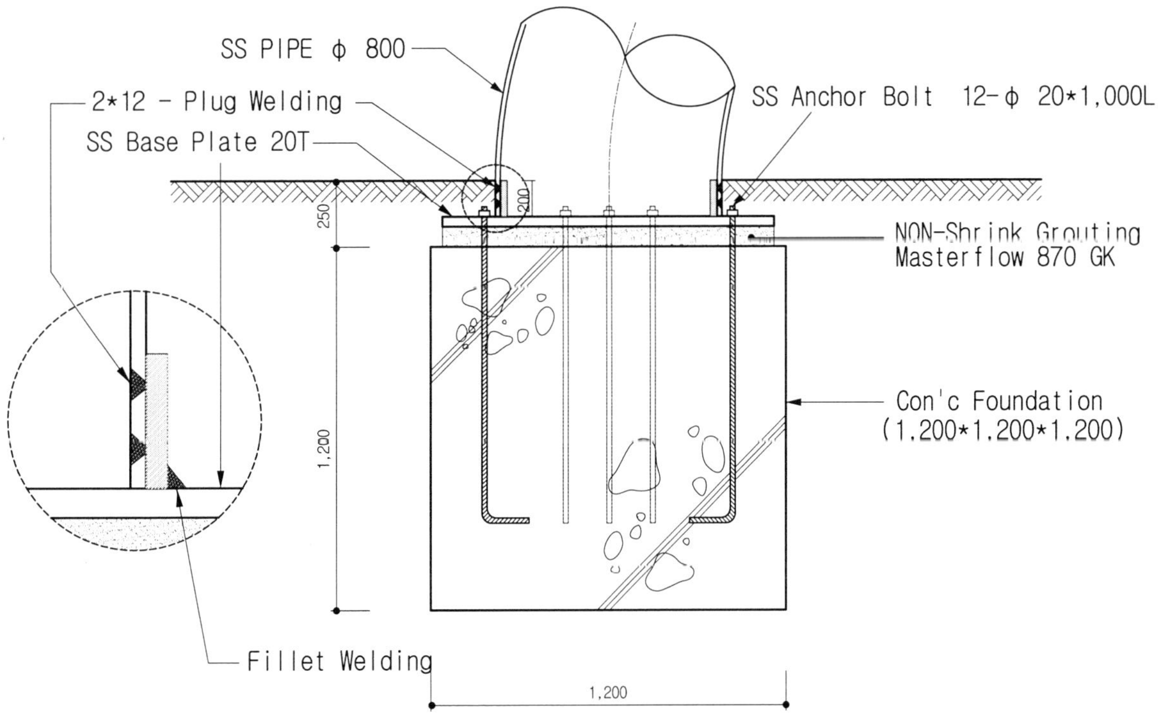

상 영 엔 지 니 어 링 (주) SANG YOUNG ENGINEERING. CO., LTD	기초 접합부 상세	DWG. NO.

· **REPAIR & REHABILITATION DRAWING** ·

4.3.1c	APT 단지내 조형물 설치 공사

Foundation – C type (반구형)

SCALE = NON.

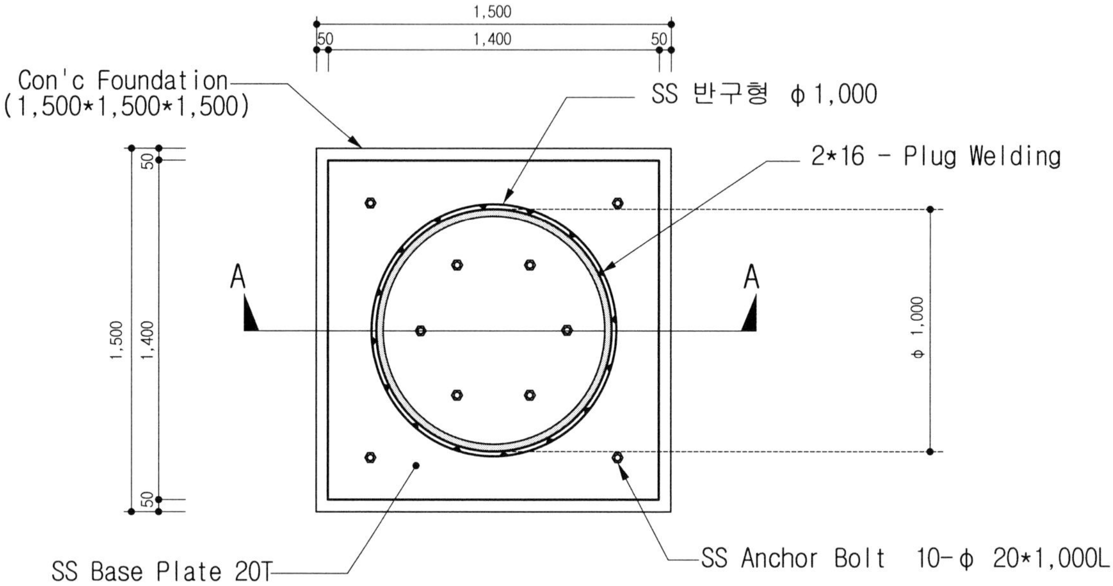

SECTION-A

SCALE = NON.

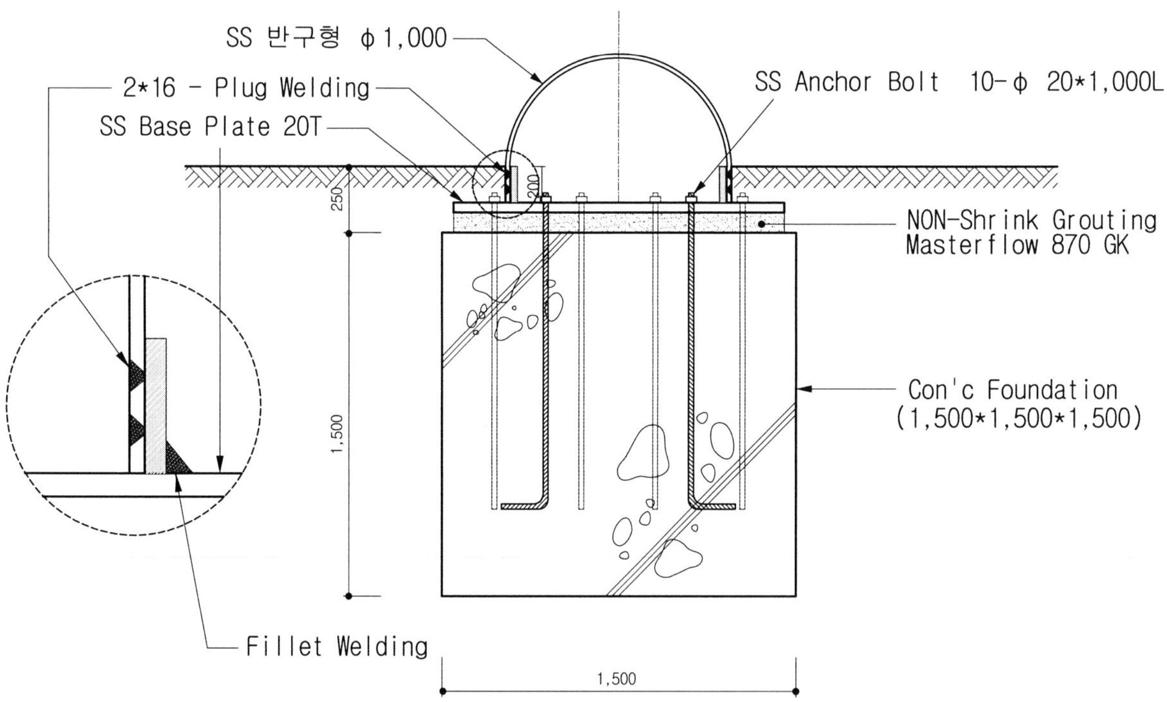

상 영 엔 지 니 어 링 (주) SANG YOUNG ENGINEERING. CO., LTD	**기초 접합부 상세**	DWG. NO.

제 4 장 보수·보강 계획 사례

벽체 개구부 주위 보강공사

· REPAIR & REHABILITATION DRAWING ·

4.4.1	벽체 개구부 주위 철판보강

WALL ELEVATION

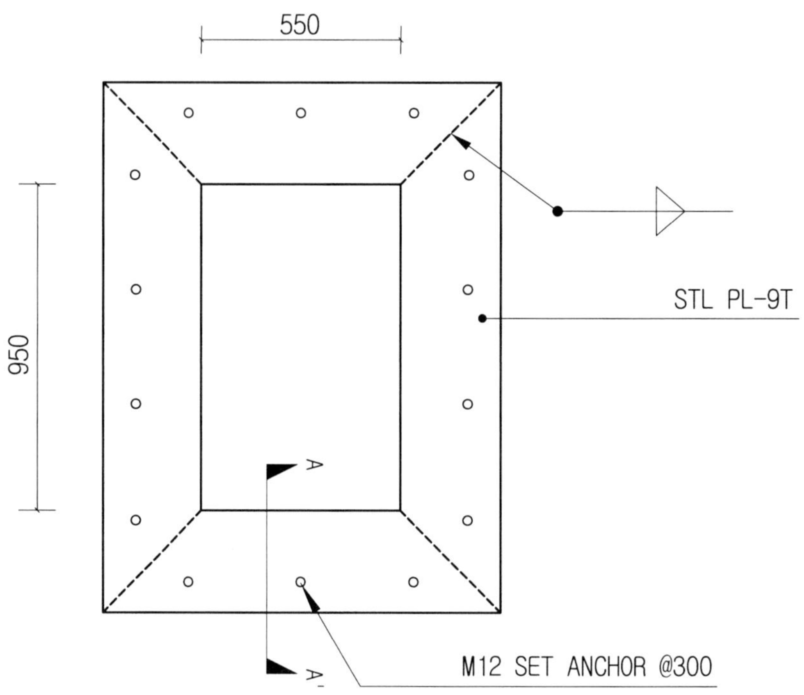

SECTION A-A'

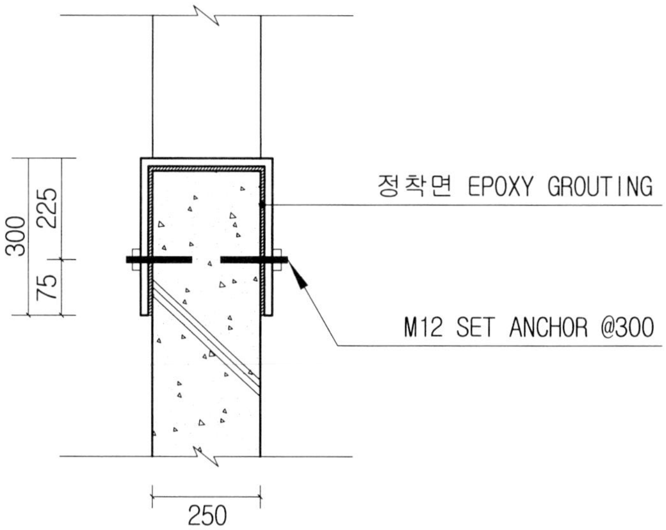

상 영 엔 지 니 어 링 (주) SANG YOUNG ENGINEERING. CO., LTD	보 강 상 세	DWG. NO.

4.4.2 벽체 개구부 주위 CFS 보강

WALL ELEVATION

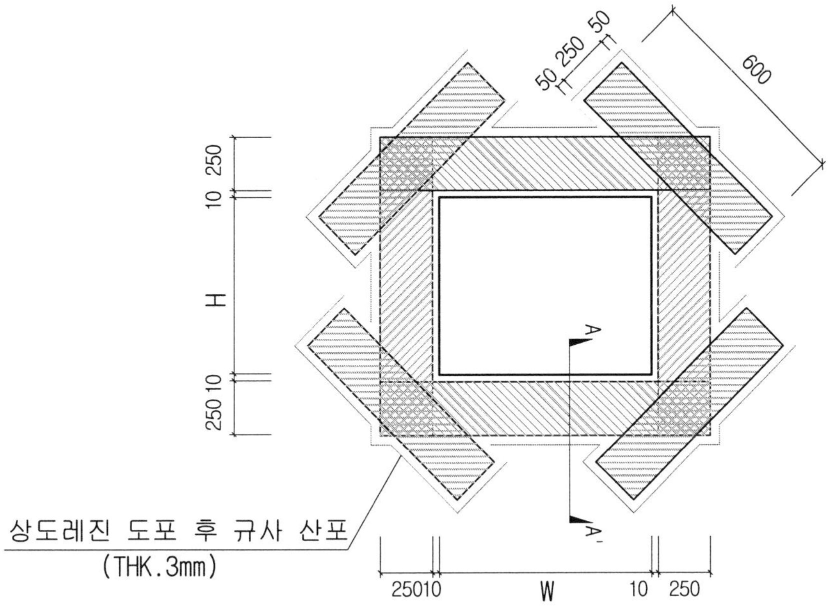

SECTION

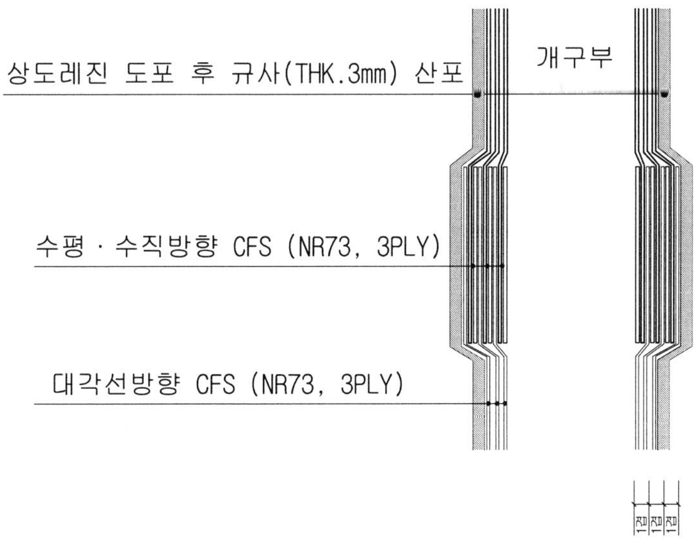

보 강 순 서

1. 마감층과의 취약부제거
2. 침투성 모체보강재 PRIMER 도포
3. 하지접착보강 및 레진 하도
4. 탄소섬유 점착 (NR73:t=0.167mm)
5. 3PLY시공시 (3~4과정 2회 반복)
6. 레진 상도
7. 규사 산포-THK 3mm (미장마감 부착용)

상 영 엔 지 니 어 링 (주)
SANG YOUNG ENGINEERING. CO., LTD

보 강 상 세

DWG. NO.

풍무동 ○○ APT 지하 주차장 보강공사

4.5.1a	풍무동 OOAPT 지하 주차장 보강공사

GIRDER REINFORCING (A-TYPE)

NON-SCALE

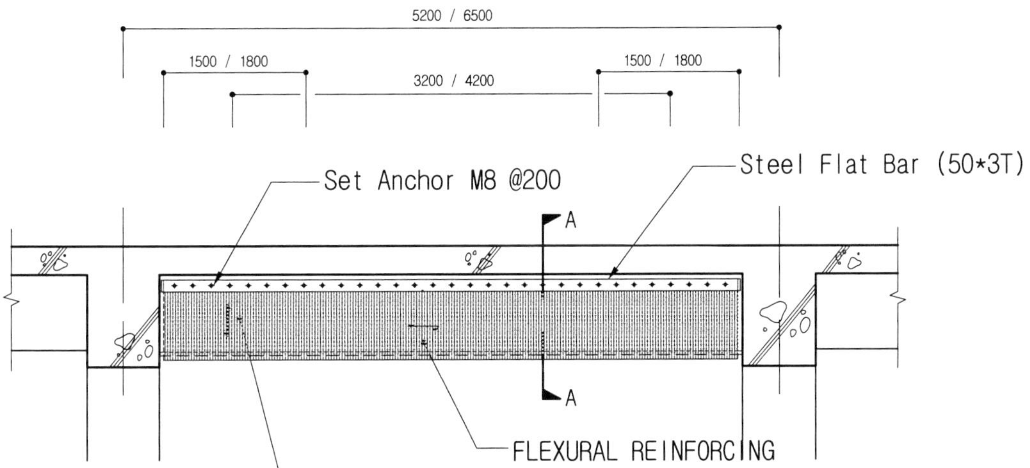

SECTION-A

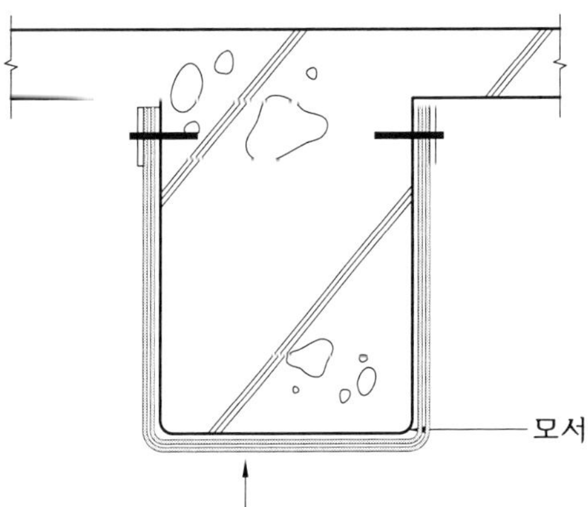

상 영 엔 지 니 어 링 (주) SANG YOUNG ENGINEERING. CO., LTD	보 보강상세	DWG. NO.

· REPAIR & REHABILITATION DRAWING ·

4.5.1b	풍무동 OOAPT 지하 주차장 보강공사

GIRDER REINFORCING (B-TYPE)

NON-SCALE

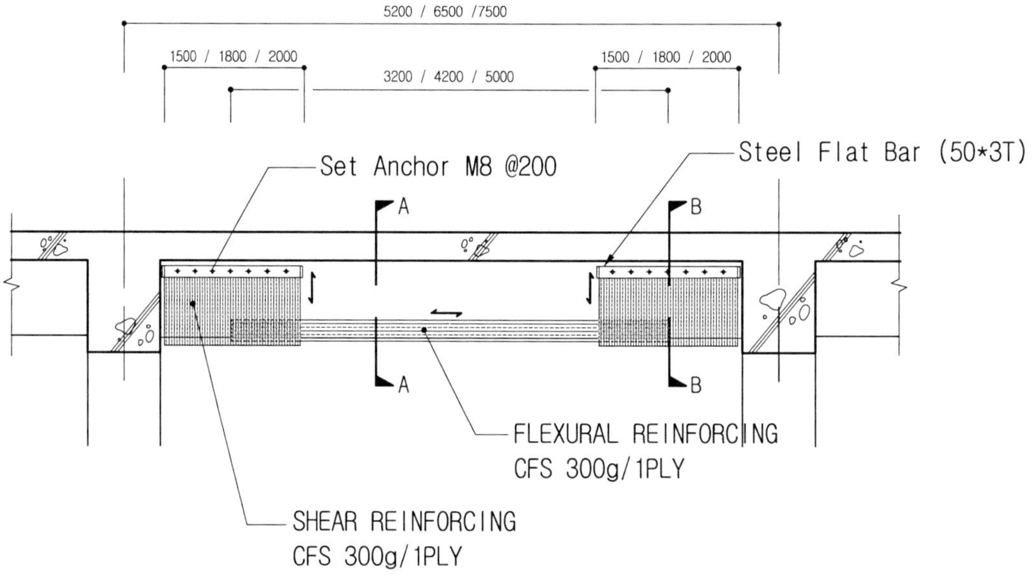

SECTION A

SECTION B

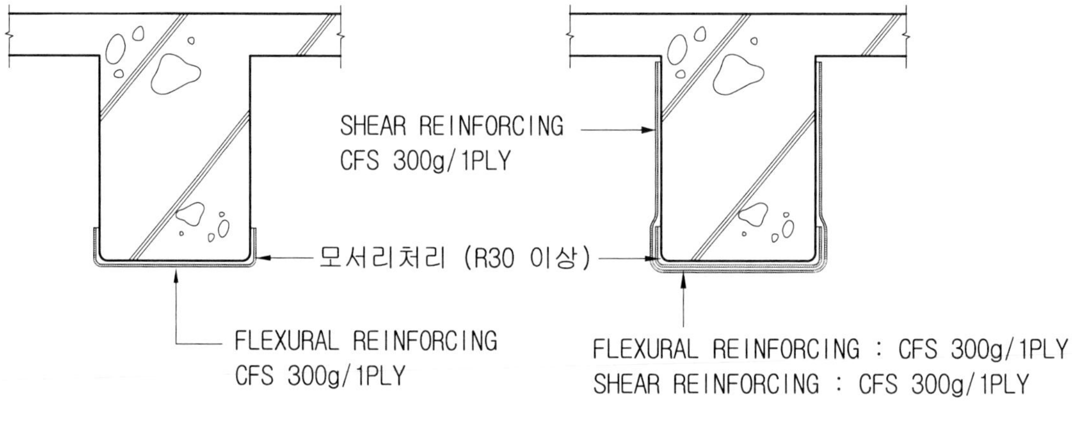

(섬유방향은 주근방향과 나란함)

(섬유방향은 각 PLY와 수직으로 교차됨)

상 영 엔 지 니 어 링 (주) SANG YOUNG ENGINEERING. CO., LTD	보 보강상세	DWG. NO.

· REPAIR & REHABILITATION DRAWING ·

4.5.1c	풍무동 OOAPT 지하 주차장 보강공사

GIRDER REINFORCING (C-TYPE)

NON-SCALE

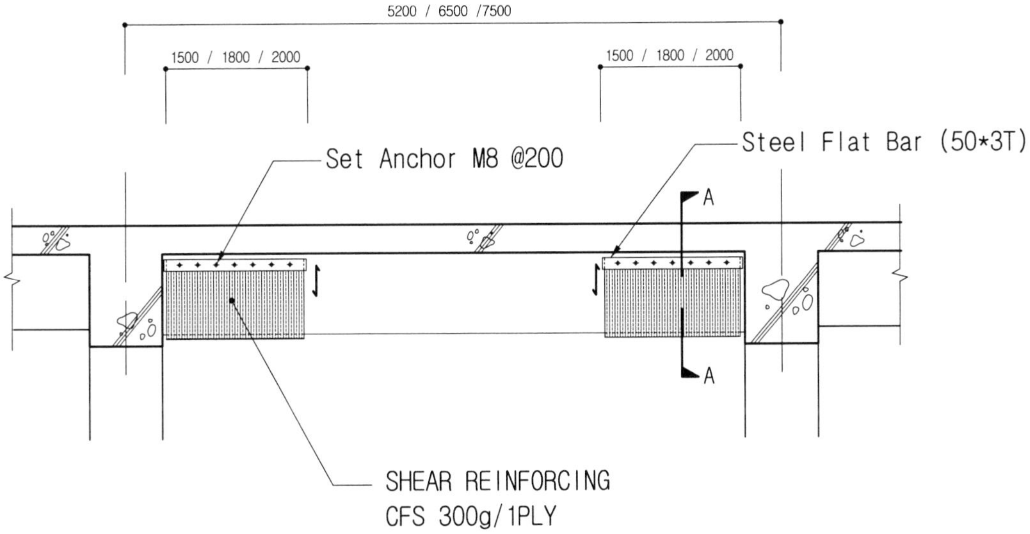

SECTION A

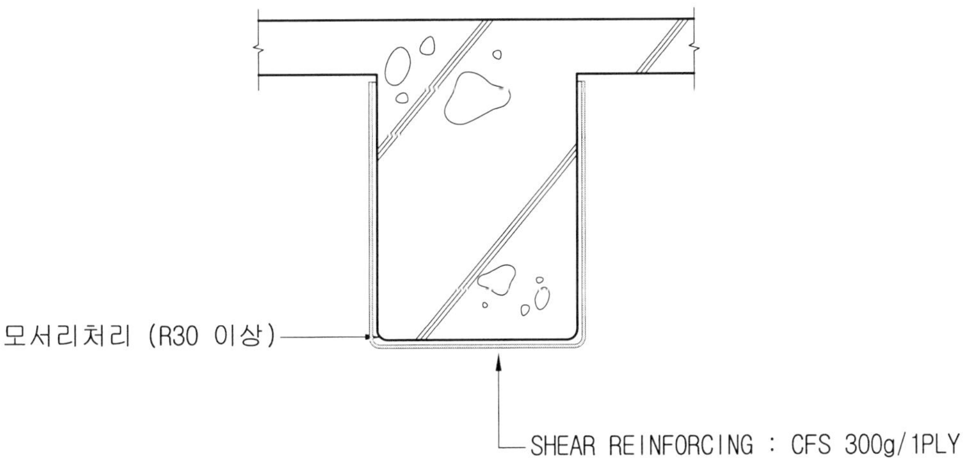

상 영 엔 지 니 어 링 (주) SANG YOUNG ENGINEERING. CO., LTD	보 보강상세	DWG. NO.

GIRDER REINFORCING (D-TYPE)

NON-SCALE

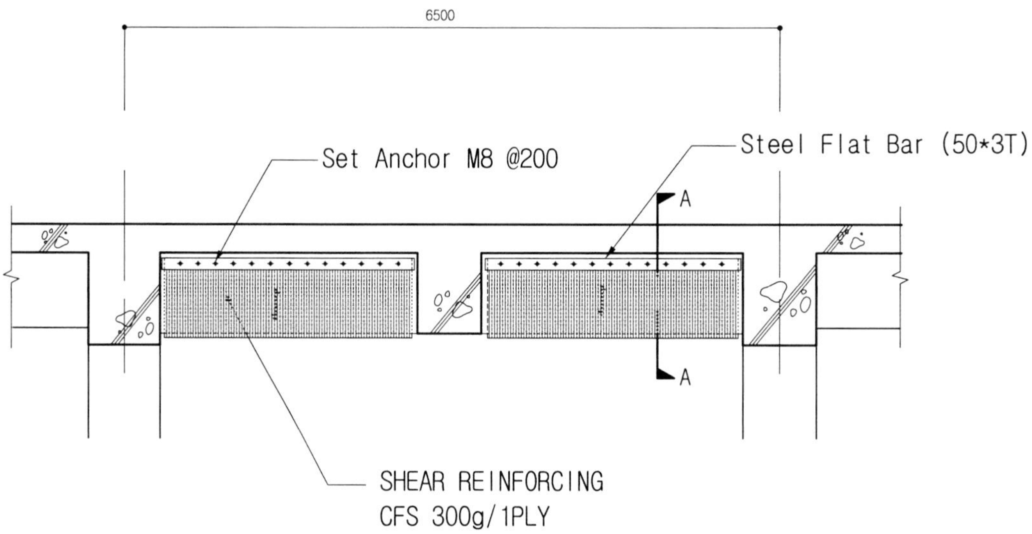

SECTION A

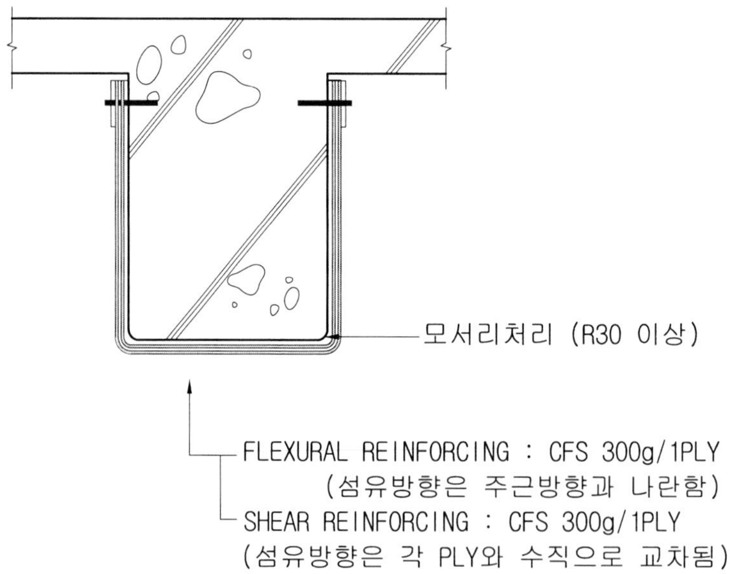

상 영 엔 지 니 어 링 (주) SANG YOUNG ENGINEERING. CO., LTD	보 보강상세	DWG. NO.

4.5.2a	풍무동 OOAPT 지하 주차장 보강공사

COLUMN REINFORCING (A-TYPE)

NON-SCALE

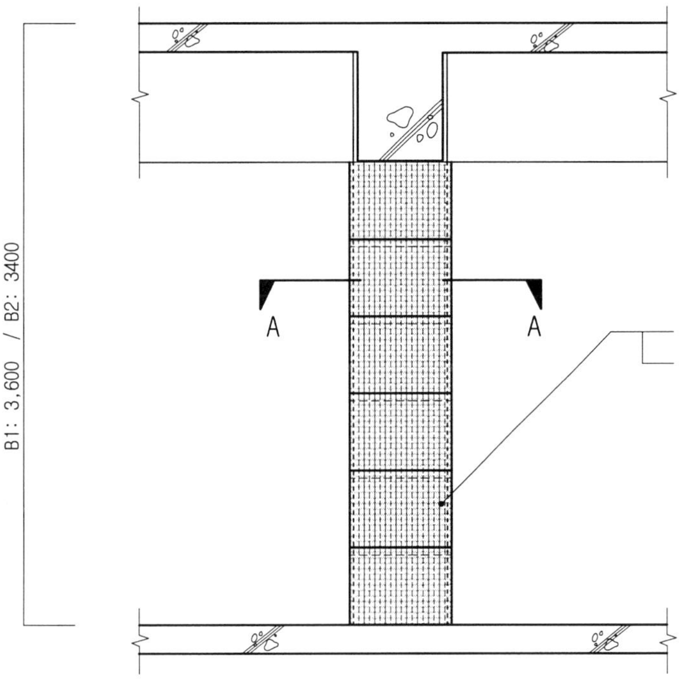

SECTION A

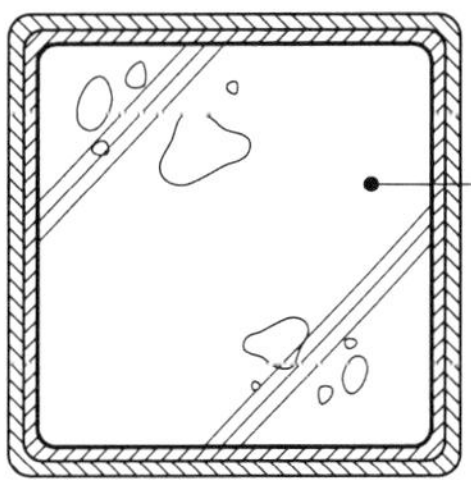

상 영 엔 지 니 어 링 (주) SANG YOUNG ENGINEERING. CO., LTD	기둥 보강상세	DWG. NO.

· REPAIR & REHABILITATION DRAWING ·

4.5.2b	풍무동 OOAPT 지하 주차장 보강공사

COLUMN REINFORCING (B-TYPE)

NON-SCALE

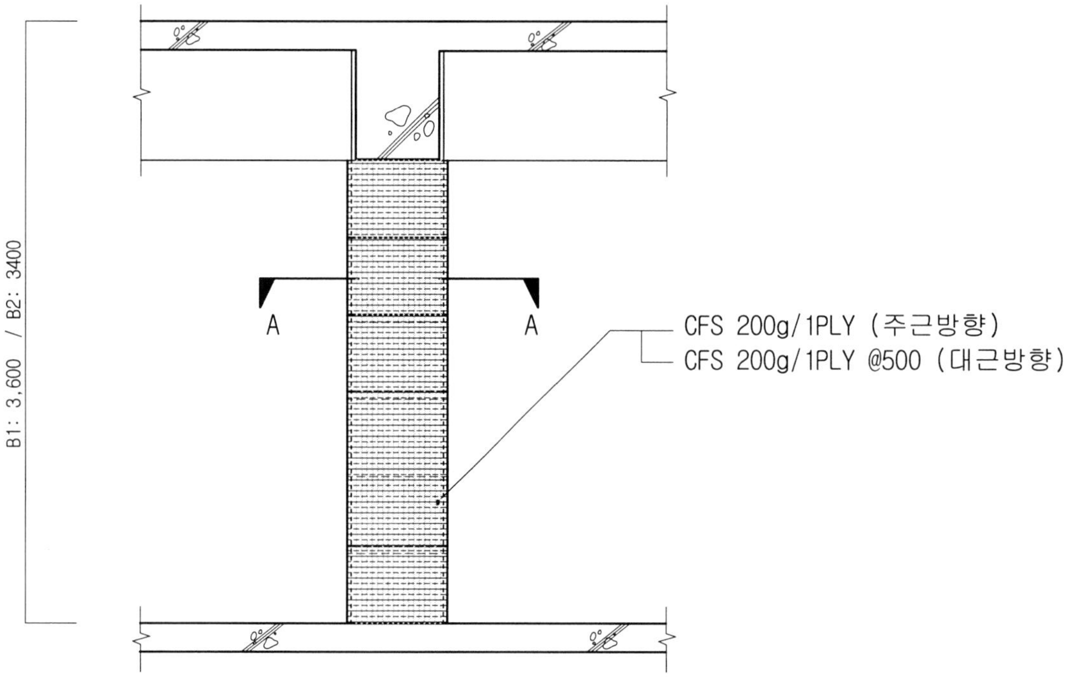

SECTION A

상 영 엔 지 니 어 링 (주) SANG YOUNG ENGINEERING. CO., LTD	기둥 보강상세	DWG. NO.

· REPAIR & REHABILITATION DRAWING ·

4.5.2c	풍무동 OOAPT 지하 주차장 보강공사

COLUMN REINFORCING (C-TYPE)

NON-SCALE

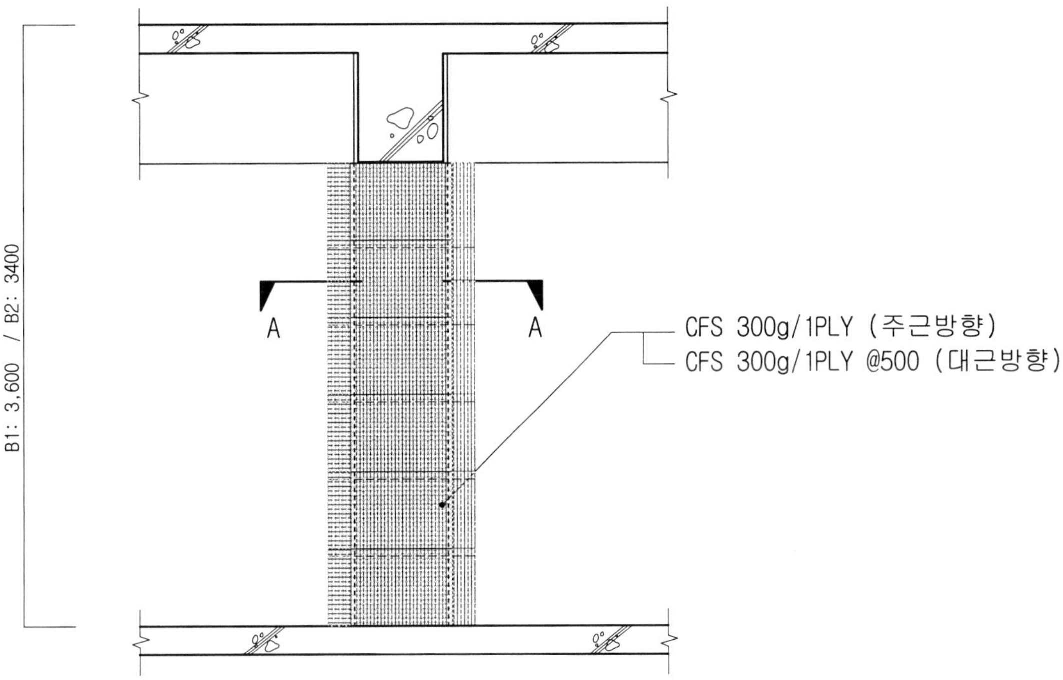

SECTION A

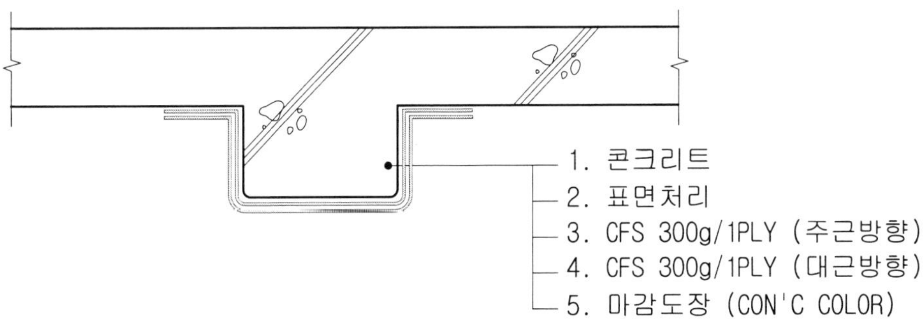

상 영 엔 지 니 어 링 (주) SANG YOUNG ENGINEERING. CO., LTD	기둥 보강상세	DWG. NO.

· REPAIR & REHABILITATION DRAWING ·

4.5.3a	풍무동 OOAPT 지하 주차장 보강공사

2WAY SLAB (A-TYPE)

NON-SCALE

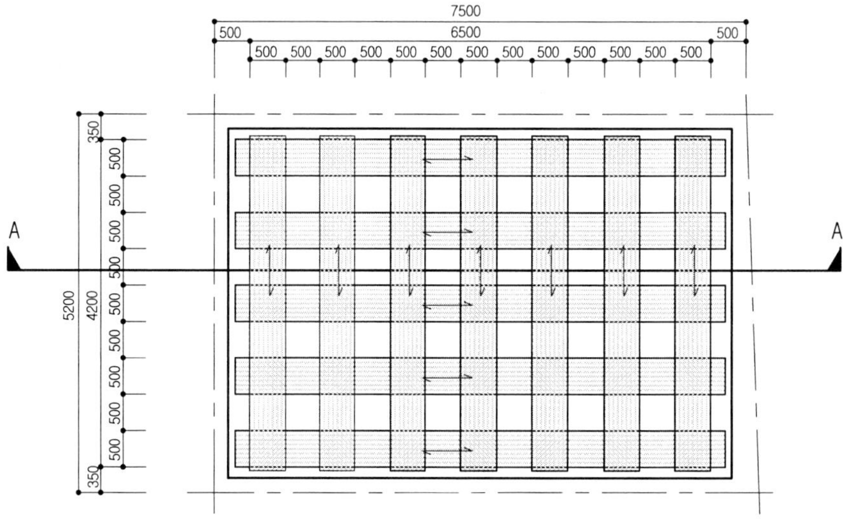

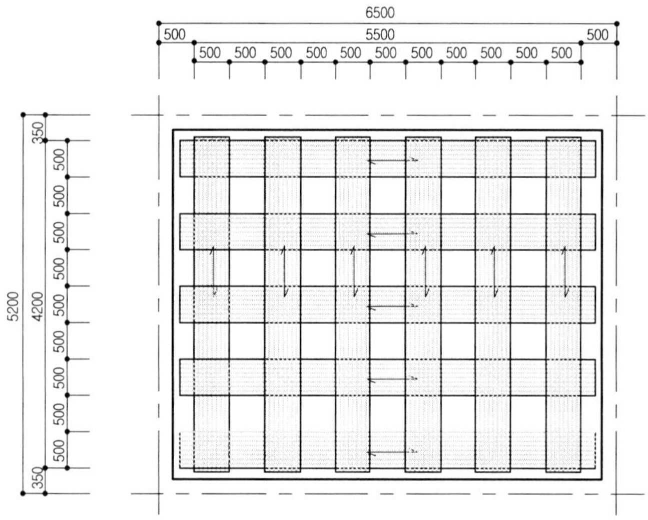

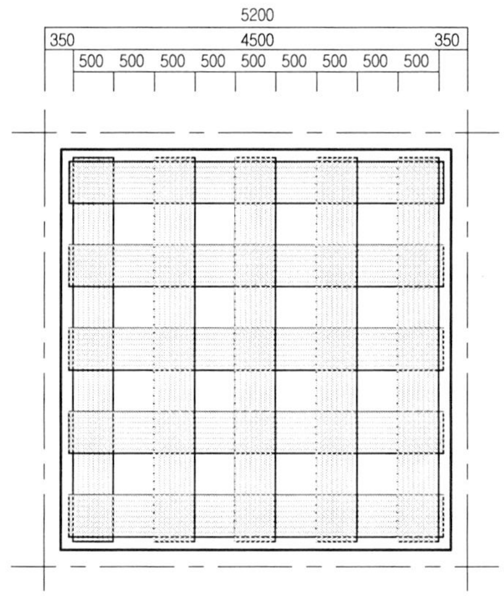

SECTION-A

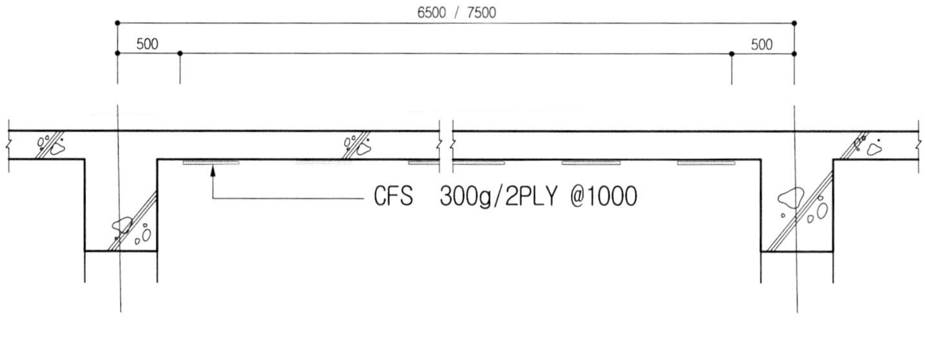

상 영 엔 지 니 어 링 (주) SANG YOUNG ENGINEERING. CO., LTD	슬래브 보강상세	DWG. NO.

· REPAIR & REHABILITATION DRAWING ·

4.5.3b	풍무동 OOAPT 지하 주차장 보강공사

2WAY SLAB (B-TYPE)

NON-SCALE

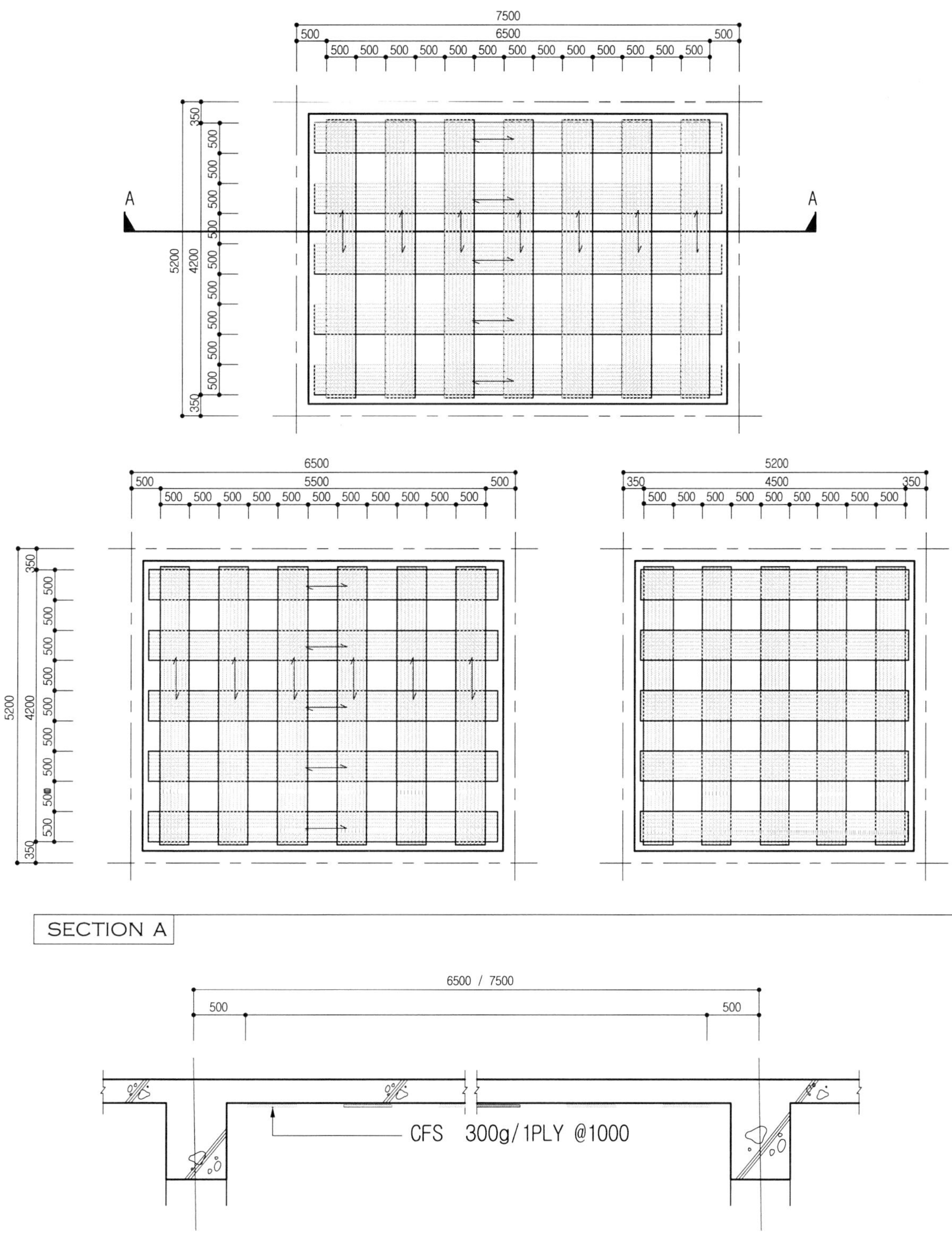

상 영 엔 지 니 어 링 (주) SANG YOUNG ENGINEERING. CO., LTD	슬래브 보강상세	DWG. NO.

· **REPAIR & REHABILITATION DRAWING** ·

4.5.3c	풍무동 OOAPT 지하 주차장 보강공사

1WAY SLAB (C-TYPE)

NON-SCALE

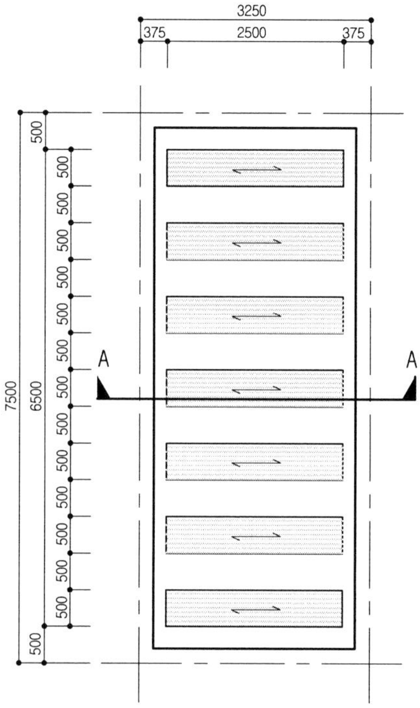

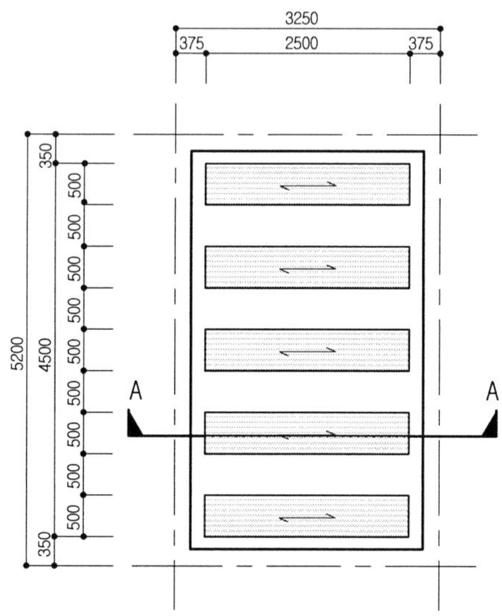

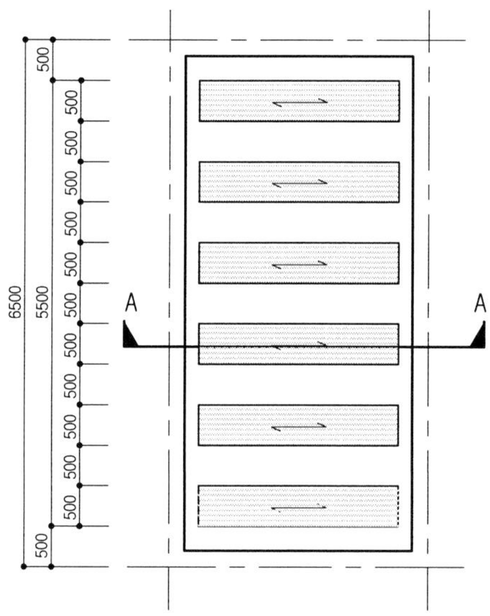

SECTION A

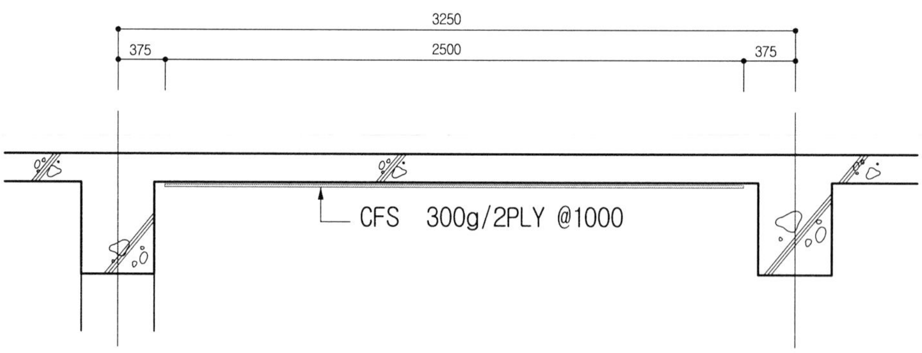

상 영 엔 지 니 어 링 (주) SANG YOUNG ENGINEERING. CO., LTD	슬래브 보강상세	DWG. NO.

· REPAIR & REHABILITATION DRAWING ·

4.5.3d	풍무동 OOAPT 지하 주차장 보강공사

1WAY SLAB (D-TYPE)

NON-SCALE

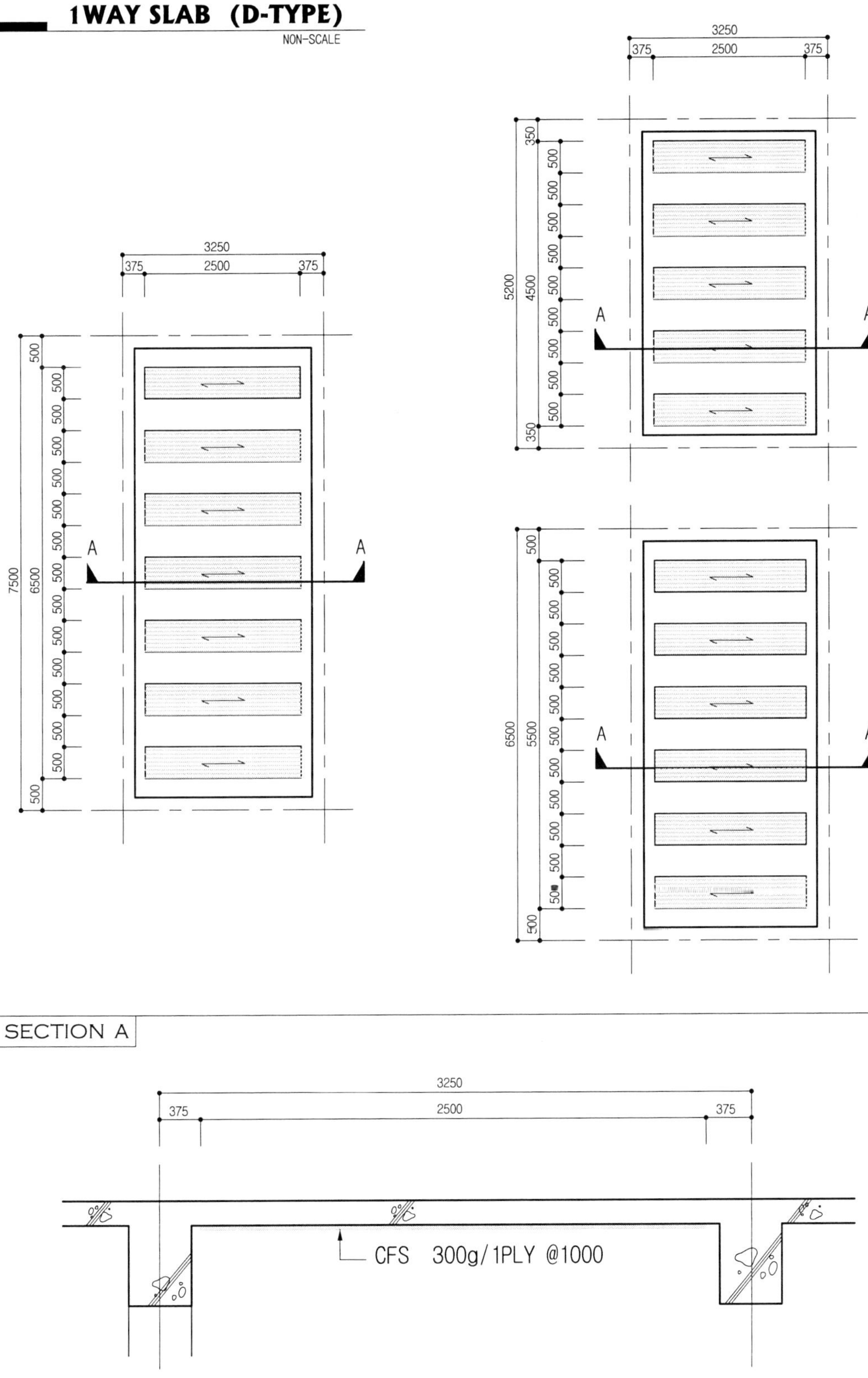

상 영 엔 지 니 어 링 (주) SANG YOUNG ENGINEERING. CO., LTD	슬래브 보강상세	DWG. NO.

4.5.4	풍무동 OOAPT 지하 주차장 보강공사

지반 GROUTING (Cement Milk Grouting)

NON-SCALE

Cement Milk Grouting
- 40 BAGS/CBM
- 팽창제 · 조강형 감수제 실리카 흄 혼입

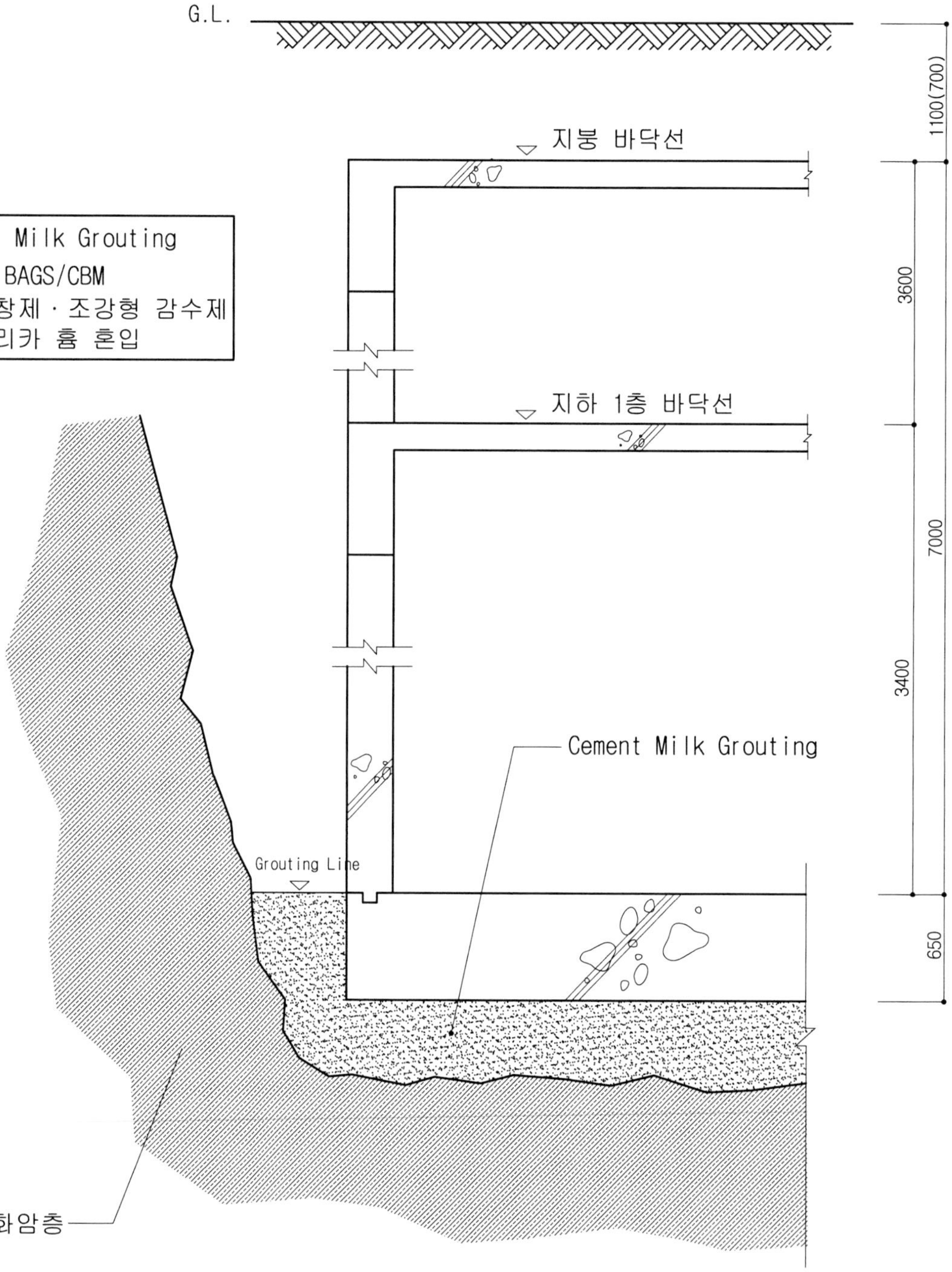

상 영 엔 지 니 어 링 (주) SANG YOUNG ENGINEERING. CO., LTD	지 반 보 강	DWG. NO.

· **REPAIR & REHABILITATION DRAWING** ·

4.5.5	풍무동 OOAPT 지하 주차장 보강공사

SUB-DRAIN

NON-SCALE

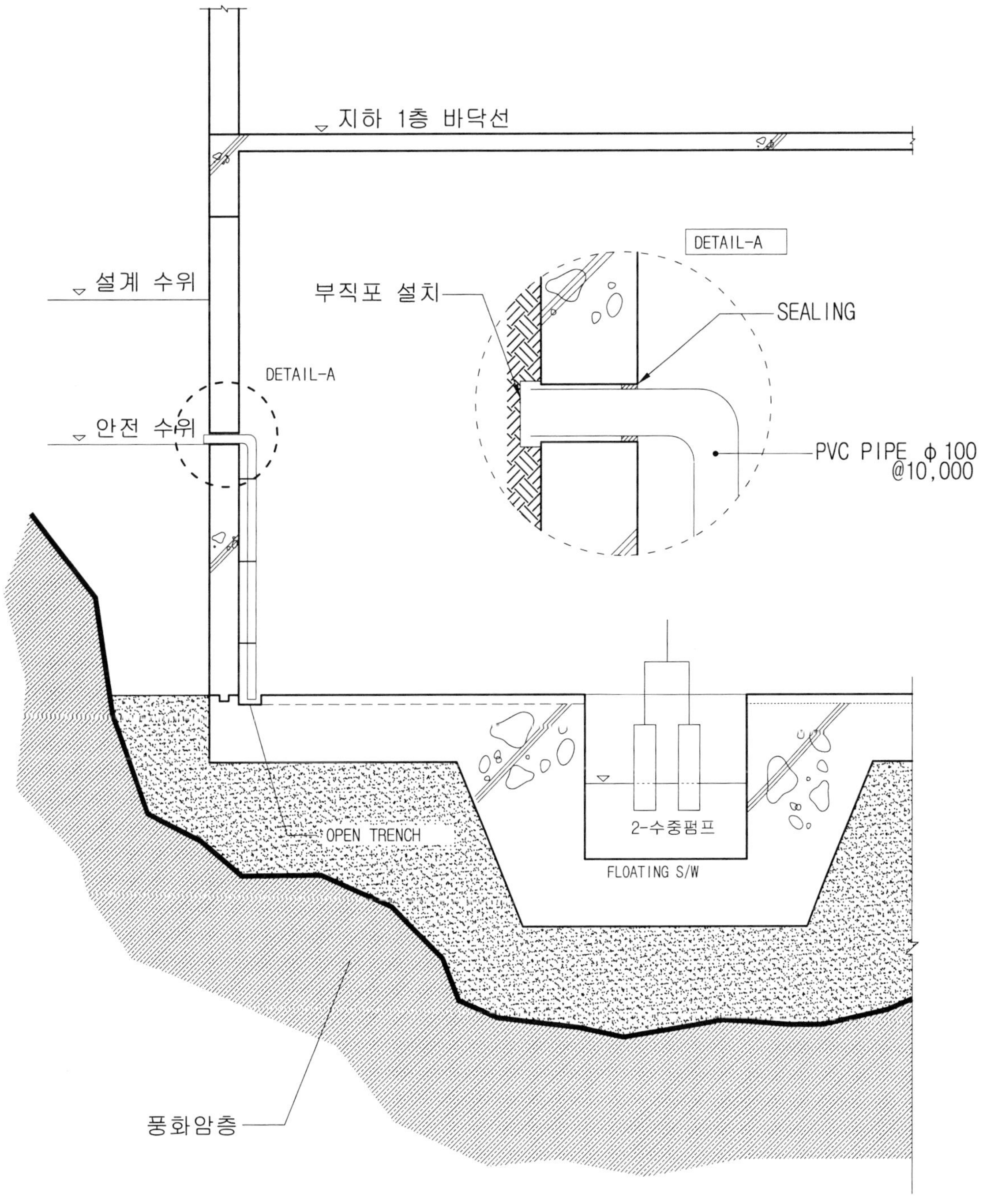

상 영 엔 지 니 어 링 (주) SANG YOUNG ENGINEERING. CO., LTD	배 수 유 도	DWG. NO.

풍무동 ○○ APT 부상면위 하향조정공사

· REPAIR & REHABILITATION DRAWING ·

4.6.1a

풍무동 OOO APT 부상면위 하향조정공사

204동 BOX OUT 및 FLAT JACK 설치도

NON-SCALE

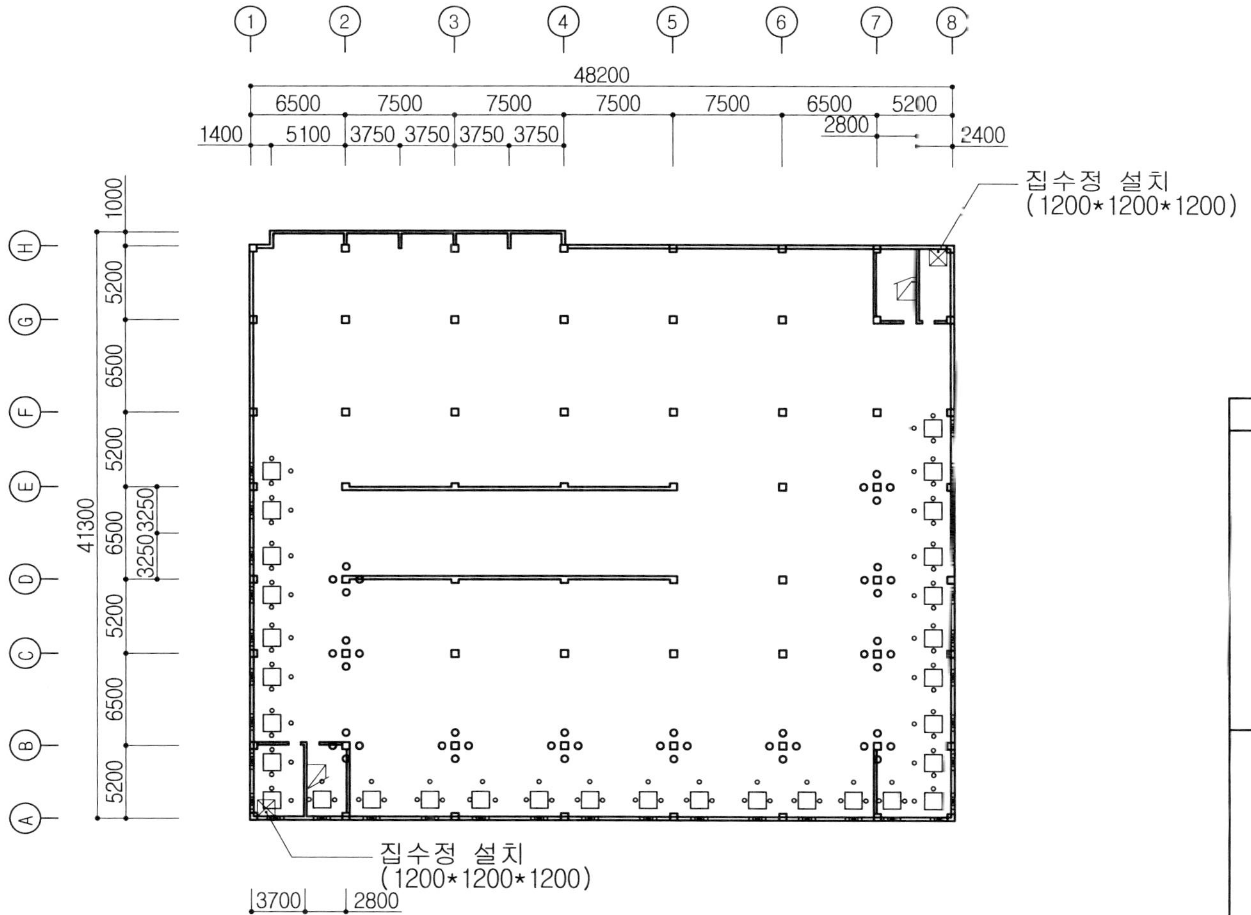

DIMENSION

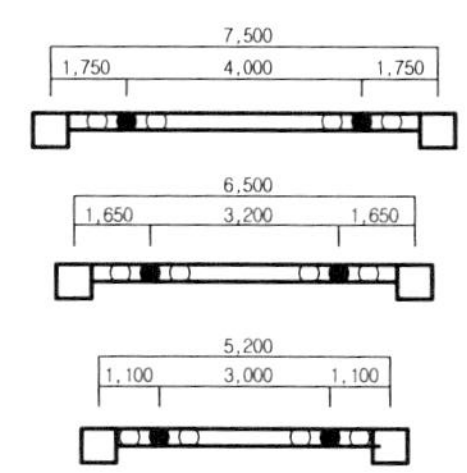

○ TEMPORARY SUPPORT

● FLAT JACK

◯ SAND BAGS

□ BOX OUT (1200*1200*700)

상 영 엔 지 니 어 링 (주)
SANG YOUNG ENGINEERING. CO., LTD

204동 BOX OUT 및 FLAT JACK 설치도

DWG. NO.

· REPAIR & REHABILITATION DRAWING ·

4.6.1b

풍무동 OOO APT 부상면위 하향조정공사

209동 BOX OUT 및 FLAT JACK 설치도

NON-SCALE

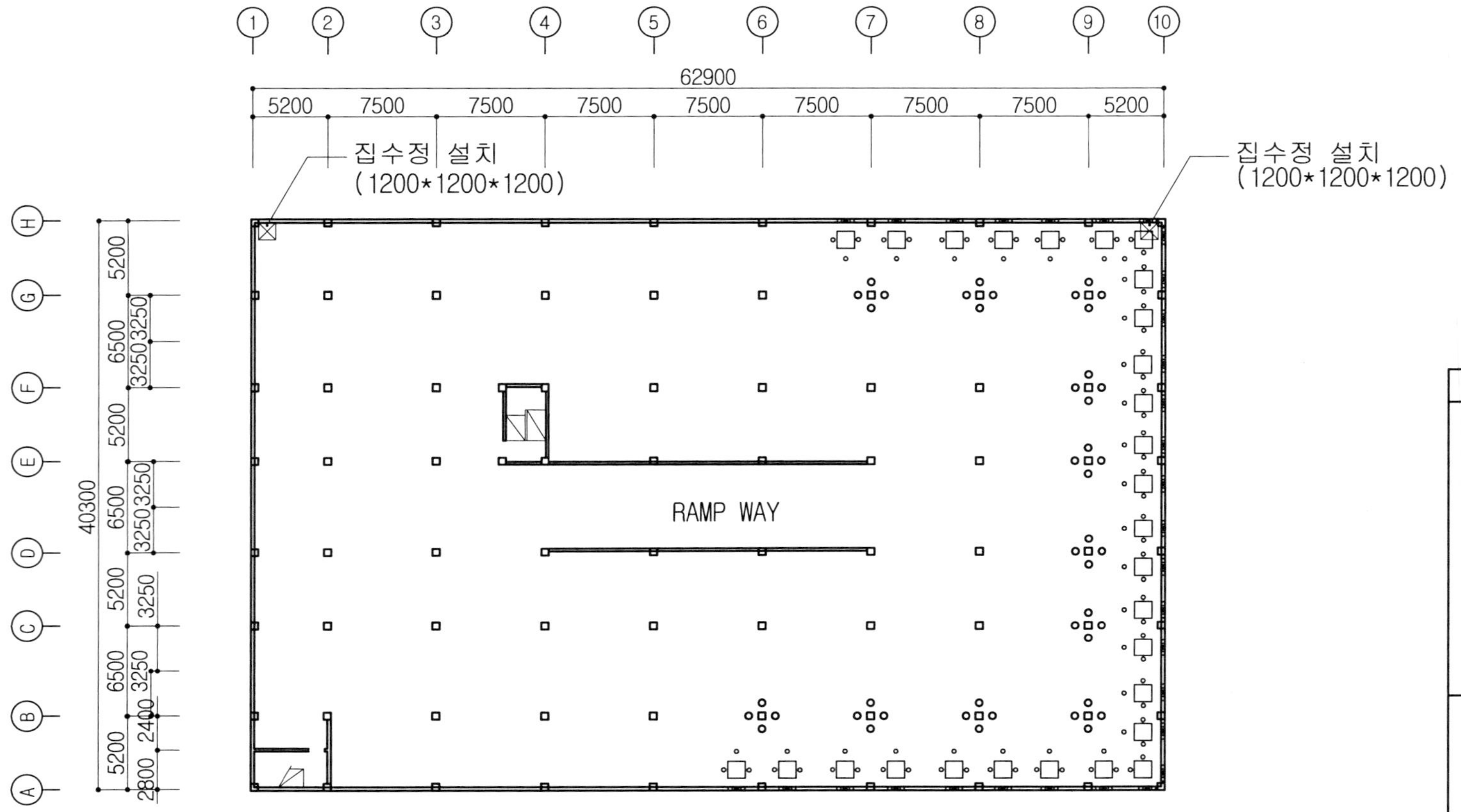

DIMENSION

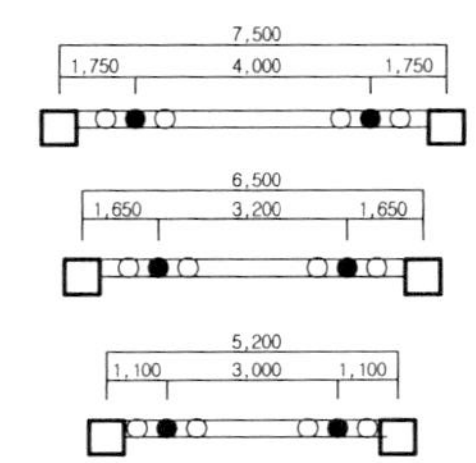

○ TEMPORARY SUPPORT

● FLAT JACK

◯ SAND BAGS

□ BOX OUT (1200*1200*700)

상 영 엔 지 니 어 링 (주)
SANG YOUNG ENGINEERING. CO., LTD

209동 BOX OUT 및 FLAT JACK 설치도

DWG. NO.

· REPAIR & REHABILITATION DRAWING ·

4.6.2 **풍무동 OOO APT 부상면위 하향조정공사**

형강 FRAME DETAIL NON-SCALE

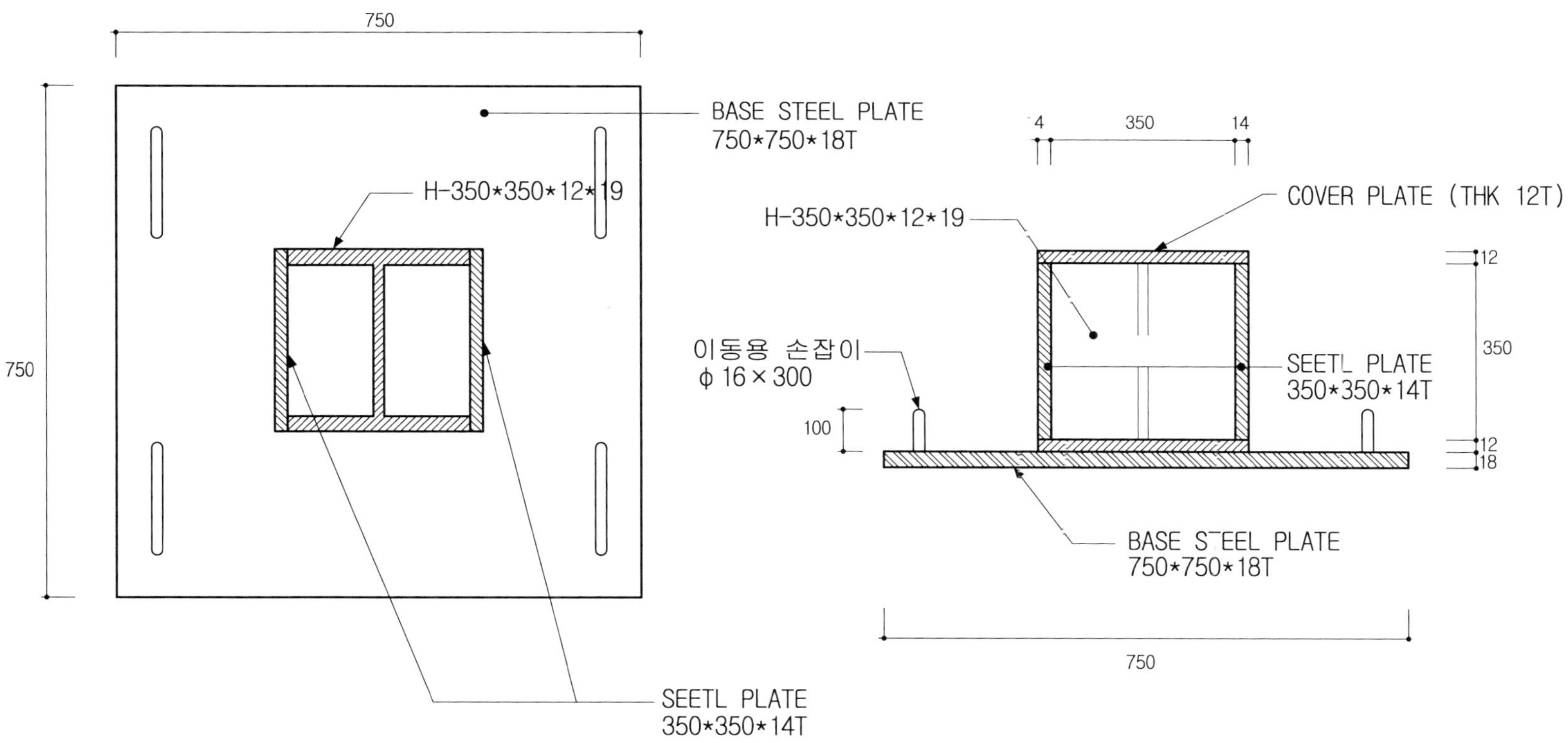

NOTE

1. WELDING TYPE : 맞대기 용접
2. 개념도면으로서 추후 구조계산에 의거 확정함

상 영 엔 지 니 어 링 (주)
SANG YOUNG ENGINEERING. CO., LTD

형강 FRAME DETAIL

DWG. NO.

· REPAIR & REHABILITATION DRAWING ·

4.6.3	풍무동 OOO APT 부상면위 하향조정공사

MAT 하부 토사 및 잡석 유입물 제거

NON-SCALE

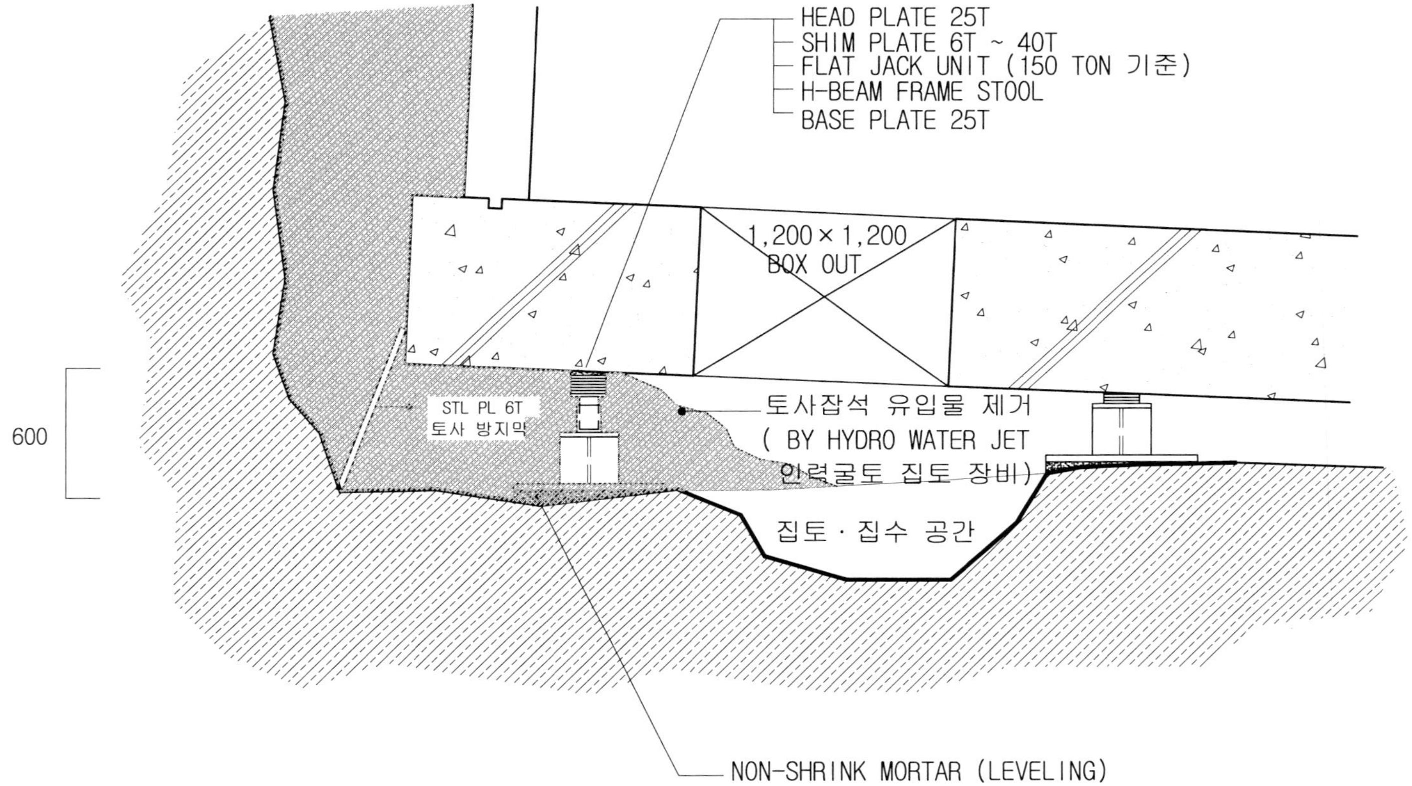

상 영 엔 지 니 어 링 (주) SANG YOUNG ENGINEERING. CO., LTD	MAT 하부 토사 및 잡석 유입물 제거	DWG. NO.

· REPAIR & REHABILITATION DRAWING ·

4.6.4	풍무동 OOO APT 부상면위 하향조정공사

BOX OUT 복구 개요

NON-SCALE

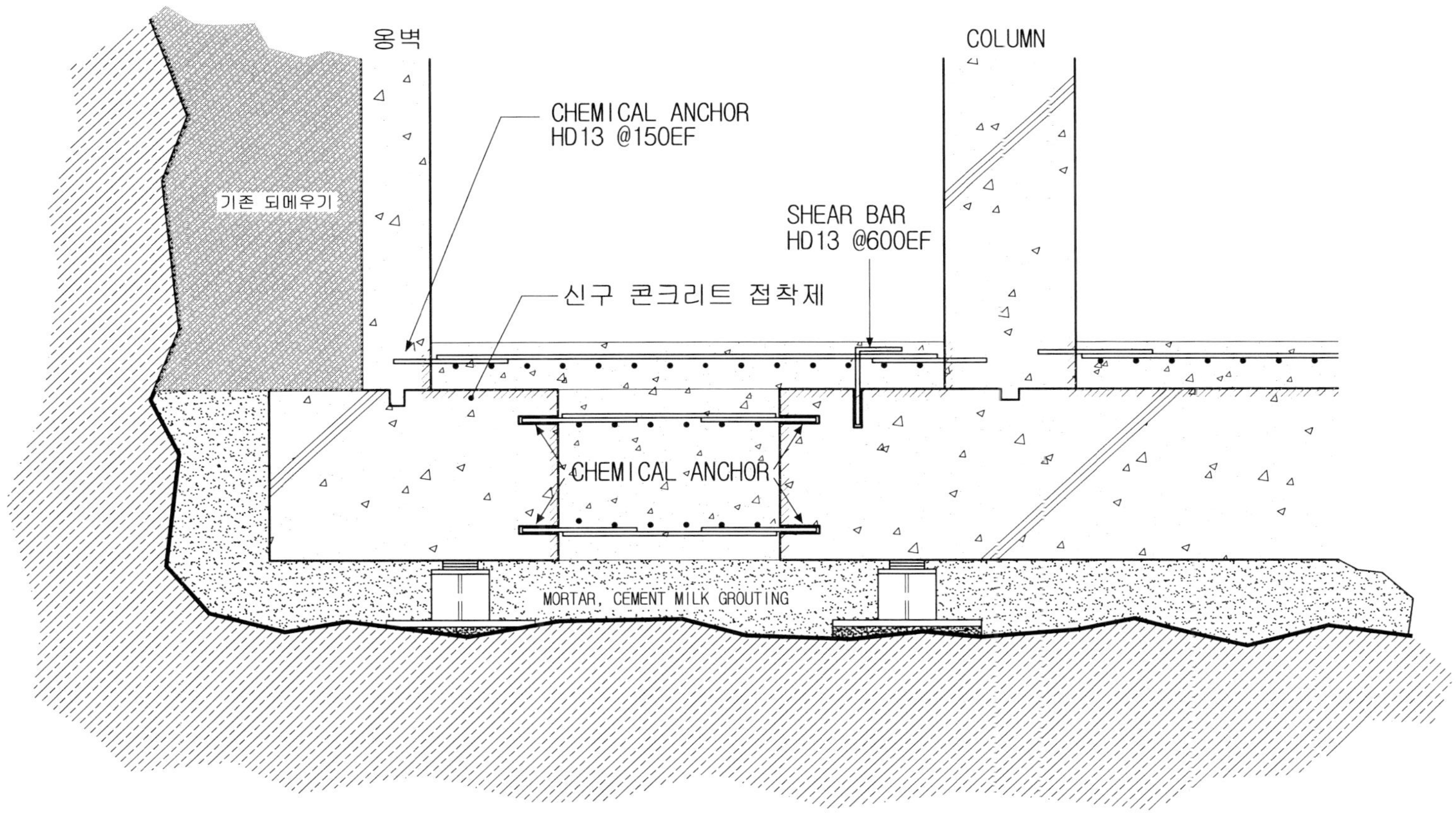

상 영 엔 지 니 어 링 (주) SANG YOUNG ENGINEERING. CO., LTD	BOX OUT 복구 개요	DWG. NO.

· REPAIR & REHABILITATION DRAWING ·

4.6.5a	풍무동 OOO APT 부상면위 하향조정공사

204동 지하 1 · 2층 절점보강 위치도

NON-SCALE

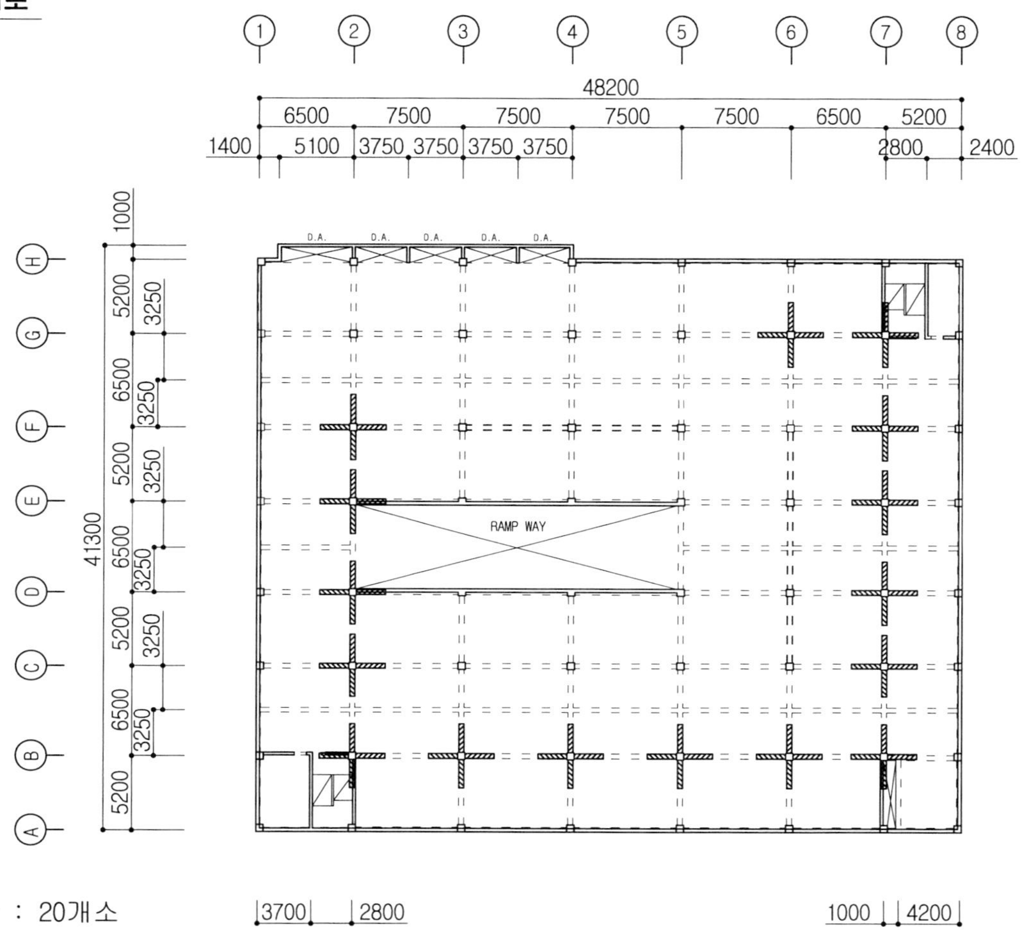

– 기둥+보 절점보강 : 20개소

상 영 엔 지 니 어 링 (주) SANG YOUNG ENGINEERING. CO., LTD	204동 지하 1 · 2층 절점보강 위치도	DWG. NO.

· **REPAIR & REHABILITATION DRAWING** ·

4.6.5b	풍무동 OOO APT 부상면위 하향조정공사

지하1층 바닥 구조평면도

NON-SCALE

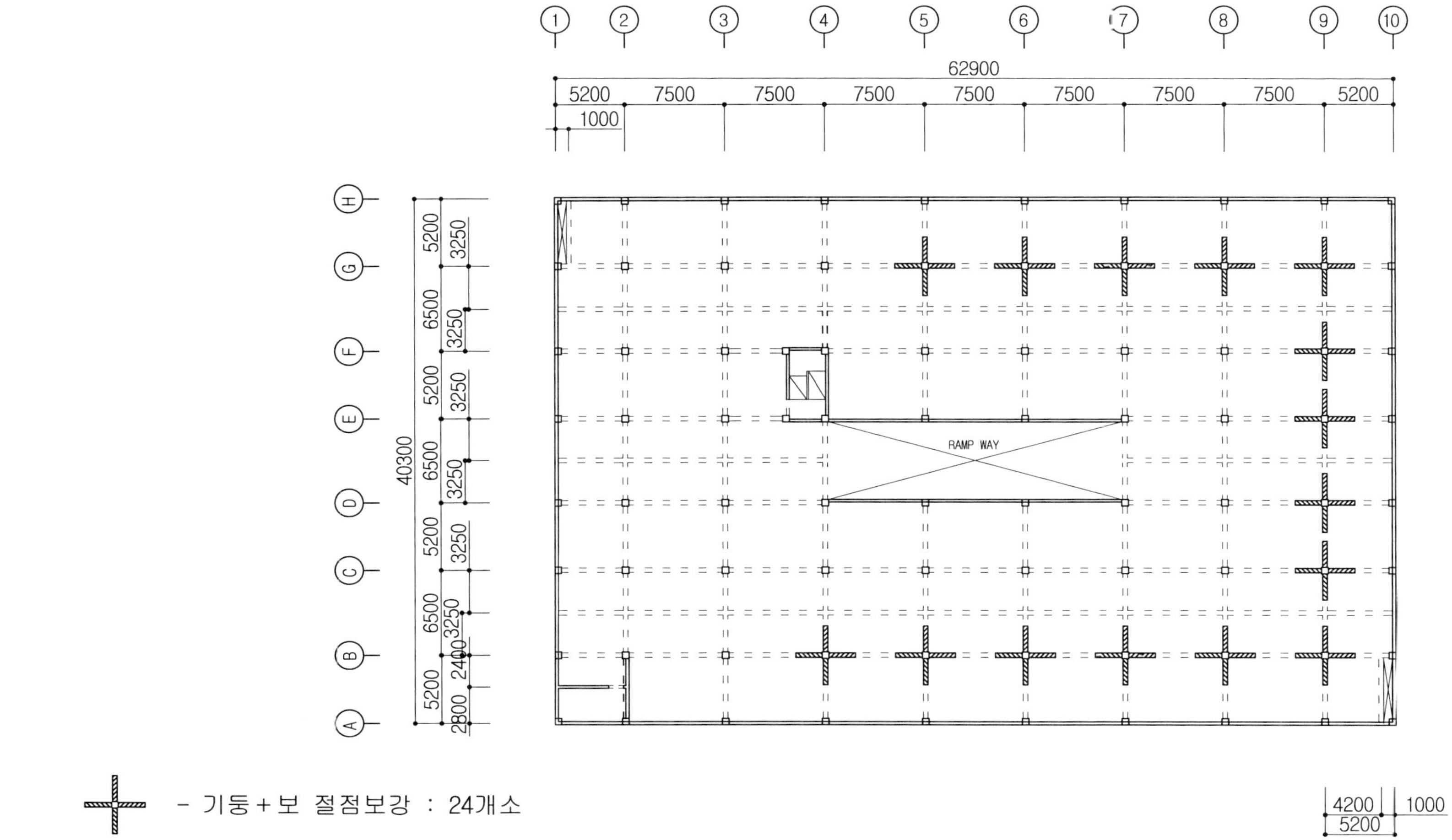

- 기둥+보 절점보강 : 24개소

상 영 엔 지 니 어 링 (주)
SANG YOUNG ENGINEERING. CO., LTD

지하1층 바닥 구조평면도

DWG. NO.

· REPAIR & REHABILITATION DRAWING ·

4.6.6	풍무동 OOO APT 부상면위 하향조정공사

절점보강 DETAIL
NON-SCALE

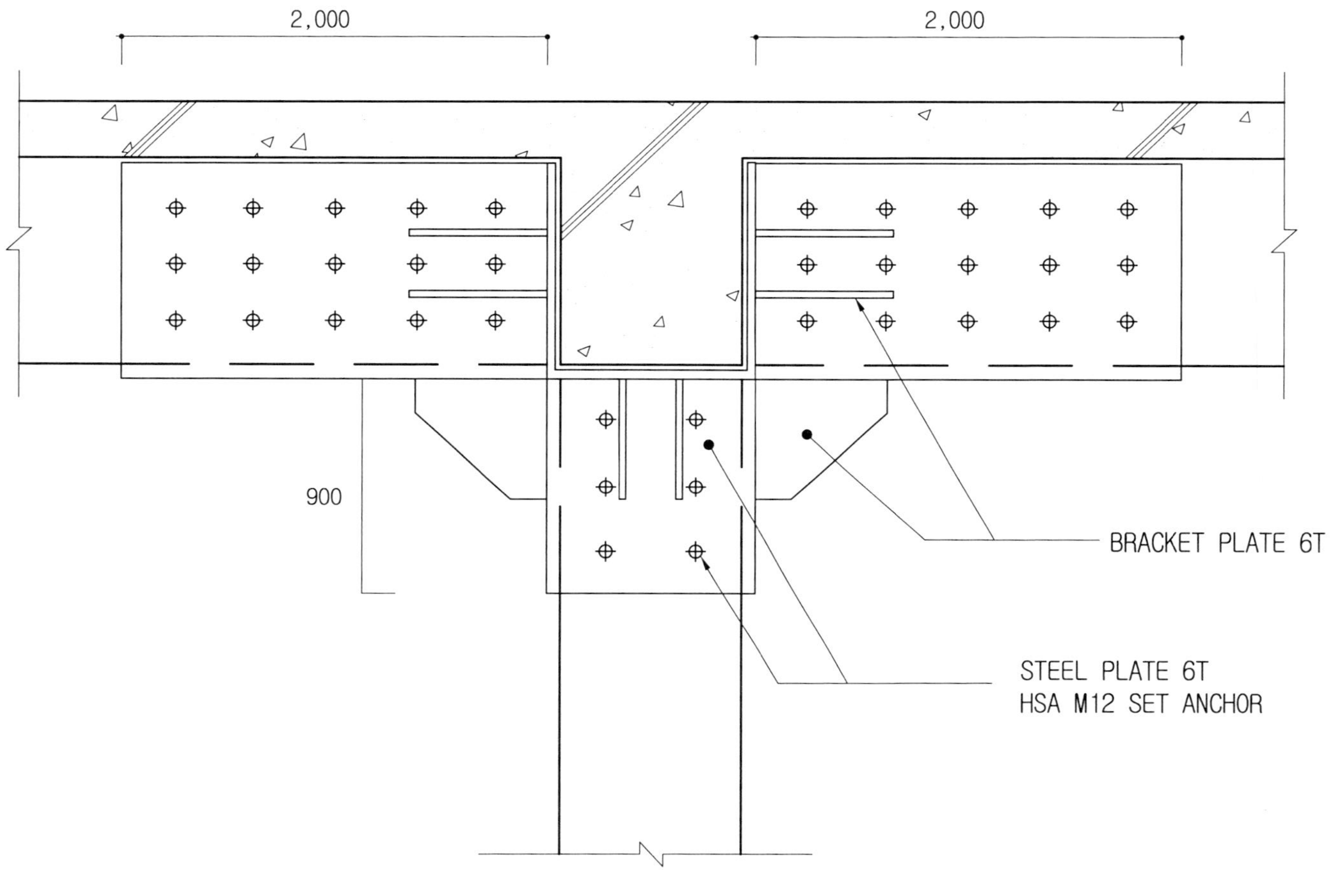

상 영 엔 지 니 어 링 (주) SANG YOUNG ENGINEERING. CO., LTD	절점보강 DETAIL	DWG. NO.

○○병원 계단실 보강공사

· **REPAIR & REHABILITATION DRAWING** ·

4.7.1	OO병원 계단실 형강보강공사

개 념 도

NON-SCALE

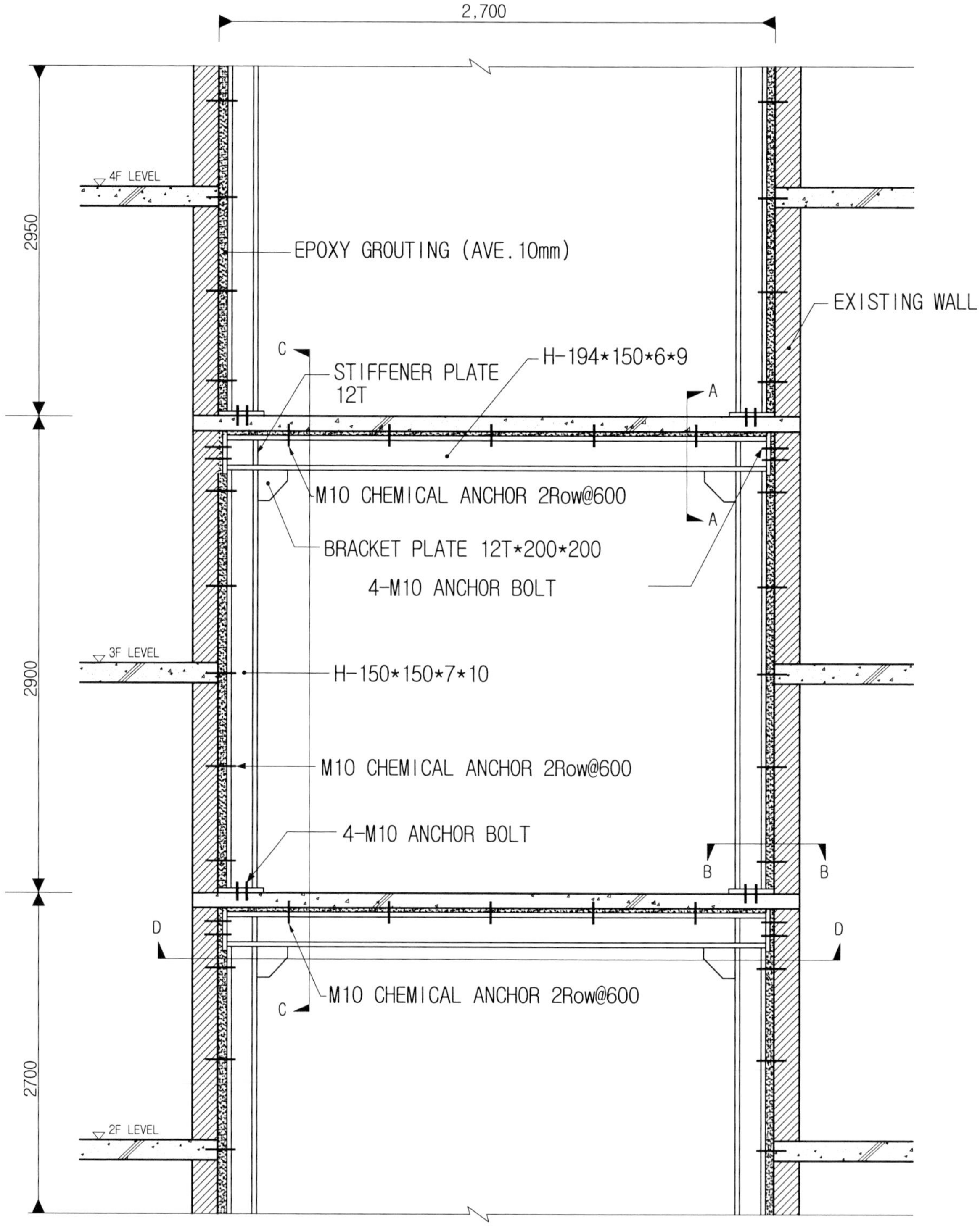

상 영 엔 지 니 어 링 (주) SANG YOUNG ENGINEERING. CO., LTD	보 강 개 념 도	DWG. NO.

· REPAIR & REHABILITATION DRAWING ·

4.7.2a	OO병원 계단실 형강보강공사

SECTION A-A

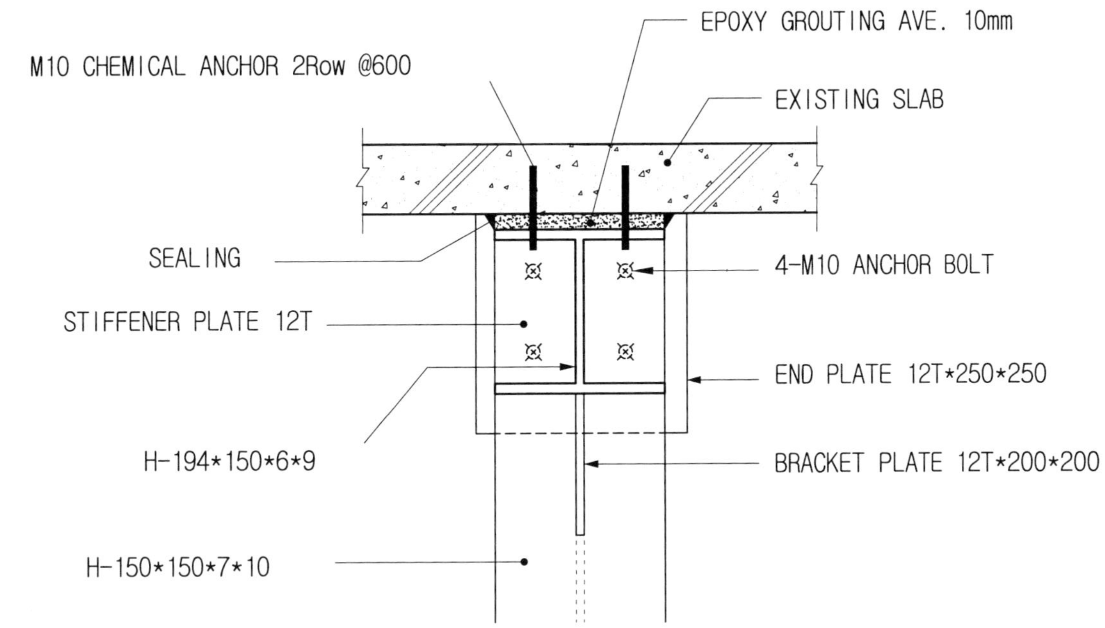

SECTION B-B

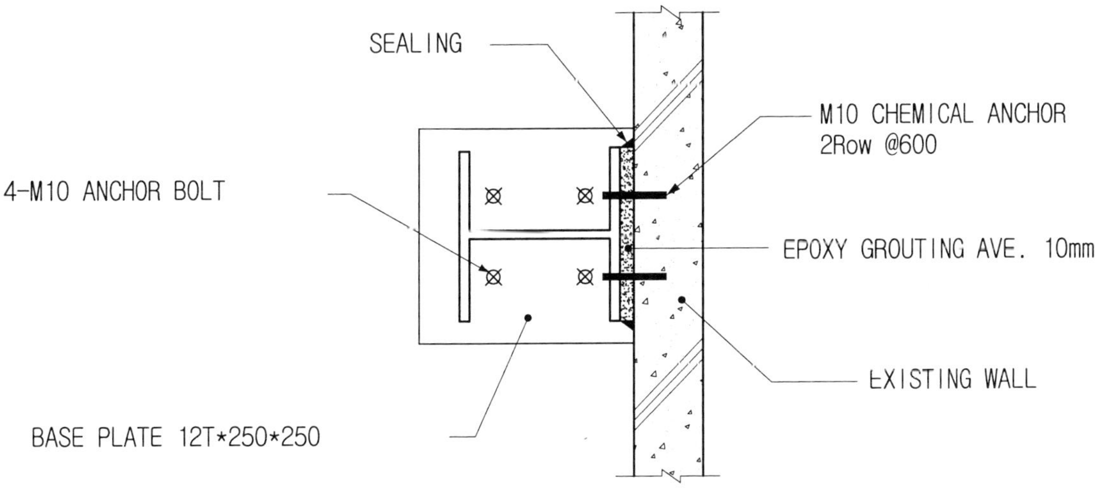

상 영 엔 지 니 어 링 (주) SANG YOUNG ENGINEERING. CO., LTD	단 면 상 세	DWG. NO.

· REPAIR & REHABILITATION DRAWING ·

4.7.2b	OO병원 계단실 형강보강공사

SECTION C-C

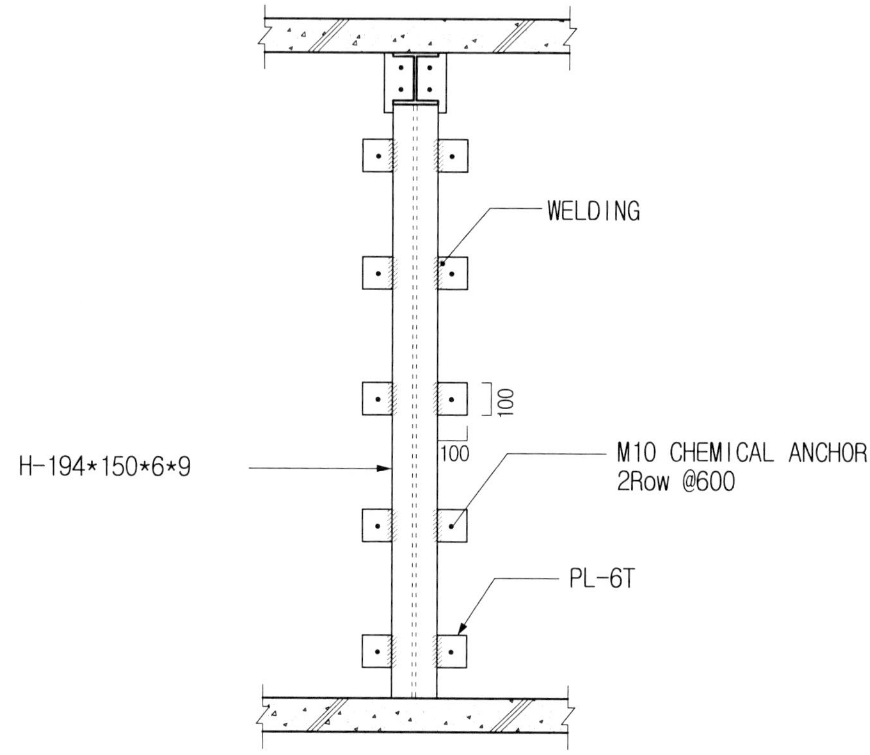

SECTION D-D

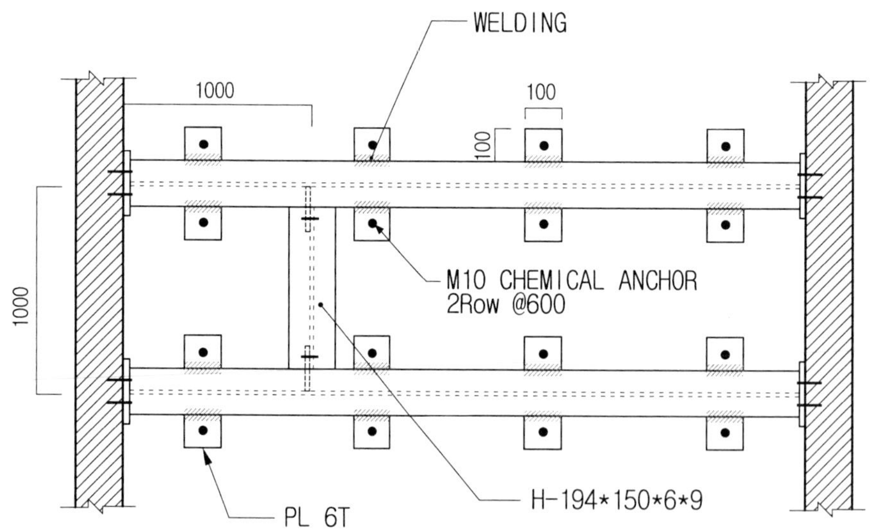

상 영 엔 지 니 어 링 (주) SANG YOUNG ENGINEERING. CO., LTD	단 면 상 세	DWG. NO.

현리 ○○교회 생활관 보수·보강공사

· REPAIR & REHABILITATION DRAWING ·

4.8.1	현리 OO교회 생활관(기계실) 보수 · 보강공사

DETAIL

NON-SCALE

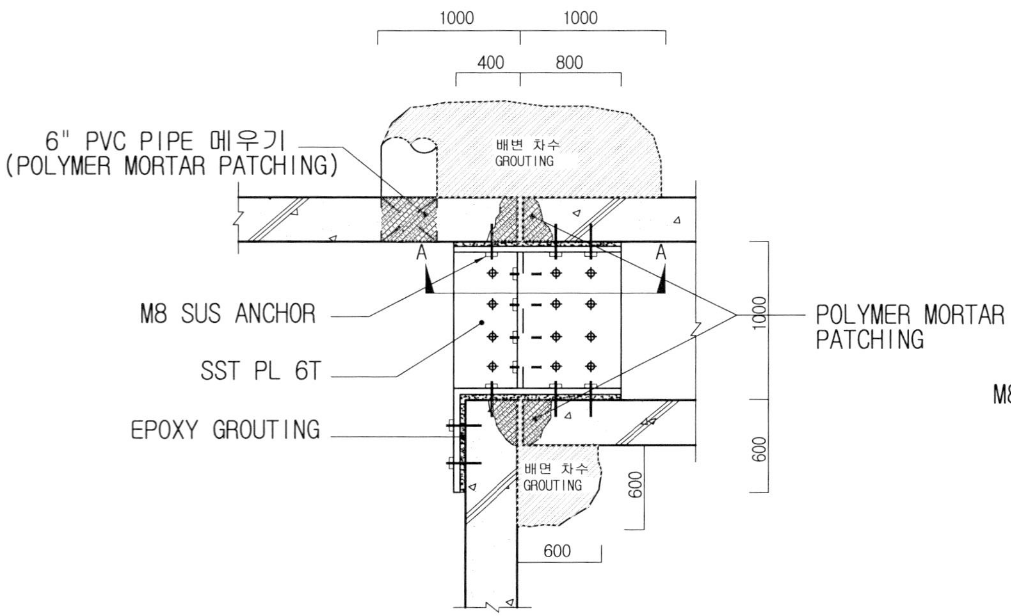

SECTION A-A

NON-SCALE

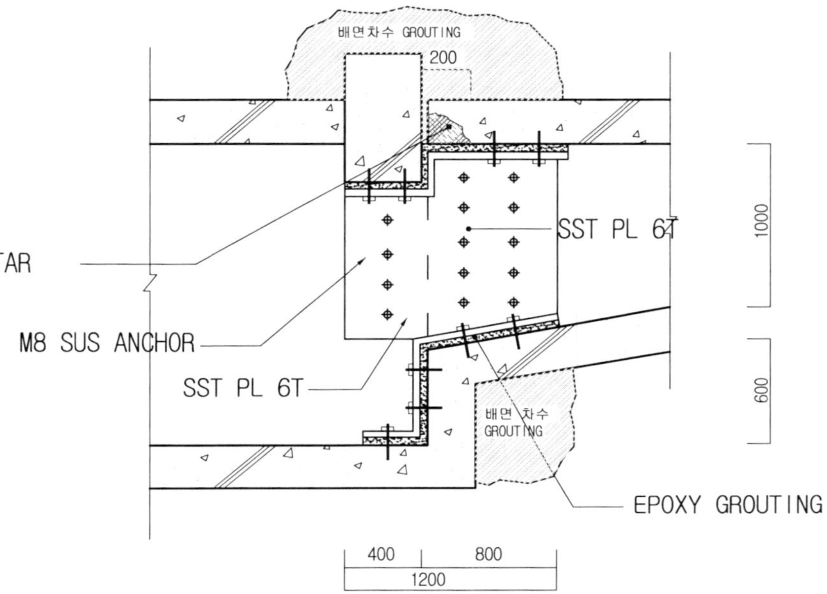

상 영 엔 지 니 어 링 (주) SANG YOUNG ENGINEERING. CO., LTD	DETAIL	DWG. NO.

제 4 장 보수·보강 계획 사례

○○시청 보수공사

· REPAIR & REHABILITATION DRAWING ·

4.9.1	OO시청 보수공사

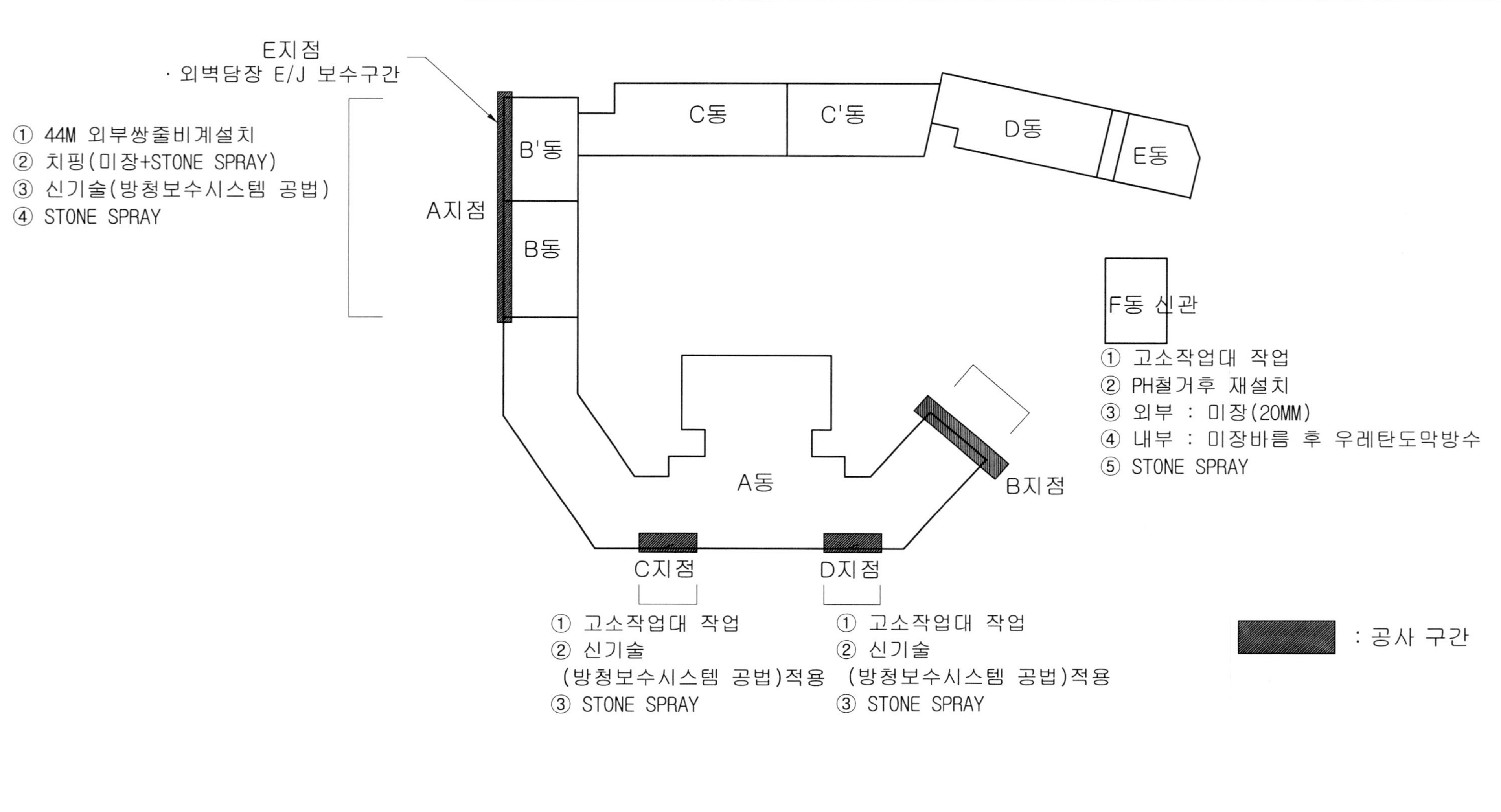

상 영 엔 지 니 어 링 (주) SANG YOUNG ENGINEERING. CO., LTD	평 면 도	DWG. NO.

· REPAIR & REHABILITATION DRAWING ·

4.9.2	OO시청 보수공사

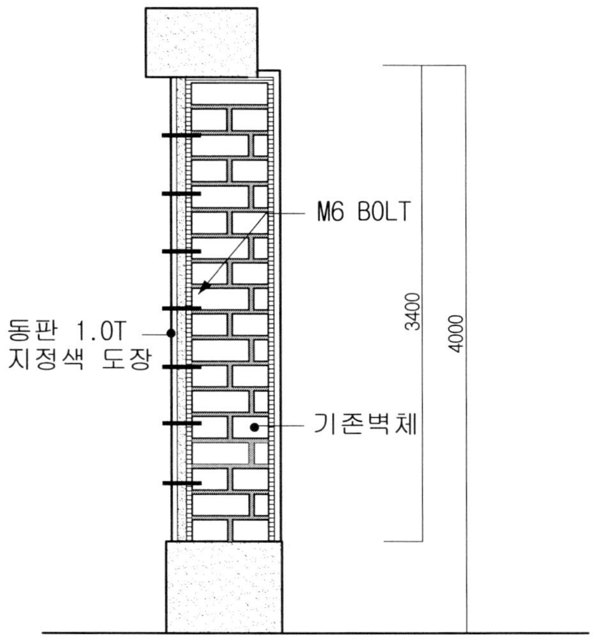

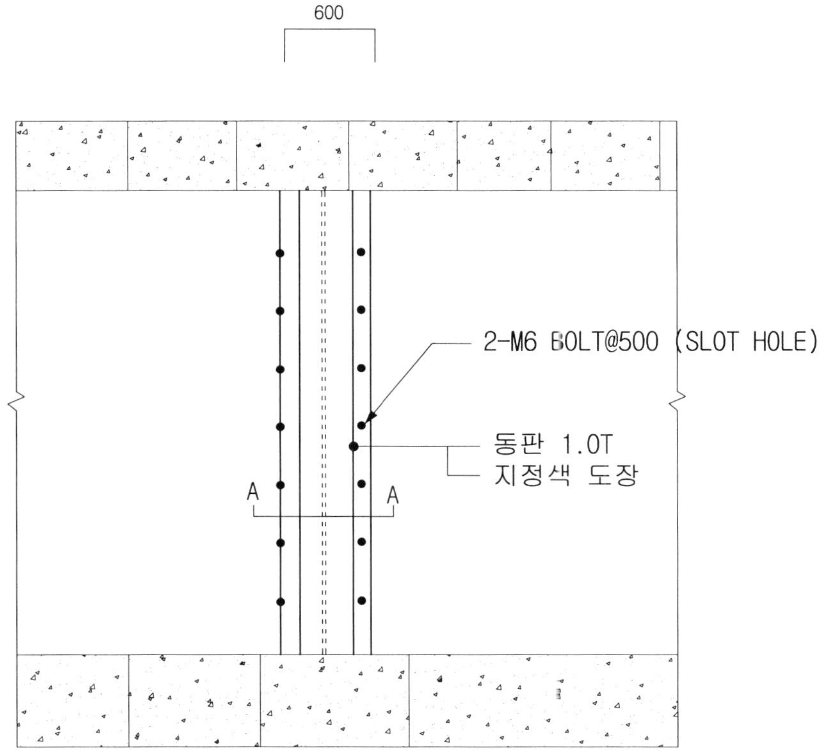

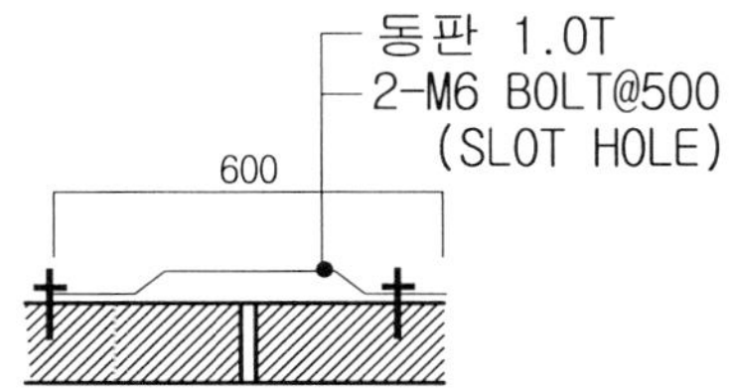

A-A SECTION

상 영 엔 지 니 어 링 (주) SANG YOUNG ENGINEERING. CO., LTD	외벽담장 EXPANSION JOINT 보수 NON-SCALE	DWG. NO.

· REPAIR & REHABILITATION DRAWING ·

4.9.3	OO시청 보수공사

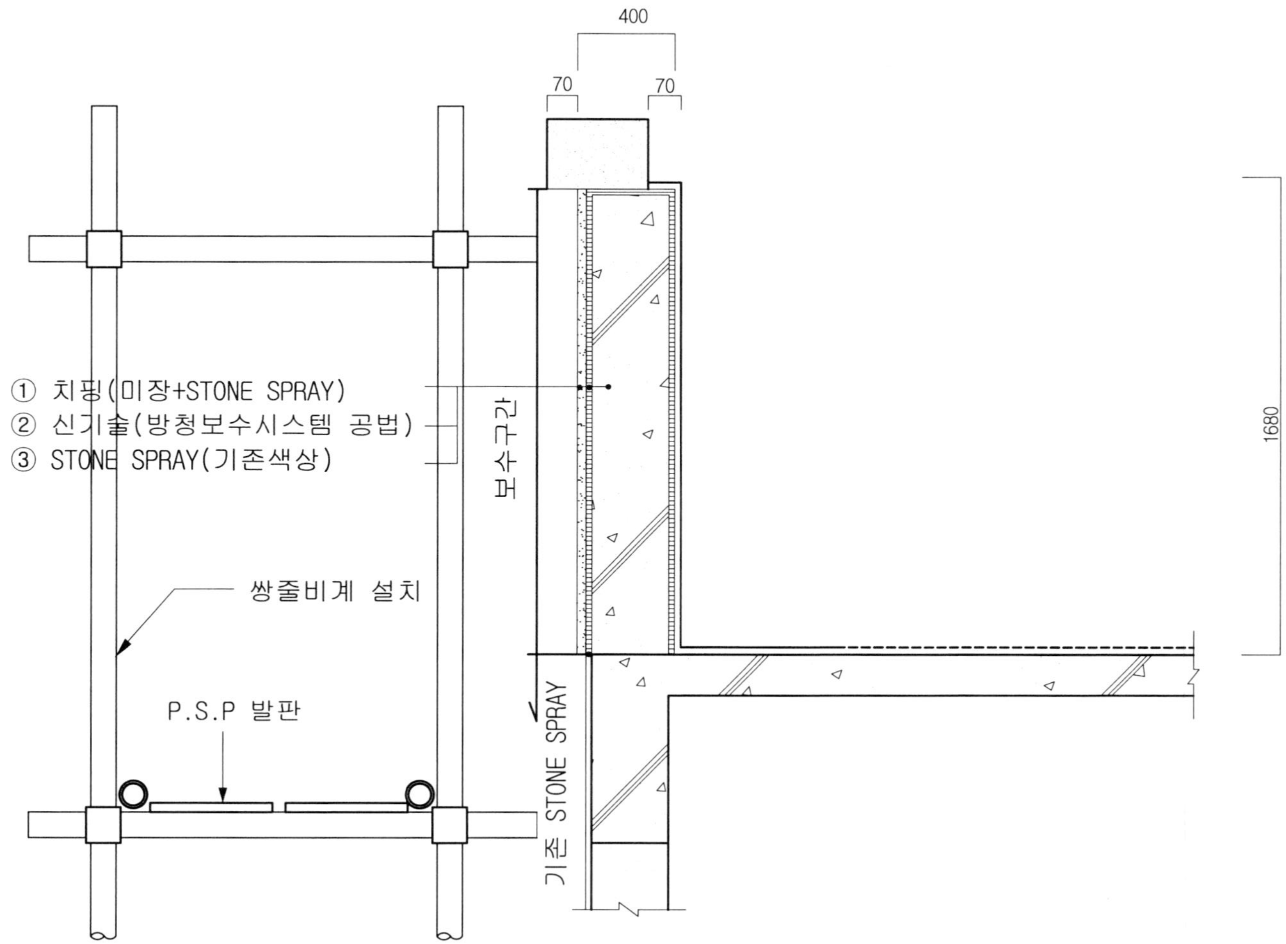

상 영 엔 지 니 어 링 (주) SANG YOUNG ENGINEERING. CO., LTD	A지점 보수공사 NON-SCALE	DWG. NO.

· REPAIR & REHABILITATION DRAWING ·

4.9.4	OO시청 보수공사

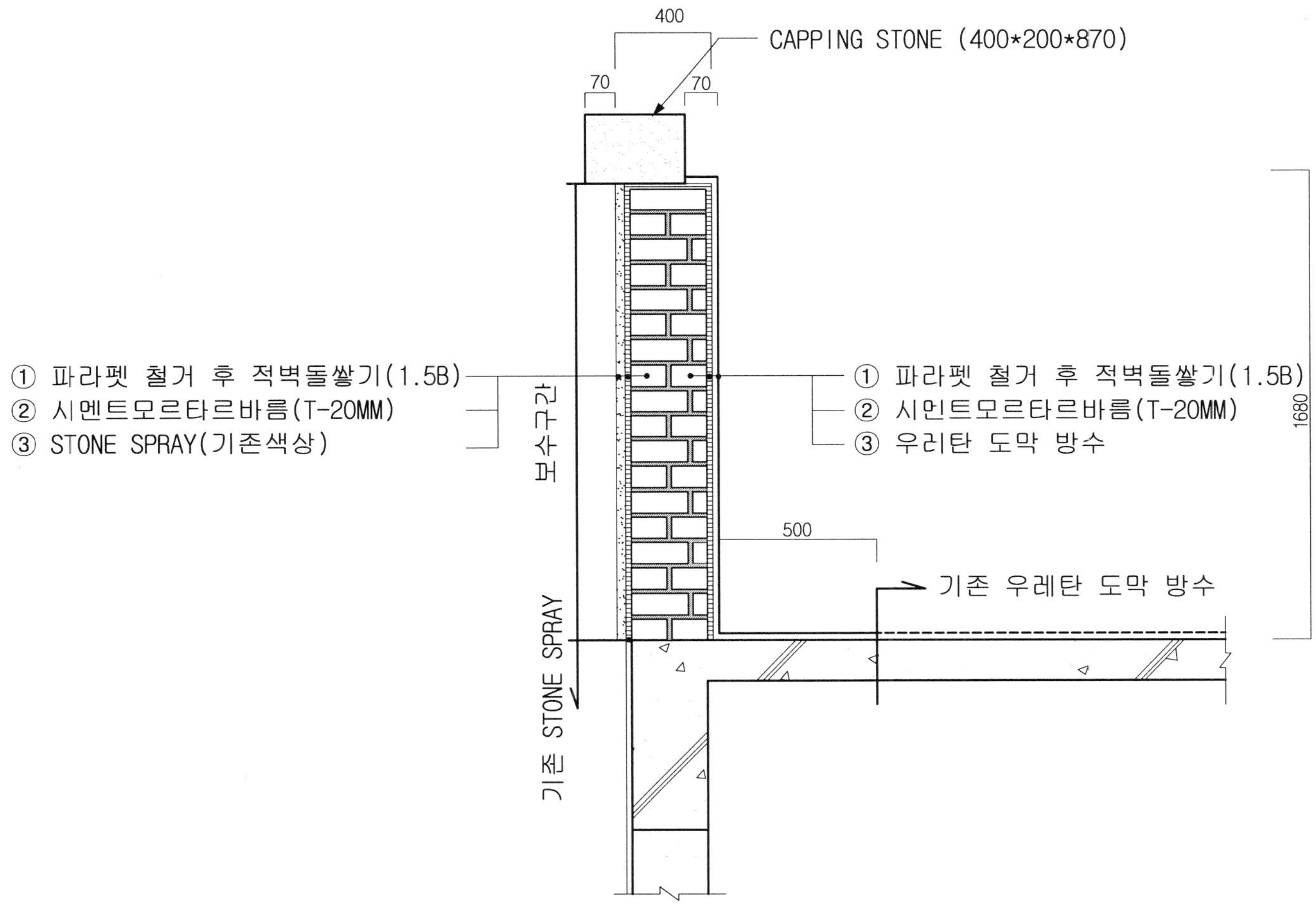

상 영 엔 지 니 어 링 (주) SANG YOUNG ENGINEERING. CO., LTD	파라펫 재설치 단면도(B지점) NON-SCALE	DWG. NO.

○○전화국 보강공사

· REPAIR & REHABILITATION DRAWING ·

4.10.1 OO전화국보강공사

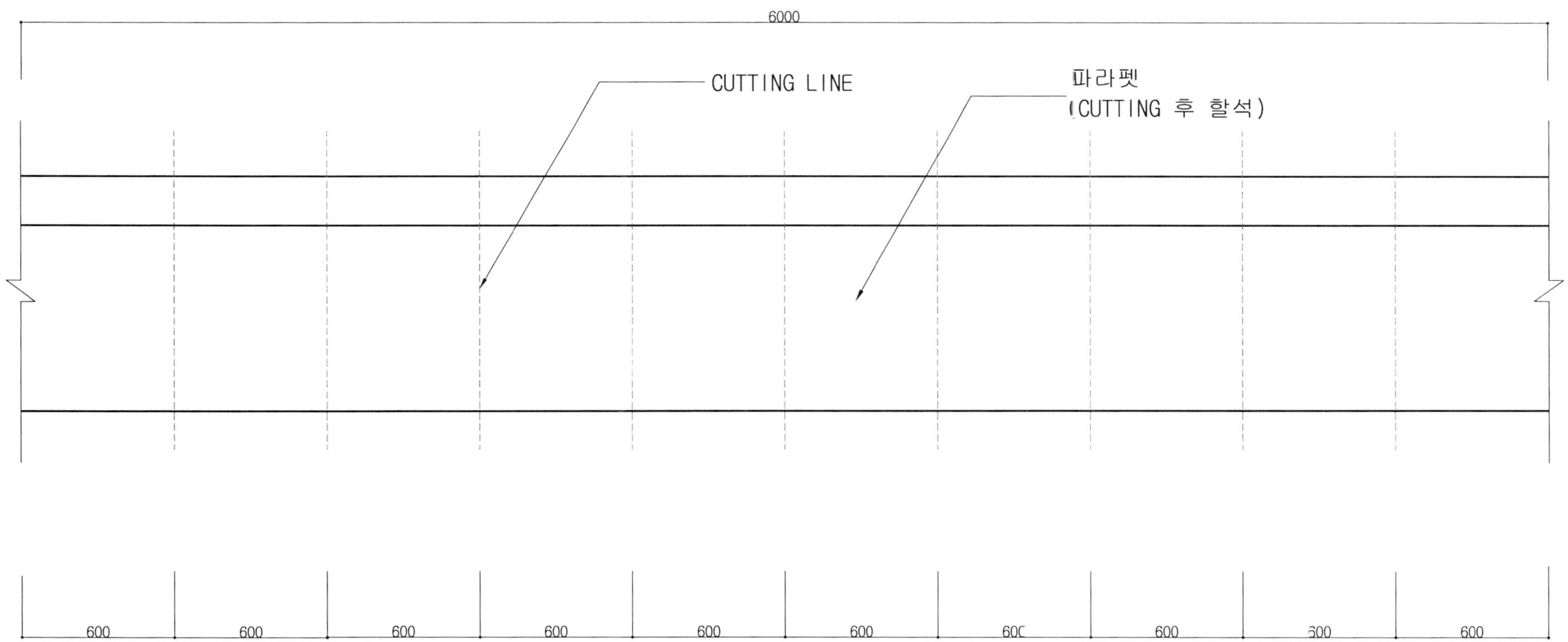

상영엔지니어링(주)
SANG YOUNG ENGINEERING. CO., LTD

파라펫 철거 개념도

DWG. NO.

· REPAIR & REHABILITATION DRAWING ·

4.10.2

OO 전 화 국 보 강 공 사

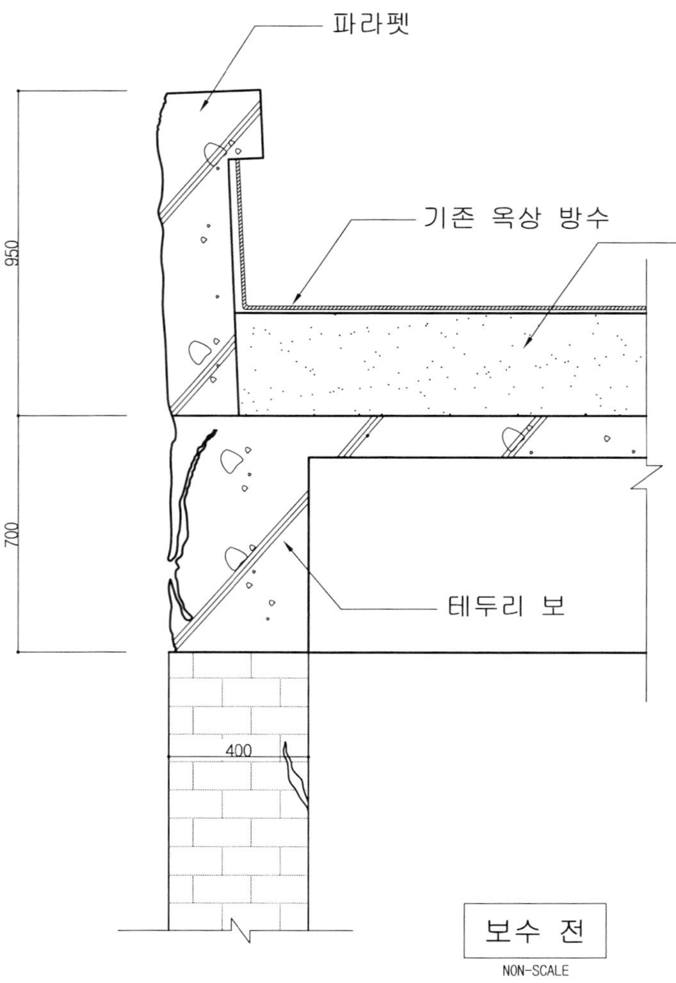

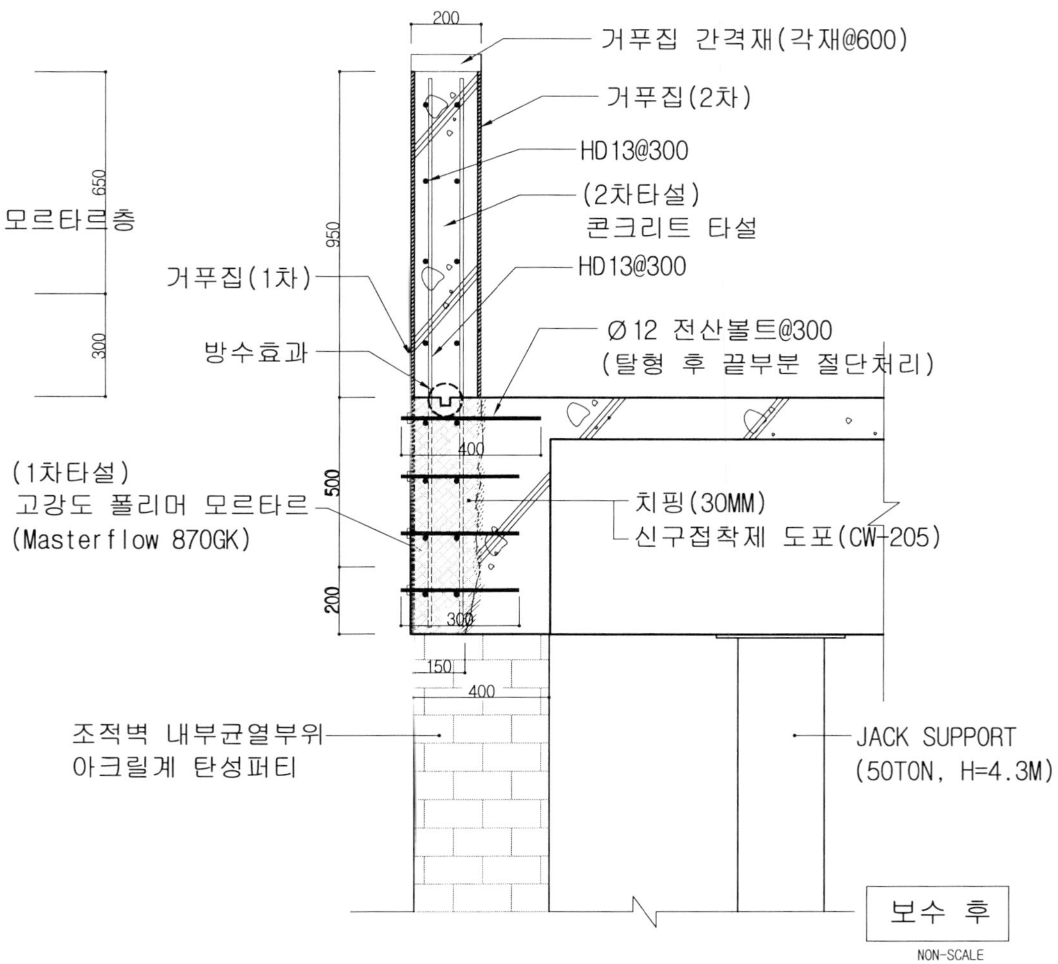

상 영 엔 지 니 어 링 (주)
SANG YOUNG ENGINEERING. CO., LTD

보강 개념도

DWG. NO.

원주 OO공사 보강공사

· REPAIR & REHABILITATION DRAWING ·

4.11.1a	원주 OO 인삼공사 보수공사

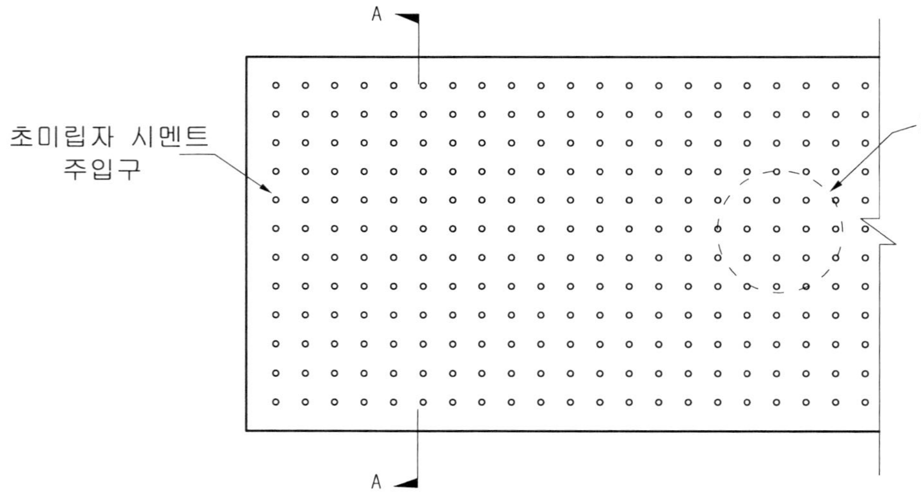

DETAIL I

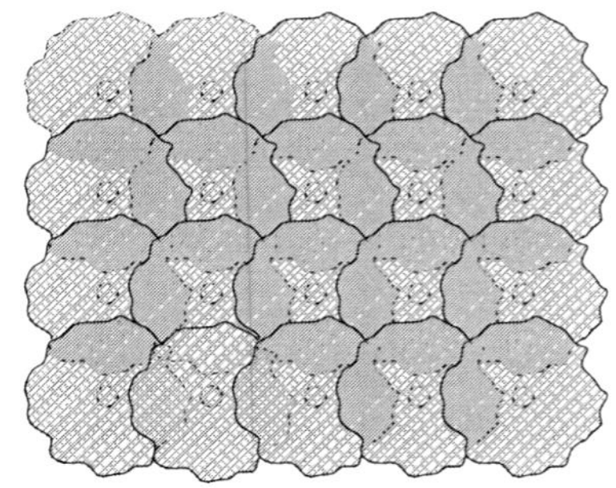

SECTION A-A

NON-SCALE

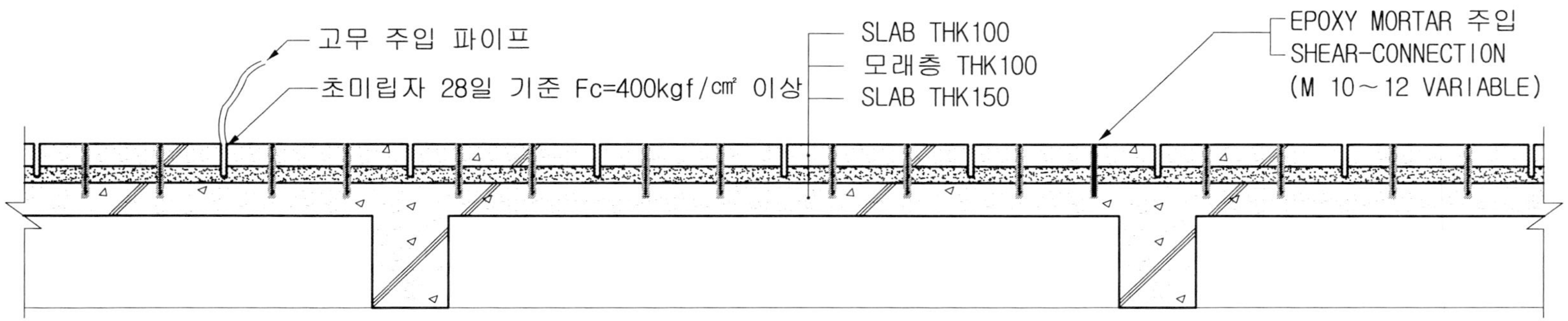

상 영 엔 지 니 어 링 (주) SANG YOUNG ENGINEERING. CO., LTD	슬래브 보강 개념도 제 1 안	DWG. NO.

· REPAIR & REHABILITATION DRAWING ·

4.11.1b	원주 OO 인삼공사 보수공사

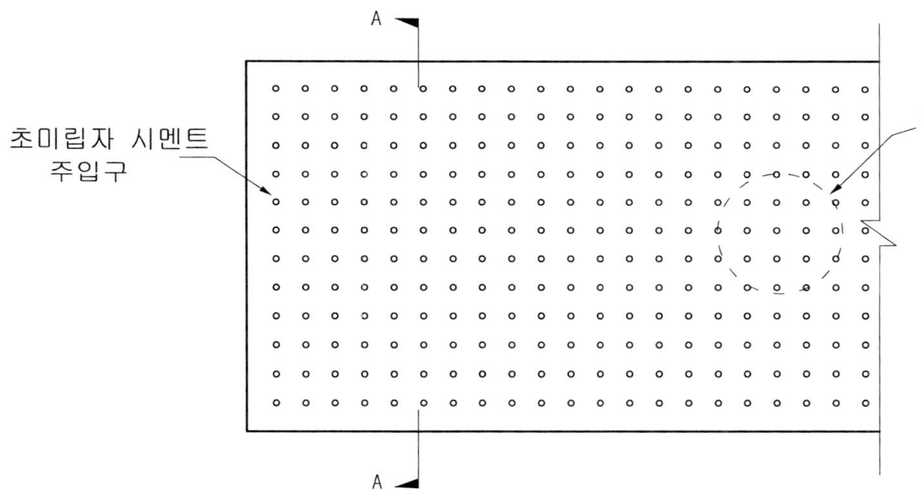

DETAIL I

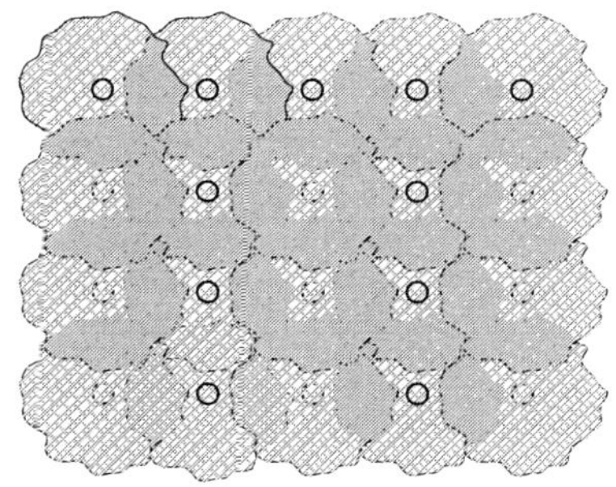

SECTION A-A 제 II안

NON-SCALE

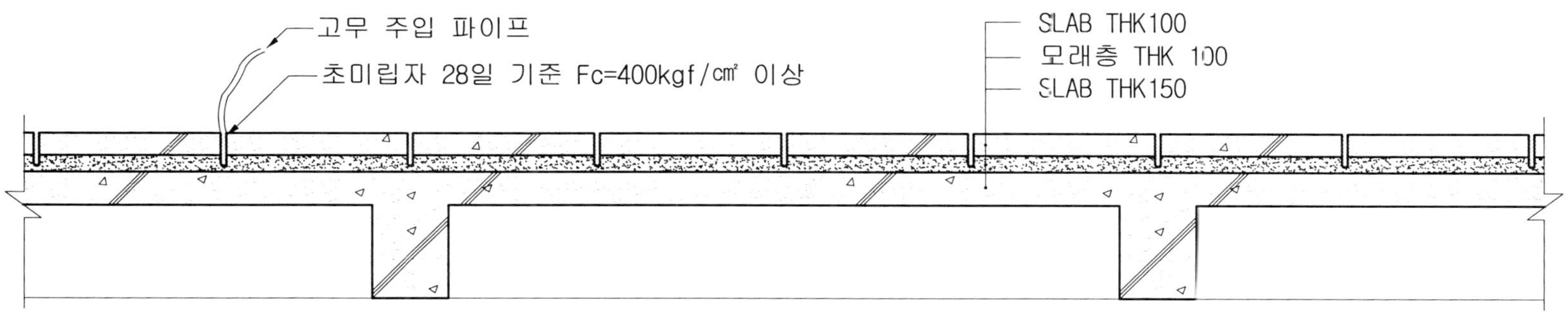

상 영 엔 지 니 어 링 (주) SANG YOUNG ENGINEERING. CO., LTD	슬래브 보강 개념도 제 2 안	DWG. NO.

· REPAIR & REHABILITATION DRAWING ·

4.11.1c	원주 OO 인삼공사 보수공사

SECTION A－A 제 III안

NON-SCALE

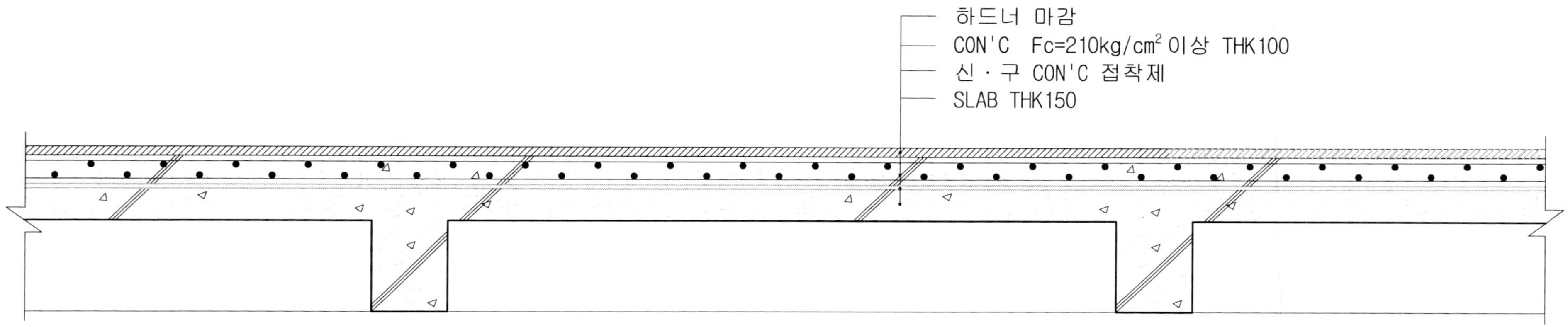

상 영 엔 지 니 어 링 (주) SANG YOUNG ENGINEERING. CO., LTD	**슬래브 보강 개념도 제 3 안**	DWG. NO.

○○백화점 보수·보강공사

4.12.1	OO백화점 보수 · 보강공사

슬래브 보강 하부 탄소섬유 보강

NON-SCALE

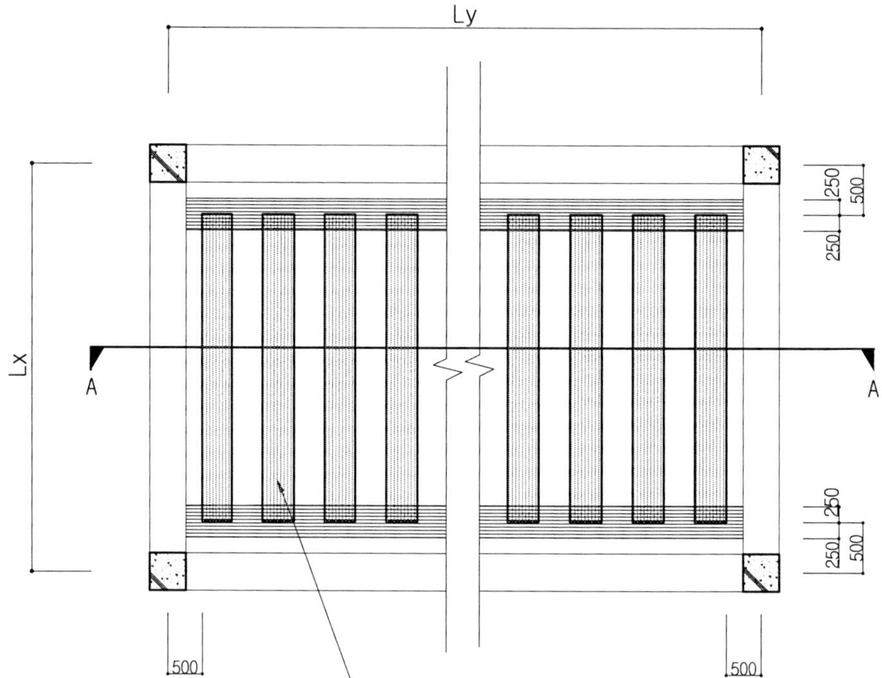

SECTION A-A

NON-SCALE

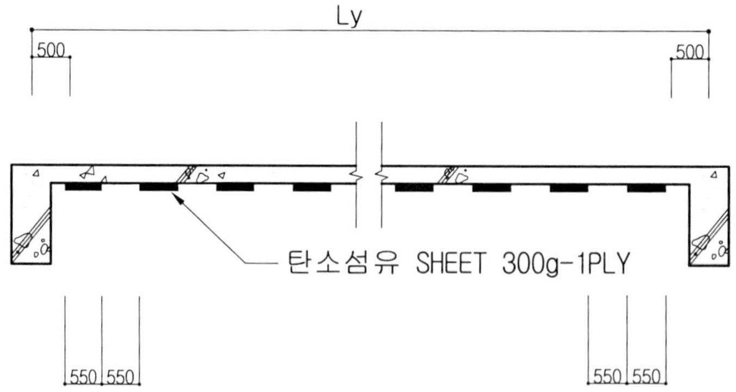

상 영 엔 지 니 어 링 (주) SANG YOUNG ENGINEERING. CO., LTD	슬래브 보강상세	DWG. NO.

· REPAIR & REHABILITATION DRAWING ·

4.12.2a	OO백화점 보수 · 보강공사

보 탄소섬유 휨보강 (A-TYPE)

NON-SCALE

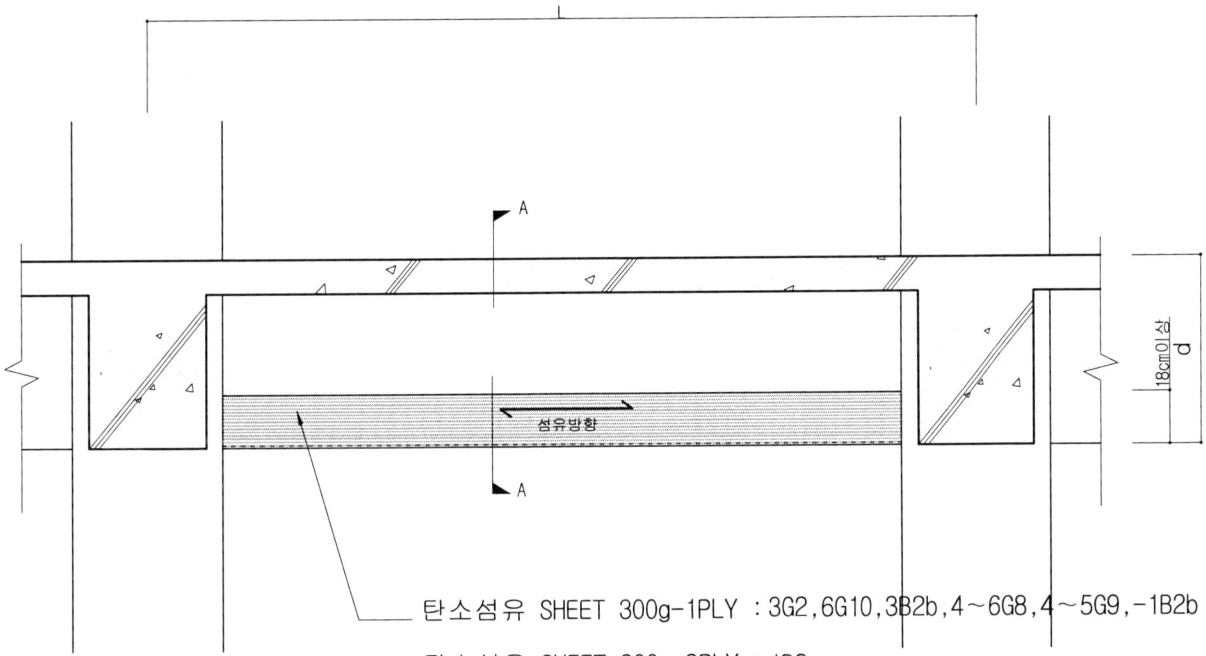

SECTION A-A

NON-SCALE

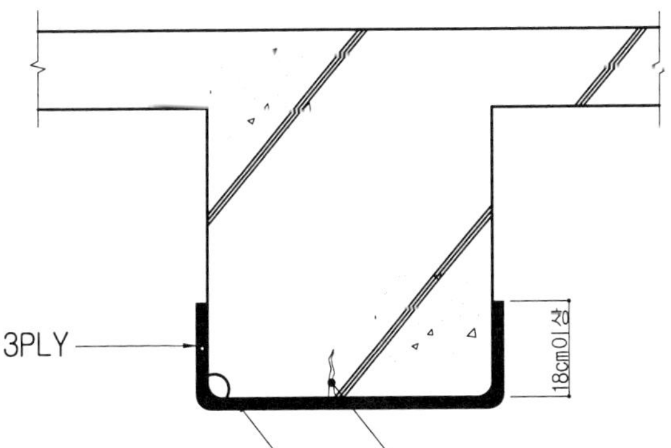

상 영 엔 지 니 어 링 (주) SANG YOUNG ENGINEERING. CO., LTD	보 보강상세	DWG. NO.

· REPAIR & REHABILITATION DRAWING ·

4.12.2b	OO백화점 보수 · 보강공사

보 탄소섬유 전단보강 (B-TYPE)

NON-SCALE

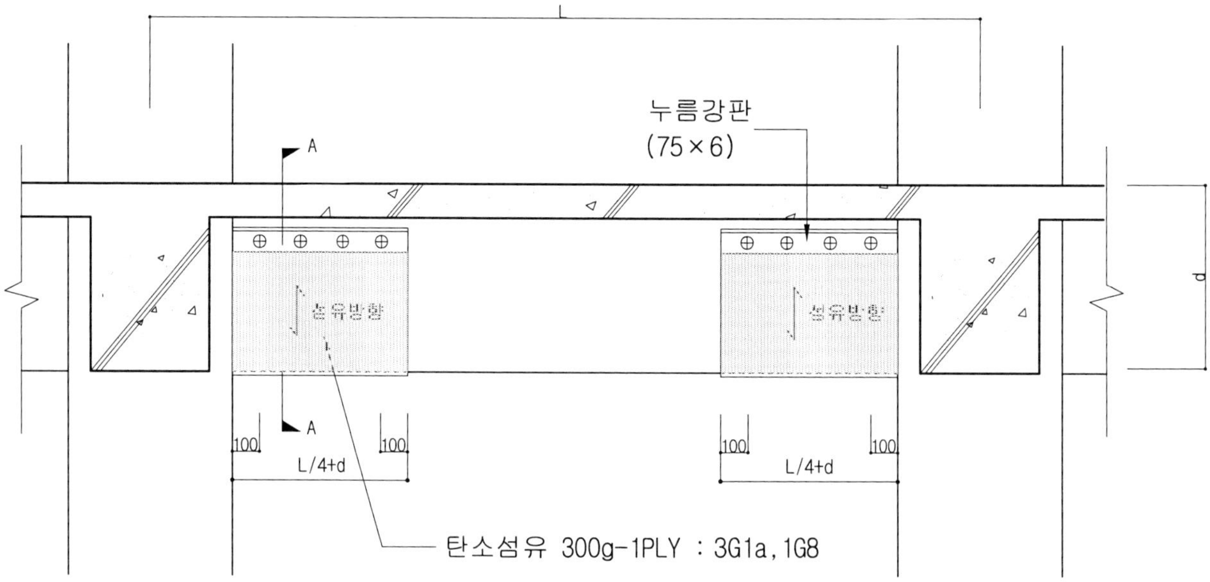

SECTION A-A

NON-SCALE

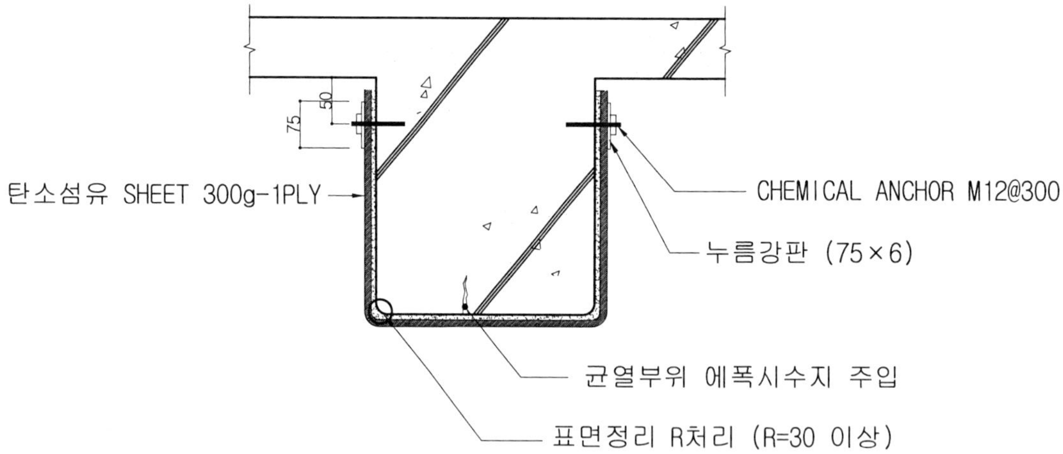

상 영 엔 지 니 어 링 (주) SANG YOUNG ENGINEERING. CO., LTD	보 보강상세	DWG. NO.

· REPAIR & REHABILITATION DRAWING ·

4.12.2c	OO백화점 보수 · 보강공사

보 탄소섬유 휨 · 전단보강 (C-TYPE)

NON-SCALE

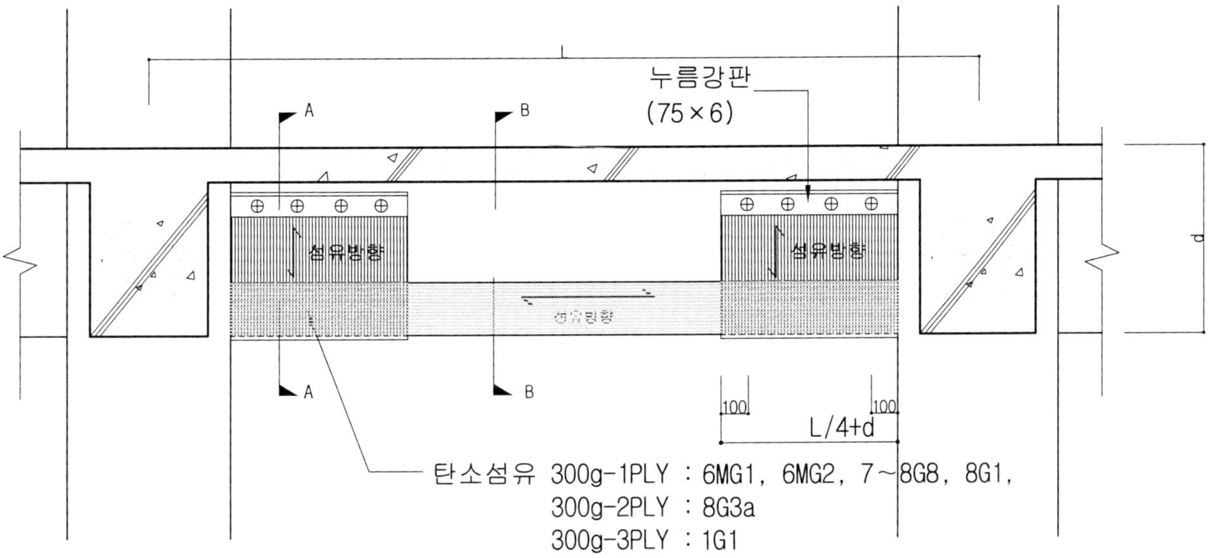

SECTION A-A

NON-SCALE

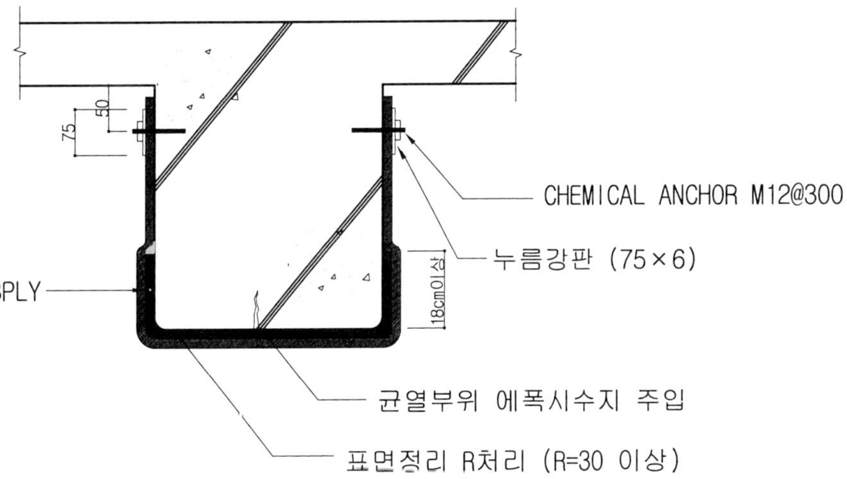

SECTION B-B

NON-SCALE

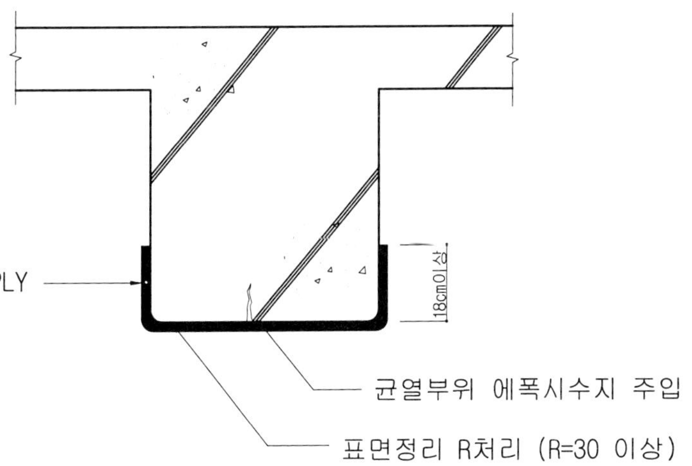

상 영 엔 지 니 어 링 (주) SANG YOUNG ENGINEERING. CO., LTD	보 보강상세	DWG. NO.

4.12.2d	OO백화점 보수 · 보강공사

기둥 철판 보강 (D-TYPE)

NON-SCALE

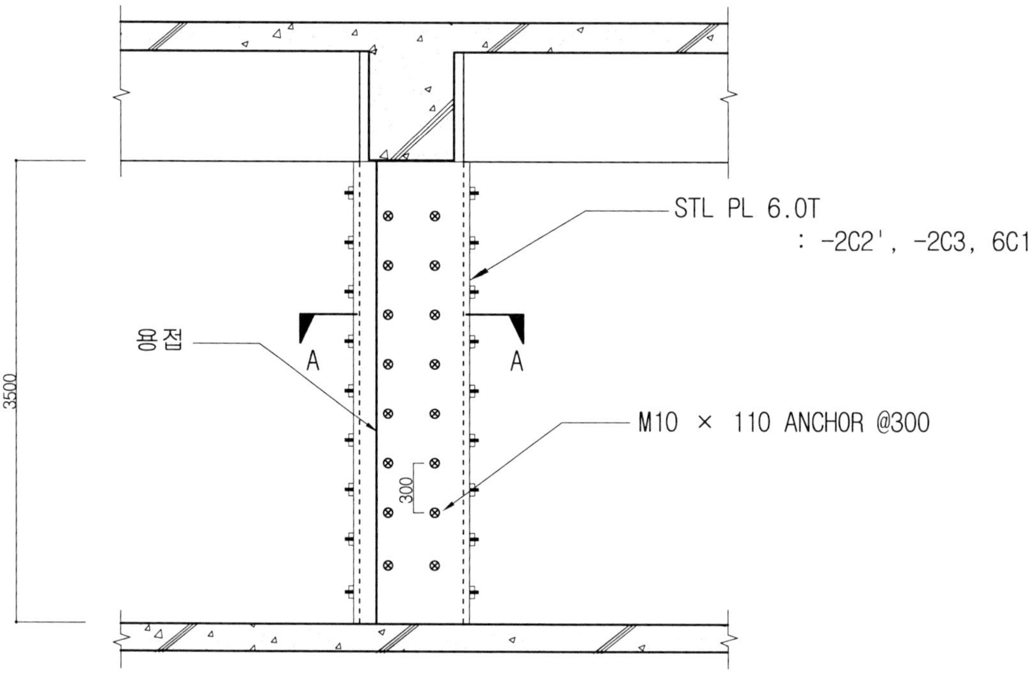

SECTION A-A

NON-SCALE

* 사용 강판 : SS400

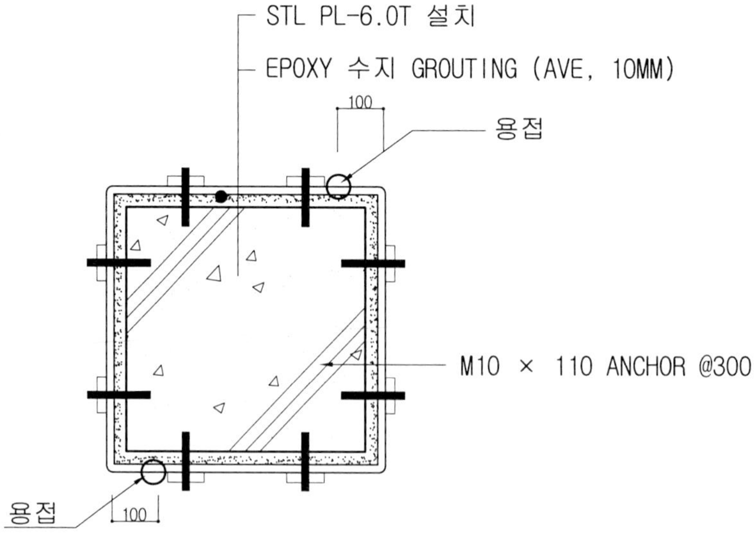

상 영 엔 지 니 어 링 (주) SANG YOUNG ENGINEERING. CO., LTD	기둥 보강상세	DWG. NO.

· REPAIR & REHABILITATION DRAWING ·

4.12.2e	OO백화점 보수 · 보강공사

기둥 철판 보강 (E-TYPE)

NON-SCALE

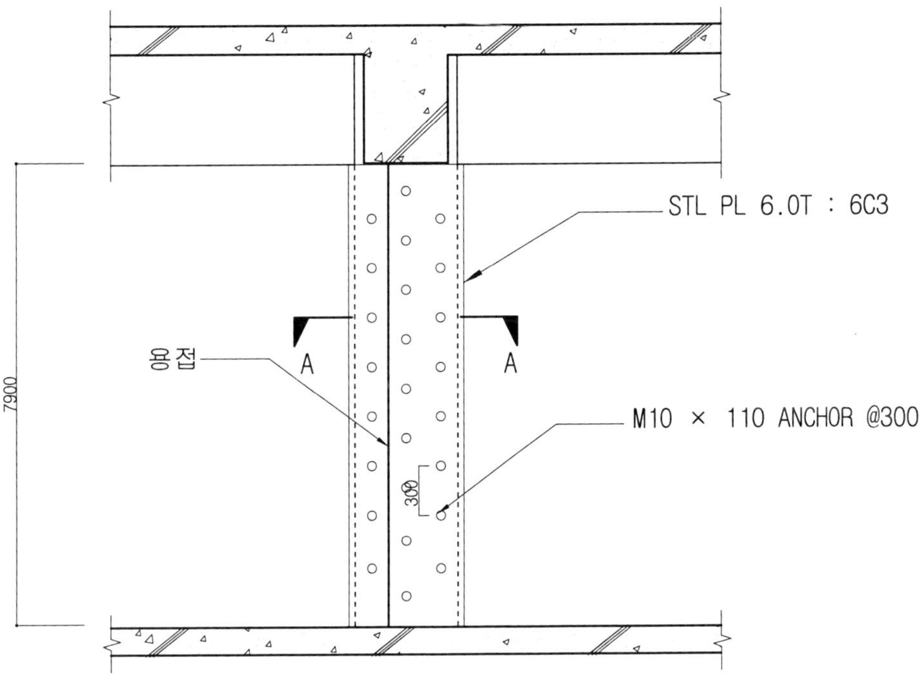

SECTION A-A

NON-SCALE

* 사용 강판 : SS400

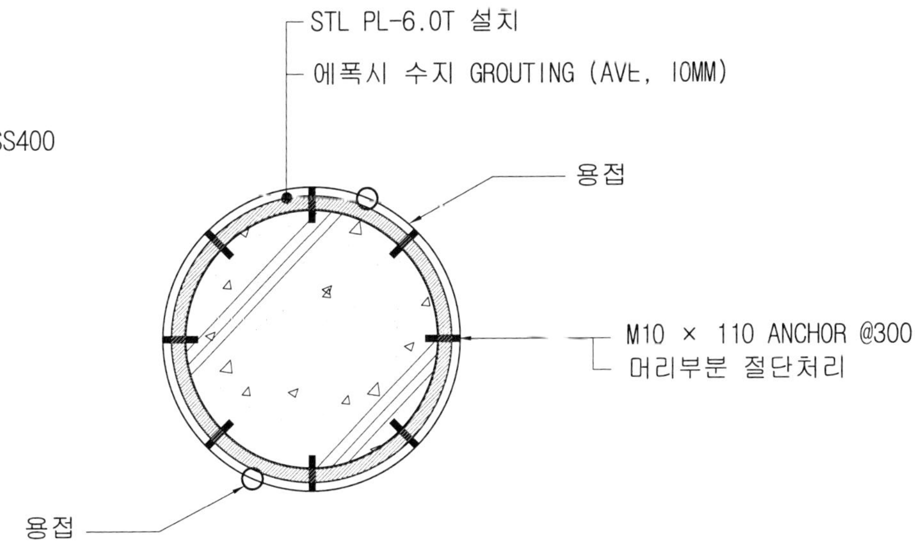

상 영 엔 지 니 어 링 (주) SANG YOUNG ENGINEERING. CO., LTD	기둥 보강상세	DWG. NO.

보 탄소섬유 휨 · 전단보강 (CC-TYPE)

NON-SCALE

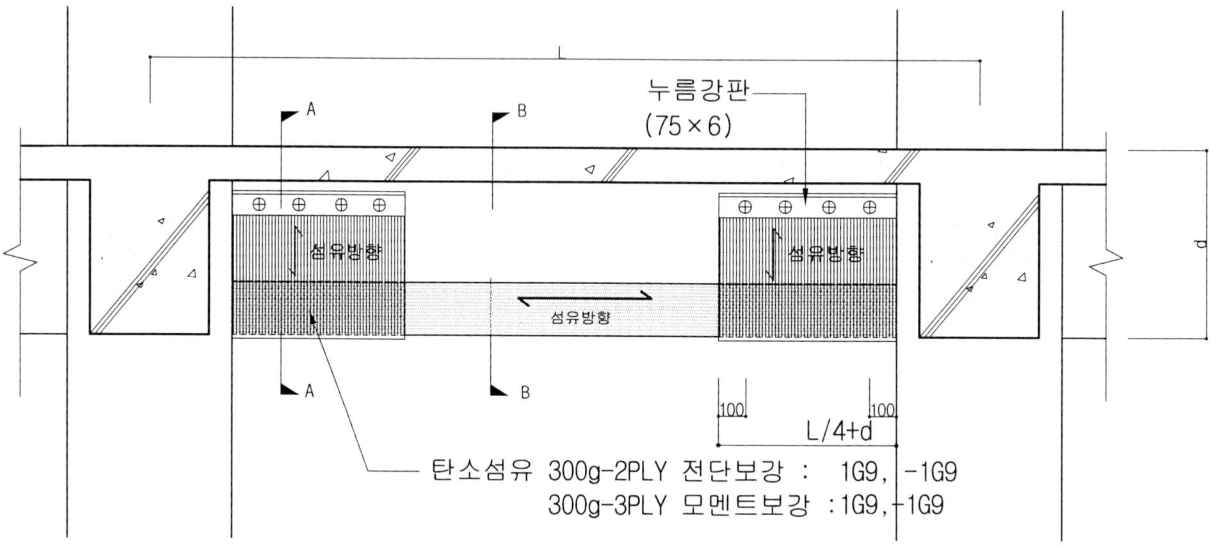

SECTION A-A

NON-SCALE

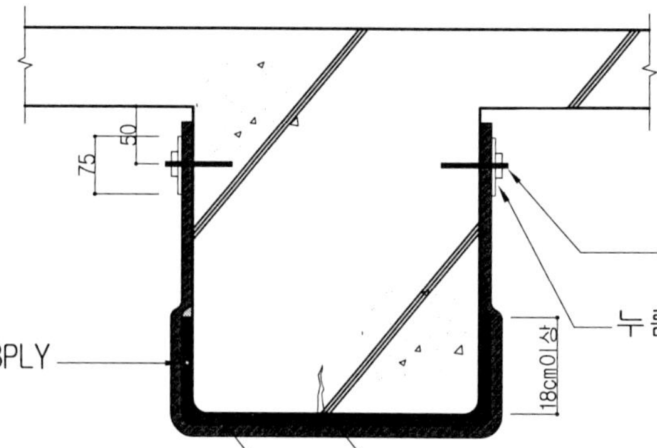

SECTION B-B

NON-SCALE

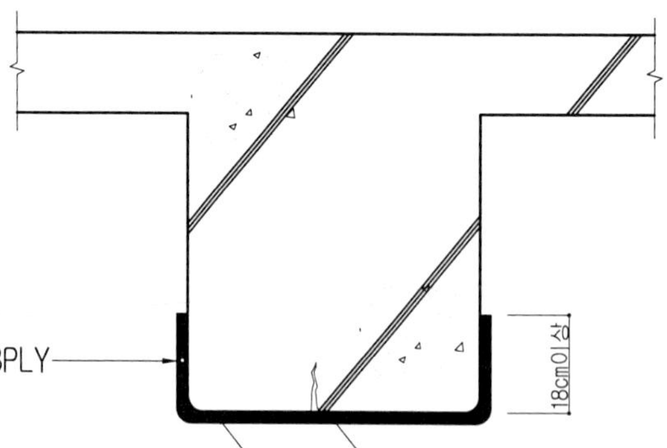

상 영 엔 지 니 어 링 (주)
SANG YOUNG ENGINEERING. CO., LTD

보 보강상세

DWG. NO.

· **REPAIR & REHABILITATION DRAWING** ·

4.12.4	**OO백화점 보수 · 보강공사**

보 탄소섬유 휨 · 전단보강 (CB-TYPE)

NON-SCALE

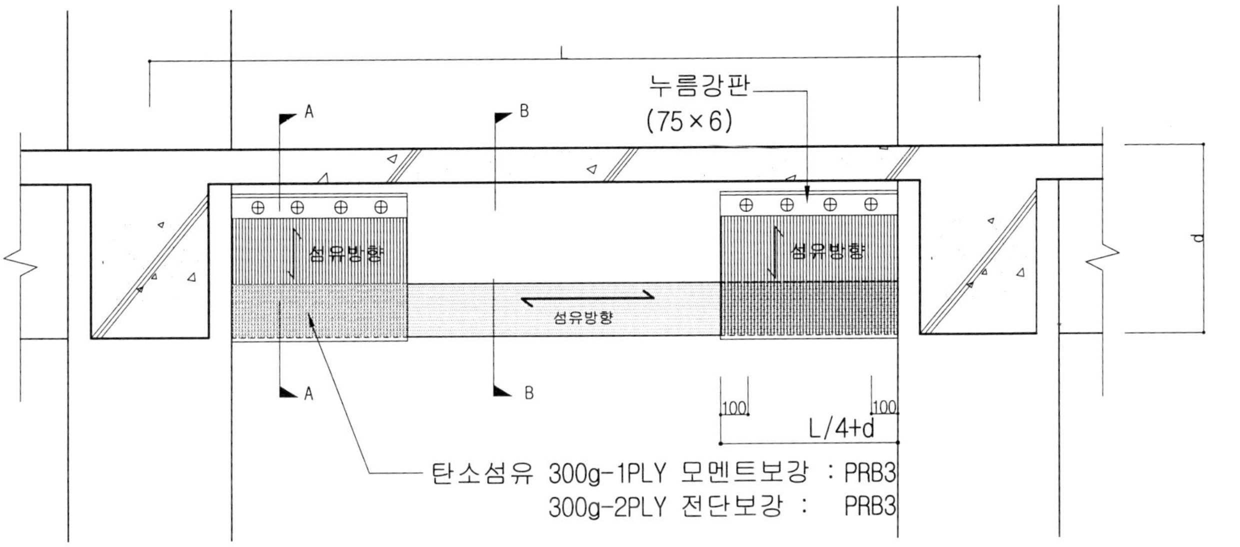

SECTION A-A

NON-SCALE

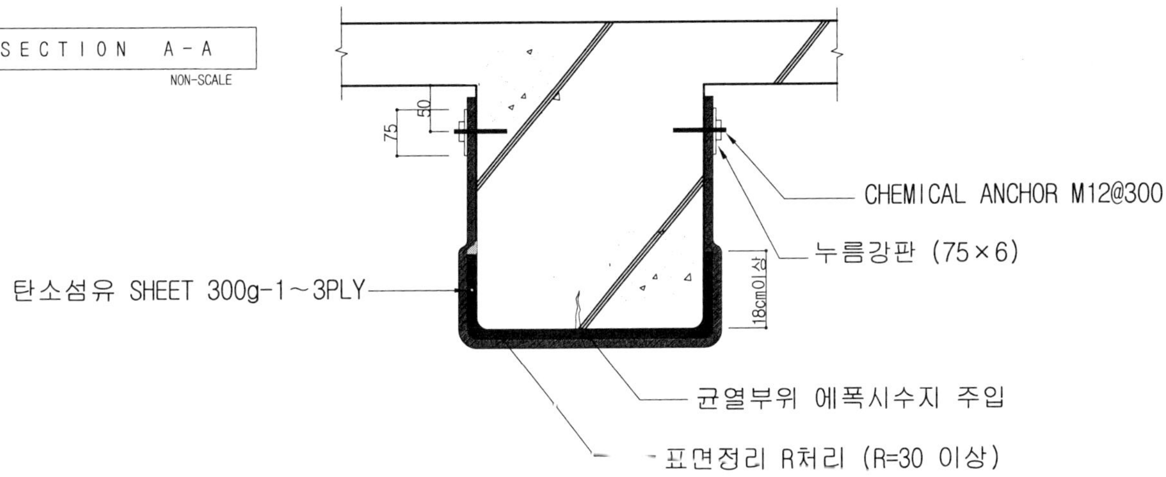

SECTION B-B

NON-SCALE

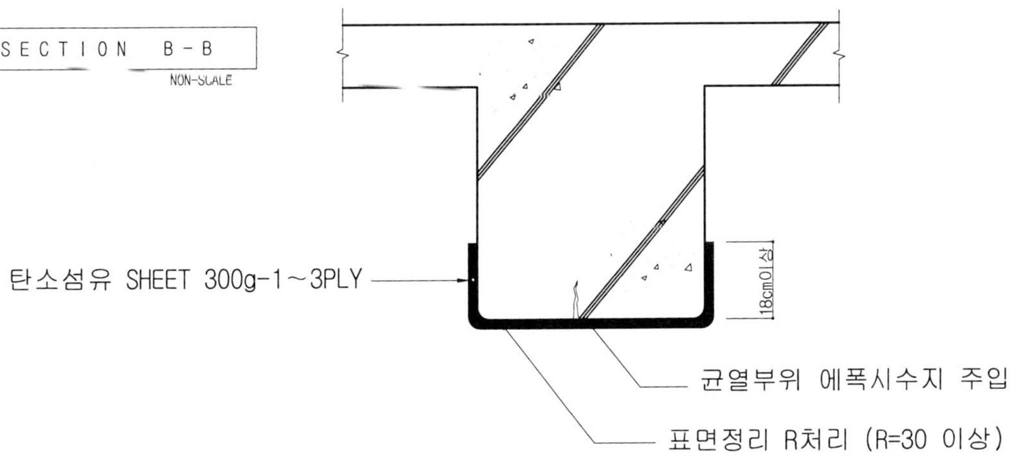

상 영 엔 지 니 어 링 (주) SANG YOUNG ENGINEERING. CO., LTD	**보 보강상세**	DWG. NO.

· **REPAIR & REHABILITATION DRAWING** ·

4.12.5	**OO백화점 보수 · 보강공사**

-1S4a 슬래브 상부 증타설 보강

NON-SCALE

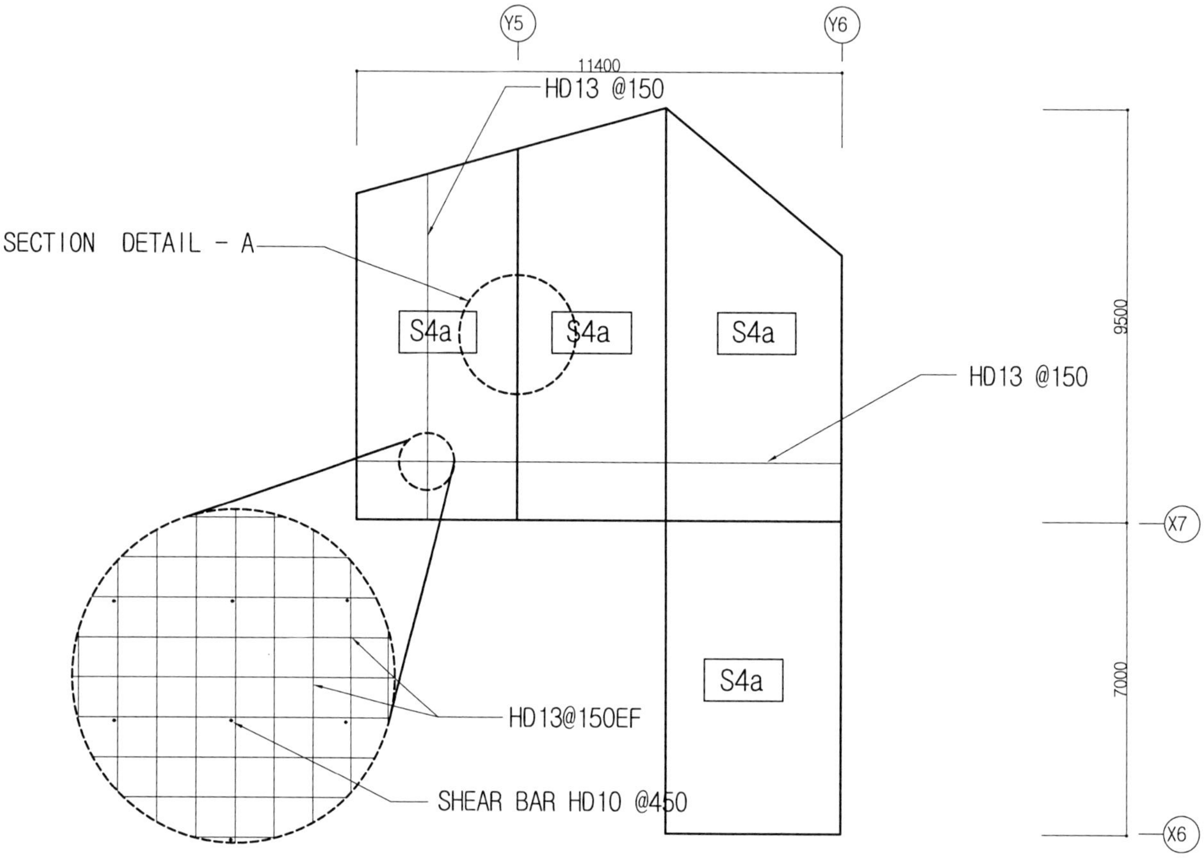

SECTION DETAIL - A

NON-SCALE

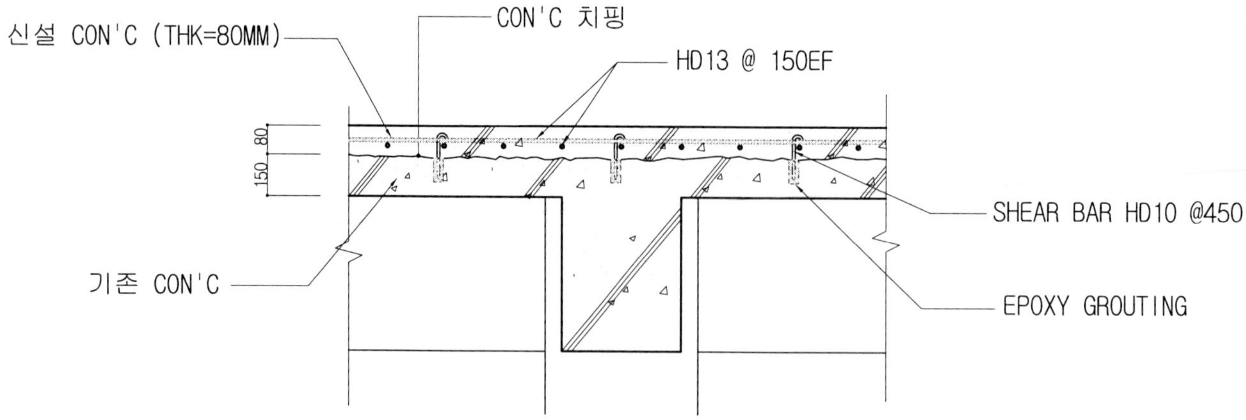

상 영 엔 지 니 어 링 (주) SANG YOUNG ENGINEERING. CO., LTD	**슬래브 보강상세**	DWG. NO.

· REPAIR & REHABILITATION DRAWING ·

4.12.6	OO백화점 보수 · 보강공사

1B8 보 상부 증타설 보강상세

NON-SCALE

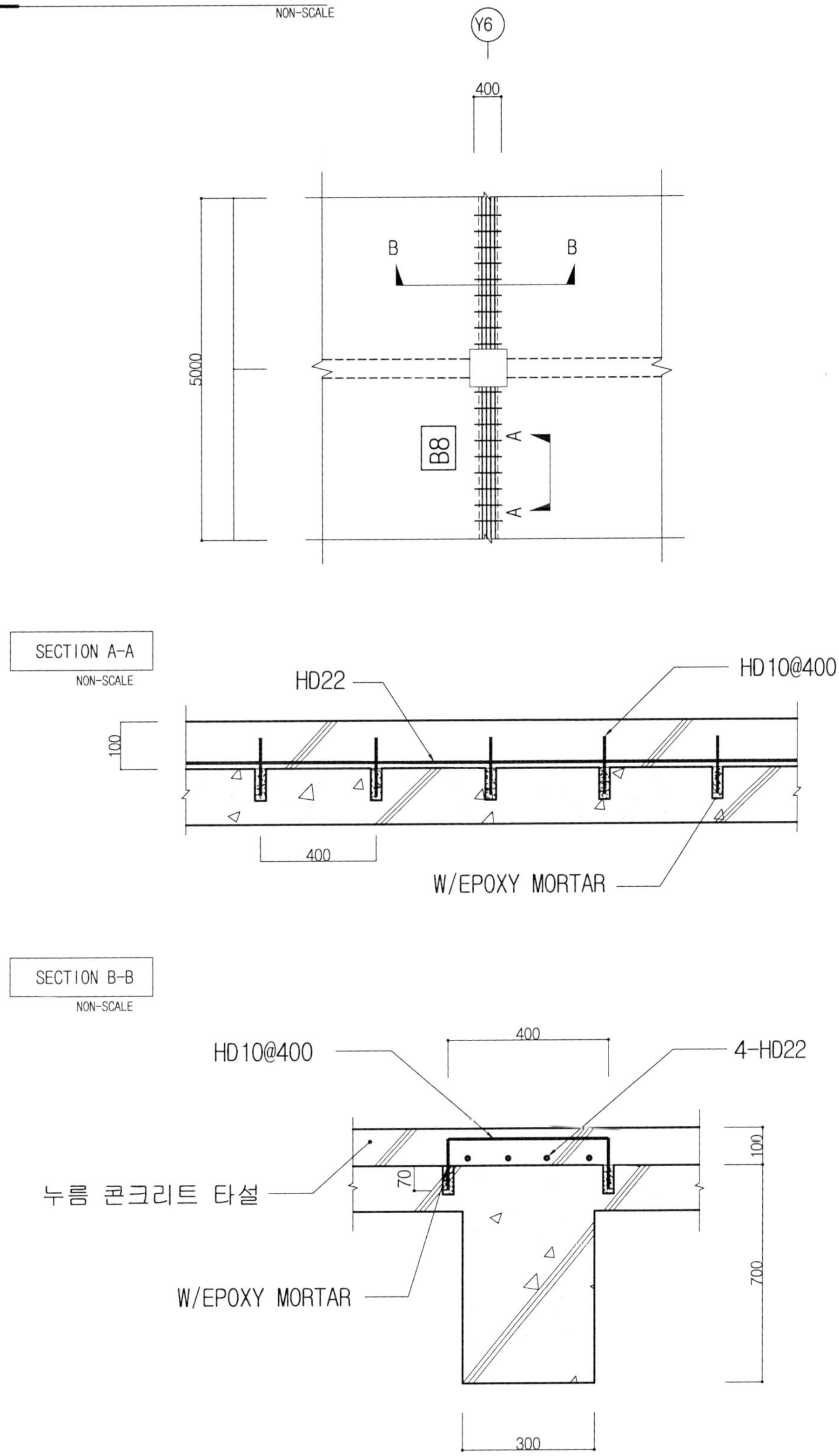

상 영 엔 지 니 어 링 (주) SANG YOUNG ENGINEERING. CO., LTD	보 보강상세	DWG. NO.

· **REPAIR & REHABILITATION DRAWING** ·

4.12.7	**OO백화점 보수 · 보강공사**

TURN TABLE 형강보강

NON-SCALE

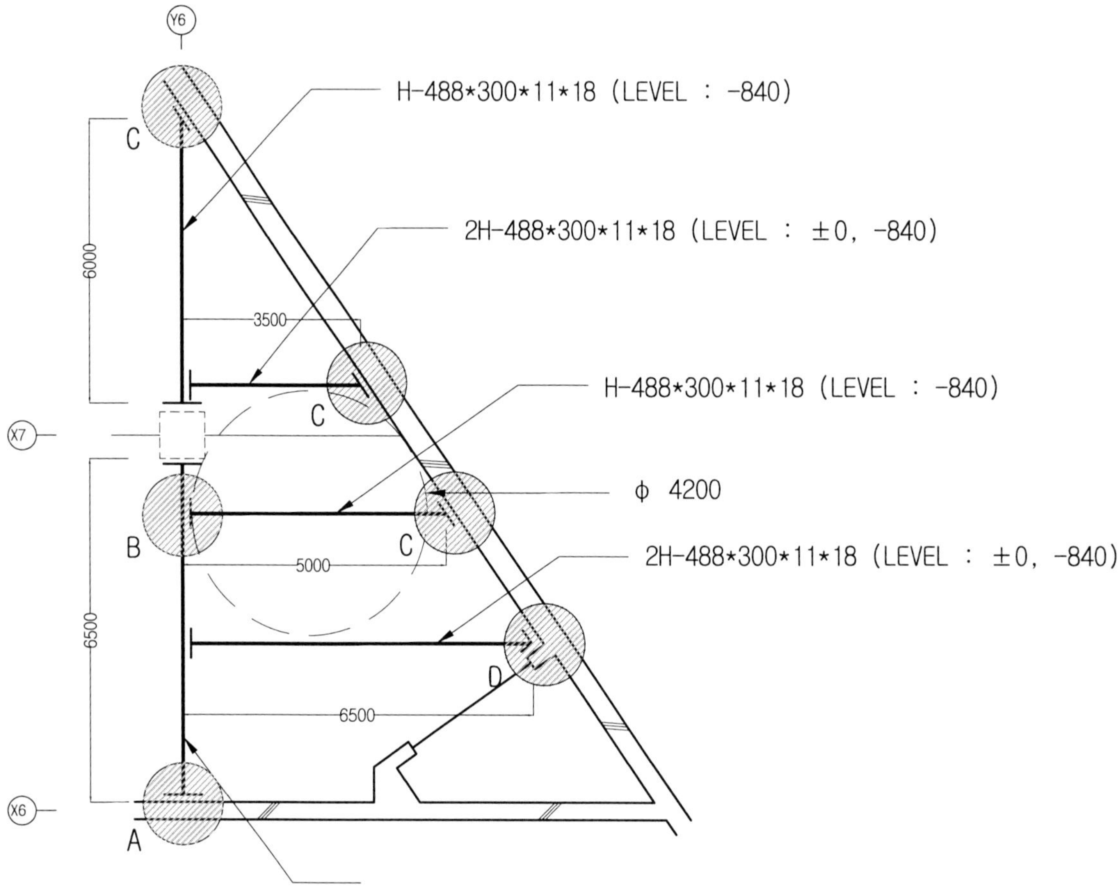

DETAIL-A

NON-SCALE

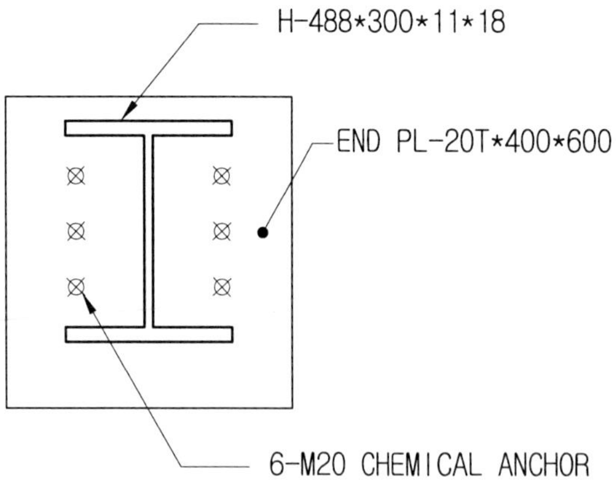

DETAIL-B

NON-SCALE

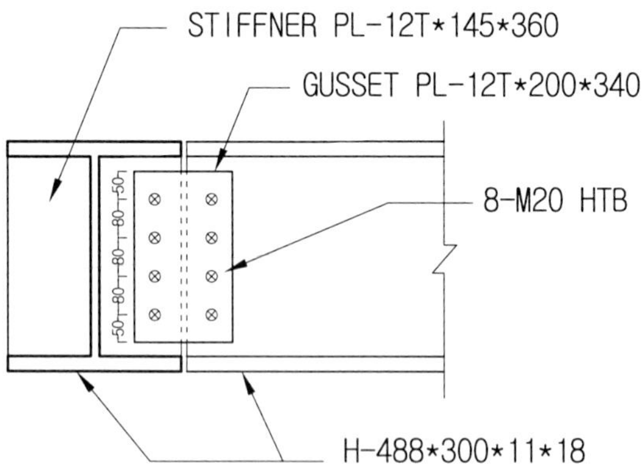

DETAIL-C &D

Similiar as DETAIL - A

상 영 엔 지 니 어 링 (주) SANG YOUNG ENGINEERING. CO., LTD	**형강보강상세**	DWG. NO.

동소문동 ○○안과의원 보수·보강공사

· **REPAIR & REHABILITATION DRAWING** ·

4.13.1a	동소문동 OO안과의원 보수 · 보강공사

SECTION-1

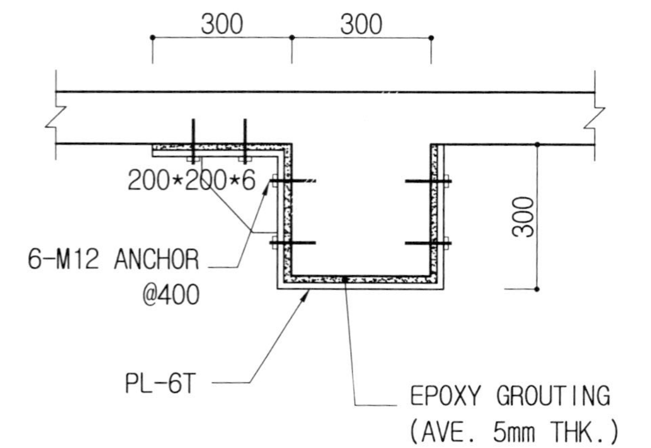

SECTION-2

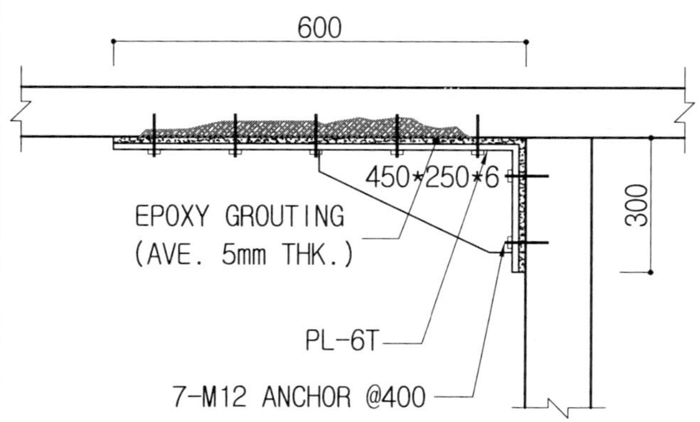

SECTION-3

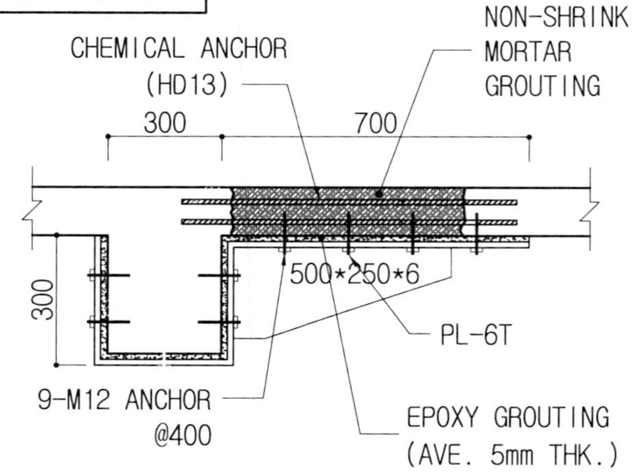

상 영 엔 지 니 어 링 (주) SANG YOUNG ENGINEERING. CO., LTD	지하층 보 · 슬래브 보수 · 보강 상세도	DWG. NO.

· REPAIR & REHABILITATION DRAWING ·

4.13.1b	동소문동 OO안과의원 보수 · 보강공사

SECTION-1

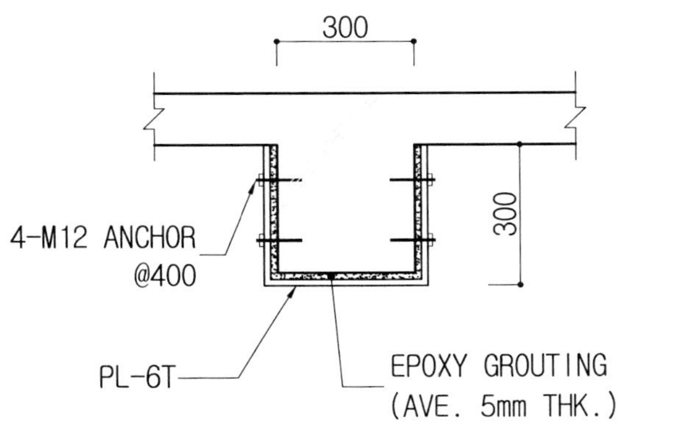

SECTION-2

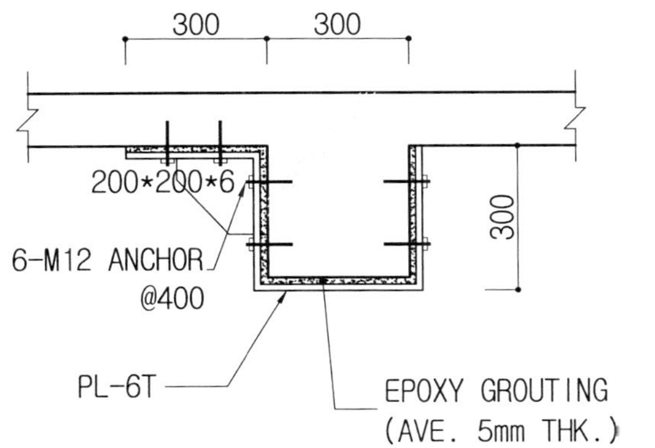

SECTION-3

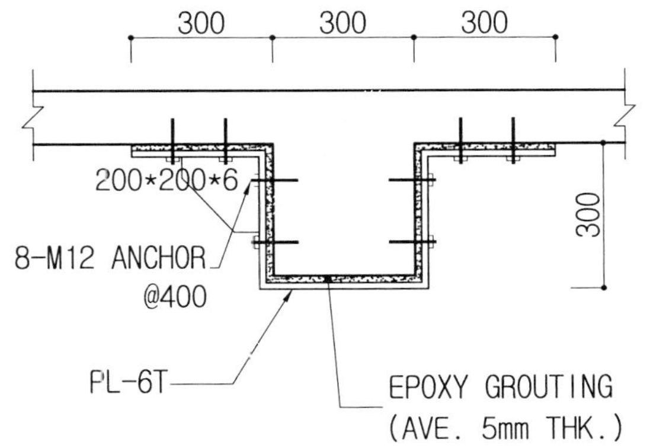

SECTION-4

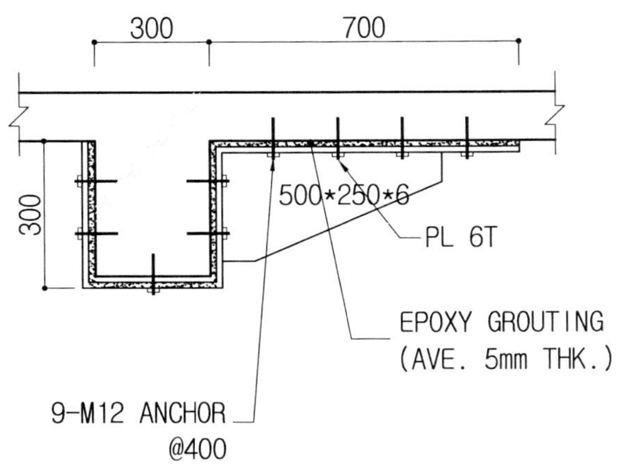

SECTION-5

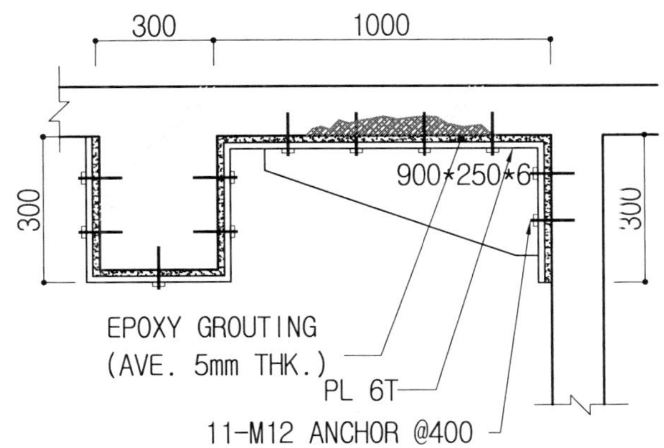

SECTION-6

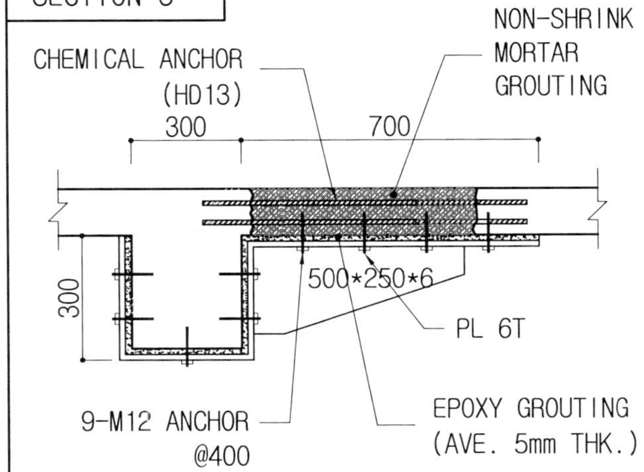

상 영 엔 지 니 어 링 (주) SANG YOUNG ENGINEERING. CO., LTD	1 층 보 · 슬래브 보수 · 보강 상세도	DWG. NO.

· REPAIR & REHABILITATION DRAWING ·

4.13.1c	동소문동 OO안과의원 보수 · 보강공사

SECTION-1

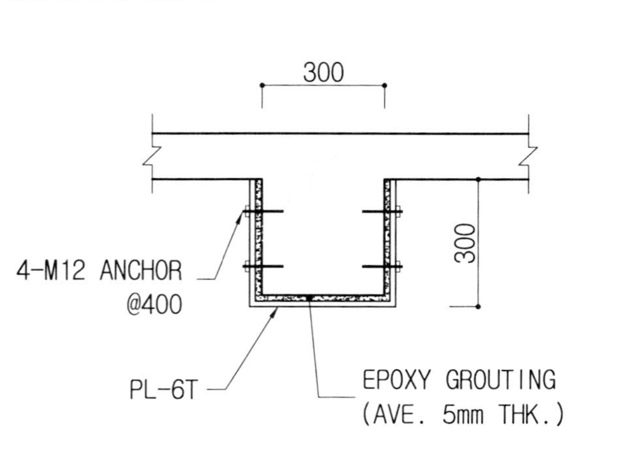

SECTION-2

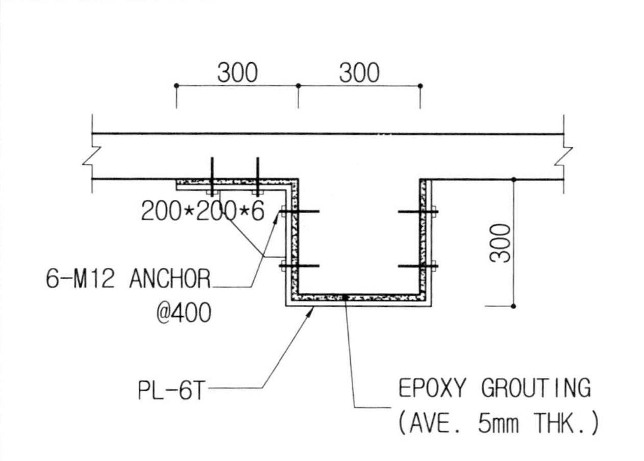

SECTION-3

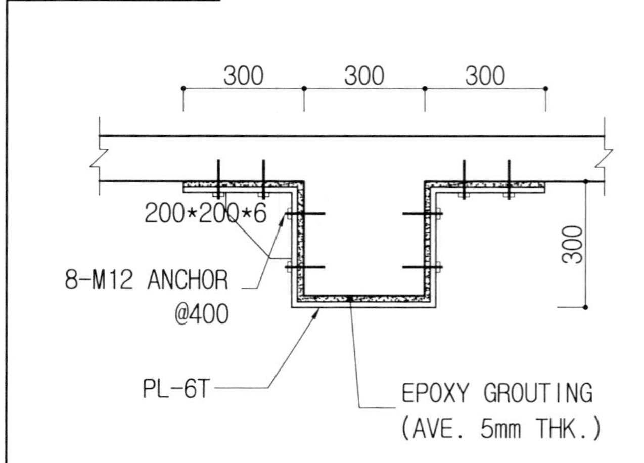

SECTION-4

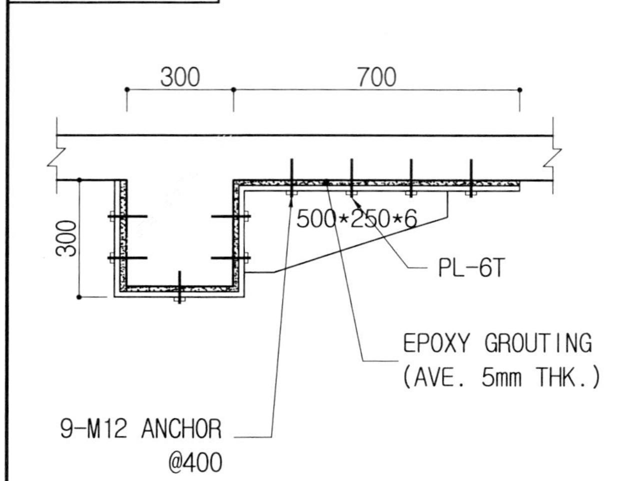

SECTION-5

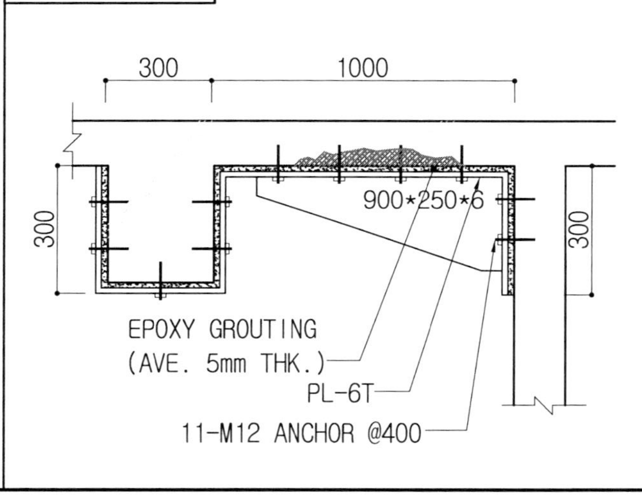

SECTION-6

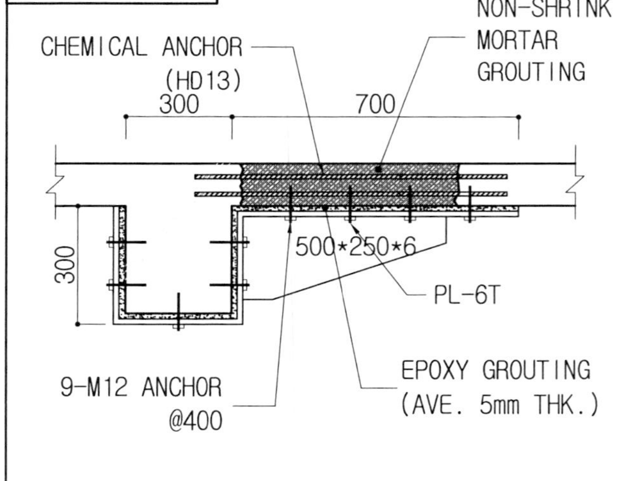

상 영 엔 지 니 어 링 (주) SANG YOUNG ENGINEERING. CO., LTD	2 층 보 · 슬래브 보수 · 보강 상세도	DWG. NO.

· REPAIR & REHABILITATION DRAWING ·

4.13.1d	동소문동 OO안과의원 보수 · 보강공사

SECTION-1

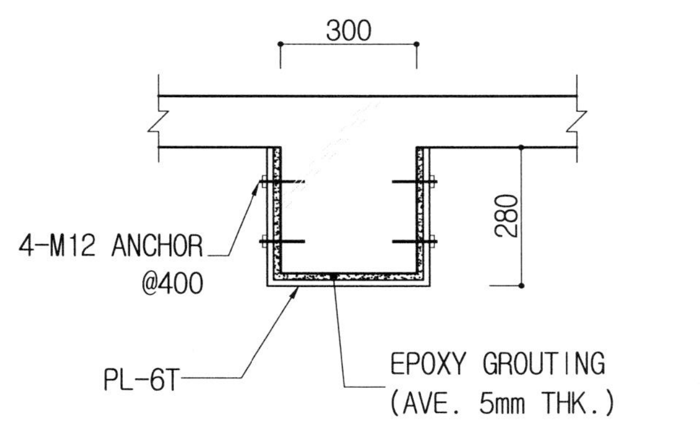

SECTION-2

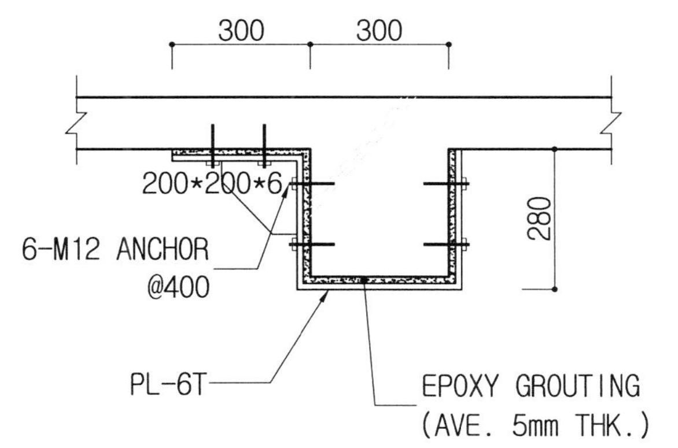

SECTION-3

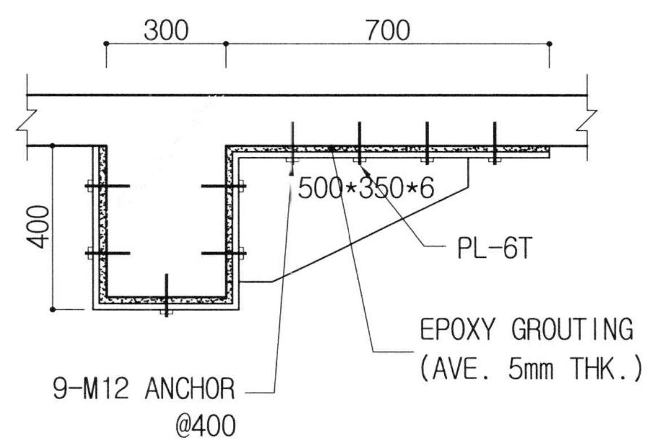

SECTION-4

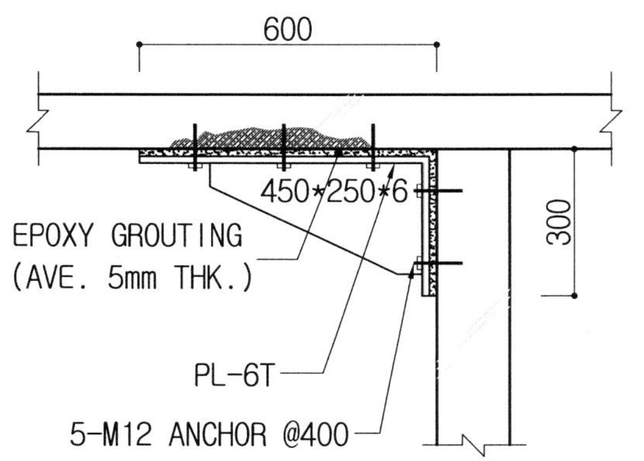

SECTION-5

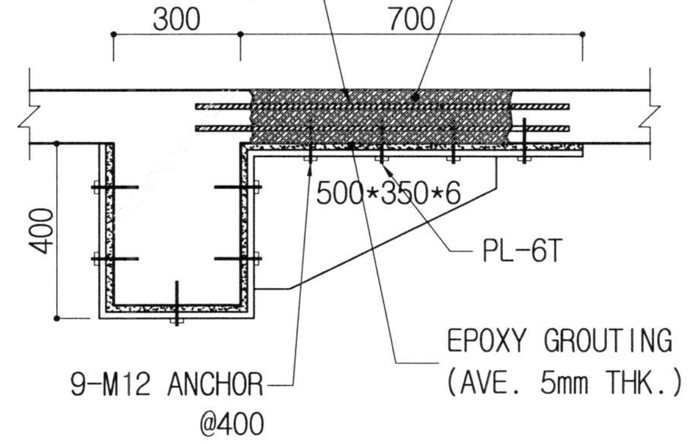

상 영 엔 지 니 어 링 (주) SANG YOUNG ENGINEERING. CO., LTD	3 층 보 · 슬래브 보수 · 보강 상세도	DWG. NO.

· REPAIR & REHABILITATION DRAWING ·

4.13.1e

동소문동 OO안과의원 보수 · 보강공사

SECTION-1

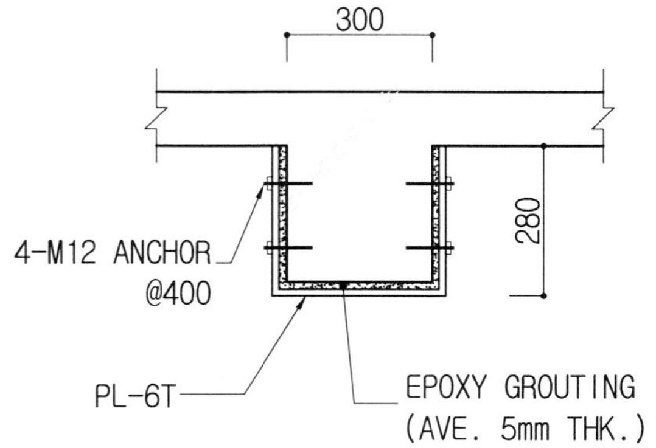

SECTION-2

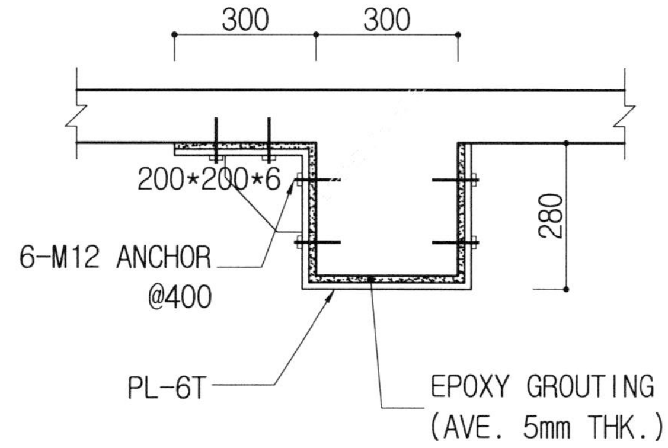

SECTION-3

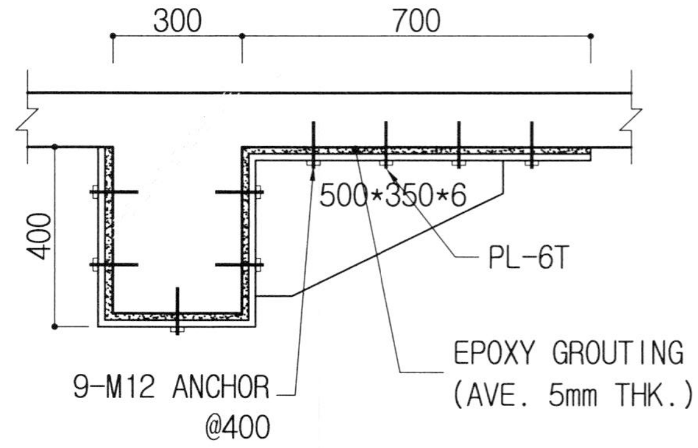

SECTION-4

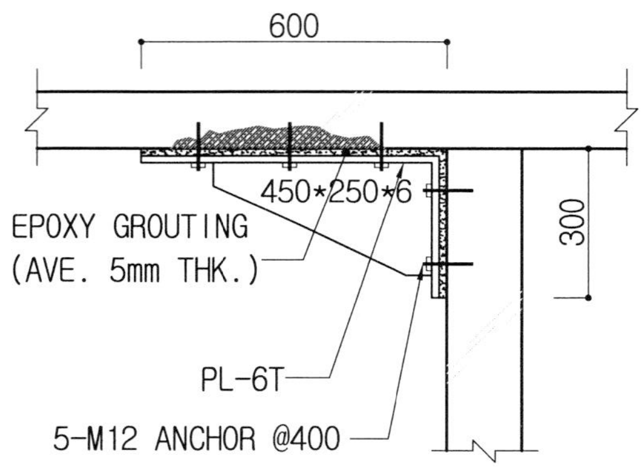

SECTION-5

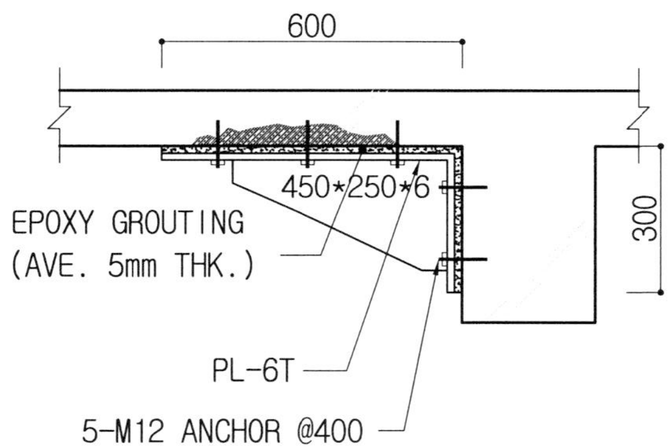

상 영 엔 지 니 어 링 (주)
SANG YOUNG ENGINEERING. CO., LTD

4 층 보 · 슬래브 보수 · 보강 상세도

DWG. NO.

· REPAIR & REHABILITATION DRAWING ·

4.13.1f

동소문동 OO안과의원 보수 · 보강공사

SECTION-1

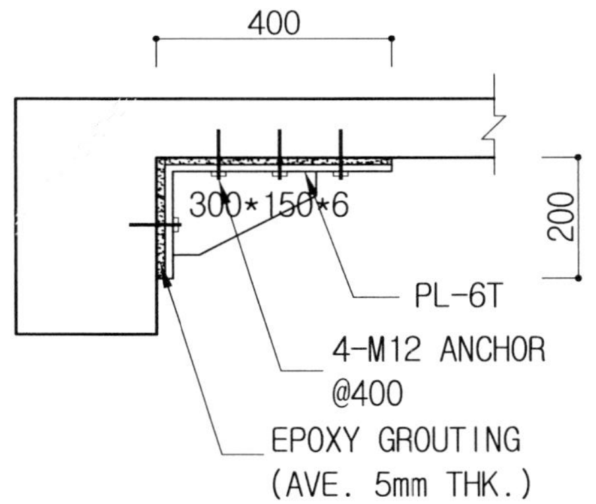

SECTION-2

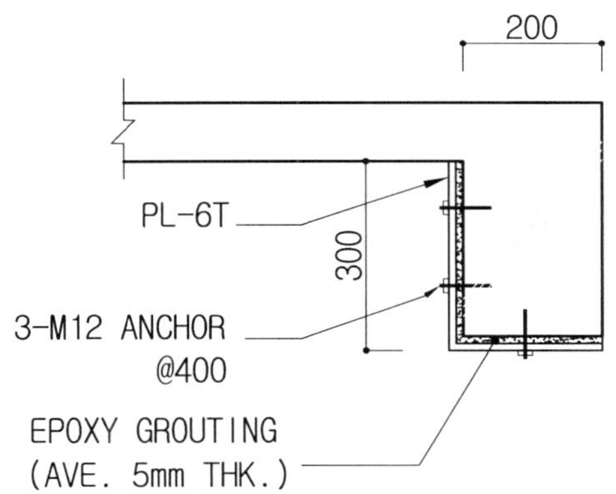

SECTION-3

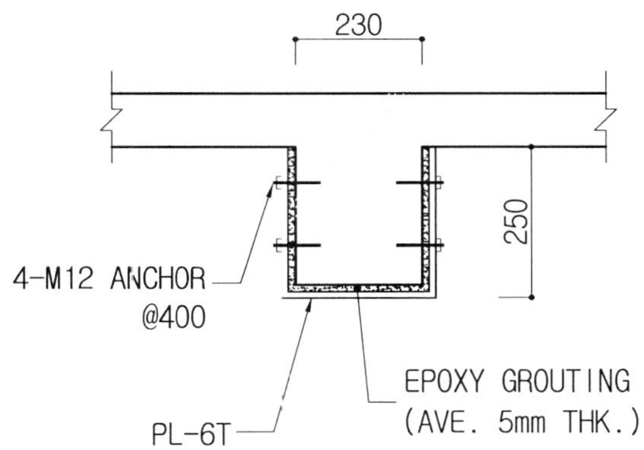

SECTION-4

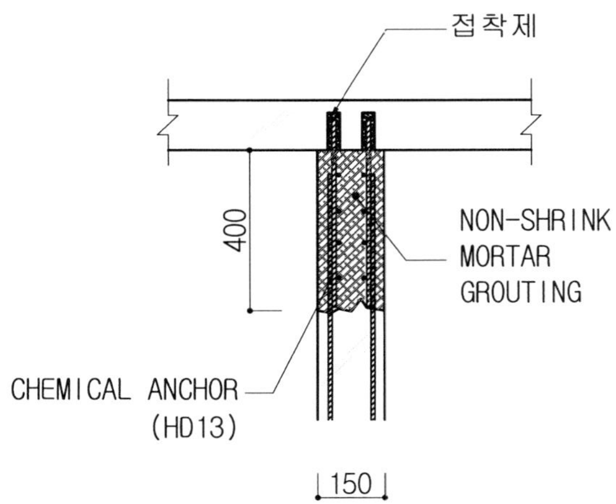

상 영 엔 지 니 어 링 (주)
SANG YOUNG ENGINEERING. CO., LTD

5 층 보 · 슬래브 보수 · 보강 위치도

DWG. NO.

· REPAIR & REHABILITATION DRAWING ·

4.13.2a

동소문동 OO안과의원 보수 · 보강공사

형강보강상세

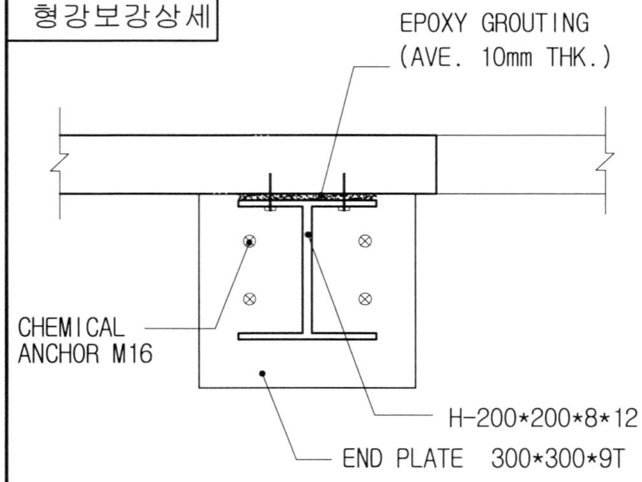

상 영 엔 지 니 어 링 (주)
SANG YOUNG ENGINEERING. CO., LTD

지하층 기둥 · 형강 보강 상세도

DWG. NO.

· REPAIR & REHABILITATION DRAWING ·

4.13.2b

동소문동 OO안과의원 보수 · 보강공사

기둥보강상세

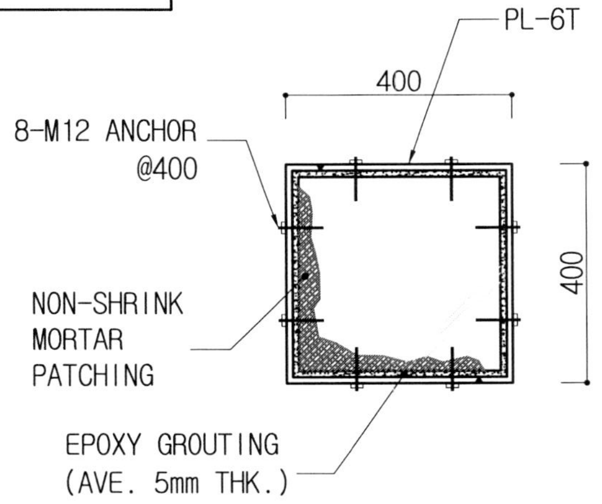

기둥보강상세

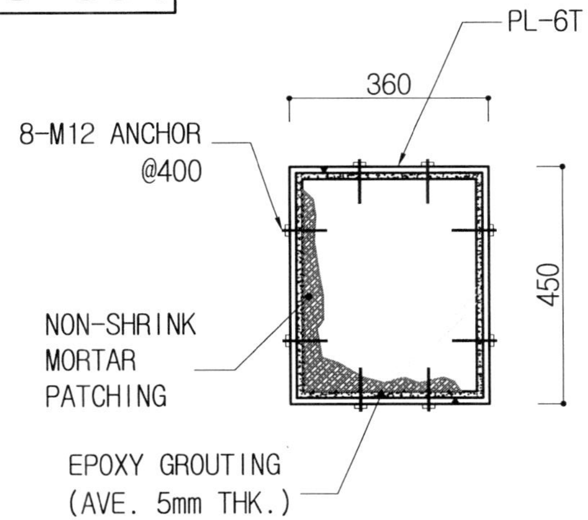

형강보강상세

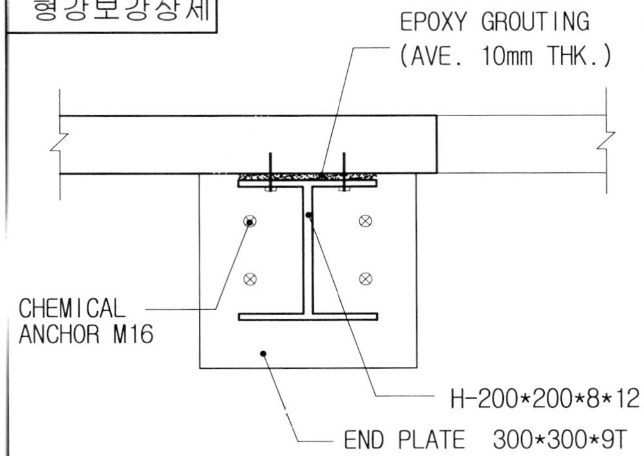

상 영 엔 지 니 어 링 (주)
SANG YOUNG ENGINEERING. CO., LTD

1 층 기둥 · 형강 보강 상세도

DWG. NO.

· REPAIR & REHABILITATION DRAWING ·

4.13.2c	동소문동 OO안과의원 보수 · 보강공사

기둥보강상세

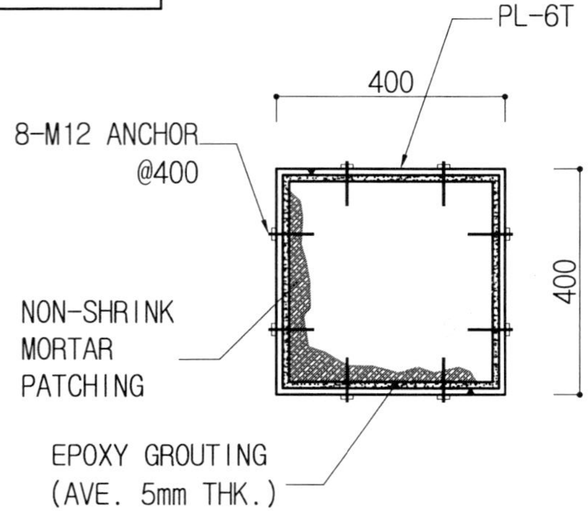

형강보강상세

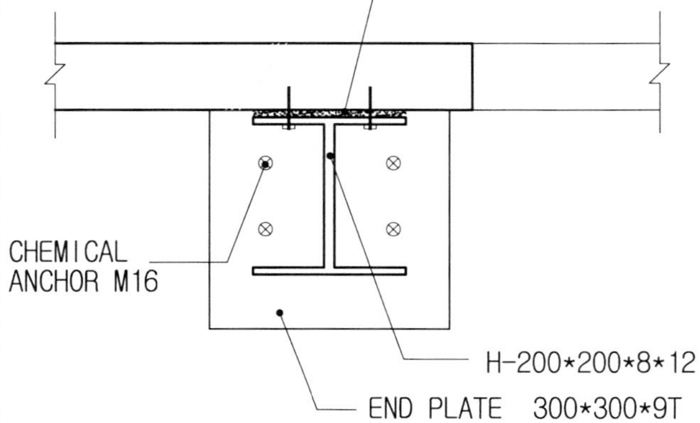

상 영 엔 지 니 어 링 (주) SANG YOUNG ENGINEERING. CO., LTD	2 층 기둥 · 형강 보강 상세도	DWG. NO.

· **REPAIR & REHABILITATION DRAWING** ·

4.13.2d | **동소문동 OO안과의원 보수 · 보강공사**

기둥보강상세

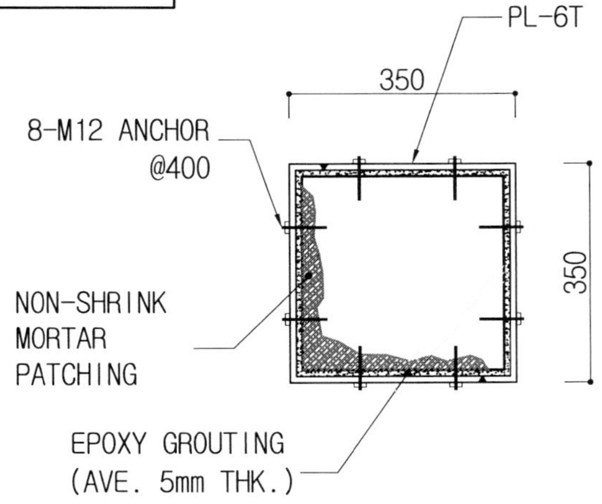

형강보강상세

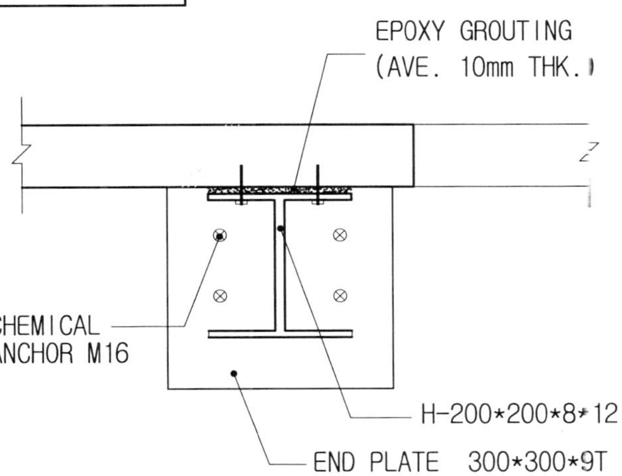

상 영 엔 지 니 어 링 (주)
SANG YOUNG ENGINEERING. CO., LTD

3 층 기둥 · 형강 보강 상세도

DWG. NO.

· REPAIR & REHABILITATION DRAWING ·

4.13.2e

동소문동 OO안과의원 보수 · 보강공사

기둥보강상세

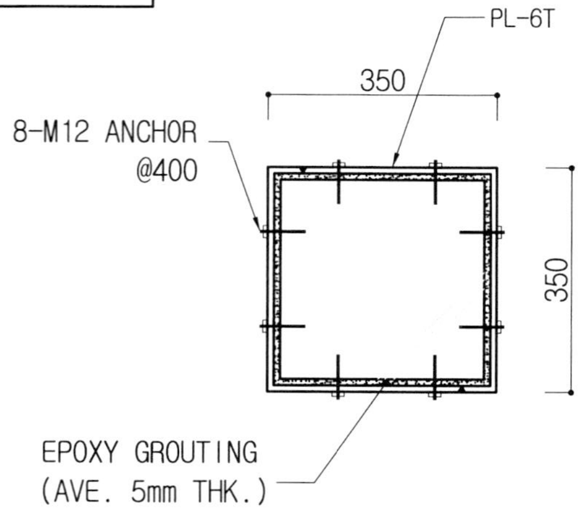

형강보강상세

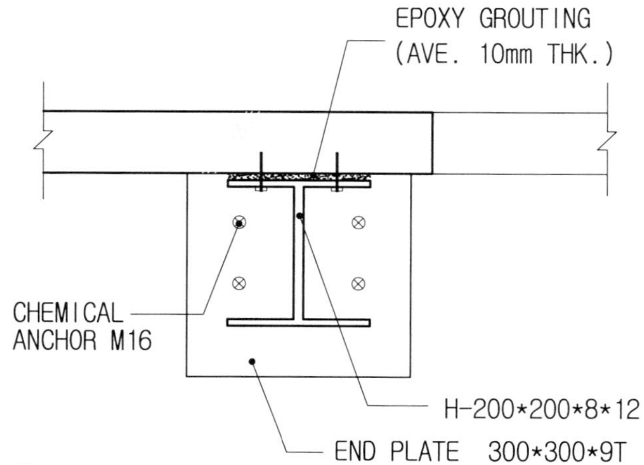

상 영 엔 지 니 어 링 (주)
SANG YOUNG ENGINEERING. CO., LTD

4 층 기둥 · 형강 보강 상세도

DWG. NO.

○○공사 연수 APT PD 복도 난간벽 JOINT 보수·보강공사

· REPAIR & REHABILITATION DRAWING ·

4.14.1	OO공사 연수 APT PC 복도 난간벽 JOINT 보수 공사

PC 복도 난간벽 JOINT 보수 공사 위치도

NON - SCALE

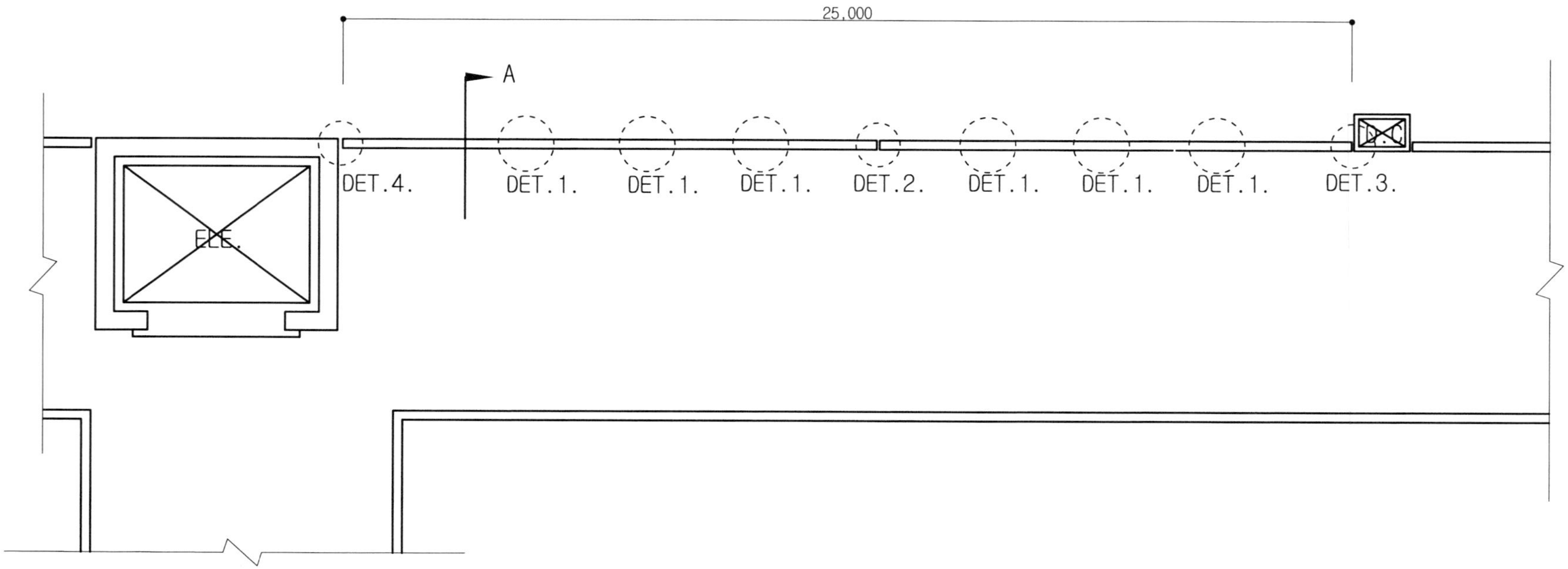

상 영 엔 지 니 어 링 (주) SANG YOUNG ENGINEERING. CO., LTD	PC복도 난간벽 JOINT 보수 공사 위치도	DWG. NO.

· REPAIR & REHABILITATION DRAWING ·

4.14.2a	OO공사 연수 APT PC 복도 난간벽 JOINT 보수 공사

DETAIL 1

NON - SCALE

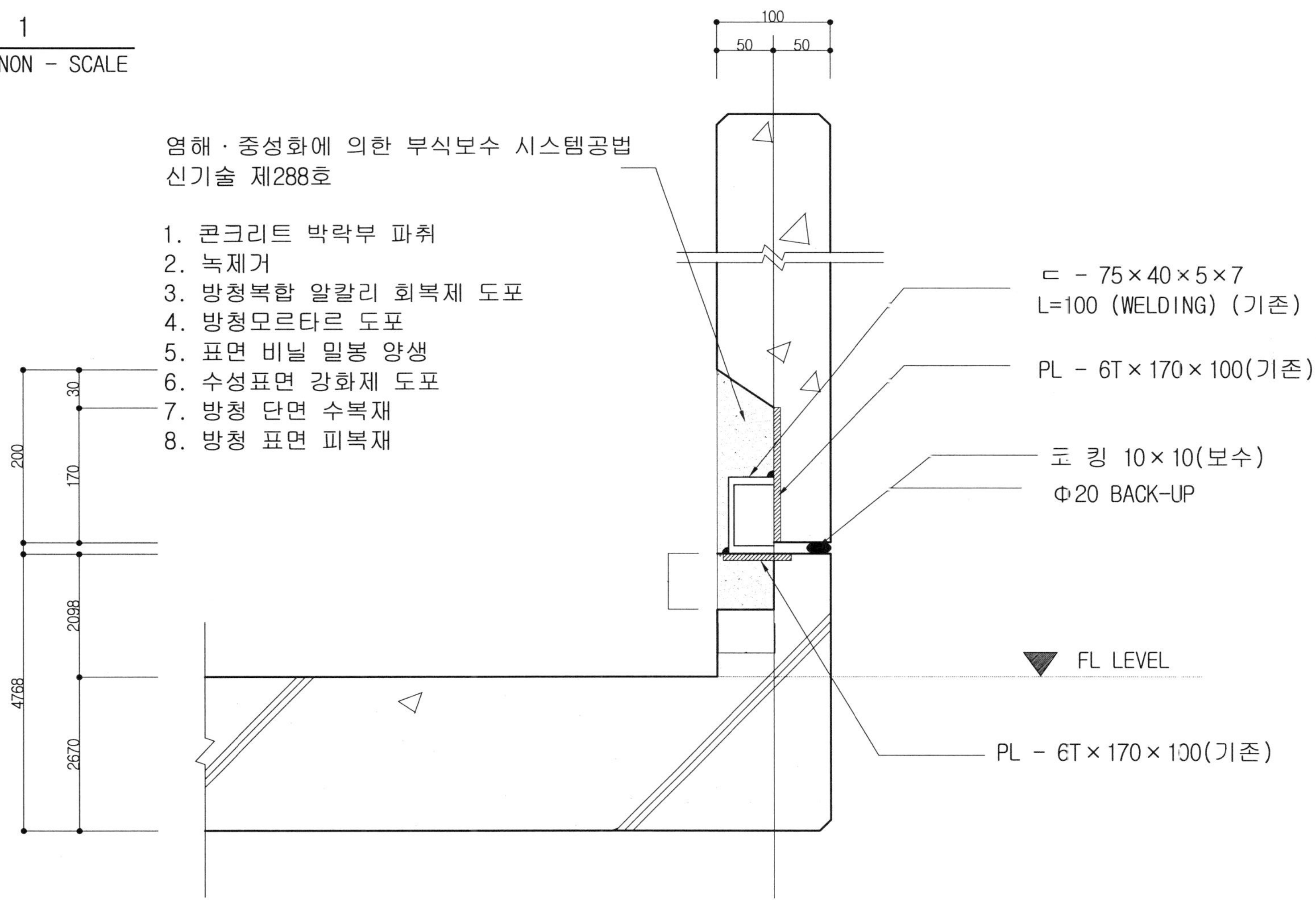

상 영 엔 지 니 어 링 (주) SANG YOUNG ENGINEERING. CO., LTD	DETAIL 1	DWG. NO.

· REPAIR & REHABILITATION DRAWING ·

4.14.2b	OO공사 연수 APT PC 복도 난간벽 JOINT 보수 공사

DETAIL 2

NON - SCALE

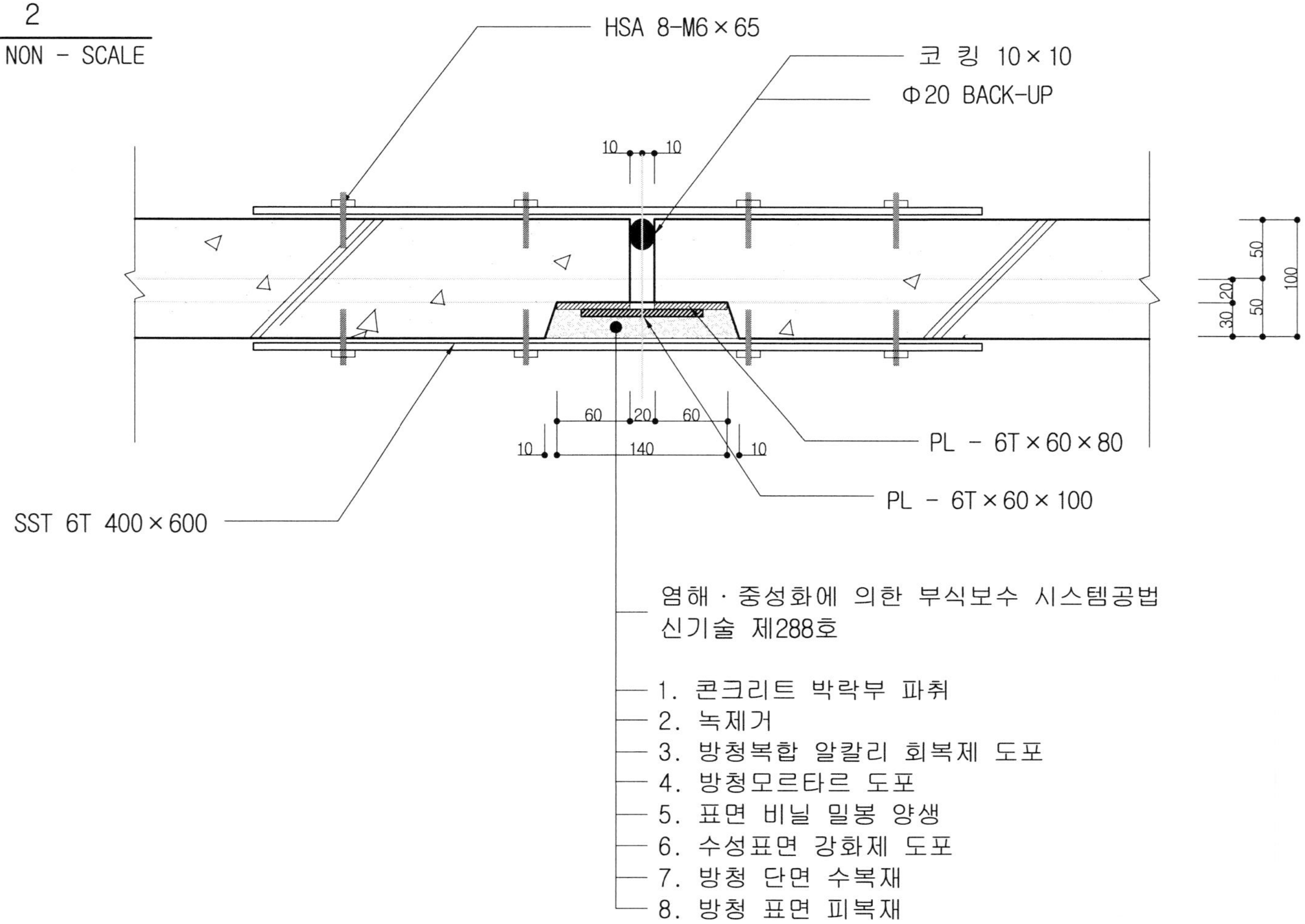

상 영 엔 지 니 어 링 (주) SANG YOUNG ENGINEERING. CO., LTD	DETAIL 2	DWG. NO.

· REPAIR & REHABILITATION DRAWING ·

4.14.2c	OO공사 연수 APT PC 복도 난간벽 JOINT 보수 공사

DETAIL 3

NON - SCALE

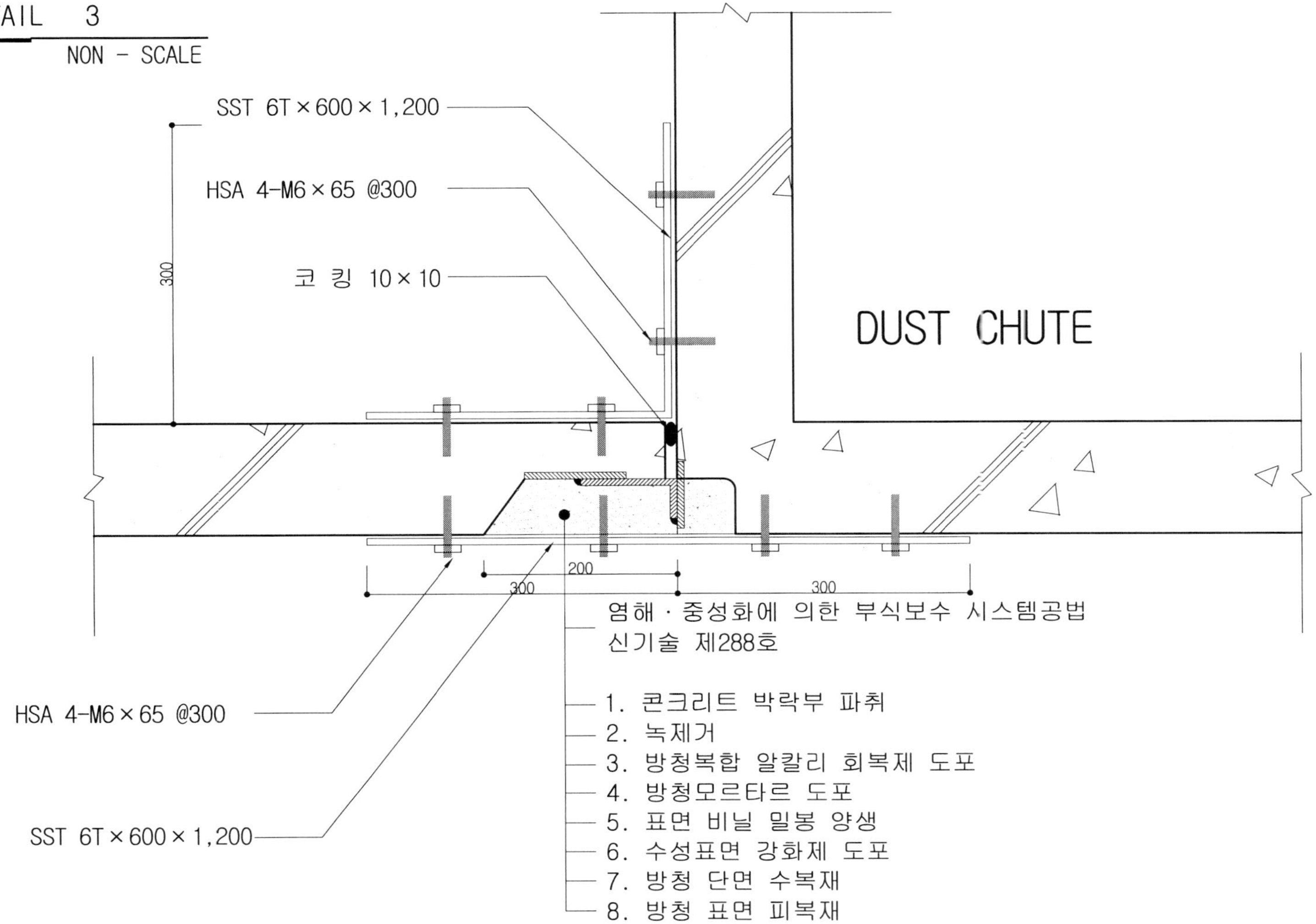

상 영 엔 지 니 어 링 (주) SANG YOUNG ENGINEERING. CO., LTD	DETAIL 3	DWG. NO.

· REPAIR & REHABILITATION DRAWING ·

4.14.2d	OO공사 연수 APT PC 복도 난간벽 JOINT 보수 공사

DETAIL 4
NON - SCALE

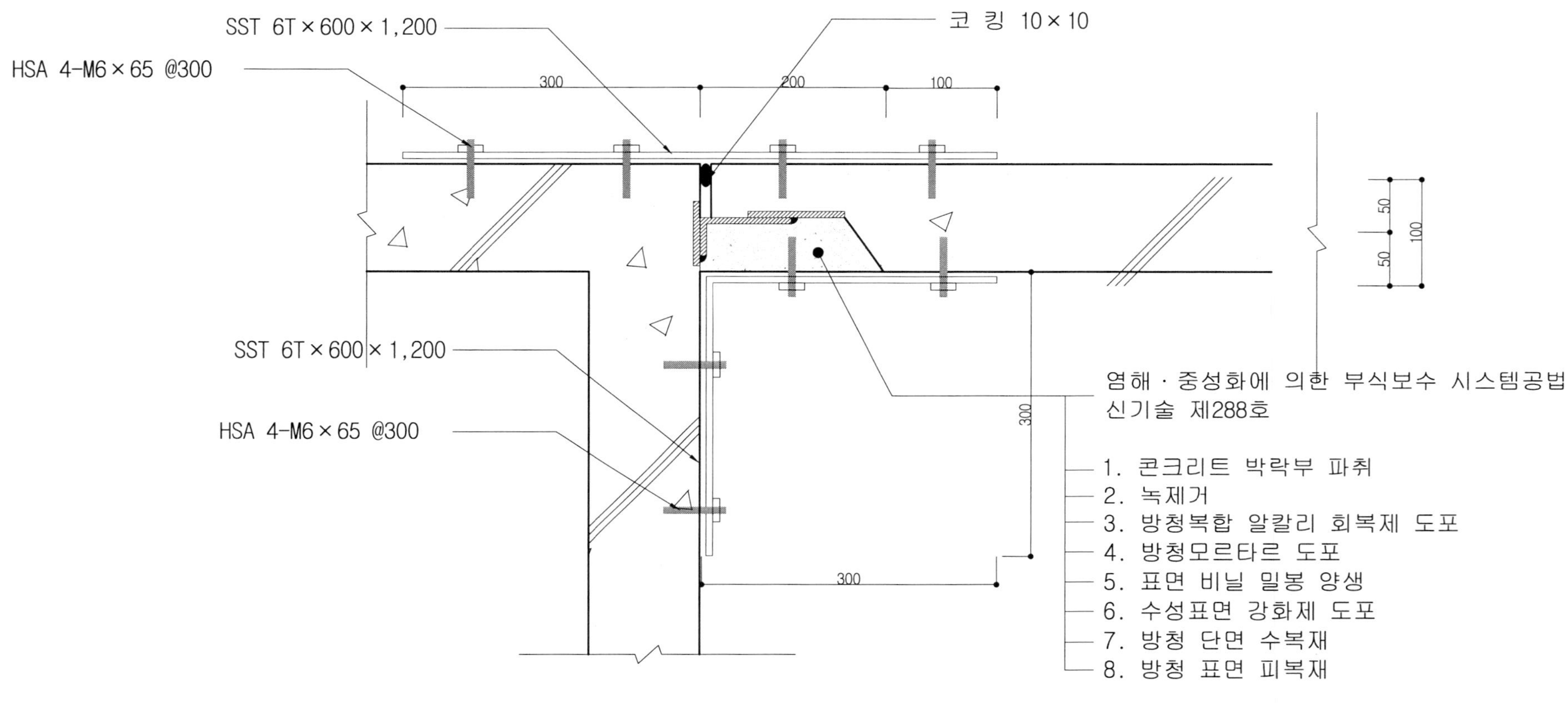

상 영 엔 지 니 어 링 (주) SANG YOUNG ENGINEERING. CO., LTD	DETAIL 4	DWG. NO.

4.14.3	OO공사 연수 APT PC 복도 난간벽 JOINT 보수 공사

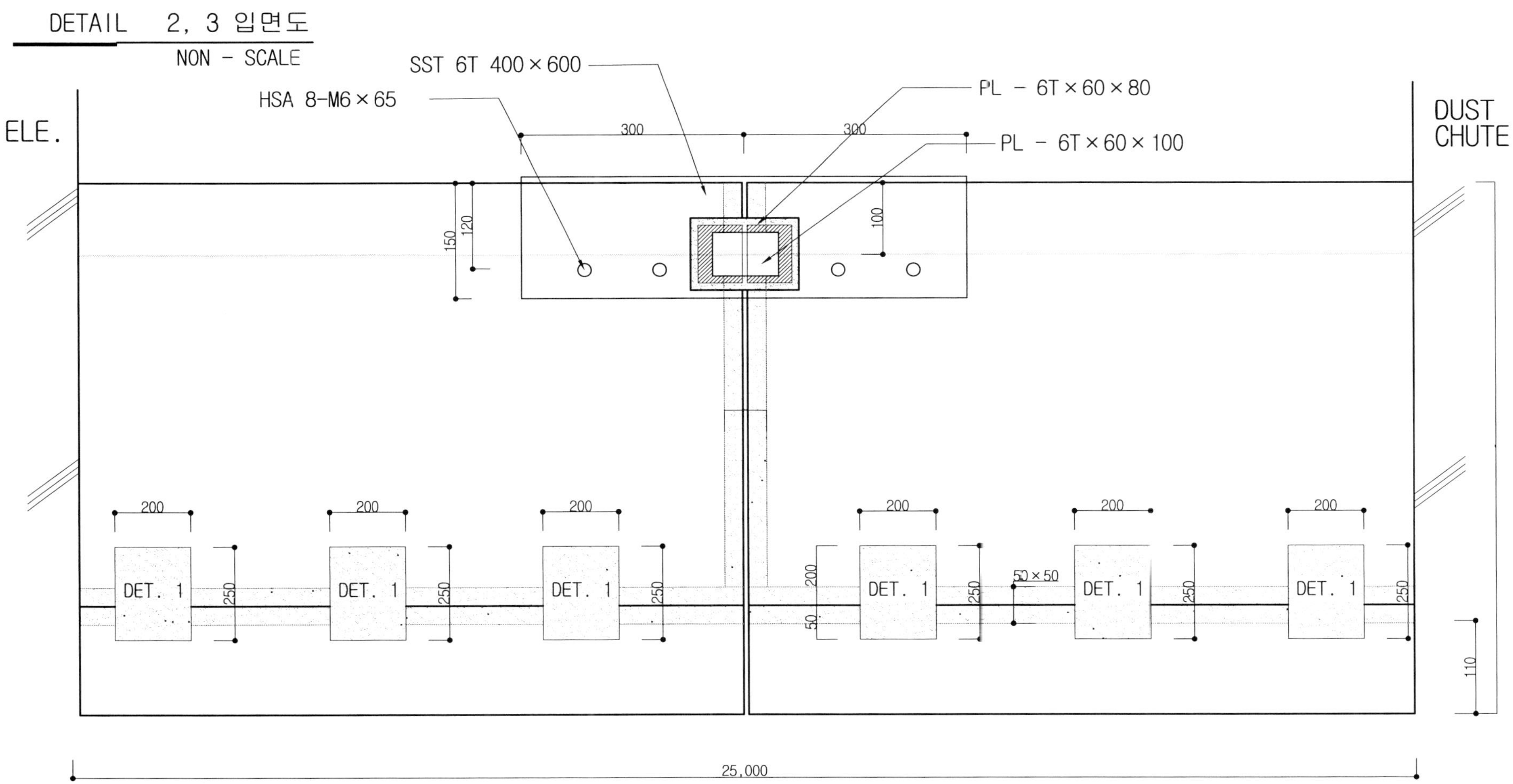

상 영 엔 지 니 어 링 (주) SANG YOUNG ENGINEERING. CO., LTD	D E T A I L 2,3 입면도	DWG. NO.

부평 ○○호텔 지하 중2층 설치공사

· **REPAIR & REHABILITATION DRAWING** ·

4.15.1	**부평 OO호텔 지하 중2층 설치 공사**

PLAN

SCALE = 1:200

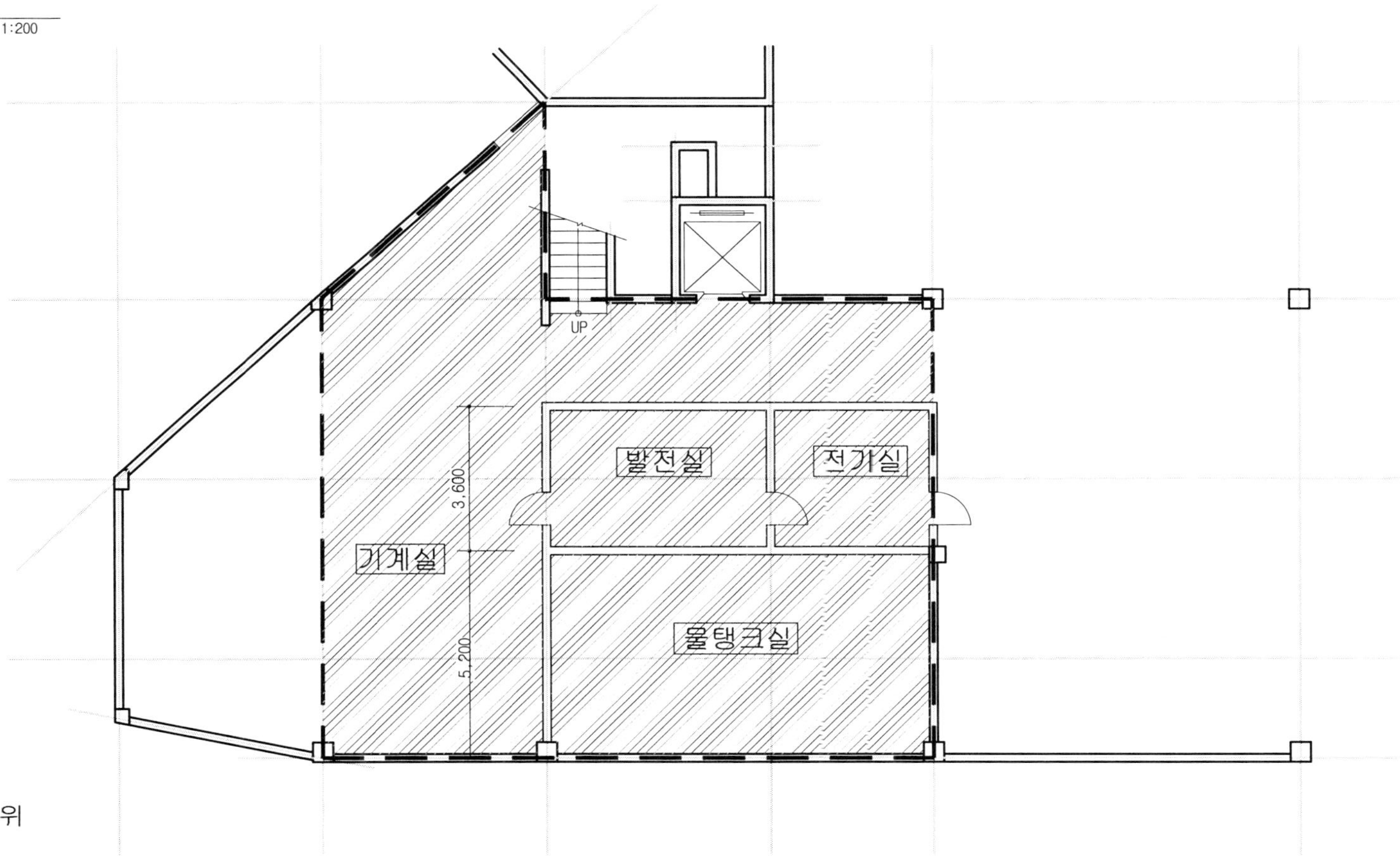

상 영 엔 지 니 어 링 (주) SANG YOUNG ENGINEERING. CO., LTD	P L A N	DWG. NO.

· REPAIR & REHABILITATION DRAWING ·

4.15.2

부평 OO호텔 지하 중2층 설치 공사

PLAN

SCALE = 1:200

<MEMBER LIST>

JOIST BEAM	H-100*100*6*8
B1	H-350*175*7*11
B2	H-300*150*6.5*9
G1	H-340*250*9*14
G2	H-350*175*7*11
C1	H-200*200*8*12

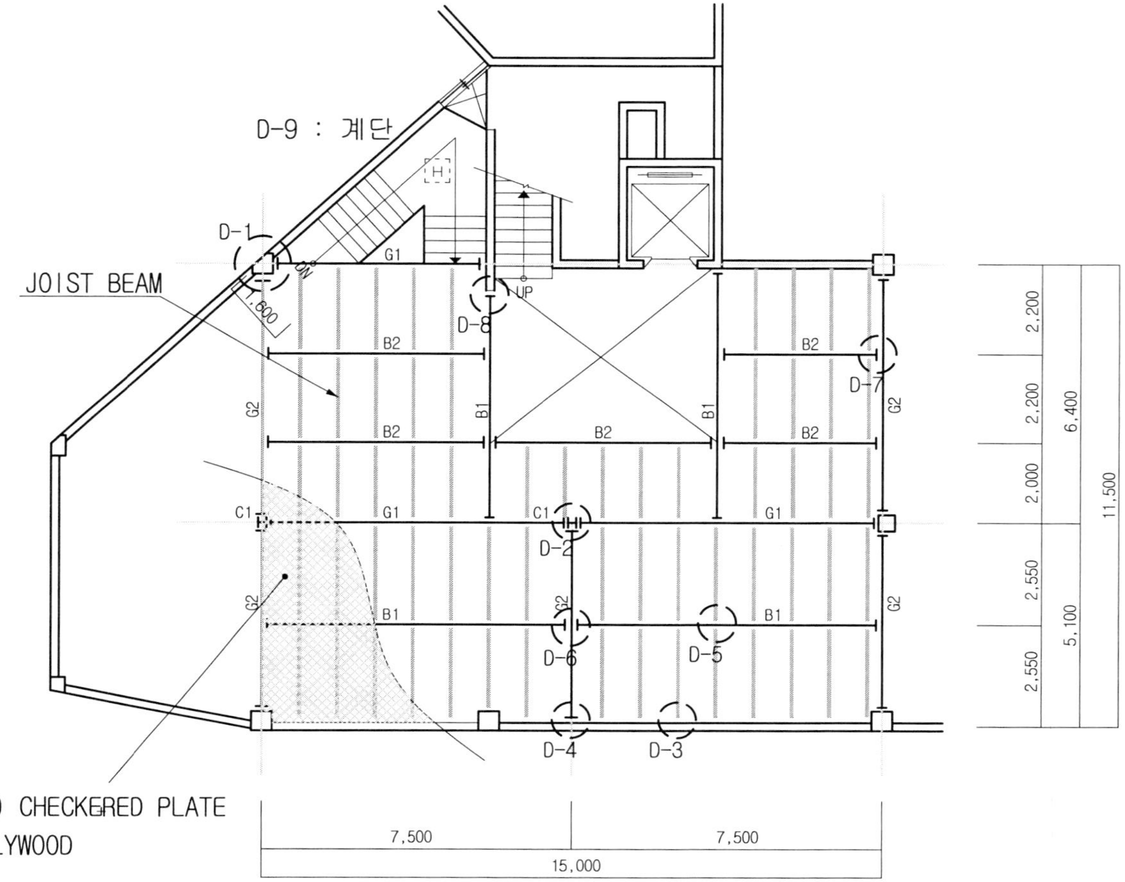

상 영 엔 지 니 어 링 (주)
SANG YOUNG ENGINEERING. CO., LTD

STRUCTURE PLAN

DWG. NO.

· REPAIR & REHABILITATION DRAWING ·

4.15.3a	부평 OO호텔 지하 중2층 설치 공사

DETAIL-1
NON-SCALE

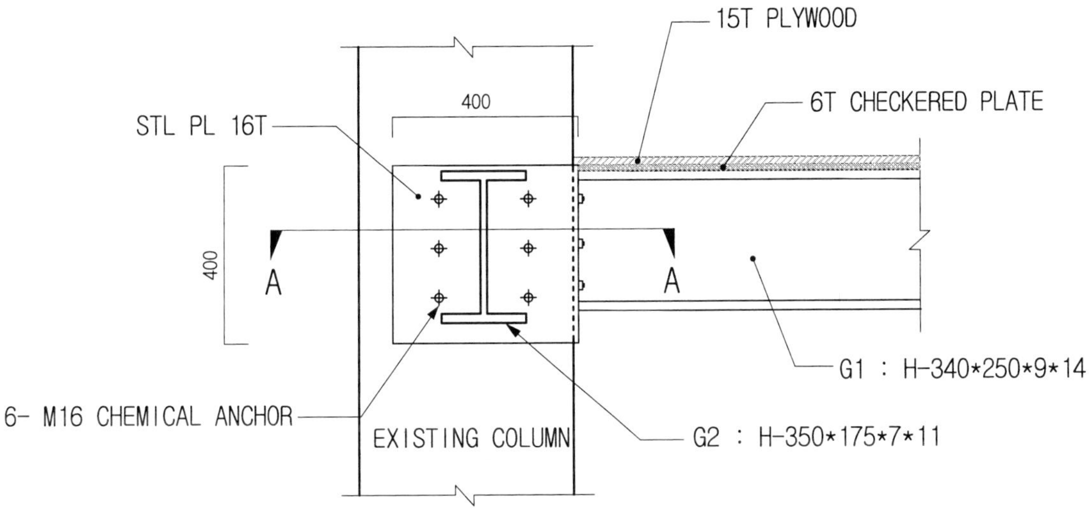

SECTION-A
NON-SCALE

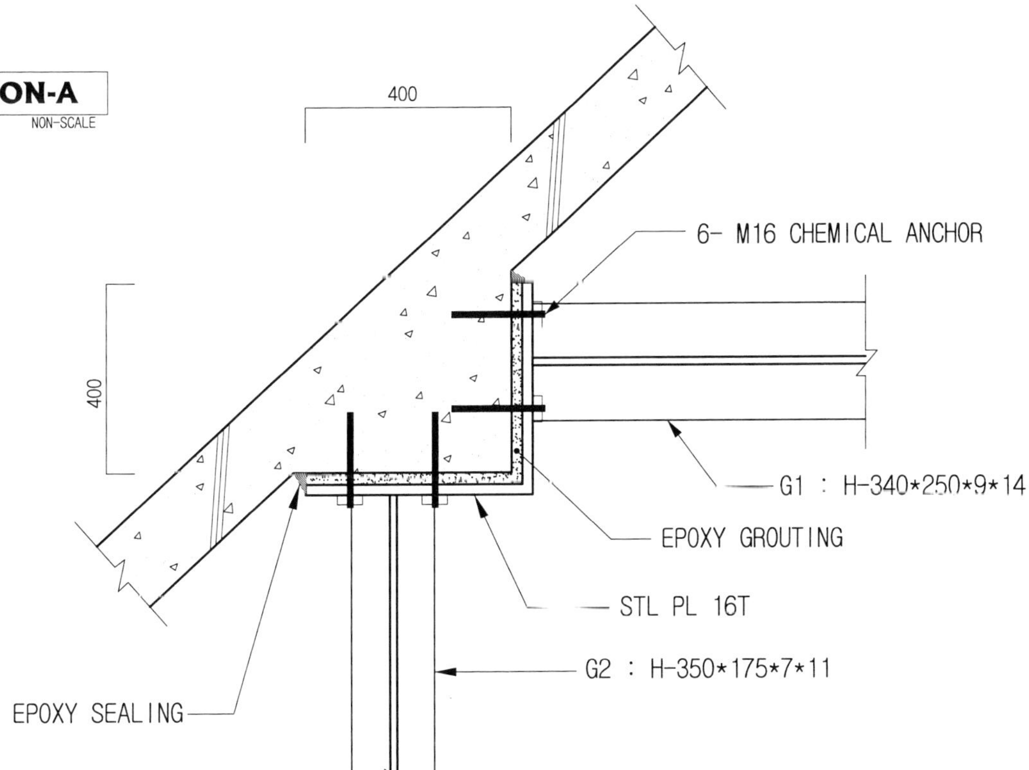

상 영 엔 지 니 어 링 (주) SANG YOUNG ENGINEERING. CO., LTD	FRAME DETAIL	DWG. NO.

· REPAIR & REHABILITATION DRAWING ·

4.15.3b	부평 OO호텔 지하 중2층 설치 공사

DETAIL-2

NON-SCALE

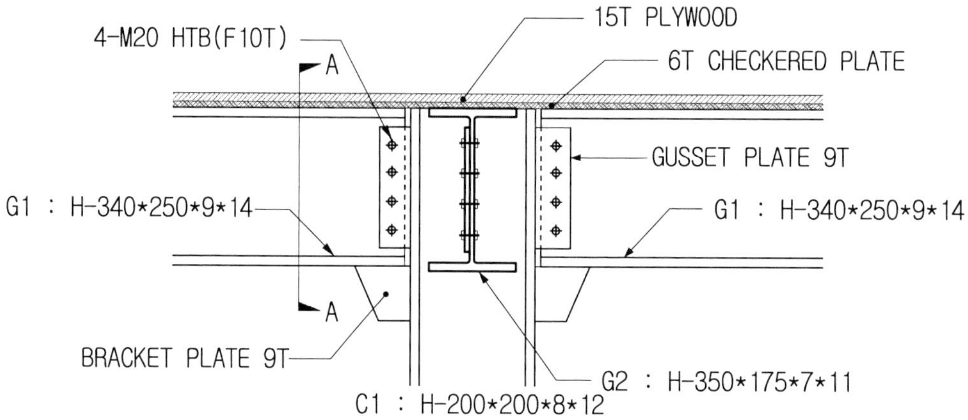

SECTION-A

NON-SCALE

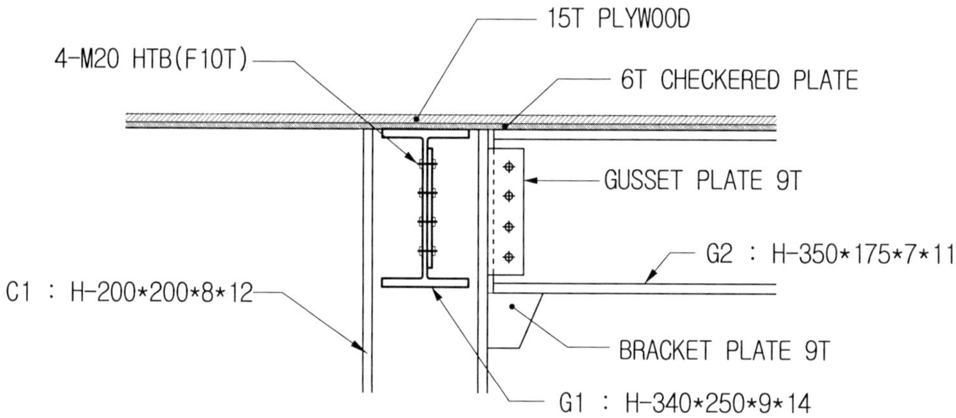

COLUMN BASE PLATE

NON-SCALE

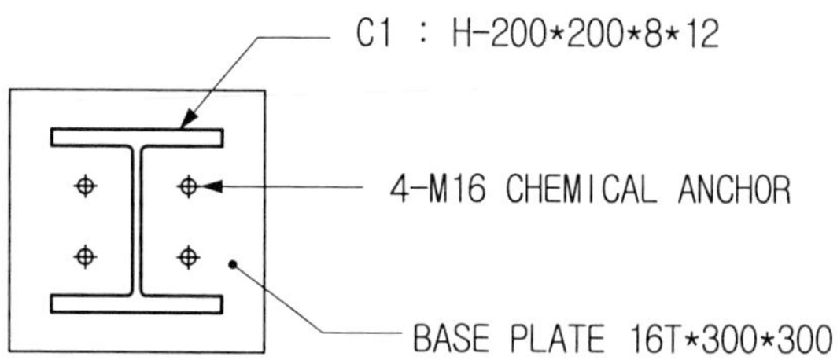

상 영 엔 지 니 어 링 (주) SANG YOUNG ENGINEERING. CO., LTD	FRAME DETAIL	DWG. NO.

· REPAIR & REHABILITATION DRAWING ·

4.15.3c	부평 OO호텔 지하 중2층 설치 공사

DETAIL-3

NON-SCALE

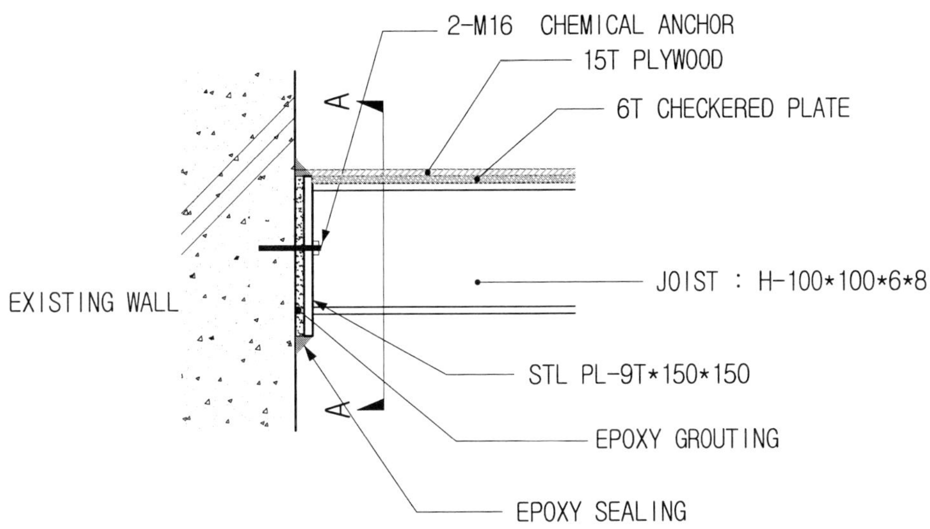

DETAIL-4

NON-SCALE

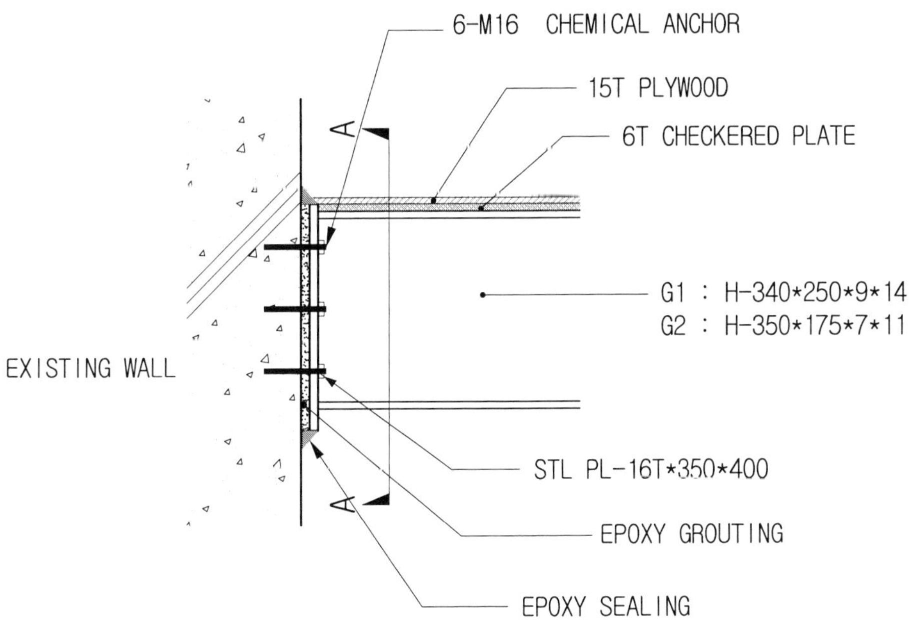

상 영 엔 지 니 어 링 (주) SANG YOUNG ENGINEERING. CO., LTD	FRAME DETAIL	DWG. NO.

· **REPAIR & REHABILITATION DRAWING** ·

4.15.3d	부평 OO호텔 지하 중2층 설치 공사

DETAIL-5

NON-SCALE

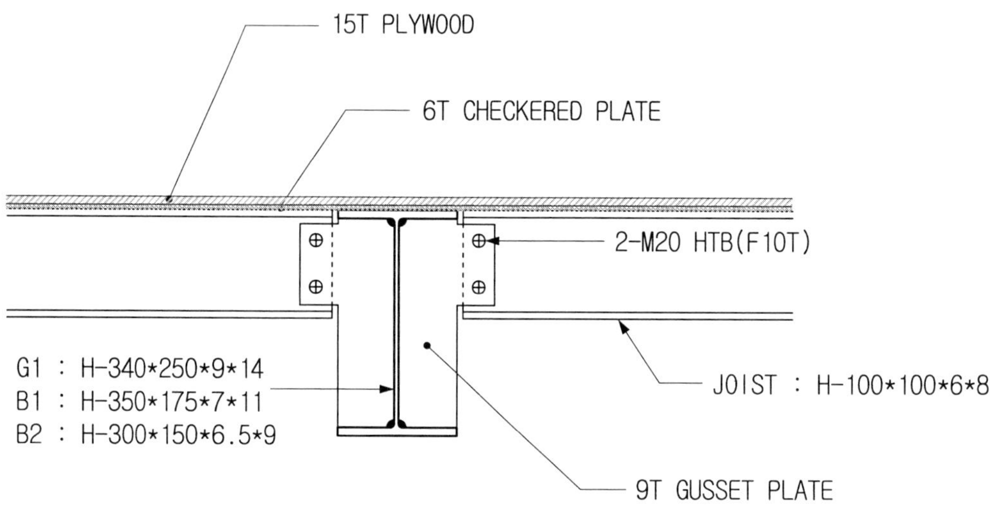

DETAIL-6

NON-SCALE

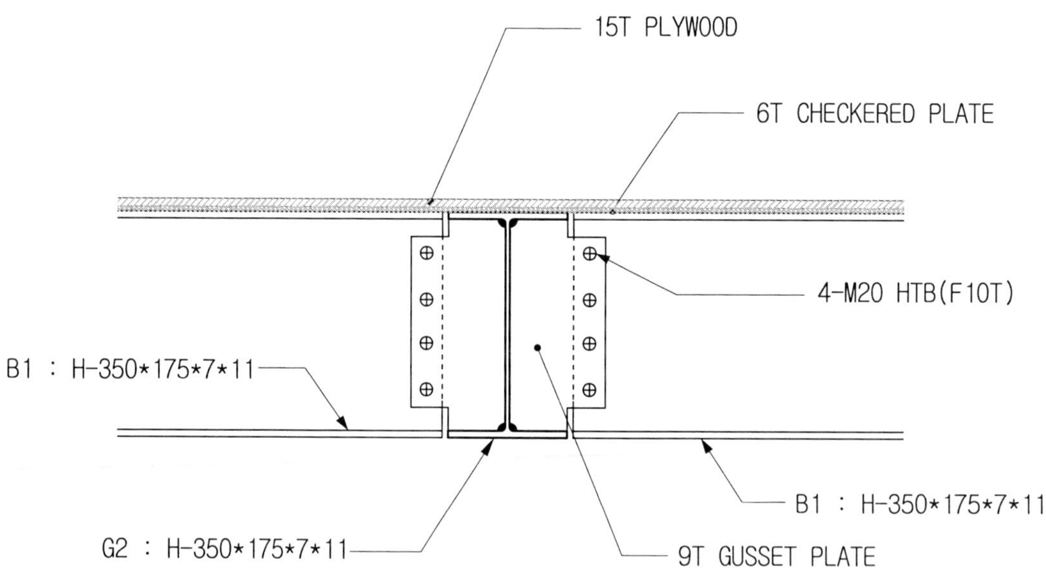

상 영 엔 지 니 어 링 (주) SANG YOUNG ENGINEERING. CO., LTD	FRAME DETAIL	DWG. NO.

· REPAIR & REHABILITATION DRAWING ·

4.15.3e	부평 OO호텔 지하 중2층 설치 공사

DETAIL-7

NON-SCALE

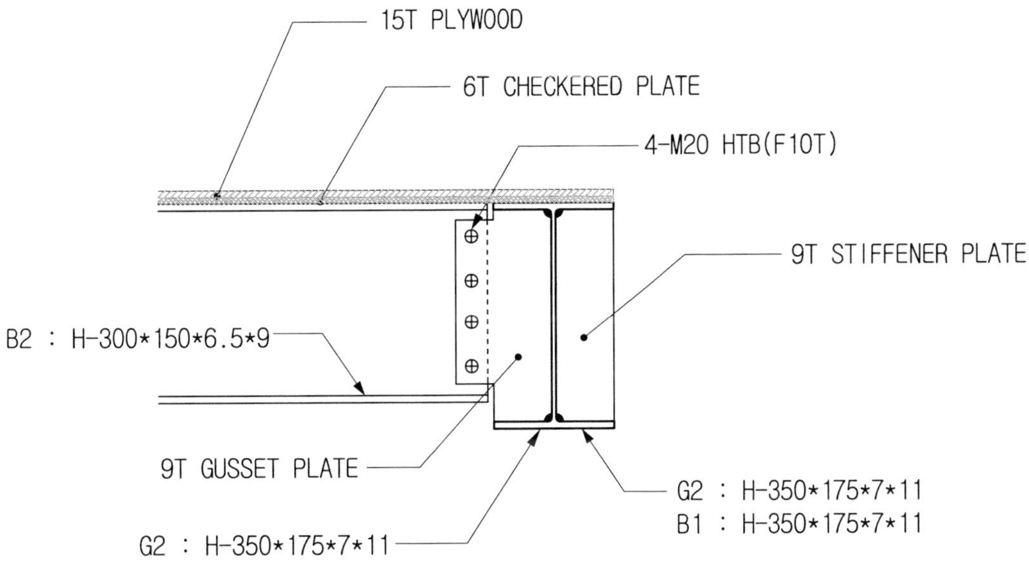

DETAIL-8

NON-SCALE

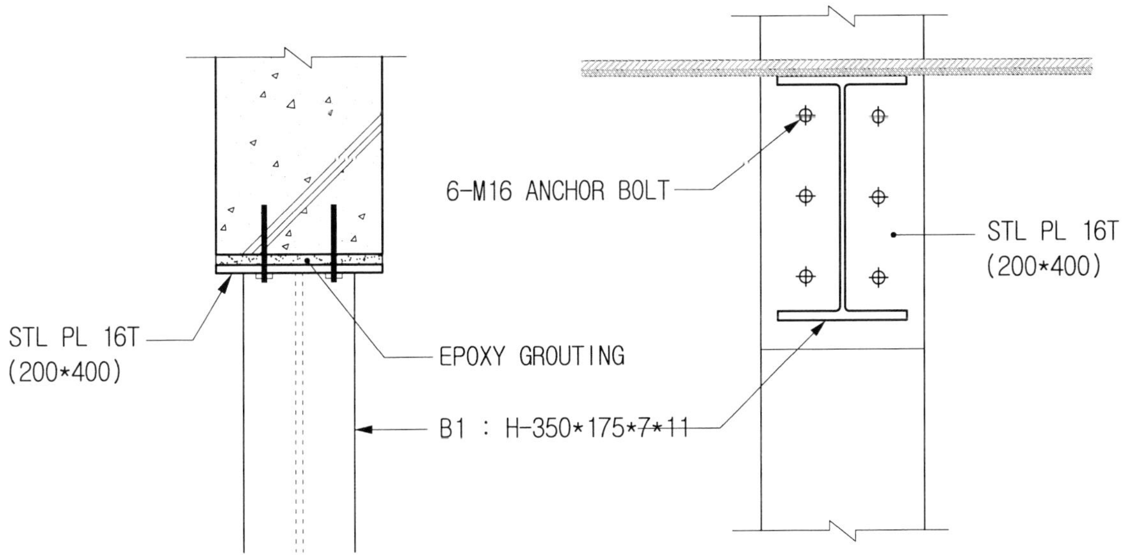

상 영 엔 지 니 어 링 (주) SANG YOUNG ENGINEERING. CO., LTD	FRAME DETAIL	DWG. NO.

· REPAIR & REHABILITATION DRAWING ·

4.15.3f	부평 OO호텔 지하 중2층 설치 공사

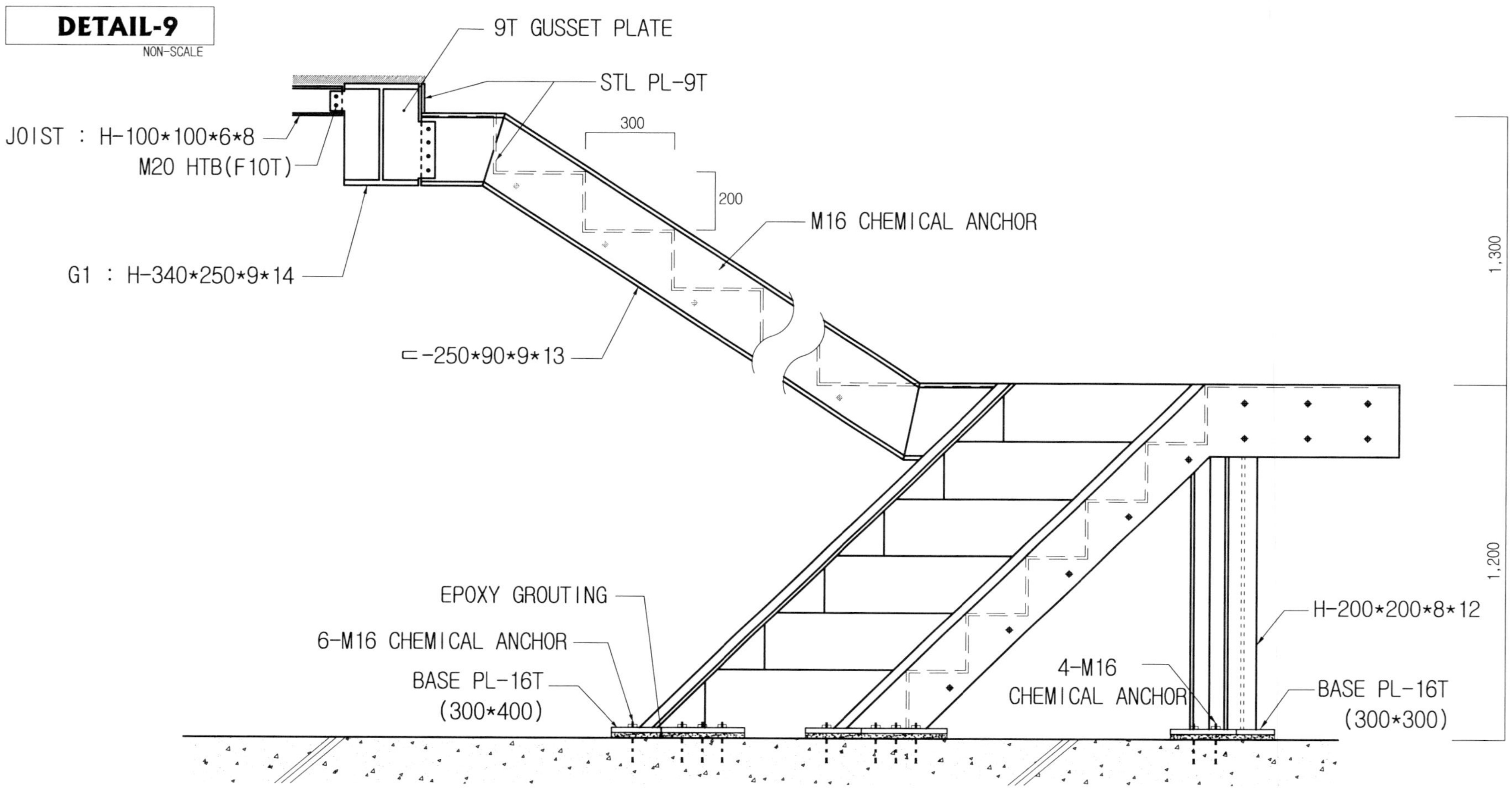

상 영 엔 지 니 어 링 (주) SANG YOUNG ENGINEERING. CO., LTD	FRAME DETAIL	DWG. NO.

부산 OO타워 보강공사

4.16.1	부산 OO타워 보강공사

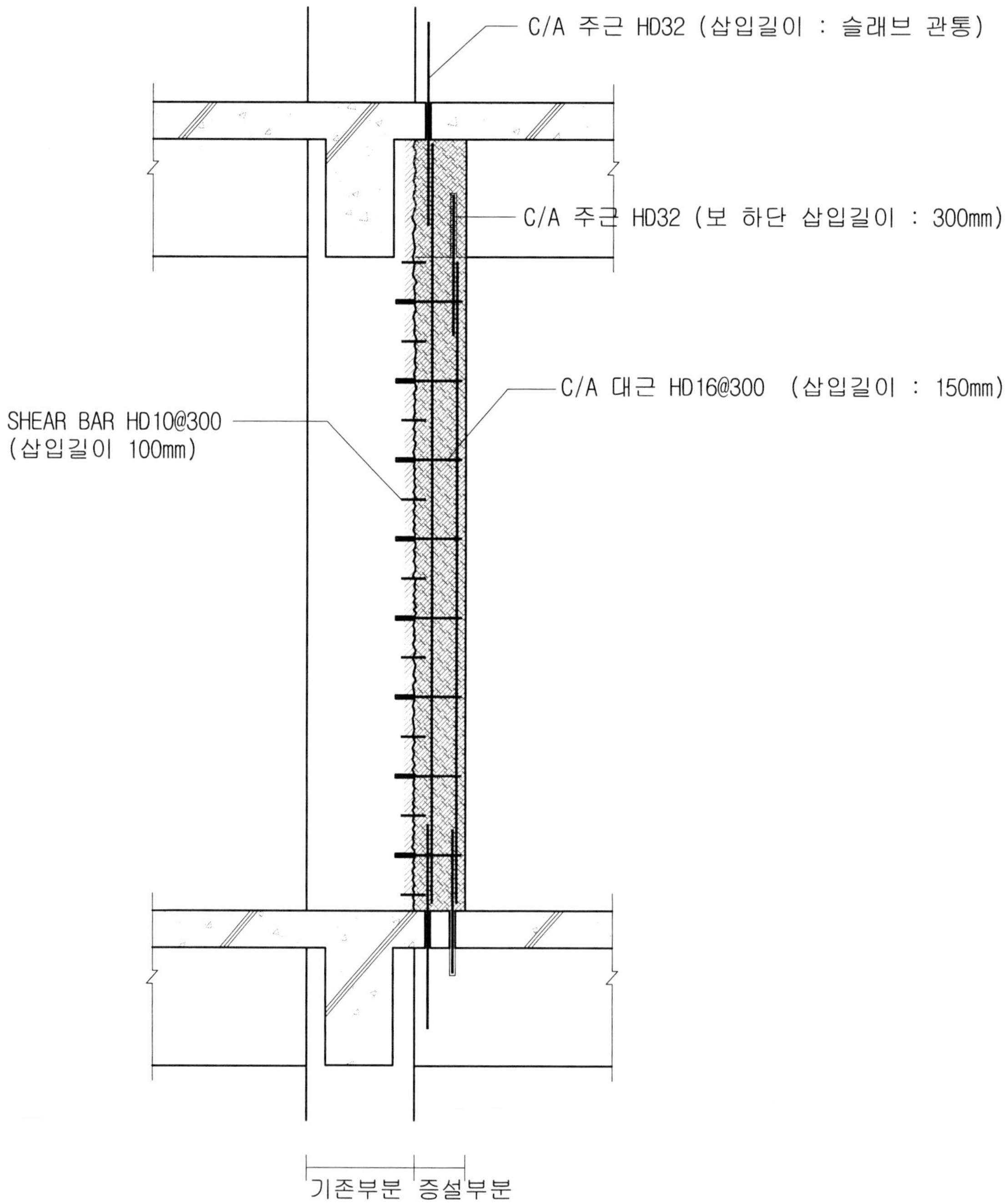

상 영 엔 지 니 어 링 (주) SANG YOUNG ENGINEERING. CO., LTD	기둥 단면 증설 표준시공도	DWG. NO.

· REPAIR & REHABILITATION DRAWING ·

4.16.1a	부산 OO타워 보강공사

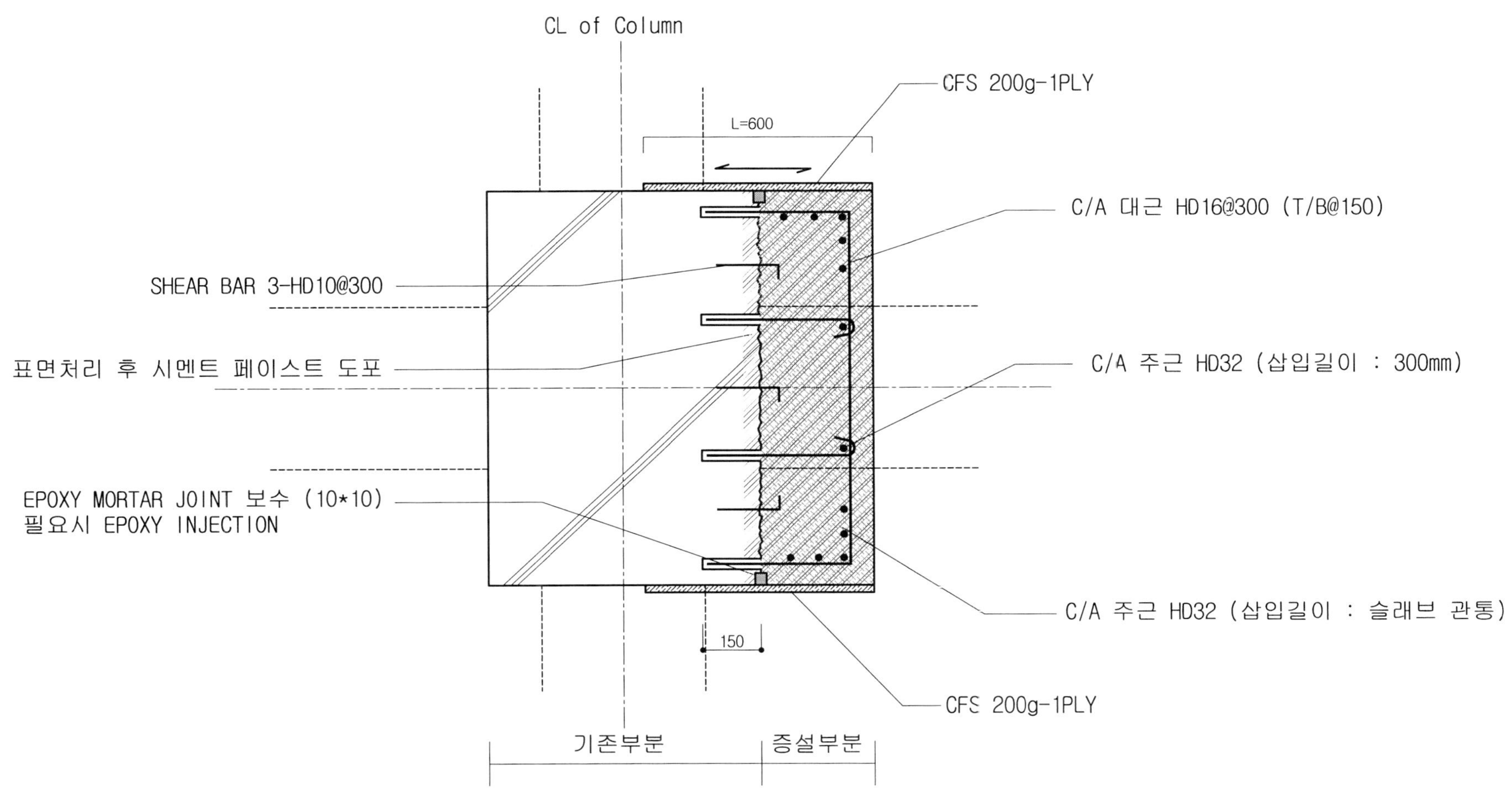

상 영 엔 지 니 어 링 (주)
SANG YOUNG ENGINEERING. CO., LTD

기둥 단면 증설 표준시공도

DWG. NO.

· REPAIR & REHABILITATION DRAWING ·

4.16.2

부산 OO타워 보강공사

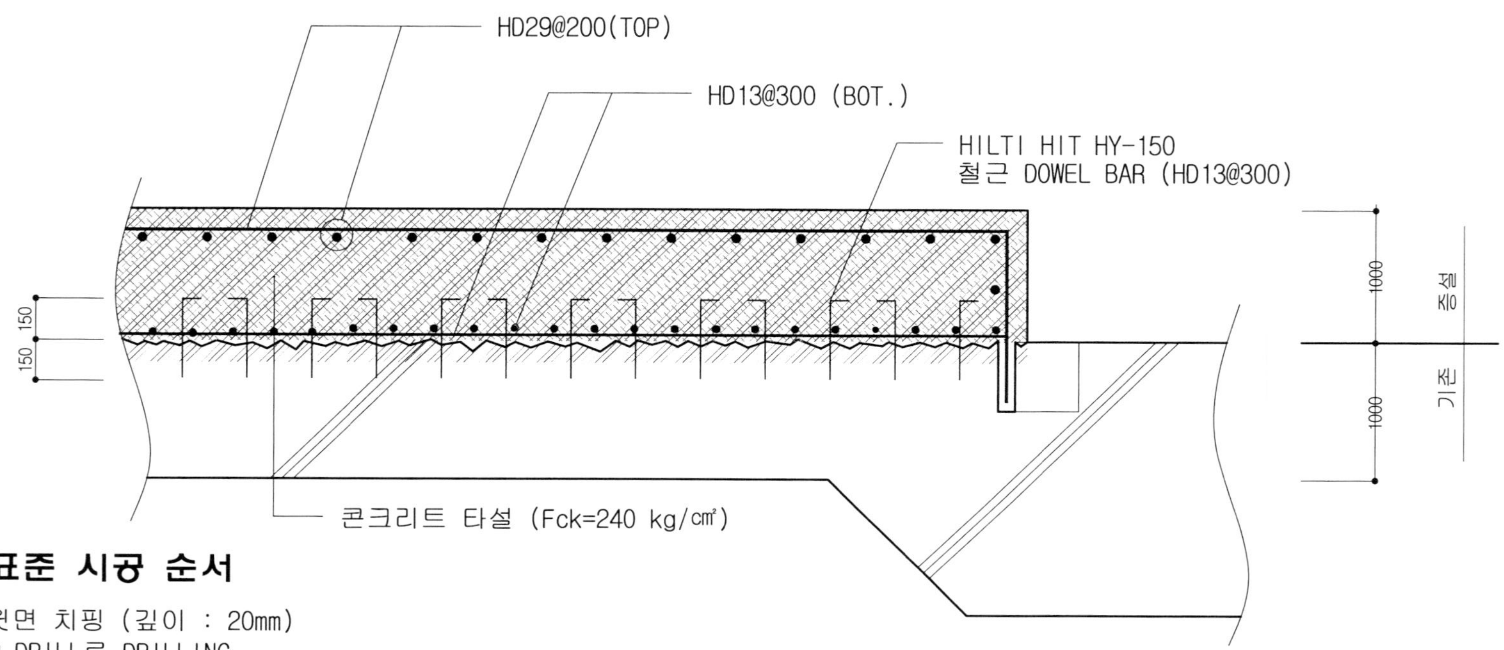

기초보강 표준 시공 순서

1. 기초 윗면 치핑 (깊이 : 20mm)
2. HAMMER DRILL로 DRILLING
3. HILIT HIT HY-150 철근 DOWEL BAR 삽입
4. 거푸집 및 철근 배근
5. 신구 콘크리트 접착제 도포(CW-205)
6. 콘크리트 타설 (Fck=240kg/㎠)
7. 양생
8. 거푸집 제거

상 영 엔 지 니 어 링 (주)
SANG YOUNG ENGINEERING. CO., LTD

기초보강 : 주열대, 주간대 (SECTION)

DWG. NO.

· REPAIR & REHABILITATION DRAWING ·

4.16.3	부산 OO타워 보강공사

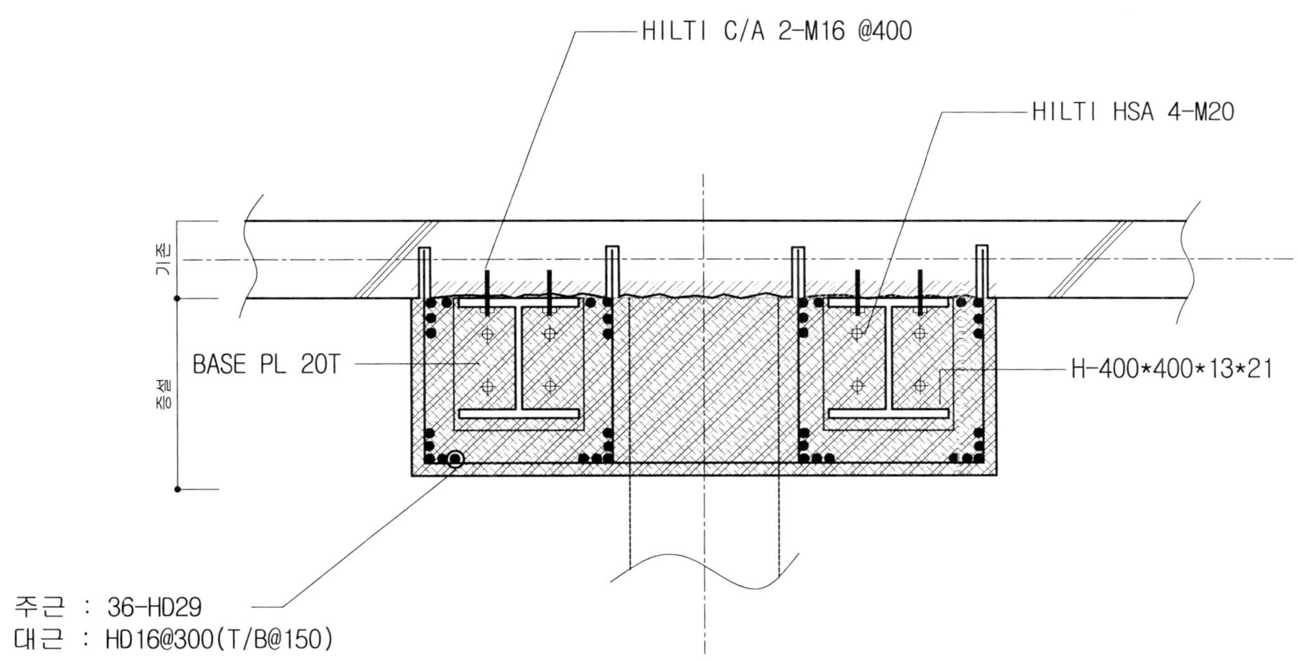

B6~1ST : SECTION A-A

상 영 엔 지 니 어 링 (주) SANG YOUNG ENGINEERING. CO., LTD	7-1열 : 기둥 신설	DWG. NO.

· **REPAIR & REHABILITATION DRAWING** ·

4.16.4a	부산 OO타워 보강공사

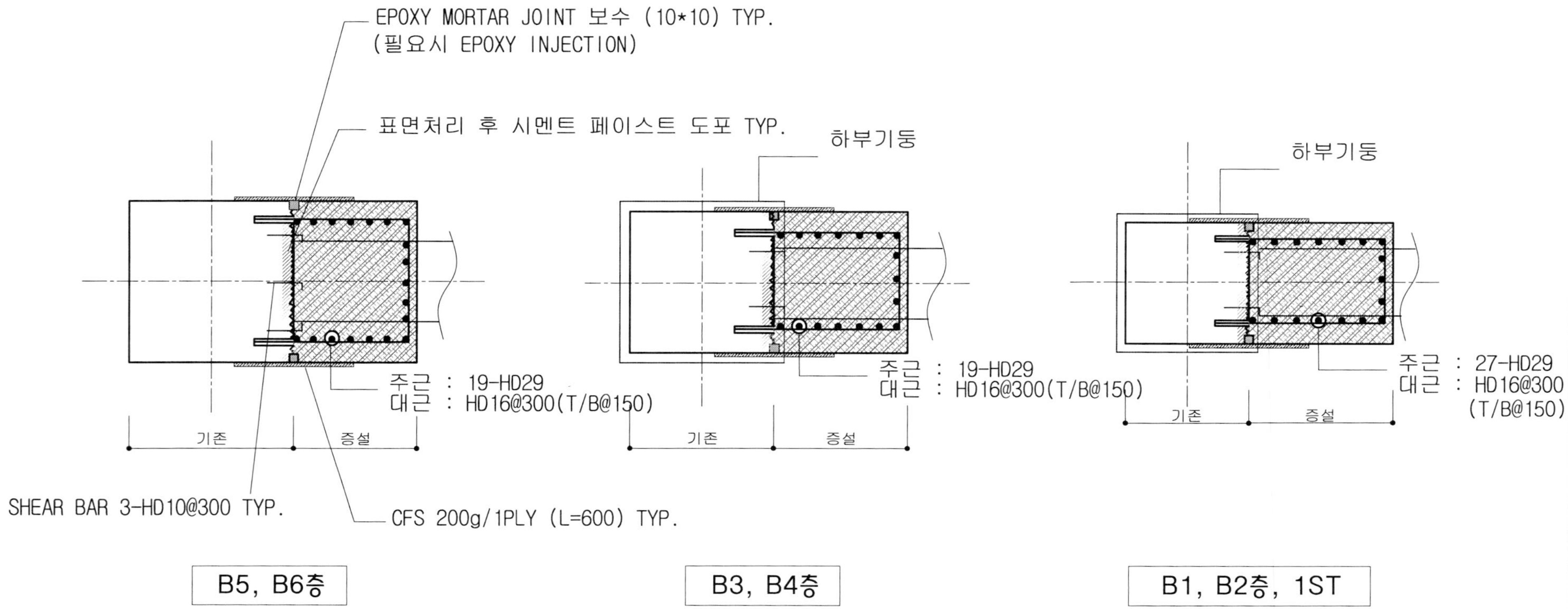

상 영 엔 지 니 어 링 (주) SANG YOUNG ENGINEERING. CO., LTD	**2-G열 : C2 보강**	DWG. NO.

4.16.4b	부산 OO타워 보강공사

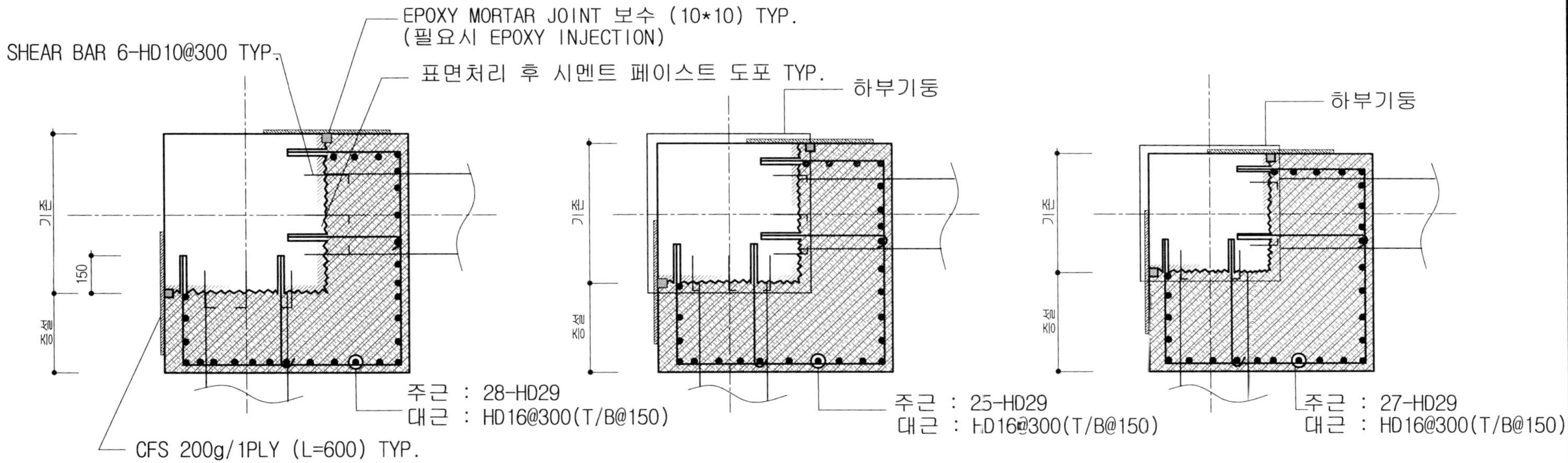

B5, B6층

B3, B4층

B1, B2층, 1ST

상 영 엔 지 니 어 링 (주) SANG YOUNG ENGINEERING. CO., LTD	2-I 열 : C2 보강	DWG. NO.

· REPAIR & REHABILITATION DRAWING ·

4.16.4c	부산 OO타워 보강공사

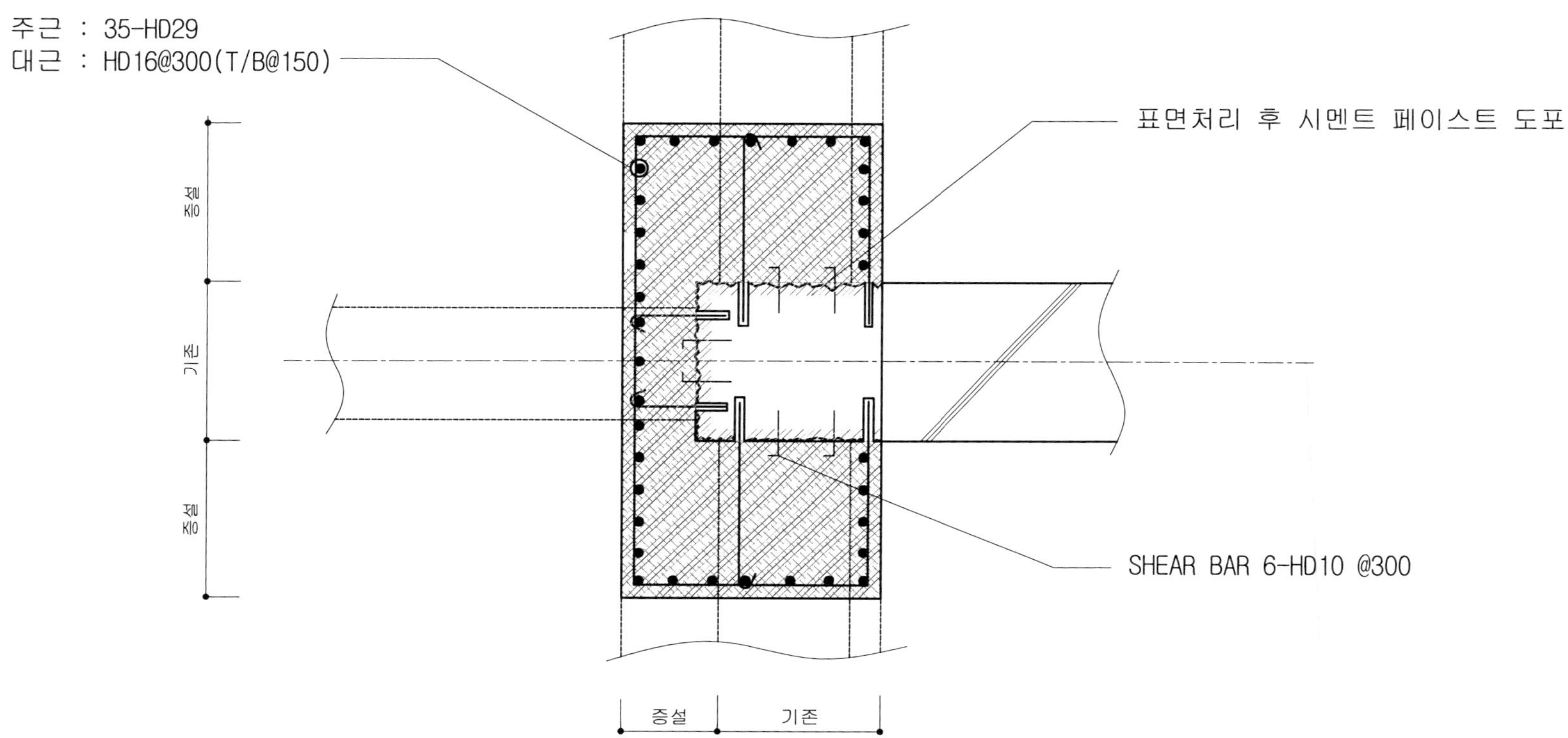

B1, 1ST

상 영 엔 지 니 어 링 (주) SANG YOUNG ENGINEERING. CO., LTD	12-E, 12-D : C3 보강	DWG. NO.

· REPAIR & REHABILITATION DRAWING ·

4.16.4d

부산 OO타워 보강공사

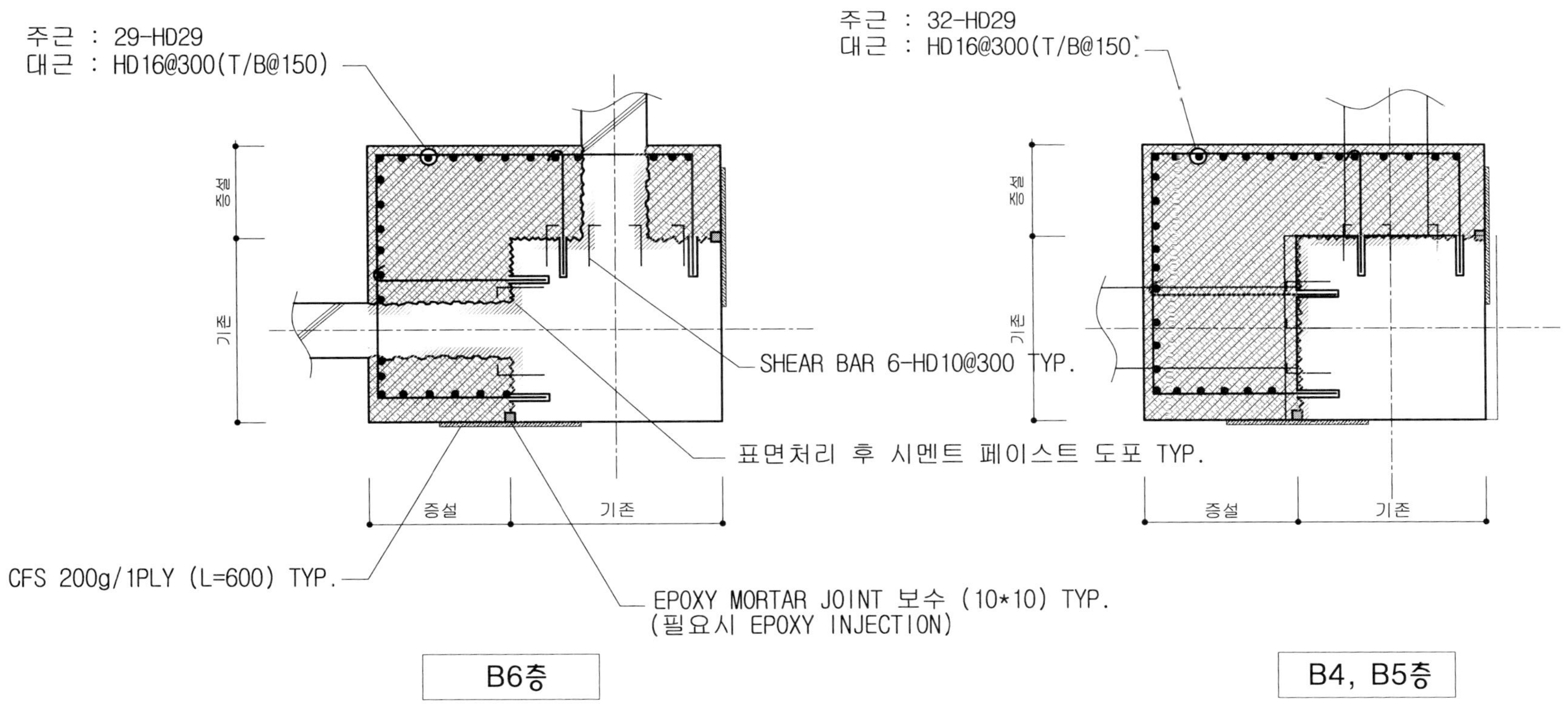

상 영 엔 지 니 어 링 (주)
SANG YOUNG ENGINEERING. CO., LTD

12-J열 : C5 보강, 12-I열 : C3보강

DWG. NO.

건축 구조물 보수 · 보강 가이드북

2015년 05월 25일 인쇄 · 발행

편 저 자	상엉엔지니어링
발 행 인	징 현 준
발 행 처	태 림 문 화 사
주 소	서울시 영등포구 문래동 1 가 39번지 센터플러스 1022호
전 화	716-2473 / 714-2478
팩 스	718-4580
이 메 일	taerim79@hanmail.net
홈페이지	http://taerim.dabori.com
출판등록	1979. 3. 27.(2-679)

ISBN 978-89-8205-227-9 정가 30,000원